大数据分析研究进展

周志华　张敏灵　巫英才　瞿裕忠　姜育刚　主编

科学出版社

北　京

内 容 简 介

　　大数据是推动创新型国家建设的重要战略资源。本书从机器学习、可视分析、知识处理、数据挖掘等角度出发，详细讨论了大数据分析的相关基础理论和技术方法，主要包括：大数据机器学习理论与方法，大数据可视分析理论与方法，多源不确定数据挖掘方法与技术，自动深层化知识处理方法与技术，大数据分析平台、标准与应用示范等。本书总结了部分代表性工作，并呈现给读者。

　　本书可供机器学习、可视分析、知识处理、数据挖掘等领域研究者、业界工作者和对大数据分析感兴趣的读者阅读参考。

图书在版编目(CIP)数据

大数据分析研究进展 / 周志华等主编. —北京：科学出版社，2022.10
ISBN 978-7-03-073269-9

Ⅰ. ①大… Ⅱ. ①周… Ⅲ. ①数据处理-研究 Ⅳ. ①TP274

中国版本图书馆 CIP 数据核字（2022）第 181539 号

责任编辑：惠　雪／责任校对：韩　杨
责任印制：师艳茹／封面设计：许　瑞

科 学 出 版 社 出版
北京东黄城根北街 16 号
邮政编码：100717
http://www.sciencep.com
北京九天鸿程印刷有限责任公司 印刷
科学出版社发行　各地新华书店经销
*
2022 年 10 月第 一 版　开本：787×1092　1/16
2022 年 10 月第一次印刷　印张：18
字数：426 000
定价：189.00 元
（如有印装质量问题，我社负责调换）

前言

　　大数据是推动创新型国家建设的重要战略资源。然而,大数据本身并不意味大价值,对其加以有效分析才能够产生深远影响,进而普惠至国计民生的诸多方面。本书对大数据分析的相关基础理论和技术方法进行讨论,主要包括:大数据机器学习理论与方法 (第 2 章),大数据可视分析理论与方法 (第 3 章),多源不确定数据挖掘方法与技术 (第 4 章),自动深层化知识处理方法与技术 (第 5 章),大数据分析平台、标准与应用示范 (第 6 章) 等,将部分代表性工作呈现给读者。

　　本书在范式方面讨论了使机器学习与知识推理能够循环互促的"反绎学习"范式;在理论方面阐述了流数据在线学习动态遗憾率的最优下界,建立了面向增强现实可视表达的虚实融合关系理论,发展了面向非独立同分布噪声的自适应误差建模理论;在方法方面阐述了满足最优遗憾下界的在线学习方法、促进大数据沉浸式展现的渲染绘制与直观可视设计方法、基于可视分析的可解释机器学习,并介绍了适用于数据低层表示的在线自适应多度量模型融合方法、面向不确定标记信息的主动迁移模型、面向多模态的自动知识表征学习方法、基于图谱存在性约束的复杂问题求解方法;在平台系统方面讨论了大数据分析平台、基准测试、标准与应用示范等。

　　本书写作过程得到项目组多位成员的支持和帮助,在此谨列出他们的姓名以致谢意 (按姓氏拼音序):陈静静、戴望州、董建、胡伟、黄瑞章、黄圣君、李宇峰、刘世霞、孟德宇、王伽臣、徐童、叶翰嘉、张利军。

　　在"云计算与大数据"国家重点研发计划项目"大数据分析的基础理论和技术方法"(2018YFB1004300) 的支持下,我们在大数据分析的基础理论和技术方法方面取得了一系列进展,特此致谢。

　　需要强调的是,大数据分析的理论和方法仍处于探索发展阶段,尚有大量工作值得进一步深入开展,冀望本书能起到"抛砖引玉"之效,并恳请专家读者批评指正。

作　者

2022 年 9 月

01

1.1　大数据分析框架和科学问题

　　大数据对人类社会有很深远的影响，各国政府、社会高度重视。习总书记专门组织中共中央政治局听取了梅宏院士关于大数据的报告。然而，大数据本身并不意味着价值，要得到数据中的价值，必须进行有效的数据分析。为此需要考虑，大数据分析的基础理论与技术方法有哪些关键内容。

　　首先，大数据分析必然需要机器学习。机器学习如今在科学界备受关注，各国政府高度重视，工业界也大力投入。例如，国务院 2015 年印发的《促进大数据发展行动纲要》，明确指出机器学习是提升大数据分析处理能力的关键。美国政府 2016 年 5 月发布的《联邦大数据研发与开发战略计划》也把机器学习作为支撑大数据研发战略的核心技术加以强调。

　　其次，大数据分析距离完全自动化的分析还有很大的差距。更现实的是半自动化的数据分析，要涉及人和机的交互，进行交互式探索最有效的途径之一就是可视化技术，因此，实现大数据分析，可视化交互式探索是至关重要的一个方面。

　　再次，如果没有指导，大数据可以得出任何结果，是一个盲目搜寻的过程。所以，大数据分析不能离开领域知识。一方面领域知识为数据分析过程提供约束，另一方面，大数据分析的结果能够精化凝练领域知识。因此，知识处理必不可少。然而，完美的领域知识很罕见，需要通过数据挖掘发现和精化凝练领域知识，并在领域知识的指导下，对数据进行更深层的利用。

　　可见，大数据分析的基础理论与技术方法包含**机器学习**、**可视分析**、**知识处理**、**数据挖掘**这四个方面的关键内容。

　　国内外在上述四个方面已开展了诸多研究，然而，基本上是在孤军奋战。例如，知识处理很少与机器学习、可视分析等其他方面联系起来。已有结合工作开始受到关注，例如，谷歌在 2018 年发布一项结合机器学习和可视分析的工作，将可视分析技术引入深度学习，以改善其可解释性。然而，在统一框架下考虑机器学习、可视分析、知识处理和数据挖掘的协同，还没有相关报道。

为此，我们的基本构思如下：机器学习和可视分析协同支撑，为数据挖掘和知识处理提供必要的支撑技术；数据挖掘和知识处理互促利用。四个方面的技术结合起来，共同加以应用，得到数据价值。图 1.1 给出结合机器学习、可视分析、知识处理、数据挖掘的大数据分析框架。

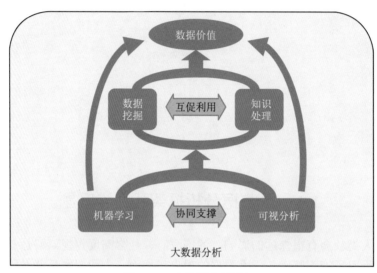

图 1.1 大数据分析框架

新的大数据分析框架又带来哪些新的挑战，并具备哪些独特性？

首先，常规机器学习研究通常假设数据同批获得，数据稳定不变，数据低维并且数量较小。在大数据分析下，数据会在线积聚、数据会动态变化、数据会高维海量。为此，学习模型具有的性质应是可增量、快响应、可演进、易复用、可扩展、易优化。浓缩起来，就是希望学习模型具有一定的**可塑性**，能够不断改进自己适应数据的变化，来增强自己的性能。

第二方面，常规现状下，可视分析基本上是假定数据单元同构、形态结构简单、交互方式比较扁平。而在大数据分析上，数据可能多源异构，数据内部结构复杂，交互式探索的需求多种多样，需要深化。这时，可视分析希望得到的性质是互洽融合表达、直观可视展现、沉浸可视交互。凝练起来，就是希望数据，包括以往认为很困难、很复杂的数据，能通过"可视"这种方式表达出来。

第三方面，常规现状下，知识处理主要依靠知识图谱，任务需求比较粗糙，领域知识相对简单，场景条件比较确定。在大数据分析下，面临的知识图谱构建要呈规模化、任务需求要面向领域，领域知识不再充分，场景条件往往不确定。这时，希望能够做到自动知识抽取、深层知识发现、主动的知识获取和鲁棒的挖掘分析。总结起来，就是领域知识"**可用**"，一方面使得已有领域知识在处理过程中能够利用；另一方面使得大数据分析结果能形成新的可用知识。

为此，对整个大数据分析框架进行梳理后，经过长时间的思考，凝练出三个关键的科学问题：**可塑模型学习、可视数据表达**和**可用知识处理**。

1.2　大数据研究内容与前沿进展

针对这三个科学问题，梳理出主要研究思路和研究内容。首先，整个任务包含数据层、知识层和价值层。数据层主要通过机器学习和可视分析支撑原始数据到知识信息的有效凝练，随后知识层通过利用知识处理和数据挖掘来实现领域知识到核心价值的有效转化。从环境、模型、任务三者的角度，大数据环境提供了一个内因驱动，现实任务提供了一个外需牵引，内外相结合确定最终需要得到的分析模型。图 1.2 为大数据分析研究思路。

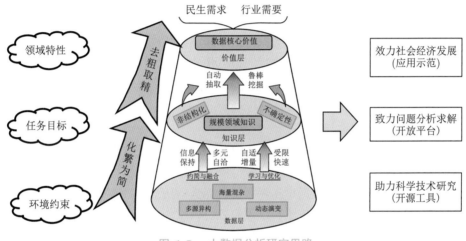

图 1.2　大数据分析研究思路

为此，凝练出五项主要研究内容：

1. 大数据机器学习

其中涉及理论基础和技术体系的研究，理论基础主要关注误差建模理论和随机优化理论，技术体系主要关注动态变化环境下的学习、快速响应可复用模型以及兼顾隐私和安全的学习。总结来说，针对动态变化、快速响应、安全隐私等安全建模问题，研究大数据机器学习理论与方法。

2. 大数据可视分析

一方面研究便捷直观的可视表达与展现，另一方面研究面向领域的可视分析与推演。其中包括形象直观的复杂数据可视、感知驱动的沉浸式可视展现、人机耦合的探索式可视分析、可视驱动的交互式模型分析和面向领域的可视分析工具库。总结出来，针对形象直观，可视交互沉浸展现的数据表达，研究大数据可视分析的理论与方法。

3. 多源不确定数据挖掘

首先考虑适用于异构散乱特征的表示融合和针对底层混杂数据的空间度量，然后研究围绕先验缺乏的任务的领域知识获取以及面向低质监督信息的鲁棒挖掘。总结来说，围绕先验知识缺乏、监督信息低质、特征结果散乱等问题，研究多源不确定数据挖掘方法与技术。

4. 自动生成化知识处理

首先考虑深层知识发现与知识表征建模,然后研究知识自动抽取和领域图谱构建,研究知识的高效检索和深层知识推理,最后在需求导向下研究问题的语义分析和复杂问题求解。总结来说,围绕领域图谱构建、生成知识推理、复杂问题求解等任务,研究自动生成化知识处理方法与技术。

5. 分析平台和应用示范

建立开放共享的大数据分析平台和相关标准,开展面向舆情分析公共安全智慧法院的应用示范。

从整体的成果形态上,涉及基础理论、方法技术和平台应用。在基础理论支撑方面,希望在机器学习理论与方法上取得创新突破,支持面向领域的大数据可视理解分析和决策。在方法技术体系方面,希望能够揭示数据内在本质,提炼深层知识信息,为领域知识到核心价值有效转化提供鲁棒挖掘和深层推理。最后构建平台应用示范,研制出开放共享的大数据标准化分析平台,包括提供基准测试服务以及面向特定行业和社会治理的应用示范。

下面介绍大数据分析比较有代表性的进展。

1. 大数据机器学习理论与方法

大数据机器学习理论和方法主要介绍其中三个部分的代表性进展。

(1) 人类决策过程往往同时利用数据事实和规则知识。逻辑推理技术善于利用规则知识,而机器学习技术善于利用数据事实。人工智能学科历史上,逻辑推理与机器学习几乎完全独立发展。因此,机器学习与逻辑推理有效协同工作,成为人工智能领域备受关注的"圣杯问题"。其中挑战在于,逻辑推理一般基于一阶逻辑表示,而机器学习往往建立在特征表示的基础上,两者表示差别巨大,进行转换非常困难。过去 30 多年,有很多学者从事这方面的工作,然而它们的做法要么"重推理,轻学习",要么"轻推理,重学习",没有真正发挥两者的优势。本书提出了一种原创的学习范式——"反绎学习"(abductive learning)。这是首个能够将机器学习和逻辑推理均衡利用的框架。反绎学习一方面利用历史数据进行机器学习建模,另一方面利用领域知识进行推理,两个迭代优化不断精进互促。在符号破译问题上,反绎学习通过相对均衡地利用机器学习和逻辑推理,明显优于已有深度神经网络,甚至超过了人类平均能力。

(2) 常规机器学习算法采用批量模式分析数据,即假定训练数据预先给定,通过最小化经验风险构建模型。然而,批量学习无法适应数据规模大、数据增长快的挑战,难以满足实际应用的需求。为了处理快速增长的大数据,机器学习算法必须具备在线更新、实时决策的能力。围绕在线学习能力的两个核心评估——自适应遗憾和动态遗憾,本书提出了能够最小化自适应遗憾和动态遗憾的算法和理论,并分析了自适应遗憾和动态遗憾之间的关系。与以往工作相比,对于自适应遗憾,设计的算法将每轮的梯度计算次数从 $O(\log t)$ 次降低到 1 次,并维持同样的理论保障。对于动态遗憾,考虑任意模型序列的一般情况,提出的算法将动态遗憾的上界由 $O(\sqrt{T}(1+P_T))$ 降低到 $O(\sqrt{T(1+P_T)})$,并证明了 $\Omega(\sqrt{T(1+P_T)})$ 的下界。针对两种度量准则之间的关系,揭示了最差动态遗憾可以通过自适应遗憾和函数扰动来表示,证明了利用现有针对自适应遗憾的算法能够推导出几乎最优的动态遗憾界。

(3) 机器学习普遍涉及数据误差的建模,旨在研究学习目标对输入观测 (训练数据) 的拟合与匹配程度。围绕特定问题与任务，通常需手工设定误差项的形式，例如，常见的 L_2 范数误差 (即最小二乘误差)、L_1 范数误差 (即平均绝对误差) 等。我们通过分而治之方法对开放环境下数据的非独立与非同分布噪声进行研究。数据噪声"分"的理解可体现为两个方面：一是指对于开放环境下数据的每个时、空、维局部，其噪声分布可近似认为其呈现独立同分布的高斯形态；二是噪声分布在不同的时、空、维局部位置是非同分布的。这一局部分布的差异性体现了噪声复杂性，也体现了大数据本质的统计非独立同分布特性。数据噪声"治"的理解，可体现为开放环境下不同时、空、维局部位置的数据噪声具有非独立性/相关性，这一相关性体现为数据噪声的时、空、维信息关联性，对其有效先验编码有助于约束和限制噪声分布复杂性，使所建模的误差分布对实际数据噪声实现更准确的匹配与拟合。

2. 大数据可视分析理论与方法

大数据可视分析理论与方法主要介绍三项代表性进展内容。

(1) 随着信息技术的快速发展，人们收集数据的渠道和数据的形式呈现多样化的趋势。相比于传统主流的文字媒介形式，带视觉信息的数据媒介可以记录更生动、更丰富的数据内容。如何对这些复杂异构数据进行深度分析并挖掘出其内在价值仍是一个难点。可视化被认为是可以支持大数据场景下复杂数据分析的有效手段，然而传统的可视化技术和理论往往只适用于分析表格型等简单、同构的数据。如何建立适用于复杂数据的可视表达理论和分析方法亟须得到解决。本书详细阐述了针对复杂数据的先进可视化技术，包括图片数据可视化技术、地理空间数据可视化技术以及时间叙事可视化技术。这些可视化技术可以帮助用户更高效地进行复杂数据分析，深入发掘其中隐藏的数据模式和洞见。其中图片数据可视化技术 ImageVis 帮助用户从图片语义层面高效地探索、分析大型图片数据集；地理空间数据可视化技术 SRVis 支持更好的集成空间上下文的视觉排名，帮助用户高效分析大量空间排名数据并进行有效的空间探索和决策；时间叙事可视化技术 iStoryline 提供了一种全新的故事线优化算法和创作方法，帮助用户高效地完成高质量的故事线作品。

(2) 虽然可视分析的定义并没有对分析系统中交互界面所使用的设备进行限定，然而，用于显示以及提供交互的输入输出设备对于人们的分析感受与能力却息息相关。对于一般的工业或科学研究中的可视分析系统，其使用的交互展现平台往往是由单目显示器、鼠标以及键盘组成。这未能提供使用者对于立体视图的观看感受，也无法支持便捷的多维交互方法。本书从叙事可视化创作和城市数据可视化两方面介绍了增强现实技术与虚拟现实技术在沉浸式可视化呈现中的应用。叙事可视化创作是从具有应用前景的个人增强现实叙事可视化创作出发，分别从工具的创作流程、可视化虚拟图标与真实物体的三类关系以及创作工具的设计准则三个方面对创作工具进行详细的需求描述，最后，以一个实际的增强现实可视化创作工具作为案例，解析如何实现这些需求。通过这类创作工具，用户可以简便地将数据属性与期望的视觉通道相互绑定，并利用简单直观的交互操作将图符布局在指定的空间位置中。针对城市数据可视化，介绍了表征沉浸式城市环境中的可视化与可视分析的理论模型，基于此模型，进一步介绍了在沉浸式环境中物理和抽象数据的可视化集成的分类学，包括链接视图、嵌入式视图以及混合视图。此外，通过实例，展示了物理和抽象数据的可视化集成的设计原则。

(3) 专家在使用机器学习模型时，往往将其当作一个黑盒子。由于缺乏对这些模型工作机理的深刻理解，在开发高效模型时，常常依赖一个冗长又昂贵的反复实验过程。由于用户无法理解模型内部的工作机理，所以无法实现人机的平等双向沟通，给人机之间的协作带来巨大的障碍。这就迫切需要提升机器学习模型的可解释性，将"黑箱"模型转化为"白箱"，为实现人机平等沟通奠定基础。因此，对于工作机理复杂的深度学习模型所做出的决策缺乏解释以及对其内部过程缺乏控制等这些本质缺陷，不仅制约了其技术本身的发展(模型设计、调试和分析)，而且限制了其在高影响和高风险的关键决策过程中的应用。本书从机器学习专家完成模型开发过程这一方面对现有研究进行归纳总结，分别从模型理解、模型诊断和模型改进三个方面介绍如何利用可视分析技术与方法提升机器学习模型的可解释性，帮助专家直观地理解机器学习模型的工作机理，方便地诊断模型的训练过程，以及更高效地改进模型的预测性能。

3. 多源不确定数据挖掘方法与技术

多源不确定数据挖掘方法与技术主要介绍两个部分的代表性进展。

(1) 许多实际应用中，多源异构数据的关系多样化且有歧义。传统方法常侧重于辅助关联关系的浅层信息，而忽略了其中丰富的潜在语义；此外，实际数据中样本的异构性，导致同类样本在不同领域具有不同的定义。为实现多源异构场景下的高质量特征抽取，一方面需要自适应的多度量学习框架，利用全局度量动态地为不同的语义分配度量，防止模型过拟合，提升分类能力；另一方面通过学习多个局部度量，能够灵活挖掘出对象本身的不同语义，提升后续实际问题的性能。为此，本书首先提出了一种自适应分配的多度量学习框架 LIFT。该框架有效地利用了全局度量的作用，通过学习多个局部的度量偏差，使模型动态适配简单和复杂的环境。此外，考虑到开放环境中的多样语义信息，提出了一种统一的多度量学习方法 UM^2L，能够利用函数算子，对不同语义下样本之间的相似度/距离进行综合，挖掘对象的潜在语义。在此基础上针对多种不同的算子和正则，具备统一的优化方法。理论和实验均验证了该思路的有效性和模型框架的优越性。

(2) 在许多数据挖掘任务中，模型训练往往依赖于大量的先验知识。然而，在实际应用场景中，数据所蕴含的先验知识往往比较匮乏，并主要表现为特征缺失和标记缺失这两种重要形式。在成本受限的情况下如何主动查询所需信息，本书对这两种问题提出了对应的解决方案，分别为 AFASMC 和 ADMA。AFASMC 主要解决特征缺失问题，在考虑成本差异的情况下，通过结合监督矩阵补全和主动特征获取方法显著地降低先验知识的获取成本。ADMA 从迁移学习中的域自适应角度出发，提出了调整模型适应目标任务的样本挑选方法。神经网络浅层学习的图片特征是更通用的特征，而中深层学到的特征和特定任务适配即更加具体。利用一个预训练模型从图像中学到的浅层知识、冻结浅层网络参数，然后挑选目标域的样本，最大限度的改善网络在目标域上的表现。

4. 自动深层化知识处理方法和技术

自动深层化知识处理方法和技术主要介绍两个部分的代表性进展。

(1) 面对不同领域中来源广泛、形式多样的多模态数据，有效的语义理解与知识表示不仅能让智能体更加深入地感知和理解真实的数据场景，而且能进一步对所感知的知识进行推理和系统性关联，以更好地支撑诸多下游应用。在多模态数据的分析过程中，如何对模态间的关联性做出更加细粒度的语义理解，以及如何在多模态语义理解的基础上推断出新的知识，这两个研究方向显得尤为重要。为了达到这一目的，本书首先介绍单模态下的知识抽取与关联技术，包括样本稳定性度量与区别对待样本的聚类集成、类簇质量评估与区别对待类簇的聚类集成；然后介绍多模态下的知识对齐与推断，包括跨模态对齐方法、基于多模态融合的知识推断模型，以及多模态下的知识库表征及应用。

(2) 知识库问答系统的快速发展使用户能够通过自然语言问句从知识库中获取信息。面向知识库的问句理解是这些问答系统中最关键的步骤，其目标是将自然语言问句转换为可以在知识库上执行的结构化查询。然而，人类问句具有复杂性和多样性，知识库复杂问题理解仍有较大的提升需求，因此亟待研究。为此，本书首先介绍知识图谱上的实体关联搜索技术，包括高效搜索算法、查询松弛算法，以及结果排序和聚类算法；然后，介绍知识库复杂问题理解的技术，包括面向知识库的形容词表示方法和复杂问题的结构化查询生成技术。

5. 大数据分析平台、标准与应用示范

大数据分析平台、标准与应用示范主要介绍三个部分的代表性进展。

(1) 大数据分析平台与视频基准测试集。大数据分析平台自上而下包括四个层面：交互式、可视化引擎，异构算子统一编程模型，统一算子执行引擎平台和基于微服务的运行时调度，为大数据分析应用提供了统一、高效、便捷的大数据开放共享平台，降低大数据处理技术的门槛，支撑大数据应用的敏捷开发。为了给各类大数据分析算法的性能指标提供定量和可对比测试分析服务，构建了一项视频基准测试集，共包含 256218 个视频，涵盖 1004 个类别，充分考虑实际应用中数据的多样性与典型性，为大数据分析算法的性能评价提供基准。针对现有数据集存在的视频数据标注不完全、视频规模小和标签类型单一问题，构建过程中进行人工标注，保证标注质量，并通过有效的数据采集和标签体系构造方法，在视频数量、标签类别数量和标签类型上有着优于现有数据集的性质。基准测试为大数据分析算法和系统的性能评测提供了公认的比较方法与指标，并采用当前热门的视频识别算法在视频基准测试集上进行三项指标的检测。

(2) 介绍大数据国内外标准化现状，对开放共享标准和大数据系统标准的标准编制背景、编制原则、标准编制范围及重要内容进行研究，重点介绍了政务数据开放共享系统参考架构、政务数据开放程度评价指标体系、政务数据开放程度评价方法和大数据系统框架。在大数据标准制定方面拥有多项研究成果，包括《信息技术　大数据　政务数据开放共享　第1部分：总则》(GB/T 38664.1—2020)、《信息技术　大数据　政务数据开放共享　第2部分：基本要求》(GB/T 38864.2—2020)、《信息技术　大数据　政务数据开放共享　第3部分：开放程度评价》(GB/T 38864.3—2020) 和《信息技术　大数据　大数据系统基本要求》(GB/T 38673—2020)4 项国家标准等。

(3) 介绍两项应用示范：① 面向公共安全的视频目标关联与态势感知。该项应用示范重点解决了因多路视频之间存在跨时域、空域现象导致的监控领域关键技术难题，为基于大规模监控视频的预警防范、治安防控、反恐维稳、案件侦查等业务应用提供技术支撑。② 智慧法院深度知识挖掘及精准分案。该项应用示范在法院多源异构数据基础上，构建智慧法院知识图谱，支撑法院知识查询，并面向法院智能化管理业务的需求研究深层知识的探索式可视化展示技术，进而实现面向人案关联的多目标精准分案技术和工具。

1.3 本书组织架构

本书余下章节如下组织：

第 2 章将介绍大数据机器学习方面代表性进展的具体内容。第 3 章将介绍大数据可视分析理论和方法方面代表性结果。多源不确定数据挖掘技术和方法前沿进展在第 4 章介绍。自动深层化知识处理方面的代表性成果在第 5 章展开。最后，第 6 章介绍在大数据平台和应用示范方面的代表性结果。

大数据机器学习理论与方法

02

本章主要介绍大数据机器学习理论和方法三个部分的代表性进展。首先，提出了一种原创的学习范式——"反绎学习"(abductive learning)，这是首个能够将机器学习和逻辑推理均衡利用的框架；其次，提出了面向动态环境的在线学习新理论和新方法；最后，提出了针对复杂噪声分布数据的误差建模方法。

2.1　反绎学习：机器学习与逻辑推理的协同框架

2.1.1　机器学习与逻辑推理

人类决策过程往往同时利用数据事实和规则知识。逻辑推理技术善于利用规则知识，而机器学习技术善于利用数据事实。人工智能学科历史上，逻辑推理与机器学习几乎完全独立发展。因此，机器学习与逻辑推理有效协同工作，成为人工智能领域备受关注的"圣杯问题"。

在人工智能学科发展历史上，逻辑推理 (包括知识工程) 是 20 世纪 90 年代前的主流研究内容，机器学习则是 20 世纪 90 年代中叶以来的主流研究内容[1]，两者是不同时期的主流热点，几乎是相互独立地发展起来的。两者的协同需要克服诸多障碍，首要的挑战来自于两者迥异的表示形式。

逻辑推理通常采用一阶逻辑表示，如下面两个由一阶逻辑表达式组成的集合：

$$\forall x\ \forall y\ \mathrm{Parent}(x,y) \models \mathrm{Older}(x,y)\ ,$$

$$\forall x\ \forall y\ \mathrm{Father}(x,y) \models \mathrm{Parent}(x,y)\ .$$

其中，$\models$ 表示逻辑蕴涵。由这两个逻辑表达式所表达的知识，若已知关羽是关平的父亲，即 Father (关羽, 关平)，则能够容易地推理出 Older(关羽, 关平)，即关羽比关平年纪大。

机器学习通常采用"属性-值"表示，如表 2.1 包含西瓜样例的数据集，旨在训练出模型用于判断是否好瓜。从逻辑的角度看，"属性-值"表示形式对应于命题逻辑表示，跟一阶逻辑表示相去甚远。

表 2.1　西瓜样例的数据集

编号	色泽	根蒂	敲声	好瓜
1	青绿	蜷缩	浊响	是
2	乌黑	蜷缩	浊响	是
3	青绿	硬挺	清脆	否
4	乌黑	稍蜷	沉闷	否

上述一阶逻辑与"属性-值"两种表示形式之间不易进行转换。例如,若试图把上述一阶逻辑表达式转换为机器学习常用的数据样例表示,由于存在全称量词 $\forall x\ \forall y$,会展开无穷多的数据样例,而且若将每个谓词当作一个属性,则会遭遇属性值的大量缺失。另一方面,把上述西瓜数据转换为一阶逻辑规则也很困难。事实上,学习完成之后,得到的模型也通常是难以用一阶逻辑子句显式表达的"黑箱"模型。

机器学习与逻辑推理的协同已有不少研究者付出了巨大努力,大致包括两大方面的工作。

第一方面的工作是以概率逻辑规划 (probabilistic logic program, PLP)[2] 为代表,试图对逻辑推理技术进行扩展以纳入概率建模机制。具体而言,给逻辑子句赋予概率意义,如下面两个公式分别以 80% 和 100% 的概率成立,概率值的估计部分可以基于数据建模完成。

$$\forall x\ \forall y\ \ \mathrm{Older}(x,y) \models \mathrm{MoreExperience}(x,y)\ |\ 80\%\ ,$$

$$\forall x\ \forall y\ \ \mathrm{Parent}(x,y) \models \mathrm{Older}(x,y)\ |\ 100\%\ .$$

此类做法可谓"重推理、轻学习",因为它在引入一些概率建模机制后,主体任务几乎完全依靠逻辑推理技术完成。

第二方面的工作是以统计关系学习 (statistical relational learning, SRL)[3] 为代表,试图在机器学习中引入逻辑子句描述的领域知识来构造或初始化学习模型。例如在图 2.1 中,根据 $\forall x\, \mathrm{Smokes}(x) \models \mathrm{Cancer}(x)$,可以将所有 $\mathrm{Smokes}(x)$ 与其对应的 $\mathrm{Cancer}(x)$ 连接起来,以此作为对马尔可夫的初始化,然后再进行马尔可夫学习。

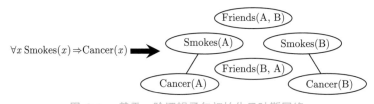

图 2.1　基于一阶逻辑子句初始化贝叶斯网络

此类做法可谓"重学习、轻推理",因为它在引入逻辑知识进行模型初始化之后,主体任务几乎完全依靠机器学习技术完成。

可见,现有尝试还没有真正同时发挥两者的优势。本章介绍我们提出的一个机器学习与逻辑推理的协同框架——"反绎学习"(abductive learning, ABL)[4]。如图 2.2 所示,以往工作如 PLP 和 SRL 是在机器学习与逻辑推理之间从一侧向另一侧进行"单向拓展",而 ABL 则是试图在机器学习与逻辑推理之间进行两侧均衡的"双向拓展",冀望能够更充分地发挥机器学习与逻辑推理两者的优势。

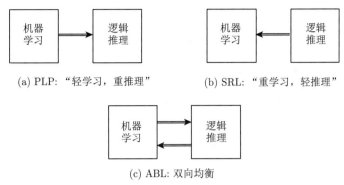

(a) PLP:"轻学习,重推理"　　　(b) SRL:"重学习,轻推理"

(c) ABL: 双向均衡

图 2.2　PLP、SRL、ABL 的工作思路示意图

2.1.2　什么是反绎

演绎 (deduction) 与归纳 (induction) 是科学推理的两大基本手段。前者是从一般到特殊的"特化"(specialization) 过程,即从基础原理推演出具体状况。例如,在数学公理系统中,基于一组公理和推理规则推导出与之相洽的定理就是演绎;归纳是从特殊到一般的"泛化"(generalization) 过程,即从具体的事实归结出一般性规律。例如,对数据样例进行机器学习就是在进行归纳[1]。

反绎 (abduction) 是什么?它被称为"反产生式"(retro-production),是根据背景知识有选择地推断某些事实和假设以解释现象和观察的过程[5]。我们通过一个基于反绎机制破译玛雅历法的例子来对反绎的思想加以解释。

中美洲的玛雅文明使用了很复杂的历法体系,主要包含三种历法:

(1) 玛雅长历 (Long Count) 形如 x.x.x.x.x,表示从创世以来所经历的天数。这个体系本质上是二十进制,除了右起第 3 位表示第 2 位的 18 倍之外,其他每位皆表示上一位的 20 倍。例如,"1.18.5.6.0"表示创世以来的第 $\{[(1\times20+18)\times20+5]\times18+6\}\times20+0 = 275520$ 天。

(2) 玛雅神历 (Tzolk'in) 的一年是 260 天,分为 20 个月,每月 13 天。新年从"4 Ahau"开始,于是"1 Ahau"表示一年的倒数第三天。

(3) 玛雅阳历 (Haab') 的一年是 365 天,分为 18 个月,每月 20 天,再加上年年末 5 个"无名日"。例如,"13 Mak"表示 Mak 月 (第 13 个月) 的第 14 天。

这三种历法对同一个具体日期的指向是一致的。例如,上面"1.18.5.6.0""1 Ahau""13 Mak"都指向同一天。考古学家发掘出图 2.3 的石柱,已知对应玛雅长历、玛雅神历、玛雅阳历的部分已分别在图中标出,希望破解"?"标识的三个神像的含义。

考古学家尝试直接辨识这三个神像。但遗憾的是,这个问题很难,因为玛雅人会用不同塑形的神像来表示同一个数字,如图 2.4 中间部分所示。根据以往的经验,仅能判断出图 2.4 中两个红框神像是对应同一个数字,或是 1,或是 8,或是 9,而蓝框神像则对应另一个数字。

于是,考古学家先假设红框中是 9,判断出蓝框可能是 0~5 中的某个数字;再假设红框中是 8,于是蓝框可能是 8~11 中的某个数字;再假设红框中是 1,于是蓝框可能是 2~7 中的某个数字。在此基础上,对所有的 16 种可能情况分别进行校验,最终发现图 2.4 中右边倒

数第四行所显示的三种历法指向日期一致，于是破解出红框和蓝框中神像分别表示 1 和 6，任务完成。

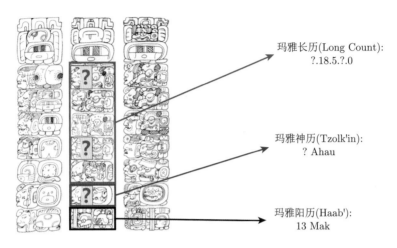

玛雅长历(Long Count):
?.18.5.?.0

玛雅神历(Tzolk'in):
? Ahau

玛雅阳历(Haab'):
13 Mak

图 2.3　玛雅历法破译任务

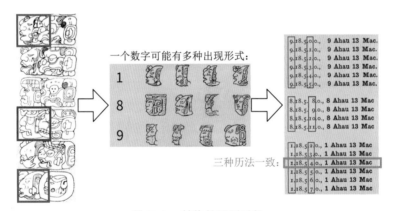

图 2.4　神像的识别过程

　　简单地说，"反绎"是从一组不完备的观察事实出发，基于背景知识来获得对其最有可能的解释。例如，上面的玛雅历法破译过程，是从一组包含未知神像的考古事实出发，基于已知的历法背景知识，来推断出对未知神像的最可能的解释。

　　在人工智能学科发展历史上，反绎这个概念曾被多次讨论，并被尝试与符号归纳相结合[6,7]。我们曾尝试在统计学习中利用反绎机制引入符号知识[8]。2.1.3 节介绍的反绎学习框架则是我们在这方面的进一步研究。

　　需要说明的是，在逻辑推理领域，abduction 也被译为"诱导"或"溯因"。但是从机器学习的角度来看，"诱导"的含义不够明确，而"溯因"则容易和机器学习中的"因果发现"相混淆，因此我们采用"反绎学习"这个名字，可以解读为既有"正向"基于数据事实的学习，亦有"反向"基于背景知识的演绎。

2.1.3　反绎学习框架

以二分类任务[1]为例，对一般监督学习，给定训练样例集 $\{(\boldsymbol{x}_1, y_1),\ (\boldsymbol{x}_2, y_2), \cdots,$ $(\boldsymbol{x}_m, y_m)\}$，其中 $\boldsymbol{x}_i \in \mathcal{X}$，指第 i 个示例；$y_i \in \mathcal{Y}$，是其对应的真实类别标记 (label)；$\mathcal{X}$ 是样本空间；$\mathcal{Y}$ 是标记空间。学习任务希望构建出 $f : \mathcal{X} \mapsto \mathcal{Y}$ 以对未见示例能够做出正确判断。如图 2.5 所示，图中黑色部分是学习过程的已知信息。

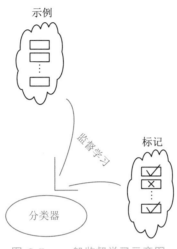

图 2.5　一般监督学习示意图

反绎学习的任务设置有所不同。给定训练示例集 $\{\boldsymbol{x}_1, \boldsymbol{x}_2, \cdots, \boldsymbol{x}_m\}$、逻辑规则组成的知识库 $\mathcal{KB}$ 以及初始分类器 $\mathcal{C}$，希望构建出 $f : \mathcal{X} \mapsto \mathcal{Y}$ 以对未见示例能够做出正确判断，同时，希望 $\{(\boldsymbol{x}_1, f(\boldsymbol{x}_1)), (\boldsymbol{x}_2, f(\boldsymbol{x}_2)), \cdots, (\boldsymbol{x}_m, f(\boldsymbol{x}_m))\}$ 所对应的逻辑事实与知识库 $\mathcal{KB}$ 相容 (compatible)，即不存在冲突。

形式化地说，给定 $\{\boldsymbol{x}_1, \boldsymbol{x}_2, \cdots, \boldsymbol{x}_i\}$、$\mathcal{C}$ 和 $\mathcal{KB}$，反绎学习试图寻求 f 使得

$$\{\boldsymbol{x}_1, \boldsymbol{x}_2, \cdots, \boldsymbol{x}_i\}, f \triangleright \mathcal{O} \tag{2.1}$$

$$\text{s.t.} \quad \mathcal{KB} \models \mathcal{O}, \ \text{or} \tag{2.2}$$

$$\mathcal{KB} \models \Delta(\mathcal{O}), \ f \leftarrow \psi(f, \Delta(\mathcal{O})), \tag{2.3}$$

式 (2.1) 表示由示例 $\{\boldsymbol{x}_1, \boldsymbol{x}_2, \cdots, \boldsymbol{x}_i\}$ 以及分类器 f 确定逻辑事实 $\mathcal{O}$。如果 $\mathcal{O}$ 与知识库相容，即式 (2.2) 成立，则返回当前的 f 以及相应的 $\mathcal{O}$；否则，通过逻辑反绎对 $\mathcal{O}$ 进行修正，得到与知识库相容的 $\Delta(\mathcal{O})$，再以此为基础通过 ψ 过程更新 f。如果 $\mathcal{O}$ 与 $\mathcal{KB}$ 不相容，即 $\mathcal{KB} \not\models \mathcal{O}$，且不存在任何 Δ 能够使 $\mathcal{KB} \models \Delta(\mathcal{O})$，则学习过程结束，返回"失败"。

如图 2.6 所示，图中黑色部分是已知信息，包括训练示例集、知识库与初始分类器。初始分类器的作用类似 2.1.3 节中考古学家对玛雅神像含义进行初始猜测的依据。用分类器对输入示例进行判别，就产生图 2.6 中示例的伪标记 (pseudo-labels)。将这些伪标记转换为相应的逻辑伪事实 (pseudo-groundings)，然后通过逻辑推理来检验其与知识库的相容性。如果不相容，那么就寻找一个修正，使得修正后的伪事实与知识库的不一致性最小化。例

如，图 2.6 中将伪事实 ¬C 修正为 C。随后，这个修正被反映为对伪标记的修正，从而产生反绎标记 (abduced-label)，配合输入示例来训练新的分类器。新分类器将替代原有的分类器，然后上述过程不断循环，直到分类器不再更新，或伪事实已经与知识库相容为止。

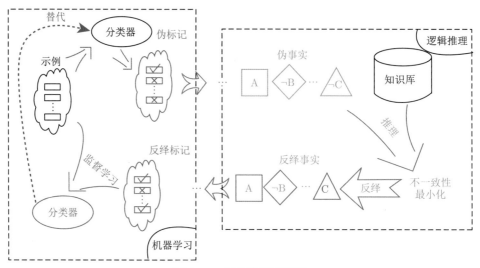

图 2.6　反绎学习示意图

　　为描述方便，上述过程假设初始训练示例未伴随真实类别标记，但这并不意味着反绎学习不能利用真实标记。训练示例伴随真实标记，即便仅是其中一部分示例，反绎学习也可以利用这些标记来提升性能。例如，可以在训练分类器时使用这些带有真实标记的样本，还可以利用这些真实标记来辅助提升逻辑推理和反绎的有效性和可靠性，因为它们所对应的真实事实将有助于削减逻辑推理和反绎过程所面临的庞大假设空间。事实上，在这种情况下，反绎学习可被视为一种特殊的弱监督学习[9]，其监督信息不仅来自于真实类别标记，亦来自于知识推理。

　　图 2.6 中的初始分类器可以直接通过示例聚类或最近邻分类产生。实践中往往可以使用预训练模型，例如从基准数据集训练得到的深度学习模型，或者从相关任务迁移而来的模型，甚至是可复用的 "学件" (learnware)[10]。另外，如果拥有许多有标记样本，那么甚至不需要初始分类器，可以直接基于有标记样本产生逻辑事实而进入逻辑推理环节；换句话说，如果有许多示例伴随着真实类别标记，那么它们本身就能起到初始分类器的作用。

　　另外，现实任务中的知识库往往未必精确和完备。反绎学习过程不仅可以通过逻辑推理对伪事实进行修正，还可以对知识库本身进行修正。例如，若发现仅需修正知识库中某条子句就能使知识库与所有伪事实相容，那么就可以决定进行这个修正。不过，这往往需要用户参与来确定是否接受对知识库的具体修正；另一方面，把可修正的对象从伪事实扩展到整个知识库，会使得推理优化过程更加复杂。其实即便仅考虑对伪事实进行修正，已经要克服许多技术障碍，因为这里涉及的是基于符号关系的优化而不再是机器学习中常见的数值优化。

2.1.4　一个例子

图 2.6 给出的框架可以通过不同的具体化方式产生不同的反绎学习模型和方法。文献 [11] 给出了一个具体化的例子，如图 2.7 所示。这里的机器学习部分使用卷积神经网络 (CNN)，逻辑反绎部分使用反绎逻辑规划 (ALP)[12]，符号优化部分使用非梯度优化技术 RACOS[13]。此模型同时涉及神经网络和符号计算，因此是一种特殊的"神经-符号学习系统"[14]。需说明的是，反绎学习并非必须使用神经网络实现，其机器学习部分可以根据具体任务需要而选用适当的技术。

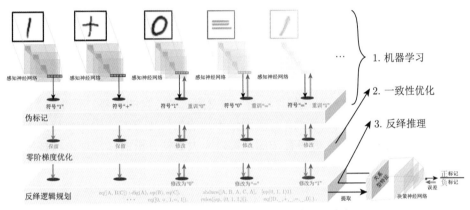

图 2.7　一个具体的反绎学习模型 (图片来源：文献 [11])

这个实现方案在实验中取得了较好的结果。例如，对图 2.8 所示的实验数据，其中 DBA 任务的训练样例是描述 XNOR (异或非) 门的长度为 5 的图像符号串，而测试样本则不限于长度为 5；RBA 任务更加困难，DBA 中 0、1 等能"看出含义"的图像被替换为随机产生的图像符号。

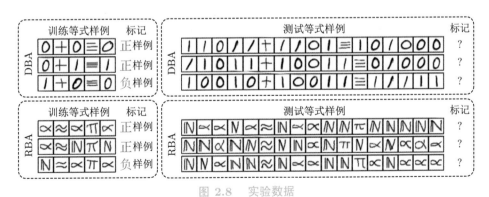

图 2.8　实验数据

如图 2.9 所示，在这两个任务上，图 2.7 的反绎学习模型都取得了超越一般人类测试水平的性能。

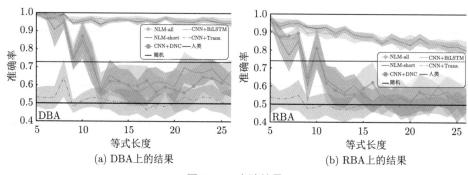

(a) DBA上的结果　　　　　　　　(b) RBA上的结果

图 2.9　实验结果

2.1.5　小结

反绎学习是融合机器学习与逻辑推理，使两者能够有效协同工作的新框架。在这个框架中，机器学习与逻辑推理可以比较"均衡"地发挥两者各自的优势，不再是"一头轻、一头重"。这个框架具有足够的灵活性，可以通过不同的具体化方式产生能力特点不同的模型和方法。进一步研究可望产生更多有趣的结果，为大数据分析的基础理论与技术方法提供新思路。

2.2　面向动态环境的在线学习

传统的机器学习算法是批量模式的，假设所有的训练数据预先给定，通过最小化所有训练数据上的经验风险得到模型[15]。在处理大数据时，批量学习面临计算复杂度高的挑战，无法适应大数据规模大、增长快的特点。由于数据规模大，批量学习算法的训练时间很长，因此不可能在每一次数据增加时都重新训练。此外，在实际应用中，机器学习系统需要在有限时间内完成工作，否则学习结果的价值就会降低。为了处理快速增长的大数据，机器学习算法必须具备在线更新、实时决策的能力。在线学习是一种针对高速数据流而提出的新型学习模式[16]。与批量学习不同，在线学习假设训练数据持续到来，通常利用少量训练样本更新当前模型，显著降低了学习算法的空间复杂度和时间复杂度，实时性强。在大数据时代，在线学习成为解决大数据规模大、增长快的重要技术手段，引起了学术界和工业界的广泛关注[17,18]。

在线学习是回答一系列问题的过程，同时，算法可以得到历史问题的答案并进行学习[18]。在线学习可以被形式化为学习器和对手之间的博弈过程：

步骤 1　在每一个时刻 t，学习器从解空间 $\mathcal{W}$ 选择决策 $\boldsymbol{w}_t$；同时，对手选择一个损失函数 $f_t(\cdot): \mathcal{W} \mapsto \mathbb{R}$；

步骤 2　学习器遭受损失 $f_t(\boldsymbol{w}_t)$，并更新模型获得下一时刻的解 $\boldsymbol{w}_{t+1}$。

在线学习的目的是最小化累计损失。假设算法共执行 T 次迭代，那么累计损失就是 $\sum_{t=1}^{T} f_t(\boldsymbol{w}_t)$。为了刻画在线算法的性能，通常将算法的在线损失和离线算法的最小累计损失进行比较，将其差值定义为遗憾 (regret)：

$$\text{Regret} = \sum_{t=1}^{T} f_t(\boldsymbol{w}_t) - \min_{\mathbf{w} \in \mathcal{W}} \sum_{t=1}^{T} f_t(\boldsymbol{w}). \tag{2.4}$$

最小化累计损失也就等价于最小化遗憾。在线学习算法希望达到次线性的遗憾，即 $\text{Regret} = O(T)$，这时候称算法是 Hannan 一致的[16]。

本书主要考虑在线凸优化，即损失函数 $f_t(\cdot)$ 和解空间 $\mathcal{W}$ 均为凸的情况[19]。通过将凸优化和在线学习相结合，学术界提出了大量的在线学习算法，能够取得次线性的遗憾[18,19]。但是，在遗憾的定义中，学习器的效果是跟一个固定的最优模型相比较的。因此，经典的在线学习隐含了一个假设，即存在一个固定的模型能够取得很小的累计损失。这也就意味着我们面临的是静态环境，其中最优模型是固定不变的。静态环境的典型代表是统计学习：每一个时刻的损失函数 $f_t(\cdot)$ 虽然不同，但是它们服从同样的分布，可以用一个固定的模型最小化累计损失。但是，随着机器学习技术逐渐走向实用，在应用中面临的是开放环境，包括静态和动态两种情况。动态环境中最优的模型会随时间变化，不存在一个模型能够最小化累计损失。代表性的例子是在线产品推荐，模型表示用户的兴趣，随着时间、社会热点等因素的变化，用户的兴趣会发生漂移。为了更好地反映动态环境中学习器的效果，研究人员在遗憾的基础上分别提出了自适应遗憾和动态遗憾两种新的度量准则。

自适应遗憾从最优模型局部稳定的视角出发，最小化不同区间上的遗憾。给定一个区间长度 τ，自适应遗憾旨在最小化在线算法在任意长度为 τ 区间上的遗憾，其度量准则如下[20,21]

$$\text{SA-Regret}(T,\tau) = \max_{[s,s+\tau-1] \subseteq [T]} \left(\sum_{t=s}^{s+\tau-1} f_t(\boldsymbol{w}_t) - \min_{w \in \mathcal{W}} \sum_{t=s}^{s+\tau-1} f_t(\boldsymbol{w}) \right). \tag{2.5}$$

注意到，不同区间上的最优解可能发生变化。因此，最小化自适应遗憾本质是将在线算法和动态变化的模型进行比较。动态遗憾从最优模型动态变化的视角出发，直接将在线算法的累计损失与动态序列的损失进行比较。给定一个序列 $\boldsymbol{u}_1, \cdots, \boldsymbol{u}_T \in \mathcal{W}$，动态遗憾定义为[22]

$$\text{D-Regret}(\boldsymbol{u}_1, \cdots, \boldsymbol{u}_T) = \sum_{t=1}^{T} f_t(\boldsymbol{w}_t) - \sum_{t=1}^{T} f_t(\boldsymbol{u}_t). \tag{2.6}$$

由于动态环境的广泛存在，自适应遗憾和动态遗憾成为在线学习的研究热点，但是现有的工作存在如下不足：

(1) 虽然存在能够最小化自适应遗憾的算法，但是这些算法在第 t 轮迭代时，至少要计算 $O(\log t)$ 次梯度[20,21,23]。当梯度计算比较复杂时，无法快速响应。

(2) 现有针对动态遗憾的工作主要关注最差情况下的动态遗憾，不支持任意的模型序列[24-27]。算法应用范围受限，不能同时支持静态和动态环境。

(3) 自适应遗憾和动态遗憾都可以应对动态环境，但是这两种准则的内在关系并不清楚。现有的研究只关注其中一种性能准则，没有揭示这两种准则之间的区别和联系。

针对上述问题，本书提出了针对自适应遗憾和动态遗憾的在线学习算法，降低了梯度的查询次数，能够和任意模型序列相比较，并分析了动态遗憾和自适应遗憾的关系。具体研究内容包括：

(1) 为了减少梯度的查询次数, 本书利用替代损失设计了一系列自适应在线学习算法, 分别适用于损失函数为凸函数、强凸函数和指数凹函数的场景。理论分析表明, 本书提出的算法每轮仅需计算 1 次梯度, 且具备最优的性能保障[28]。

(2) 针对任意的模型序列, 提出了取得 $O(\sqrt{T(1+P_T)})$ 动态遗憾的在线学习算法, 其中 P_T 为模型序列的路径长度。证明了动态遗憾具有 $\Omega(\sqrt{T(1+P_T)})$ 的下界, 表明本书提出的算法是最优的, 为动态遗憾建立了完备的上下界理论[29]。

(3) 通过分析最差动态遗憾和自适应遗憾之间的关系, 证明了动态遗憾可以通过自适应遗憾和函数扰动来表示。这个发现意味着强自适应的算法可以直接用来最小化动态遗憾, 并首次为指数凹函数建立了动态遗憾[30]。

2.2.1 相关工作

本节介绍在线凸优化方向的相关工作, 包括能够最小化遗憾、自适应遗憾、动态遗憾的算法。本书主要关注三种类型的函数: 凸函数、强凸函数和指数凹函数, 其定义如下[31,32]。

定义 2.1 (凸函数) 当函数 $f(\cdot) : \mathcal{W} \mapsto \mathbb{R}$ 满足下面条件时, 则称其为凸函数

$$f(\theta\boldsymbol{x} + (1-\theta)\boldsymbol{y}) \leqslant \theta f(\boldsymbol{x}) + (1-\theta)f(\boldsymbol{y}), \ \forall \boldsymbol{x}, \boldsymbol{y} \in \mathcal{W}, \ \theta \in [0,1]. \tag{2.7}$$

机器学习中的许多损失函数 (比如铰链损失) 都是凸函数。如果函数 $f(\cdot)$ 可微, 那么式 (2.7) 中的条件等价于

$$f(\boldsymbol{y}) \geqslant f(\boldsymbol{x}) + \nabla f(\boldsymbol{x})^{\mathrm{T}}(\boldsymbol{y} - \boldsymbol{x}), \ \forall \boldsymbol{x}, \boldsymbol{y} \in \mathcal{W}. \tag{2.8}$$

定义 2.2 (强凸函数) 对于可微函数 $f(\cdot) : \mathcal{W} \mapsto \mathbb{R}$, 当其满足下面条件时, 则称之为 λ-强凸函数

$$f(\boldsymbol{x}) + \langle \nabla f(\boldsymbol{x}), \boldsymbol{y} - \boldsymbol{x} \rangle + \frac{\lambda}{2} \|\boldsymbol{y} - \boldsymbol{w}\|_2^2 \leqslant f(\boldsymbol{y}), \ \forall \boldsymbol{x}, \boldsymbol{y} \in \mathcal{W}. \tag{2.9}$$

对凸函数添加 L_2 范数平方的正则化项, 就可以得到强凸函数。因此, 带有正则化项的支持向量机的损失函数是强凸的。

定义 2.3 (指数凹函数) 对于函数 $f(\cdot) : \mathcal{W} \mapsto \mathbb{R}$, 如果 $\exp(-\alpha f(\cdot))$ 在 $\mathcal{W}$ 上是凹函数, 则称之为 α-指数凹函数。

指数凹函数是一种比凸函数强, 但是比强凸函数弱的条件。梯度有界的强凸函数一定是指数凹函数, 但是指数凹函数未必是强凸的[32]。根据定义, 很容易验证对率损失、平方损失都是指数凹函数的, 虽然它们并不是强凸函数。

2.2.1.1 遗憾

令 $\boldsymbol{w}^* = \arg\min_{\boldsymbol{w} \in \mathcal{W}} \sum_{t=1}^{T} f_t(\boldsymbol{w})$, 式 (2.4) 中的遗憾可以改写为

$$\text{Regret} = \sum_{t=1}^{T} f_t(\boldsymbol{w}_t) - \min_{\boldsymbol{w} \in \mathcal{W}} \sum_{t=1}^{T} f_t(\boldsymbol{w}) = \sum_{t=1}^{T} f_t(\boldsymbol{w}_t) - \sum_{t=1}^{T} f_t(\boldsymbol{w}^*). \tag{2.10}$$

显然, 遗憾将学习器的损失和固定模型 $\boldsymbol{w}^*$ 作比较, 因此也被称为静态遗憾。

在线凸优化是由 Zinkevich 正式提出, 并证明了对于一般凸函数, 在线梯度下降 (OGD) 可以达到 $O(\sqrt{T})$ 的遗憾界[22]。对于强凸函数, 通过改变步长, 在线梯度下降可以取得 $O(\log T)$ 的遗憾界[33]。对于指数凹函数, 在线牛顿法 (ONS) 具备 $O(d\log T)$ 的遗憾界, 其中 d 是模型的维度[32]。可以证明这些理论上界是极小极大 (minimax) 最优的, 表明这些结果在最坏情况下无法被提升[34]。当损失函数是凸函数且平滑时, 通过设置合适的步长, 在线梯度下降可以取得 $O(\sqrt{L^*})$ 的遗憾界, 其中 $L^* = \sum_{t=1}^{T} f_t(\boldsymbol{w}^*)$ 是最优模型的累计损失[35]。与之类似, 当损失函数是平滑且指数凹函数时, 在线牛顿法的遗憾界也可以被提升到 $O(d\log L^*)$[36]。

2.2.1.2 自适应遗憾

Hazan 和 Seshadhri 最早提出了自适应遗憾的概念, 并将其定义为[21]

$$\text{WA-Regret}(T) = \max_{[s,q]\subseteq[T]} \left(\sum_{t=s}^{q} f_t(\boldsymbol{w}_t) - \min_{\boldsymbol{w}\in\mathcal{W}} \sum_{t=s}^{q} f_t(\boldsymbol{w}) \right). \tag{2.11}$$

为了和式 (2.5) 定义区分, 将式 (2.11) 定义称为弱自适应遗憾。最小化式 (2.11) 等价于同时最小化所有区间上的遗憾。由于不同区间上的最优解是不一样的, 学习算法实质上是在跟一个变化的模型进行对比。因此, 弱自适应遗憾是一种能够处理动态环境的度量准则。同时, 弱自适应遗憾包括最大区间 $[1,T]$ 上的遗憾, 因此也可以支持静态环境。

对于指数凹函数, Hazan 和 Seshadhri 基于在线牛顿法提出了一种元算法 (FLH), 并证明了 $O(d\log^2 T)$ 的自适应遗憾上界, 表示所有区间上的遗憾界都是 $O(d\log^2 T)$。如果不考虑计算代价, 通过增加计算复杂度, 可以把自适应遗憾提升到 $O(d\log T)$。对于强凸函数, Zhang 等指出将在线牛顿法替换为在线梯度下降, 可得到 $O(\log^2 T)$ 的自适应遗憾, 并且通过增加计算量可以降低到 $O(\log T)$[30]。对于凸函数, Hazan 和 Seshadhri 同样利用在线梯度下降证明了 $O(\sqrt{T\log^3 T})$ 的自适应遗憾上界, 也可以进一步降低到 $O(\sqrt{T\log T})$。但是, $O(\sqrt{T\log^3 T})$ 和 $O(\sqrt{T\log T})$ 的上界对于长度小于 $\sqrt{T}$ 的区间来说是无意义的。因此, 式 (2.11) 的弱自适应遗憾忽略了短区间上的性能。

为了解决上述不足, Daniely 等提出了式 (2.5) 中的自适应遗憾, 也被称为强自适应遗憾[20], 主要区别在于强自适应遗憾将区间的长度 τ 作为参数, 并利用 τ 来刻画强自适应遗憾的上界。对于凸函数, Daniely 等提出了一种新的元算法 (SAOL), 能够确保对于所有的区间长度 τ, 都有 $\text{SA-Regret}(T,\tau) = O(\sqrt{\tau}\log T)$。这表示在所有长度为 τ 的区间上, 学习器的遗憾界都是 $O(\sqrt{\tau}\log T)$。后面, Jun 等提出了 CBCE 算法, 把凸函数的强自适应遗憾上界进一步提升到了 $O(\sqrt{\tau\log T})$[23]。

2.2.1.3 动态遗憾

动态遗憾由 Zinkevich 提出, 并使用路径长度

$$P_T(\boldsymbol{u}_1, \cdots, \boldsymbol{u}_T) = \sum_{t=2}^{T} \|\boldsymbol{u}_t - \boldsymbol{u}_{t-1}\|_2 \tag{2.12}$$

来刻画动态遗憾[22]。对于凸函数，Zinkevich 证明了在线梯度下降可以取得 $O(\sqrt{T}(1+P_T))$ 的动态遗憾[22]。之后，Hall 和 Willett 设计了一种路径长度的变种[37]

$$P_T'(\boldsymbol{u}_1,\cdots,\boldsymbol{u}_T) = \sum_{t=1}^{T} \|\boldsymbol{u}_{t+1} - \Phi_t(\boldsymbol{u}_t)\|_2, \tag{2.13}$$

式中，$\Phi_t(\cdot) : \mathcal{W} \mapsto \mathcal{W}$ 表示动态预测函数。他们并提出了能取得 $O(\sqrt{T}(1+P_T'))$ 动态遗憾的算法[37]。当模型序列 $\boldsymbol{u}_1,\cdots,\boldsymbol{u}_T$ 可以被 $\Phi_1(\cdot),\cdots,\Phi_T(\cdot)$ 准确预测，P_T' 可以远小于 P_T。此时，采用 P_T' 能够得到更紧凑的上界。据我们所知，目前仅有文献 [22,37] 工作研究了式 (2.6) 中的动态遗憾。其中一个原因是式 (2.6) 中的动态遗憾太困难：比较模型序列 $\boldsymbol{u}_1,\cdots,\boldsymbol{u}_T$ 是任意的，学习算法要对所有可能的序列都有理论保障。

为了简化问题，绝大多数关于动态遗憾的工作考虑的是最差情况下的动态遗憾[24-27,38]：

$$\text{D-Regret}(\boldsymbol{w}_1^*,\cdots,\boldsymbol{w}_T^*) = \sum_{t=1}^{T} f_t(\boldsymbol{w}_t) - \sum_{t=1}^{T} f_t(\boldsymbol{w}_t^*) = \sum_{t=1}^{T} f_t(\boldsymbol{w}_t) - \sum_{t=1}^{T} \min_{\boldsymbol{w} \in \mathcal{W}} f_t(\boldsymbol{w}) \tag{2.14}$$

式中，$\boldsymbol{w}_t^* \in \arg\min_{\boldsymbol{w} \in \mathcal{W}} f_t(\boldsymbol{w})$ 是 $\mathcal{W}$ 内能够最小化 $f_t(\cdot)$ 的解。

Besbes 等[24] 提出用函数序列 $f_1,\cdots,f_T$ 的变化幅度来刻画 D-Regret$(\boldsymbol{w}_1^*,\cdots,\boldsymbol{w}_T^*)$，定义函数扰动为：

$$V_T = \sum_{t=2}^{T} \max_{\boldsymbol{w} \in \mathcal{W}} |f_t(\boldsymbol{w}) - f_{t-1}(\boldsymbol{w})|. \tag{2.15}$$

在预先知道 V_T 数值的情况下，对于一般凸函数和强凸函数，Besbes 等[24] 提出的算法可以分别取得 $O(T^{2/3}V_T^{1/3})$ 和 $O(\log T\sqrt{TV_T})$ 的最差动态遗憾。这一结果表明，如果 V_T 关于 T 是次线性，就可以得到次线性的动态遗憾。

令 $P_T^* = P(\boldsymbol{w}_1^*,\cdots,\boldsymbol{w}_T^*)$ 为最优解序列 $\boldsymbol{w}_1^*,\cdots,\boldsymbol{w}_T^*$ 的长度。Yang 等[26] 证明了当 P_T^* 的值已知时，在线梯度下降可以取得 $O(\sqrt{T(1+P_T^*)})$ 的最差动态遗憾。此外，当损失函数是凸函数并且平滑，同时 $\boldsymbol{w}_t^*$ 位于 $\mathcal{W}$ 的内部，最差动态遗憾的上界可以提升到 $O(P_T^*)$。当损失函数是强凸函数并且平滑时，Mokhtari 等[25] 证明了在线梯度下降可以达到 $O(P_T^*)$ 的最差动态遗憾。Zhang 等[27] 提出了一种新的序列度量准则——路径平方长度：

$$S_T^* = \sum_{t=2}^{T} \|\boldsymbol{w}_t^* - \boldsymbol{w}_{t-1}^*\|_2^2 \tag{2.16}$$

当最优解序列变化缓慢时，路径平方长度 S_T^* 可能远小于路径长度 P_T^*。Zhang 等[27] 提出了在线多次梯度下降算法，并证明了对于强凸函数、半强凸函数、自和谐函数，最差动态遗憾的上界可以提升到 $O(\min(P_T^*, S_T^*))$。

2.2.2 最小化自适应遗憾的在线学习算法和理论

由 2.2.1.2节的介绍可知，对于凸函数、强凸函数和指数凹函数，存在能够最小化自适应遗憾的算法[20,21,38]。但是，在第 t 轮迭代时，现有算法至少需要计算损失函数的梯度

$O(\log t)$ 次。当损失函数的梯度难以计算 (比如损失函数包括矩阵的核范数时),现有算法的计算复杂度过高,不能实时响应。针对该问题,我们利用替代损失设计了一系列自适应在线学习算法,每轮迭代只需要计算 1 次梯度[28]。

在介绍具体的算法之前,先引入下面的常用假设。

假设 2.1　在集合 $\mathcal{W}$ 上,所有在线函数的梯度有上界 G,即

$$\max_{\boldsymbol{w}\in\mathcal{W}}\|\nabla f_t(\boldsymbol{w})\|_2 \leqslant G, \ \forall t \in [T]. \tag{2.17}$$

假设 2.2　集合 $\mathcal{W}$ 包含原点 $\boldsymbol{0}$,并且直径小于等于 D,即

$$\max_{\boldsymbol{x},\boldsymbol{y}\in\mathcal{W}}\|\boldsymbol{x}-\boldsymbol{y}\|_2 \leqslant D. \tag{2.18}$$

2.2.2.1　基于替代损失的自适应算法

首先,我们研究在线函数为 α-指数凹函数的情况,并提出基于替代损失的自适应算法 MARSL-ec,总结在算法 2.1 中。与现有的 FLH[21] 算法类似,MARSL-ec 算法遵循专家学习框架。在迭代的第 t 轮,MARSL-ec 算法维持一个动态的专家集合 $\mathcal{S}_t$,其中每个专家 $E_i \in \mathcal{S}_t$ 本身是一个在线凸优化算法。为了处理指数凹函数,我们选择在线牛顿法作为专家算法。在迭代初始阶段,首先每个 $\mathcal{S}_t$ 中的专家 E_i 输出各自的决策 $\boldsymbol{w}_{t,i}$。随后,算法采用加权平均的方式组合这些决策以选择第 t 轮的最终决策 $\boldsymbol{w}_t$(见算法 2.1 中的步骤 6)。在步

算法 2.1　MARSL-ec 和 MARSL-sc

1: $\mathcal{S}_1 = \{E_1\}$, $p_{1,1} = 1$.
2: **for** $t = 1, \cdots, T$ **do**
3: 　**for** $E_i \in \mathcal{S}_t$ **do**
4: 　　发送 $\nabla f_{t-1}(\boldsymbol{w}_{t-1})$ 给 E_i 并接收 $\boldsymbol{w}_{t,i}$
5: 　**end for**
6: 　选择 $\boldsymbol{w}_t = \sum_{E_i \in \mathcal{S}_t} p_{t,i}\boldsymbol{w}_{t,i}$,然后观测梯度 $\nabla f_t(\boldsymbol{w}_t)$
7: 　根据数据流原则,从 $\mathcal{S}_t$ 中移除专家
8: 　初始化专家 E_{t+1},设 $p_{t+1,t+1} = \dfrac{1}{t+1}$
9: 　$\mathcal{S}_{t+1} \leftarrow \mathcal{S}_t \cup \{E_{t+1}\}$
10: 　**for** $E_i \in \mathcal{S}_{t+1}$ and $i \neq t+1$ **do**
11: 　　$\hat{p}_{t+1,i} = \begin{cases} p_{t,i}\exp(-\alpha^{\mathrm{ec}}L_t^{\mathrm{ec}}(\boldsymbol{w}_{t,i})), & \text{MARSL-ec} \\ p_{t,i}\exp(-\alpha^{\mathrm{sc}}L_t^{\mathrm{sc}}(\boldsymbol{w}_{t,i})), & \text{MARSL-sc} \end{cases}$
12: 　**end for**
13: 　**for** $E_i \in \mathcal{S}_{t+1}$ and $i \neq t+1$ **do**
14: 　　$p_{t+1,i} = \left(1 - \dfrac{1}{t+1}\right)\dfrac{\hat{p}_{t+1,i}}{\sum_{E_j \in \mathcal{S}_{t+1}}\hat{p}_{t+1,j}}$
15: 　**end for**
16: **end for**

骤 7 中，遵循数据流原则[39]，算法移除一些专家使得 $\mathcal{S}_t$ 中专家的个数 $|\mathcal{S}_t| = O(\log t)$。具体而言，专家 E_i 被移除的轮数 e_i 定义为：$e_i = i + 4 \times 2^{u(i)} - 1$，其中 $u(i)$ 表示使得 $2^{u(i)}$ 能整除 i 的最大整数。在部分专家被移除后，算法新初始化一个专家加入 $\mathcal{S}_t$，得到 $\mathcal{S}_{t+1}$（步骤 8~9）。在步骤 10~15 中，算法基于每个专家遭受的损失利用指数加权[16] 更新其对应权值，然后进行归一化。

MARSL-ec 与 FLH[21] 的主要区别在于传递给专家的损失函数。FLH 直接将 $f_t(\cdot)$ 返回给专家，而 MARSL-ec 则返回一个专门为指数凹函数所设计的替代损失 $L_t^{\mathrm{ec}}(\cdot)$。考虑专家 $E_i \in \mathcal{S}_t$，该专家执行在线牛顿法输出 $\boldsymbol{w}_{t,i}$。令 $\boldsymbol{w}_{t-1,i}$ 表示其在上一轮的输出，那么，在 FLH 中，$\boldsymbol{w}_{t,i}$ 的更新公式为

$$\boldsymbol{w}_{t,i} = \boldsymbol{w}_{t-1,i} - \frac{1}{\gamma} M_{t,i}^{-1} \nabla f_{t-1}(\boldsymbol{w}_{t-1,i}) \tag{2.19}$$

式中，$\gamma = \frac{1}{2}\min\{GD, \alpha\}$；$M_{t,i} = \epsilon I + \sum_{j=1}^{t-1} \nabla f_j(\boldsymbol{w}_{j,i})[\nabla f_j(\boldsymbol{w}_{j,i})]^{\mathrm{T}}$，$\epsilon > 0$，为常数。

可以看出，为得到 $\boldsymbol{w}_{t,i}$，算法需计算梯度 $\nabla f_{t-1}(\cdot)$ 在各 $\boldsymbol{w}_{t-1,i}$ 处的梯度共 $|\mathcal{S}_t| = O(\log t)$ 次。为了降低计算复杂度，受启发于指数凹函数的性质，引入替代损失 $L_t^{\mathrm{ec}}(\cdot)$：

$$L_t^{\mathrm{ec}}(\boldsymbol{u}) = \frac{\gamma}{2}(\boldsymbol{w}_t - \boldsymbol{u})^{\mathrm{T}} \nabla f_t(\boldsymbol{w}_t)[\nabla f_t(\boldsymbol{w}_t)]^{\mathrm{T}}(\boldsymbol{w}_t - \boldsymbol{u}) - (\boldsymbol{w}_t - \boldsymbol{u})^{\mathrm{T}} \nabla f_t(\boldsymbol{w}_t) \tag{2.20}$$

并将 $L_t^{\mathrm{ec}}(\cdot)$ 作为传递给专家的损失函数。可以证明，当原函数 $f_t(\cdot)$ 为 α-指数凹函数时，$L_t^{\mathrm{ec}}(\cdot)$ 满足 α^{ec}-指数凹函数，其中 $\alpha^{\mathrm{ec}} = \gamma/(1 + 2\gamma DG + \gamma^2 D^2 G^2)$，因此在线牛顿法仍然适用。由于

$$\nabla L_{t-1}^{\mathrm{ec}}(\boldsymbol{w}_{t,i}) = \gamma \nabla f_t(\boldsymbol{w}_t)[\nabla f_t(\boldsymbol{w}_t)]^{\mathrm{T}}(\boldsymbol{w}_{t,i} - \boldsymbol{w}_t) + \nabla f_t(\boldsymbol{w}_t) \tag{2.21}$$

的计算仅与 $\nabla f_t(\boldsymbol{w}_t)$ 有关，所以算法每轮仅需计算 1 次 $f_t(\cdot)$ 的梯度。

由于专家算法采用替代损失 $L_t^{\mathrm{ec}}(\cdot)$，因此在得到 $\nabla f_t(\boldsymbol{w}_t)$ 后，使用 $L_t^{\mathrm{ec}}(\boldsymbol{w}_{t,i})$ 来更新专家权值：

$$\hat{p}_{t+1,i} = p_{t,i} \exp(-\alpha^{\mathrm{ec}} L_t^{\mathrm{ec}}(\boldsymbol{w}_{t,i})). \tag{2.22}$$

对 α-指数凹函数，MARSL-ec 具有以下理论保障。

定理 2.1 在假设 2.1 和假设 2.2 成立并且所有在线函数都是 α-指数凹函数的情况下，算法 MARSL-ec 满足

$$\mathrm{SA\text{-}Regret}(T, \tau) \leqslant (1 + \log T)\left(5d\log T\left(\frac{1}{\alpha^{ec}} + \frac{5}{4}GD^2\right) + 1\right) = O(d\log^2 T). \tag{2.23}$$

该遗憾界与 Hazan 和 Seshadhri 的结果[21] 一致，仅有常数项上的差异。

针对 λ-强凸函数，本书提出自适应算法 MARSL-sc，同样，总结在算法 2.1 中。该算法的框架与 MARSL-ec 相同，但使用不同的替代损失和专家算法。由于强凸函数也是指数凹函数的，因此可以直接采用 MARSL-ec 算法处理强凸函数。然而，这会导致遗憾界对于维

度 d 存在线性依赖。为解决这一问题，我们引入一个能适应强凸函数的新型替代损失。受启发于 λ-强凸函数的性质，定义

$$L_t^{\mathrm{sc}}(\boldsymbol{u}) = (\boldsymbol{u} - \boldsymbol{w}_t)^{\mathrm{T}} \nabla f_t(\boldsymbol{w}_t) + \frac{\lambda}{2} \|\boldsymbol{w}_t - \boldsymbol{u}\|_2^2. \tag{2.24}$$

MARSL-sc 使用 $L_t^{\mathrm{sc}}(\cdot)$ 替代 $f_t(\cdot)$ 作为传递给专家的损失函数。可以证明，当原函数为 λ-强凸函数时，$L_t^{\mathrm{sc}}(\cdot)$ 同样为 λ-强凸函数，因此我们可以采用在线梯度下降作为专家算法。对于专家 E_i，其更新公式为：

$$\boldsymbol{w}_{t,i} = \boldsymbol{w}_{t-1,i} - \eta_{t,i} \nabla L_{t-1}^{\mathrm{sc}}(\boldsymbol{w}_{t-1,i}), \tag{2.25}$$

式中，$\eta_{t,i} = 1/(t - i + 1)$，为步长；

$$\nabla L_t^{\mathrm{sc}}(\boldsymbol{w}_{t-1,i}) = \lambda(\boldsymbol{w}_{t-1,i} - \boldsymbol{w}_{t-1}) + \nabla f_{t-1}(\boldsymbol{w}_{t-1}). \tag{2.26}$$

可以看出，每个专家仅使用 $\nabla f_{t-1}(\boldsymbol{w}_{t-1})$ 更新权值，而非计算 $\nabla f_{t-1}(\boldsymbol{w}_{t-1,i})$。与此相对应，我们使用 $L_t^{\mathrm{sc}}(\boldsymbol{w}_{t,i})$ 更新专家权值：

$$\hat{p}_{t+1,i} = p_{t,i} \exp(-\alpha^{\mathrm{sc}} L_t^{\mathrm{sc}}(\boldsymbol{w}_{t,i})), \tag{2.27}$$

式中，$\alpha^{\mathrm{sc}} = \lambda/(\lambda D + G)^2$ 是替代损失的指数凹参数。可以证明，强凸损失函数 L_t^{sc} 同时也是 α^{sc}-指数凹函数。

对 λ-强凸函数，本书提出的 MARSL-sc 算法具备如下强自适应遗憾。

定理 2.2　在假设 2.1 和假设 2.2 成立并且所有的在线函数都是 λ-强凸函数的情况下，算法 MARSL-sc 满足

$$\mathrm{SA\text{-}Regret}(T, \tau) \leqslant (1 + \log T) \left(\frac{(\lambda D + G^2)^2}{2\lambda}(\log T + 1) + 1 \right) = O(\log^2 T). \tag{2.28}$$

该遗憾界与已有结果[30]一致，仅有常数项上的差异。

最后，针对一般凸函数，基于 Jun 等[23]的 CBCE 算法提出了 MARSL-gc 算法，其总结在算法 2.2 中。与 MARSL-ec 的专家学习算法不同，CBCE 算法采用硬币打赌法对专家权值进行更新，而非指数加权法。在第 t 轮迭代，CBCE 算法中专家 E_i 的权值 $\hat{p}_{t+1,i}$ 更新方式为

$$\hat{p}_{t+1,i} = \pi_i \max\{m_{t+1,i}, 0\}, \tag{2.29}$$

式中，

$$m_{t+1,i} = \frac{\sum_{j=i}^{t} \tilde{g}_{j,i} m_{j,i}}{t - i + \delta} \left(1 + \sum_{j=i}^{t} \tilde{g}_{j,i} m_{j,i} \right), \tag{2.30}$$

$$\widetilde{g}_{t,i} = \begin{cases} f_t(\boldsymbol{w}_t) - f(\boldsymbol{w}_{t,i}), & m_{t,i} > 0 \\ \max\{f_t(\boldsymbol{w}_t) - f(\boldsymbol{w}_{t,i}), 0\}, & m_{t,i} \leqslant 0. \end{cases} \tag{2.31}$$

$\pi_i = 1/i^2(1 + \lfloor \log i \rfloor)$，为专家 E_i 的先验概率。

算法 2.2   MARSL-gc

1: $\mathcal{S}_1 = \{E_1\}$

2: **for** $t = 1, \cdots, T$ **do**

3:     **for** $E_i \in \mathcal{S}_t$ **do**

4:         发送 $\nabla f_{t-1}(\boldsymbol{w}_{t-1})$ 给 E_i 并接收 $\boldsymbol{w}_{t,i}$

5:     **end for**

6:     选择 $\boldsymbol{w}_t = \sum_{E_i \in \mathcal{S}_t} p_{t,i} \boldsymbol{w}_{t,i}$，然后观测梯度 $\nabla f_t(\boldsymbol{w}_t)$

7:     根据数据流原则，从 $\mathcal{S}_t$ 中移除专家

8:     **for** $E_i \in \mathcal{S}_t$ **do**

9:         根据式 (2.32) 计算 $\widetilde{g}_{t,i}$

10:     **end for**

11:     初始化专家 E_{t+1}，$\mathcal{S}_{t+1} \leftarrow \mathcal{S}_t \cup \{E_{t+1}\}$

12:     **for** $E_i \in \mathcal{S}_{t+1}$ **do**

13:         $m_{t+1,i} = \dfrac{\sum_{j=i}^{t} \widetilde{g}_{j,i} m_{j,i}}{t - i + \delta} \left(1 + \sum_{j=i}^{t} \widetilde{g}_{j,i} m_{j,i}\right)$

14:         $\hat{p}_{t+1,i} = \pi_i \max\{m_{t+1,i}, 0\}$

15:     **end for**

16:     $p_{t+1} - \begin{cases} \hat{p}_{t+1}/\|\hat{p}_{t+1}\|_1, & \|\hat{p}_{t+1}\|_1 > 0 \\ [\pi_{E_i}]_{E_i \in \mathcal{S}_t}, & \|\hat{p}_{t+1}\|_1 = 0 \end{cases}$

17: **end for**

MARSL-gc 算法与 CBCE 算法的区别在于传递给专家的损失函数。遵循之前的思路，根据凸函数定义，一个直接的想法是将替代损失定义为

$$L_t^{\mathrm{gc}}(\boldsymbol{u}) = -(\boldsymbol{w}_t - \boldsymbol{u})^{\mathrm{T}} \nabla f_t(\boldsymbol{w}_t).$$

然而，由于 CBCE 算法要求损失函数的函数值在 $[0,1]$ 之间，因此对替代损失进行放缩：

$$L_t^{\mathrm{gc}}(\boldsymbol{u}) = -\frac{(\boldsymbol{w}_t - \boldsymbol{u})^{\mathrm{T}} \nabla f_t(\boldsymbol{w}_t)}{2GD} + \frac{1}{2},$$

并用 $L_t^{\mathrm{gc}}(\cdot)$ 替代 $f_t(\cdot)$ 传递给专家。可以证明，$L_t^{\mathrm{gc}}(\cdot)$ 为凸函数，且函数值在 $[0,1]$ 之间。由于 $\nabla L_t^{\mathrm{gc}}(\boldsymbol{u}) = \nabla f_t(\boldsymbol{w}_t)/[2GD]$，因此所有专家共享同一梯度，而不是各自计算自己的梯度值。相应地，$\tilde{g}_{t,i}$ 的更新公式更改为

$$\widetilde{g}_{t,i} = \begin{cases} L_t^{\mathrm{gc}}(\boldsymbol{w}_t) - L_t^{\mathrm{gc}}(\boldsymbol{w}_{t,i}), & m_{t,i} > 0 \\ \max\{L_t^{\mathrm{gc}}(\boldsymbol{w}_t) - L_t^{\mathrm{gc}}(\boldsymbol{w}_{t,i}), 0\}, & m_{t,i} \leqslant 0. \end{cases} \tag{2.32}$$

对于一般凸函数，可以证明 MARSL-gc 算法具备如下强自适应遗憾，该结果与当前最优结果相契合[23]：

定理 2.3　在假设 2.1和假设 2.2成立的情况下，算法 MARSL-gc 满足

$$\text{SA-Regret}(T) \leqslant 2GD\sqrt{\tau}\left(\frac{6D}{\sqrt{2}-1} + 8\sqrt{7\log T + 5}\right) = O(\sqrt{\tau \log T}). \tag{2.33}$$

2.2.2.2　实验结果

通过在不同数据集上的仿真实验，验证算法的有效性。首先，考虑基于核范数正则化的矩阵回归问题。在第 t 轮迭代，一个数据点 $(\boldsymbol{M}_t, y_t)$ 到来，其中 $\boldsymbol{M}_t$ 为一个 $p \times q$ 的特征矩阵，y_t 为标签值；接着，学习器在不知道数据的情况下预测一个 $p \times q$ 的参数矩阵 $\boldsymbol{W}_t$，随后产生一个损失

$$f_t(\boldsymbol{W}_t) = \frac{1}{a}\left[\frac{1}{2}\left(y_t - \text{tr}\left(\boldsymbol{W}_t^{\text{T}} \boldsymbol{M}_t\right)\right)^2 + b\|\boldsymbol{W}_t\|_*\right], \tag{2.34}$$

式中，a 和 b 为常数参数；$\|\cdot\|_*$ 表示矩阵的核范数。

受启发于前人工作[23]，本书构建了一个仿真数据集，其中最优参数每 10000 轮变化一次。由于目标函数是凸函数，因此 CBCE 算法和 MARSL-gc 算法可以用于解决该问题。损失随迭代次数的变化显示在图 2.10(a) 中，累计运行时间显示在图 2.10(b) 中。MARSL-gc 算法的损失和 CBCE 算法非常相近，但其最后的运行速度比 CBCE 算法大约快 15.9 倍。虽然每轮两个算法的专家数目相同，但前者仅需计算 1 次梯度。当迭代次数或矩阵尺寸增加时加速比会更大。

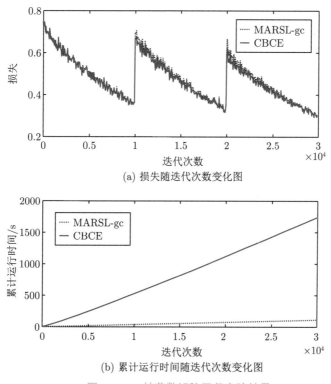

(a) 损失随迭代次数变化图

(b) 累计运行时间随迭代次数变化图

图 2.10　核范数矩阵回归实验结果

然后，考虑批量逻辑斯谛回归 (logist regression) 问题。在第 t 轮迭代，首先学习器对未知参数进行估计得到 $\boldsymbol{w}_t$，随后一批训练样本 $\{(\boldsymbol{x}_{t,1}, y_{t,1}), \cdots, (\boldsymbol{x}_{t,k}, y_{t,k})\}$ 到来并产生一个损失

$$f_t(\boldsymbol{w}_t) = \frac{1}{k} \sum_{i=1}^{k} \log(1 + \exp(-y_{t,i}\boldsymbol{w}_t^{\mathrm{T}}\boldsymbol{x}_{t,i})). \tag{2.35}$$

遵循之前的思路，本书基于真实分类数据集 IJCNN01[40] 构建了一个最优参数随时间变化的场景。在实验中，每隔 3000 轮把数据标签翻转，从而模拟最优模型动态变化。由于损失函数是指数凹函数的，FLH 算法和 MARSL-ec 算法可以应用于解决该问题。损失的变化总结在图 2.11(a) 中，累计运行时间的变化显示在图 2.11(b) 中。可以看出，MARSL-ec 算法的损失与 FLH 算法相近，但其运行速度大约快 10.6 倍。如果增加迭代次数或 k 的大小，最后的加速比会变得更大。

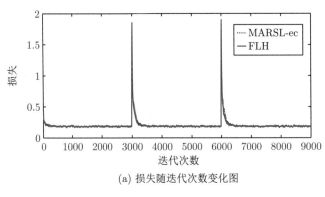

(a) 损失随迭代次数变化图

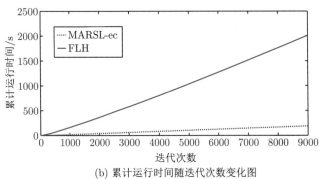

(b) 累计运行时间随迭代次数变化图

图 2.11　批量逻辑斯谛回归实验结果

2.2.3　最小化动态遗憾的在线学习算法和理论

从 2.2.1.3节的介绍可知，绝大多数现有的研究工作只考虑了最差情况下的动态遗憾[24-27,38]。只有文献 [22,37] 研究了针对任意模型的动态遗憾。其中，对于凸函数，Zinke-vich[22] 证明了在线梯度下降可以取得 $O(\sqrt{T}(1+P_T))$ 的动态遗憾。然而，我们的研究表明该遗憾上界过于宽松。具体而言，对于凸函数，我们证明了动态遗憾的下界为 $\Omega(\sqrt{T(1+P_T)})$。为了填补现有上界与该下界之间的差距，提出了一系列最小化一般动态遗憾的学习算法，并

且证明了这些算法可以达到 $O(\sqrt{T(1+P_T)})$ 的最优动态遗憾上界。此外,我们的算法也是自适应的,因为算法的动态遗憾上界由动态序列的路径长度决定,当动态序列变化慢时,算法的动态遗憾也会自动变小。

在介绍研究动机和具体的算法之前,除了假设 2.1和假设 2.2处,还引入以下假设。

假设 2.3　在集合 $\mathcal{W}$ 上,所有在线函数的值属于区间 $[a, a+c]$,即

$$a \leqslant f_t(\boldsymbol{w}) \leqslant a+c, \ \forall \boldsymbol{w} \in \mathcal{W}, \ t \in [T]. \tag{2.36}$$

2.2.3.1　研究动机

根据 Zinkevich[22] 提出的定理,对于步长为 η 的在线梯度下降算法,有如下的动态遗憾上界。

定理 2.4　考虑在线梯度下降算法,即 $\boldsymbol{w}_1 \in \mathcal{W}$,

$$\boldsymbol{w}_{t+1} = \Pi_{\mathcal{W}}[\boldsymbol{w}_t - \eta \nabla f_t(\boldsymbol{w}_t)], \forall t \geqslant 1 \tag{2.37}$$

式中,$\Pi_{\mathcal{W}}[\cdot]$ 表示到 $\mathcal{W}$ 的投影,即 $\mathcal{W}$ 中距离输入最近的点。在假设 2.1和假设 2.2成立的情况下,对于任意动态序列 $\boldsymbol{u}_1, \cdots, \boldsymbol{u}_T \in \mathcal{W}$,下面的不等式成立:

$$\sum_{t=1}^{T} f_t(\boldsymbol{w}_t) - \sum_{t=1}^{T} f_t(\boldsymbol{u}_t) \leqslant \frac{7D^2}{4\eta} + \frac{D}{\eta}\sum_{t=2}^{T} \|\boldsymbol{u}_t - \boldsymbol{u}_{t-1}\|_2 + \frac{\eta T G^2}{2}. \tag{2.38}$$

因此,令 $\eta = O(1/\sqrt{T})$,在线梯度下降算法可以达到 $O(\sqrt{T(1+P_T)})$ 的动态遗憾。然而,该上界与以下定理中的 $\Omega(\sqrt{T(1+P_T)})$ 下界相差甚远。

定理 2.5　对任意的在线学习算法以及任意的 $\tau \in [0, TD]$,存在满足假设 2.1的函数序列 $f_1, \cdots, f_T$ 和满足假设 2.2的动态序列 $\boldsymbol{u}_1, \cdots, \boldsymbol{u}_T$,使得

$$P_T(\boldsymbol{u}_1, \cdots, \boldsymbol{u}_T) \leqslant \tau, \quad \text{D-Regret}(\boldsymbol{u}_1, \cdots, \boldsymbol{u}_T) = \Omega(G\sqrt{T(D^2 + D\tau)}). \tag{2.39}$$

据我们所知,这是首个针对一般动态遗憾的下界。如果暂时忽略全局性,只关注一个特定的动态序列 $\bar{\boldsymbol{u}}_1, \cdots, \bar{\boldsymbol{u}}_T \in \mathcal{W}$,并且它的路径长度 $\bar{P}_T = \sum_{t=2}^{T} \|\bar{\boldsymbol{u}}_t - \bar{\boldsymbol{u}}_{t-1}\|_2$ 是已知的。在这样一种简单的情形下,取 $\eta^* = O(\sqrt{(1+\bar{P}_T)/T})$ 即可达到与定理 2.5中下界相匹配的最优动态遗憾上界。因此,在最小化一般的动态遗憾时,面临以下困境:一方面,我们想让遗憾上界对任意动态序列都是最优的;另一方面,为了得到最优的遗憾上界,需要根据动态序列的路径长度调整算法的步长 η。接下来,介绍解决这个问题的具体方法——面向动态环境的自适应学习。

2.2.3.2　面向动态环境的自适应学习

首先,介绍基础版本的方法:维护一个专家的集合,使得每个专家针对不同路径长度的动态序列达到最优的动态遗憾,用专家跟踪算法 (元算法) 来选择最优的专家。

如算法 2.3 所示,元算法的输入是其本身的步长 α 和包含所有专家步长的集合 $\mathcal{H}$。在步骤 1 中,对集合 $\mathcal{H}$ 中的每个步长 η 调用专家算法,从而激活所有专家 $\{E^{\eta} | \eta \in \mathcal{H}\}$。在

步骤 2 中，设置每个专家的初始权重。令 η_i 表示 $\mathcal{H}$ 中第 i 小的步长，专家 E^{η_i} 的初始权重为

$$\pi_1^{\eta_i} = \frac{C}{i(i+1)}, \quad C = 1 + \frac{1}{|\mathcal{H}|}. \tag{2.40}$$

在第 t 轮，元算法首先获取所有专家的决策 $\boldsymbol{w}_t^\eta, \eta \in \mathcal{H}$(步骤 4)，然后输出它们的加权平均 (步骤 5)：

$$\boldsymbol{w}_t = \sum_{\eta \in \mathcal{H}} \pi_t^\eta \boldsymbol{w}_t^\eta, \tag{2.41}$$

式中，π_t^η 为专家 E^η 在第 t 轮的权重。

之后，元算法观察到损失函数 $f_t(\cdot)$，并用指数加权的方式来更新每个专家的权重 (步骤 7)：

$$\pi_{t+1}^\eta = \frac{\pi_t^\eta \mathrm{e}^{-\alpha f_t(\boldsymbol{w}_t^\eta)}}{\sum\limits_{\mu \in \mathcal{H}} \pi_t^\mu \mathrm{e}^{-\alpha f_t(\boldsymbol{w}_t^\mu)}}. \tag{2.42}$$

最后，元算法将梯度 $\nabla f_t(\boldsymbol{w}_t^\eta)$ 传递给每个专家 E^η，从而使得每个专家可以更新自己的决策 (步骤 8)。

算法 2.3 基础版本的元算法

输入： 元算法步长 α 和包含所有专家步长的集合 $\mathcal{H}$

1: 调用专家算法 (算法 2.4) 来激活所有专家 $\{E^\eta | \eta \in \mathcal{H}\}$

2: 升序排列 $\mathcal{H}$ 中的步长：$\eta_1 \leqslant \eta_2 \leqslant \cdots \leqslant \eta_N$，设置 $\pi_1^{\eta_i} = \dfrac{C}{i(i+1)}$

3: **for** $t = 1, \cdots, T$ **do**

4:    获取每个专家 E^η 的决策 $\boldsymbol{w}_t^\eta$

5:    输出

$$\boldsymbol{w}_t = \sum_{\eta \in \mathcal{H}} \pi_t^\eta \boldsymbol{w}_t^\eta$$

6:    获取损失函数 $f_t(\cdot)$

7:    更新每个专家的权重

$$\pi_{t+1}^\eta = \frac{\pi_t^\eta \mathrm{e}^{-\alpha f_t(\boldsymbol{w}_t^\eta)}}{\sum\limits_{\mu \in \mathcal{H}} \pi_t^\mu \mathrm{e}^{-\alpha f_t(\boldsymbol{w}_t^\mu)}}$$

8:    向每个专家 E^η 传递梯度 $\nabla f_t(\boldsymbol{w}_t^\eta)$

9: **end for**

专家算法是标准的在线梯度下降算法。如算法 2.4 所示，每个专家都是在线梯度下降的一个实例，并将步长 η 作为它的输入。在第 t 轮，每个专家首先向元算法提交决策 $\boldsymbol{w}_t^\eta$，然后接收梯度 $\nabla f_t(\boldsymbol{w}_t^\eta)$，最后应用梯度下降

$$\boldsymbol{w}_{t+1}^\eta = \Pi_{\mathcal{W}}[\boldsymbol{w}_t^\eta - \eta \nabla f_t(\boldsymbol{w}_t^\eta)] \tag{2.43}$$

来得到下一轮的决策。

算法 2.4　基础版本的专家算法

输入: 步长 η
1: 在 $\mathcal{W}$ 中任取 $\boldsymbol{w}_1^\eta$
2: **for** $t = 1, \cdots, T$ **do**
3:　向元算法提交决策 $\boldsymbol{w}_t^\eta$
4:　从元算法处接收梯度 $\nabla f_t(\boldsymbol{w}_t^\eta)$
5:　更新决策

$$\boldsymbol{w}_{t+1}^\eta = \Pi_{\mathcal{W}}[\boldsymbol{w}_t^\eta - \eta \nabla f_t(\boldsymbol{w}_t^\eta)]$$

6: **end for**

对于任何可能的动态序列，总存在一个接近最优的步长。受此启发，我们构造步长集合 $\mathcal{H}$，使其包含所有的接近最优的步长。为了控制 $\mathcal{H}$ 的大小，采用比值为 2 的等比序列。针对式 (2.6) 中的动态遗憾，我们有以下定理。

定理 2.6　令算法 2.3 中的步长 $\alpha = \sqrt{8/(Tc^2)}$,

$$\mathcal{H} = \left\{ \eta_i = \frac{2^{i-1}D}{G}\sqrt{\frac{7}{2T}} \Big| i = 1, \cdots, N \right\} \tag{2.44}$$

式中，$N = \left\lceil \frac{1}{2}\log_2(1 + 4T/7) \right\rceil + 1$。在假设 2.1~假设2.3成立的情况下，对任意动态序列 $\boldsymbol{u}_1, \cdots, \boldsymbol{u}_T \in \mathcal{W}$，算法 2.3 的动态遗憾满足

$$\sum_{t=1}^T f_t(\boldsymbol{w}_t) - \sum_{t=1}^T f_t(\boldsymbol{u}_t) \leqslant \frac{3G}{4}\sqrt{2T(7D^2 + 4DP_T)} + \frac{c\sqrt{2T}}{4}[1 + 2\ln(k+1)] \tag{2.45}$$
$$= O(\sqrt{T(1 + P_T)}),$$

式中，$k = \left\lfloor \frac{1}{2}\log_2\left(1 + \frac{4P_T}{7D}\right) \right\rfloor + 1$。

由此得到的上界与定理 2.5中的 $\Omega(\sqrt{T(1 + P_T)})$ 下界相匹配。

以上方法虽然简单并能取得最优的动态遗憾，但其有着明显的缺陷。根据算法2.3的步骤 7 和步骤 8，该算法在每轮迭代需要查询损失函数 $f_t(\cdot)$ 的值和梯度 N 次，其中 $N = O(\log T)$。当函数形式复杂时，查询函数值和梯度的开销会变得很大。为了解决这一问题，与 2.2.2节的技术类似，使用替代损失避免计算函数值，并将每轮梯度的查询次数降为 1。

由式 (2.8) 中凸函数的一阶条件，得到以下不等式

$$f_t(\boldsymbol{w}) \geqslant f_t(\boldsymbol{w}_t) + \langle \nabla f_t(\boldsymbol{w}_t), \boldsymbol{w} - \boldsymbol{w}_t \rangle, \forall \boldsymbol{w} \in \mathcal{W}. \tag{2.46}$$

据此，将第 t 轮的替代损失定义为

$$\ell_t(\boldsymbol{w}) = \langle \nabla f_t(\boldsymbol{w}_t), \boldsymbol{w} - \boldsymbol{w}_t \rangle, \tag{2.47}$$

并用它来代替原来的损失函数 $f_t(\cdot)$，则有

$$f_t(\boldsymbol{w}_t) - f_t(\boldsymbol{u}_t) \leqslant \ell_t(\boldsymbol{w}_t) - \ell_t(\boldsymbol{u}_t), \tag{2.48}$$

即原函数 $f_t(\cdot)$ 下的遗憾比替代损失 $\ell_t(\cdot)$ 下的遗憾小。因此，用 $\ell_t(\cdot)$ 来代替 $f_t(\cdot)$ 是安全的。

接下来，介绍使用替代损失的改进算法。如算法 2.5所示，改进版本的元算法从步骤 6 开始与基础版本的元算法相异。改进版本的元算法首先查询 $f_t(\cdot)$ 在 $\boldsymbol{w}_t$ 处的梯度，然后构造替代损失 $\ell_t(\cdot)$，之后根据各个专家的替代损失来更新专家权重，最后将同一个梯度 $\nabla f_t(\boldsymbol{w}_t)$ 传递给每个专家。因此，改进版本的元算法在每轮迭代只需要查询 1 次梯度。如算法 2.6所示，改进版本的专家算法与基础版本的专家算法几乎没有差别，唯一的不同在于用来更新决策的梯度是损失函数 $f_t(\cdot)$ 在 $\boldsymbol{w}_t$ 而不是在 $\boldsymbol{w}_t^{\eta}$ 处的梯度。

算法 2.5 改进版本的元算法

输入: 元算法步长 α 和包含所有专家步长的集合 $\mathcal{H}$

1: 调用改进版本的专家算法 (算法 2.6) 来激活所有专家 $\{E^{\eta}|\eta \in \mathcal{H}\}$

2: 升序排列 $\mathcal{H}$ 中的步长: $\eta_1 \leqslant \eta_2 \leqslant \cdots \leqslant \eta_N$，设置 $\pi_1^{\eta_i} = \dfrac{C}{i(i+1)}$

3: **for** $t = 1, \cdots, T$ **do**

4:    获取每个专家 E^{η} 的决策 $\boldsymbol{w}_t^{\eta}$

5:    输出

$$\boldsymbol{w}_t = \sum_{\eta \in \mathcal{H}} \pi_t^{\eta} \boldsymbol{w}_t^{\eta}$$

6:    获取损失函数的梯度 $\nabla f_t(\boldsymbol{w}_t)$

7:    根据式 (2.47) 构造替代损失 $\ell_t(\cdot)$

8:    更新每个专家的权重

$$\pi_{t+1}^{\eta} = \frac{\pi_t^{\eta} \mathrm{e}^{-\alpha \ell_t(\boldsymbol{w}_t^{\eta})}}{\sum_{\mu \in \mathcal{H}} \pi_t^{\mu} \mathrm{e}^{-\alpha \ell_t(\boldsymbol{w}_t^{\mu})}}$$

9:    向每个专家 E^{η} 传递梯度 $\nabla f_t(\boldsymbol{w}_t)$

10: **end for**

算法 2.6 改进版本的专家算法

输入: 步长 η

1: 在 $\mathcal{W}$ 中任取 $\boldsymbol{w}_1^{\eta}$

2: **for** $t = 1, \cdots, T$ **do**

3:    向元算法提交决策 $\boldsymbol{w}_t^{\eta}$

4:    从元算法处接收梯度 $\nabla f_t(\boldsymbol{w}_t)$

5:    更新决策

$$\boldsymbol{w}_{t+1}^{\eta} = \Pi_{\mathcal{W}}[\boldsymbol{w}_t^{\eta} - \eta \nabla f_t(\boldsymbol{w}_t)]$$

6: **end for**

对于改进版本的面向动态环境的自适应学习算法，我们有以下动态遗憾界。

定理 2.7　令算法 2.5中的步长 $\alpha = \sqrt{2/(TG^2D^2)}$，

$$\mathcal{H} = \left\{ \eta_i = \frac{2^{i-1}D}{G}\sqrt{\frac{7}{2T}}\Big| i = 1, \cdots, N \right\}, \tag{2.49}$$

式中，$N = \left\lceil \frac{1}{2}\log_2(1+4T/7) \right\rceil + 1$。在假设 2.1 和假设 2.2 成立的情况下，对任意动态序列 $\boldsymbol{u}_1, \cdots, \boldsymbol{u}_T \in \mathcal{W}$，算法 2.5的动态遗憾满足

$$\sum_{t=1}^{T} f_t(\boldsymbol{w}_t) - \sum_{t=1}^{T} f_t(\boldsymbol{u}_t) \leqslant \frac{3G}{4}\sqrt{2T(7D^2+4DP_T)} + \frac{GD\sqrt{2T}}{2}[1+2\ln(k+1)]$$
$$= O(\sqrt{T(1+P_T)}), \tag{2.50}$$

式中，$k = \left\lfloor \frac{1}{2}\log_2\left(1+\frac{4P_T}{7D}\right)\right\rfloor + 1$。

定理 2.7 表明，与基础版本类似，改进版本的算法同样可以达到 $O(\sqrt{T(1+P_T)})$ 的动态遗憾界，并且每轮只需要查询 1 次梯度。

2.2.4　自适应遗憾和动态遗憾的内在关联

从前面的介绍可以看出，存在能够最小化自适应遗憾和动态遗憾这两个准则的在线学习算法。但是，这两种准则的内在联系目前尚不清楚，现有的研究往往只关注其中一个准则。自适应遗憾从局部视角出发，而动态遗憾则是从全局视角出发。研究这两种度量准则的关系，有利于我们理解动态环境的本质挑战，指导算法设计。在本节，初步揭示两者概念之间的内在联系，证明最差情况的动态遗憾可以通过自适应遗憾和函数扰动来表示[30]。

2.2.4.1　从自适应遗憾到动态遗憾

首先，介绍用自适应遗憾约束最差动态遗憾的一般定理。令 $\mathcal{I}_1 = [s_1, q_1], \mathcal{I}_2 = [s_2, q_2], \cdots,$ $\mathcal{I}_k = [s_k, q_k]$ 是区间 $[1, T]$ 的一个连续分割，即

$$s_1 = 1, \ q_i + 1 = s_{i+1}, \ i \in [k-1], \ q_k = T. \tag{2.51}$$

定义第 i 个区间的局部函数扰动如下：

$$V_T(i) = \sum_{t=s_i+1}^{q_i} \max_{\boldsymbol{w}\in\mathcal{W}} |f_t(\boldsymbol{w}) - f_{t-1}(\boldsymbol{w})|, \tag{2.52}$$

显然，局部扰动之和小于或等于全局扰动 $\sum_{i=1}^{k} V_T(i) \leqslant V_T$，其中 V_T 定义见式 (2.15)。我们有下面的定理。

定理 2.8 令 $\boldsymbol{w}_t^* \in \arg\min\limits_{\boldsymbol{w} \in \mathcal{W}} f_t(\boldsymbol{w})$，则下面的不等式成立

$$\text{D-Regret}(\boldsymbol{w}_1^*, \cdots, \boldsymbol{w}_T^*) \leqslant \min_{\mathcal{I}_1, \ldots, \mathcal{I}_k} \sum_{i=1}^{k} \big(\text{SA-Regret}(T, |\mathcal{I}_i|) + 2|\mathcal{I}_i| \cdot V_T(i) \big), \tag{2.53}$$

式中，最小化变量 $\mathcal{I}_1, \cdots, \mathcal{I}_k$ 满足式 (2.51) 中的条件.

定理 2.8 表明，可以利用自适应遗憾和函数扰动得到最差动态遗憾的上界。定理 2.8 和 Besbes 等[24] 证明的命题 2 很相似，其中使用特定的区间序列给出一个最差动态遗憾的上界。两者之间的区别在于，定理 2.8中多了一个最小化操作，这允许我们选择任意的区间序列。对于一个特定的在线凸优化问题，将自适应遗憾的上界代入式 (2.53) 的右边，得到动态遗憾的上界，然后选择合适的区间序列来最小化该上界。通过这种方式就可以得到几乎最优的动态遗憾。能够任意选择区间序列是定理 2.8的优势，避免了 Besbes 等[24] 遇到的区间选择难题。

2.2.4.2 针对多种凸函数的最差动态遗憾

在定理 2.8的基础上，利用最小化自适应遗憾的算法，推导出针对凸函数、强凸函数、指数凹函数的最差动态遗憾。

首先，考虑在线函数是一般凸函数的情况，可以采用 Jun 等[23] 提出的 CBCE 算法或者 2.2.2节中的改进算法。以前者为例，将其理论保障描述如下：

定理 2.9 在假设 2.1和假设 2.2成立的情况下，Jun 等[23] 提出的 CBCE 算法满足

$$\text{SA-Regret}(T, \tau) \leqslant \left(\frac{12DG}{\sqrt{2}-1} + 8\sqrt{7\log T + 5} \right) \sqrt{\tau} = O(\sqrt{\tau \log T}). \tag{2.54}$$

根据定理 2.8和定理 2.9，可以得到针对一般凸函数的最差动态遗憾。

推论 2.10 在假设 2.1和假设 2.2成立的情况下，Jun 等[23] 提出的 CBCE 算法具备如下动态遗憾：

$$\text{D-Regret}(\boldsymbol{w}_1^*, \cdots, \boldsymbol{w}_T^*) \leqslant \max \begin{cases} (c + 9\sqrt{7\log T + 5})\sqrt{T} \\ \dfrac{(c + 8\sqrt{5})T^{2/3}V_T^{1/3}}{\log^{1/6} T} + 24T^{2/3}V_T^{1/3}\log^{1/3} T \end{cases} \tag{2.55}$$

$$= O\left(\max\left\{ \sqrt{T\log T}, T^{2/3}V_T^{1/3}\log^{1/3} T \right\} \right),$$

式中，$c = 12DG/(\sqrt{2} - 1)$。

根据 Besbes 等[24] 的理论分析，凸函数的极大极小动态遗憾是 $O(T^{2/3}V_T^{1/3})$。因此，推论 2.10中的上界与最优结果仅相差对数倍，几乎是最优的。虽然 Besbes 等[24] 提出的重启在线梯度下降算法取得了 $O(T^{2/3}V_T^{1/3})$ 的动态遗憾，但是该算法需要提前知道函数扰动 V_T 的上界。与之相比，Jun 等[23] 的自适应算法不需要知道关于函数扰动 V_T 的任何先验信息。

对于强凸函数，可以采用 Zhang 等[30] 提出的自适应算法或者 2.2.2节中的算法。以前者为例，将其理论保障描述如下：

定理 2.11 在假设 2.1和假设 2.2成立，并且所有在线函数都是 λ-强凸函数的情况下，Zhang 等[30] 提出的自适应算法满足

$$\text{SA-Regret}(T,\tau) \leqslant \frac{G^2}{2\lambda}\big(\gamma + 1 + (3\gamma + 7)\log T\big) = O\left(\log T\right), \tag{2.56}$$

式中，$\gamma > 1$，为算法参数。

类似的，根据定理 2.8和定理 2.11，可以得到针对强凸函数的最差动态遗憾。

推论 2.12 在假设 2.1和假设 2.2成立，并且所有在线函数都是 λ-强凸函数的情况下，Zhang 等[30] 提出的自适应算法具备如下动态遗憾

$$\text{D-Regret}(\boldsymbol{w}_1^*, \cdots, \boldsymbol{w}_T^*) \leqslant \max \begin{cases} \dfrac{\gamma G^2}{\lambda} + \left(\dfrac{5\gamma G^2}{\lambda} + 2\right)\log T \\ \dfrac{\gamma G^2}{\lambda}\sqrt{\dfrac{TV_T}{\log T}} + \left(\dfrac{5\gamma G^2}{\lambda} + 2\right)\sqrt{TV_T \log T} \end{cases} \tag{2.57}$$

$$= O\left(\max\left\{\log T, \sqrt{TV_T \log T}\right\}\right).$$

根据 Besbes 等[24] 的理论分析，强凸函数的极大极小动态遗憾是 $O(\sqrt{TV_T})$。与凸函数的情况类似，推论 2.12中的上界与最优结果仅相差对数倍，几乎是最优的。对于强凸函数，Besbes 等[24] 提出的重启在线梯度下降算法可以达到 $O(\log T\sqrt{TV_T})$ 的动态遗憾，但是该算法需要提前知道函数扰动 V_T 的上界。与之不同，Zhang 等[30] 的自适应算法不需要知道 V_T 的任何先验信息。

对于指数凹函数，沿用 Zhang 等[30] 提出的自适应算法，将其理论保障描述如下：

定理 2.13 在假设 2.1和假设 2.2成立，并且所有在线函数都是 α-指数凹函数的情况下，Zhang 等[30] 提出的自适应算法满足

$$\text{SA-Regret}(T,\tau) \leqslant \left(\frac{(5d+1)(\gamma+1)+2}{\alpha} + 5d(\gamma+1)GD\right)\log T = O\left(d\log T\right), \tag{2.58}$$

式中，$\gamma > 1$，为算法参数；d 是模型的维度。

类似的，根据定理 2.8和定理 2.13，可以得到针对指数凹函数的最差动态遗憾。

推论 2.14 在假设 2.1和假设 2.2成立，并且所有在线函数都是 α-指数凹函数的情况下，Zhang 等[30] 提出的自适应算法具备如下动态遗憾

$$\text{D-Regret}(\boldsymbol{w}_1^*, \cdots, \boldsymbol{w}_T^*)$$

$$\leqslant \left(\frac{(5d+1)(\gamma+1)+2}{\alpha} + 5d(\gamma+1)GD + 2\right)\max\left\{\log T, \sqrt{TV_T \log T}\right\} \tag{2.59}$$

$$= O\left(d \cdot \max\left\{\log T, \sqrt{TV_T \log T}\right\}\right).$$

据我们所知，这是首个利用指数凹函数性质得到的动态遗憾。由于强凸函数可以认为是指数凹函数的特例，根据强凸函数的极大极小动态遗憾[24]，可知上述结果几乎是最优的。

2.2.5 小结

针对动态环境中存在的模型漂移挑战，提出了能够最小化自适应遗憾和动态遗憾的算法和理论，并分析了自适应遗憾和动态遗憾之间的关系。与之前的研究工作相比，针对自适应遗憾设计的算法，将每轮的梯度计算次数从 $O(\log t)$ 次降低到 1 次，并具有同样的理论保障[28]。对于动态遗憾，考虑到针对任意模型序列的一般情况，提出的算法将动态遗憾的上界由 $O(\sqrt{T}(1 + P_T))$ 降低到 $O(\sqrt{T(1 + P_T)})$，并证明了 $\Omega(\sqrt{T(1 + P_T)})$ 的下界[29]。针对这两种度量准则之间的关系，我们揭示了最差动态遗憾可以通过自适应遗憾和函数扰动来表示，并利用现有针对自适应遗憾的算法推导出几乎最优的动态遗憾[30]。

对于动态环境下的在线学习，仍然有许多开放问题亟待解决。首先，针对动态遗憾提出的在线学习算法无法利用强凸函数或指数凹函数的性质。从 2.2.1.3节中的内容可知，在研究最差动态遗憾时，我们能够利用强凸函数等性质提升性能。但是，在分析式 (2.6) 中的一般动态遗憾时，由于序列 $u_1, \cdots, u_T$ 的不确定性，导致算法难以利用凸以外的其他性质。其次，研究自适应遗憾和动态遗憾的关系时，只考虑最差动态遗憾，尚没有揭示自适应遗憾和式 (2.6) 中一般动态遗憾之间的关系。在未来的研究工作中，我们将继续研究这两个问题，丰富和发展动态环境下的在线学习。

2.3 针对复杂噪声分布数据的误差建模方法

在机器学习、信号处理、模式识别等诸多问题中，普遍涉及针对数据误差项的建模，旨在定义学习目标对输入观测 (训练数据) 的拟合与匹配程度。基于所处理问题与任务，人们通常预先手动设定误差项的形式。例如，常见的 L_2 范数误差 (即最小二乘误差) 与 L_1 范数误差 (即平均绝对误差) 等。那么一个自然的问题是，我们能否变手动为自动，基于数据自适应优化学习一个误差项形式。本节以信号/图像复原这一典型问题为例，展开对这一误差建模问题的讨论。

2.3.1 误差建模原理简介

2.3.1.1 复原模型中的误差项

信号/图像复原问题是信号/图像处理、计算机视觉等领域中非常典型而重要的研究问题。其目标可阐述为：假定真实信号为 X，其经过某种退化变换获得观测信号 Y，如何从输入的退化观测信号 Y 中尽可能准确地复原出真实却未知的信号 X。当采用不同的退化变换时，以上定义对应不同的信号/图像复原问题。例如，信号压缩变换对应信号的压缩传感问题，图像叠加噪声、下采样、模糊核算子变换分别对应图像去噪、超分辨、去模糊问题等。

求解这一问题的主要难度主要归纳为两点：一是观测信号 Y 的维度不会高于甚至往往显著小于待复原信号 X 的维度，即我们试图实现的目标是一个从少到多的复原过程。这意味着这个问题是一个不适定且病态的反问题。二是观测信号 Y 的信息往往也是不精确的。由于观测误差或采样机制等问题，获取的观测信号 Y 往往不可避免地混有噪声，其干扰往往进一步影响算法的稳定性与准确性。

经典的信号/图像复原技术通常是通过构建以下形式的优化模型 (2.60) 来对此问题进行求解:

$$\min_{X} L(Y, AX) + R(X). \tag{2.60}$$

模型 (2.60) 以待复原信号 X 作为自变量, 其目标函数主要包含两项: 一项为正则项 $R(X)$, 用以编码预先获知的对复原图像 (或其表达参数) 的先验信息, 常采用的形式包括 Ridge 正则 (即 L_2 范数正则)、稀疏正则 (如 L_1 范数正则) 或低秩正则 (如核范数正则) 等; 另一项为误差项 $L(Y, AX)$, 其中 A 代表变换算子, 该项旨在度量理论观测 AX 对实际观测 Y 的拟合程度, 最常见的形式包括最小二乘误差 (即 L_2 范数误差) 与稳健误差 (如 L_1 范数误差) 等。

在深度学习技术崛起之前, 合理构建并求解以上优化模型是信号/图像复原领域最常采用的方法。其中, 学者们又尤为关注如何针对问题合理设置正则项格式。正则项在该模型中也的确对最终结果的准确性起到决定性作用, 其内在刻画了待复原信号 X 的先验结构, 从而对该自变量的优化可行域进行约束和限制, 减弱了该反问题求解的不适定性。事实上, 有一些非常精彩的经典工作对这一不适定正则求解问题获得了令人惊喜的结论。例如, 在一定的假设条件下, 可以证明在信号稀疏或者矩阵低秩的正则约束下[42,43], 模型 (2.60) 可以求解得到严格精确的信号恢复。

随着深度学习技术的强势崛起, 其影响也席卷了信号恢复, 特别是图像复原的各个领域, 形成了强有力的技术冲击。其采用的技术是与上述模型驱动方法截然不同的数据驱动方法论。具体来说, 是将问题求解的过程视为一个 "黑箱" 的复合函数形式 (即层级连接的所谓深度网络格式), 为了获得该符合函数中蕴含的大量函数参数, 需要通过对预先收集的海量模拟的问题求解输入 (即退化信号)-输出 (即复原信号) 数据对进行强制拟合, 从而最终求得网络参数的合理赋值。其求解模型可形式化为如下优化问题:

$$\min_{W} \sum_{i}^{n} L(X_i, \mathrm{Net}_W(Y_i)). \tag{2.61}$$

式中, $\{Y_i, X_i\}_{i=1}^{n}$ 代表模拟的网络输入-输出训练数据对; $\mathrm{Net}_W(\cdot)$ 代表以 W 为网络参数的深度网络复合函数。

需要说明的是, 在训练数据量充分时, 以上优化问题可直接调用现有深度学习优化工具包进行求解。这看似简单的技术方法, 已经令深度学习这一现代工具在大多数图像复原的任务上, 如图像去噪[44]、超分辨[45]、压缩重建[46] 等, 达到了远超传统算法性能的最高水平的 (state of the art) 计算效果。

可以看到, 在已有的复原技术中, 更多考虑的是正则项与网络结构的合理构建, 而对于模型 (2.60) 与模型 (2.61) 中蕴含的正则项的合理设置, 获得的关注却相对较少。很多研究把误差函数的设定视为相对简单的步骤而并不予以特别讨论和强调。在应用中, 该项的作用是否可以忽略呢? 其设置是否能本质影响到复原算法最终的表现? 为了澄清这些问题, 必须要对其内涵进行更为深入地探讨与挖掘。

2.3.1.2 误差的本质

为了方便阐述，以图像去噪任务为例来对误差的本质进行解析。如前所述，一个观测图像 Y 内在蕴含了 2 个隐藏变量信息 (图 2.12)：一为真实图像 X，其往往具有区别于随机噪声的确定性模式结构，通常被描述为特定的参数化形式 $f(W)$；另一为噪声 E，具有某种随机分布的形式和显著的不确定性随机结构。因此，前者可称之为蕴含于观测中的确定性信息，相对应地，后者可称为随机性信息。图像去噪的目标，是从观测图像 Y 中剔除后者，而通过求解 W 提取前者。

$$Y \qquad f(W) \qquad E$$

图 2.12　观测信号 Y 可视为由真实信号 $X = f(W)$ 与其蕴含噪声 E 共同构成

从机器学习最大后验估计的角度，以上图像复原的问题可用如下的方式进行刻画与求解。模型参数 W 可通过计算后验分布 $p(W|Y)$ 的最大值获得，而该最大后验估计的计算等价于最大化两项的乘积[41]，即

$$p(W|Y) \sim p(W)p(Y|W) \tag{2.62}$$

式中，$p(W)$ 为模型参数 W 的先验分布，用以编码对真实图像的内在先验结构信息；$p(Y|W)$ 为似然函数，用以计算在某一模型参数 W 下获得观测信号 Y 的概率。

当我们对以上后验式 (2.62) 两端分别进行负对数变换，相乘变为相加，最大转为最小。对应这一最小化问题目标函数的两项，则恰好与前述机器学习优化模型 (2.60) 的误差项和正则项相对应，即先验项 $-\log(p(W))$ 对应于式 (2.60) 中的正则项，似然项 $-\log(p(Y|W))$ 对应于式 (2.60) 中的误差项。

从这种对应的意义上来讲，其实传统复原目标函数中的误差项与最大后验估计中的似然项的确存在一定的对应关系。具体来说，似然项刻画的是模型参数 W 下观测信号 Y 的发生概率，而 Y 中内在的随机性大多来源于其本质蕴含的噪声分布信息。从这种角度来讲，所设定误差项的形式很大程度反映了假设噪声分布的形态，其间存在有一个内在的对应关系。

当我们以这样的理解重新审视广泛用于复原任务的机器学习优化模型 (2.60) 时，模型 (2.60) 能够被如此广泛的使用便能够得到合理的解释。事实上其目标函数的两项各司其职，各自拥有其内在特定的物理含义。正则项编码的是观测的确定性信息，而误差项编码的是信号的随机性信息，即噪声信息。当我们真正深入地挖掘到观测信号中本质蕴含的确定性与随机性知识，并将其内在模式进行编码表达，形成优化模型 (2.60) 或后验式 (2.62) 进行求解时，便可以去伪存真，尽可能细致地剔除不想保留的随机性部分，而忠实地保存想要保留的确定性部分，达成最终信号复原的任务。

传统信号复原领域存在大量基于信号先验进行正则项编码的工作，在此不再赘述。本书聚焦于误差项编码和误差建模问题。

如上所述，设置的误差项形式与数据的噪声分布假设存在本质的对应关系。为了使这一点更易理解，以最常使用的 L_2 范数误差为例，此时，对应的噪声假设服从高斯分布。具体来说，当假设噪声为高斯分布，即 $E \sim N(0, \sigma^2)$，则观测信号服从 $Y \sim N(f(W), \sigma^2)$ 的分布形式，此时，易算出似然项的负对数格式为

$$-\log(p(Y|W)) = \frac{1}{2\sigma^2} \|Y - f(W)\|_2^2 + C,$$

式中，C 为与模型参数无关的常数。

显然，以上 L_2 范数误差形式与数据噪声的高斯分布是具有对应关系的。从进一步拓展的意义来讲，当使用一般的 L_p 范数误差时，事实上隐含假设数据的噪声分布服从一个 p 阶的指数幂分布。而这意味着，当预先设定好一个固定的误差项形式时，可能使用的模型就已经存在主观性错误。因为固定的误差项函数对应于某类特定相对简化的噪声分布假设，但实际图像中蕴含的真实噪声分布往往形态更加复杂，因而与假设的噪声分布形式相悖，所以使用主观设定的简单误差项很可能由于对实际复杂噪声的不准确编码，从而出现复原结果估计的不准确问题。我们称该问题为图像复原的鲁棒性问题，误差项的简单设定欠拟合实际噪声的复杂性问题。

因此，非常有必要讨论如何针对性构建能够缓解这一随机性信息欠拟合编码的有效策略。

2.3.1.3 误差建模原理

针对以上误差建模问题，最直接的方法是用一个相比高斯形式更为灵活、分布表达能力强的含参变量分布 $p(e; \theta)$ 来建模噪声分布，然后通过数据的噪声去学习其中的分布参数 θ，尽管这样带来了对复杂噪声更为一般的适用性，此时除了需要求解的模型参数 W，又额外引入了噪声分布参数 θ，因而问题求解的难度是在一定程度上增加。

一个自然的求解方案是迭代优化算法。具体来说，即对复原模型参数 W 与噪声分布参数 θ 进行迭代求解计算。例如，首先预设模型参数 W 初值，然后计算出数据的噪声信息 $Y - f(W)$，再基于其可估计噪声分布参数 θ，即可获得对应于 θ 的固定误差函数，最后基于该优化模型，重新对模型参数 W 进行更新计算。通过不断迭代这个过程，最终不仅可望得到合理的模型参数 W^* 及相应的复原结果 $f(W^*)$，同时也得到最优的噪声分布参数 θ^* 及相应的噪声信息 $p(e; \theta^*)$。这种算法构建的基本思想称之为噪声建模原理。

事实上，这一迭代优化算法通常建立在整体复原问题的最大似然估计 (maximum likelihood estimate, MLE) 或最大后验 (maximum a posteriori, MAP) 基础之上。因此，以上看似直观而启发式的迭代步骤实际上是在一个隐含的优化目标 (如似然或先验) 指导下进行的，具有内在理论的合理性。这一点在以下更多噪声建模算法的构建中，能够得到更为充分阐释。

我们也可以从误差项形式更新的角度来理解以上的噪声建模算法构建原理 (图 2.13)。首先初始化误差函数形式 L_0，然后利用该误差项计算出模型参数 W 的更新，从而得到

数据当前的噪声，再通过当前噪声信息重新估计一个最优的误差函数形式。通过不断迭代这个过程，最终输出的结果除了模型参数及其相应的复原图像之外，还有一个自适应匹配于观测数据噪声特点的误差项。从这一角度进行算法构建的思想，我们称之为误差建模原理。

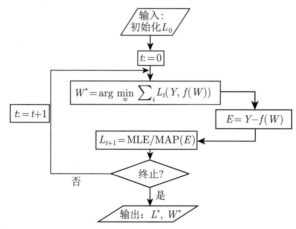

图 2.13　误差建模算法构建原理示意图

在以上噪声建模和误差建模原理的指导下，针对各类复杂噪声图像复原问题，跳出正则项建模的传统思路，在误差项建模的层次上构建新型的鲁棒性算法。

2.3.2　针对复杂 i.i.d.(独立同分布) 噪声数据的误差建模方法

误差建模算法构建的核心是噪声分布的含参形式如何设置的问题，这其中最自然的选择是混合高斯 (mixture of Gaussian, MoG)。

2.3.2.1　MoG 噪声建模算法

选择 MoG 建模噪声分布主要有两个原因：一是由于当不限制混合高斯的成分数目时，其具有对于任意连续分布的万有逼近性[47]，甚至还具有对特定不连续分布的良好逼近性；二是从计算层面考虑，在混合高斯诱导的优化模型中，主要包含具有平滑特性的 L_2 范数形式，因而相对比较容易构造较为准确的求解算法。

基于上节介绍的误差 (噪声) 建模原理，可以构造基于 MoG 的噪声建模算法 (图 2.14)。具体来说，首先初始化一个模型参数 W，然后计算当前数据噪声，并基于其估计 MoG 噪声分布的相关参数 (包括混合比例 π, 噪声方差 σ^2 与高斯成分隶属度 γ)，最后在相应的误差函数下更新模型参数 W。迭代这一过程直至收敛，最终得到相应的模型参数 W，并同时估计除蕴含在数据中的 MoG 噪声分布。注意以上算法事实上能够对应于以 MoG 噪声分布参数 π, σ^2 与模型参数 W 为共同估计参数，以问题的最大似然估计或最大后验估计为优化目标，以 EM 算法*或变分推断算法为求解策略的迭代算法[48,49]，因此其迭代过程能够保证其内在的似然或后验目标单调上升，从而保证其收敛的良好导向而不至失控。

---

　　* 可看到算法中 MoG 参数的更新格式与直接采用 EM 算法对 MoG 分布参数进行估计的格式基本完全一致。

步骤1: 初始化模型参数 W。

步骤2: 计算当前噪声 $E = Y - f(W)$，估计MoG参数如下：

$$\{\boldsymbol{\pi}^*, \boldsymbol{\sigma}^*\} = \arg\max_{\pi, \sigma} \sum_i \log \sum_k \pi_k N(e_i; 0, \sigma_k^2),$$

$$\pi_k^* = \frac{1}{N} \sum_i \gamma_{i,k}, \quad \sigma_k^* = \left(\frac{\sum_i \gamma_{i,k} e_i^2}{\sum_i \gamma_{i,k}}\right)^{1/2}, \quad \gamma_{i,k} = \frac{\pi_k N(e_i; 0, \sigma_k^2)}{\sum_k \pi_k N(e_i; 0, \sigma_k^2)},$$

式中，e_i 代表噪声 E 第 i 个元素；$\boldsymbol{\pi} = \{\pi_k\}_{k=1}^{K}$；$\boldsymbol{\sigma} = \{\sigma_k\}_{k=1}^{K}$；$\{\gamma_{i,k}\}_{i,k=1}^{n,K}$ 代表混合高斯参数。

步骤3: 求解以下优化问题获得模型参数 W 的更新：

$$W^* = \arg\min_{w} ||H(\boldsymbol{\pi}^*, \boldsymbol{\sigma}^*)\Theta(Y - f(W))||_2^2,$$

式中，$H(\boldsymbol{\pi}^*, \boldsymbol{\sigma}^*)$ 是与 Y 同维度的向量，其第 i 个元素为 $\sqrt{\sum_{k=1}^{K} \frac{\gamma_{i,k}}{2\pi\sigma_k^{*2}}}$。

图 2.14   MoG 噪声建模算法示意图

当把确定性的复原信号 $f(W)$ 用低秩先验进行建模时，该问题对应于一个低秩矩阵恢复的问题[50]。该问题是机器学习与计算机视觉领域的经典问题之一，而传统方法大多局限于将误差函数设置为 L_2 范数[51] 或 L_1 范数[50] 的一般形式，这意味着将数据噪声分布假设为高斯或拉普拉斯的形式。然而这种过于简单的噪声假设使得运用相应方法对混有现实复杂噪声的数据进行计算时，可能出现由于噪声编码欠定的不稳定表现。而当运用对一般噪声分布拟合能力更强的 MoG 对噪声建模时，可望能够更为准确拟合噪声信息，因而带来更好的复原表现。

相比传统方法，已有文献 [48,49] 的确观察到这种 MoG 误差建模算法能够带来一些新颖而有趣的实验表现。以下以人脸建模与监控视频背景提取两个应用为例来对此现象进行展示。

以 Yale B 数据库[52] 中的人脸图像为例，展示人脸建模的实验结果。该数据库中，人脸图像已经做了很好地切割和对准，所以具有很强的相关性。当把每张人脸图像拉成向量，进而把所有图像向量堆叠成一个矩阵，则该矩阵具有显著低秩性。所以利用低秩性先验预期能够把原数据中人脸的部分抽取出来，而剩余成分即对应人脸噪声。当使用 MoG 噪声建模方法与传统低秩矩阵方法进行效果对比时，能够发现一个有趣的现象，就是对一些具有大片黑色区域的人脸图像，前者往往会获得相对比较清晰的人脸复原效果 (图 2.15)。

这一现象能够得到一些物理意义的解释。事实上，人脸图像上包含的噪声是比较复杂的。例如，在光线照射相对较亮的区域，人脸会出现明显的亮斑，这种噪声称为过饱和噪声；而反之，在光线较暗的区域，人脸图像会出现显著的暗斑，这种噪声称为阴影噪声。此外，还往往存在一种无法避免的镜像噪声，是由光子成像原理引起的，无论照相拍摄设备多么先进都无法避免这种类型的物理噪声[53]。因其一般幅度较小，所以在图像明亮的区域并不明显，但在图像较暗的部分，这种噪声就显现较为显著。例如，图 2.15(a) 中展示的上图人脸，将其 [0,20] 的像素值放亮到 [0,255]，就构成其下图的图片。容易观察到，其较暗区域显示出非常模糊的人脸信息，而这种模糊性很可能来源于镜像噪声。

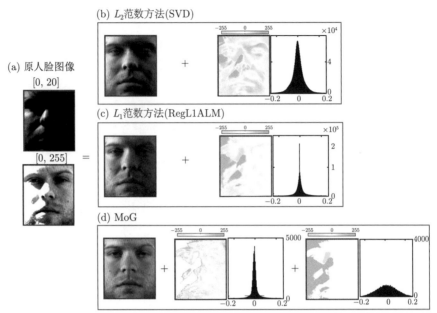

图 2.15　MoG 误差建模在人脸建模上的复原效果 (a) 原人脸图像，其中上图与下图是同一张图像在不同显示尺度下的效果；(b)(c) 分别为在 L_2 范数与 L_1 范数误差方法下重建的人脸图像，不同方法分离出的人脸噪声及相应的噪声柱状图；(d)MoG 噪声建模方法所获得的复原人脸图及其两个噪声成分图

　　对于如此复杂的噪声分布，仅用一个高斯或者拉普拉斯显然不能对其进行比较充分的刻画。而非常有趣的是，当使用两个成分的 MoG 进行噪声建模后，其算法就可以自动获取到更为准确的噪声信息[48]。如图 2.15(d) 所示，抽取出的小方差高斯成分较为准确地提取出镜像噪声的信息，而大方差的高斯成分则较为准确地抽取出过饱和与阴影噪声的信息。因此，更为准确地噪声提取也自然带来更为准确的人脸复原效果。

　　再以视频的背景提取为例，展示 MoG 噪声建模的有趣效果。这一应用亦可称为视频的前背景分离，旨在针对一个监控摄像头拍摄的视频，将它的前景目标和背景场景分离开来，以便后续处理任务进一步使用。由于摄像头相对固定，所以视频的背景呈现比较稳定的形态，背景视频帧之间存在非常显著的相关性关系，因而可用一个低秩矩阵对该信息进行确定性建模。由于视频前景目标存在明显的不确定性和块状稀疏特征，传统研究习惯于将其编码为一个长尾分布，例如拉普拉斯分布，进行建模[50]，相对应的，误差函数呈现 L_1 范数噪声的形式。

　　当使用 MoG 噪声建模方法对该类数据对象进行前背景分离时，同样可以观察到一些区别于传统方法的有趣现象。这一区别的根源在于传统方法通常只能分离出一个噪声分布，如高斯或拉普拉斯等，而 MoG 噪声建模方法可以分离出多个噪声分布的成分，而这些成分往往呈现比单独一个噪声更为丰富多样的视频物理特征。如图 2.16 所示，当用 3 个成分的 MoG 对所示视频进行前背景分离时，所获得的 3 项噪声成分均具有明显的物理含义：最大方差的噪声对应于前景目标；第二大方差的噪声对应于前景目标的影子/摇动的树叶和阴影；而最小方差的噪声对应于镜像噪声。

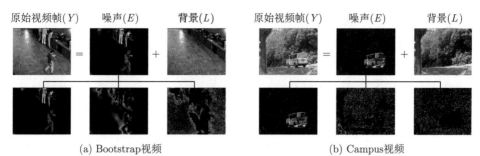

原始视频帧(Y)　　噪声(E)　　背景(L)　　　　原始视频帧(Y)　　噪声(E)　　背景(L)

(a) Bootstrap视频　　　　　　　　　　　(b) Campus视频

图 2.16　MoG 误差建模方法在视频背景提取中实验效果。每个子图中，第一行展示的信息包括 (从左至右)：原始视频帧、抽取的前景 (噪声) 与背景；第二行展示算法自动提取的 3 个噪声成分

2.3.2.2　MoEP 噪声建模算法

在应用 MoG 噪声建模算法时，仍存在 2 个比较显著的问题：一是 MoG 的混合成分个数究竟该如何选择的问题。MoG 的万有逼近性仅在混合成分个数不限的前提下成立，而现实中，总归要选择有限个混合成分的 MoG 以保证算法的可行性与计算效率。二是有限成分的 MoG 对于复杂噪声的逼近能力似乎仍然有所局限，尽可能保证其能够拟合广泛的数据噪声形式，从而保证噪声建模算法应用的普适性，就成为亟须解决的重要问题。

混合指数幂分布 (mixture of exponential power distribution, MoEP) 噪声建模的想法[54] 正是针对这两个问题所提出的。指数幂分布又称为广义正态分布，其具有以下的参数化分布形式：

$$f_p(e; \mu, \eta) = \frac{p\eta^{1/p}}{2\Gamma(1/p)} \exp(-\eta \|e - \mu\|^p).$$

可看出，高斯分布和拉普拉斯分布均为 MoEP 的特殊形式 (对应于 $p = 2, 1$ 时的指数幂分布)。MoEP 噪声建模的思想可描述为：首先设定一系列较为冗余的指数幂分布 $f_{p_k}(e; 0, \eta_k)$ $(k = 1, 2, \cdots, K)$ 作为备选噪声成分*。MoEP 噪声建模算法的目标一方面对这些备选成分进行稀疏选择，提炼出匹配于真实复杂噪声形态的具有物理意义的少量成分，同时对这些遴选出的成分进行比例融合，最终获得 MoEP 的噪声分布表达。以上目标可通过以下建模策略达成。

MoEP 噪声分布可表达为

$$p(e; \Theta) = \sum_{k=1}^{K} \pi_k f_{p_k}(e; 0, \eta_k), \tag{2.63}$$

式中，Θ 代表所有噪声分布的参数。

相应复原任务的最大后验估计式可表达为以下形式：

$$\max_{W, \Theta} p(\Theta, W | Y) = p(Y | W, \Theta) p(W) p(\Theta). \tag{2.64}$$

注意式 (2.64) 与式 (2.62) 的差别。事实上，该式更为全面地刻画了噪声建模下的后验表达，其中区别于传统，也是其发挥核心作用的一项，在于其对于噪声分布参数的先验项

---

* 噪声成分均值通常设为 0，如果将其设为优化变量，可通过噪声建模算法与其他分布参数一同求解。

$p(\Theta)$。与确定性信息参数的先验项 $p(W)$ 作用类似，同样对具有参数量冗余的噪声分布表达起到约束的作用，有利于减弱过于复杂的噪声分布对实际噪声的过度拟合。但由于该正则是附加于随机性信息之上的，相比施加于确定性参数 W 之上的常见正则格式，即使对相似的正则目标，例如稀疏 (一些参数需要约束为零)、逼近 (预知与某参数比较接近) 等，其形式也截然不同。

因此，在 MoEP 噪声假设下，以上的最大后验公式可表达为

$$\min_{W,\Theta} \ L((Y - f(W)); \Theta) + R(W) + R(\Theta),$$

式中，误差项为 MoEP 噪声对应的似然形式 $L(E; \Theta) = \log \prod_i p(e_i; \Theta)$；$R(W)$ 为常规的确定性参数 W 正则。对于随机性参数 Θ 的正则形式为

$$R(\Theta) = n\lambda \sum_{k=1}^{K} C_k \log \frac{\varepsilon}{\varepsilon + \pi_k},$$

式中，ε 为一个很小的正常数；λ 为正参数；D_k 为第 k 个混合成分中的自由参数个数。该正则项在文献 [55] 中被特别构建，证明了该正则能够自然诱导某些 π_k 趋于零变化，从而使算法能够自动确定有效混合成分的个数。从这一正则项能够看出，即使对于同样参数稀疏的目标，随机性正则与确定性正则具有本质差异。

这一 MoEP 噪声建模思想很好地减弱了之前所述的 MoG 噪声建模的两个局限。一方面，MoEP 噪声分布的成分个数实现了自动选择 (当然仍需要确定正则项中的一些参数)；另一方面，在将多个不同的 p 阶指数幂设为备选分布成分之后，MoEP 噪声原则上能够拟合广泛类型的噪声分布类型。例如，若要拟合拉普拉斯分布，理论上需要无限多的 MoG 成分，而如果使用 MoEP 建模，则只需要自动遴选出一个 L_1 的指数幂分布成分，就能做到完美的噪声拟合。

事实上，对于传统较为常见的低秩矩阵分解/鲁棒 PCA 的方法使用的误差函数形式。例如，L_2 范数误差、L_1 范数误差、$L_2 + L_1$ 范数误差、L_∞ 范数误差、混合高斯、混合拉普拉斯等，均可视为以上所述 MoEP 噪声建模的特殊情形。这意味着相比传统方法，MoEP 噪声建模方法应具有对于现实复杂噪声更强的拟合性，因而有望带来更加普适的鲁棒复原效果。

以下以高光谱图像去噪这一典型复原任务为例，展示 MoEP 噪声建模方法的优良表现。之所以选择该类数据对象，主要是由于高光谱图像具有较为复杂的噪声形式。其具有多个谱段的图像信息，由于传感器采集的缺陷，每个谱段往往都蕴含多样而复杂的噪声形式。例如，条带噪声、镜像噪声、电子噪声等。由于其噪声的复杂性，传统方法往往难以获得鲁棒的去噪表现，因而非常适用 MoEP 方法进行尝试。

为了充分现实噪声建模的功能，确定性信息使用较为简单的低秩性先验正则。即直接把每个谱段图片拉成向量，然后依谱段将其堆砌为一个矩阵，对该矩阵进行低秩正则约束。除了这一常识性先验，其他高光谱图像的有益先验，如空间平滑性、局部自相关性等均没有置入方法中。实验的效果将主要从随机性噪声的有效建模中得以体现。

在文献 [54, 56] 中，MoEP 噪声建模在此应用任务上获得良好的表现，取得了当时最佳的实验效果。其内在原因能够由图 2.17 窥见一斑：能够看到，MoEP 噪声建模方法分别抽取出了两个独特的噪声成分，分别为 $L_{1.8}$ 和 $L_{0.2}$ 的广义正态分布，其分别对应于较为稠密的高斯噪声与较为稀疏的条带、死线噪声干扰等。与 MoG 的应用效果类似，相对准确的噪声提取自然也带来更为准确的图像复原效果。

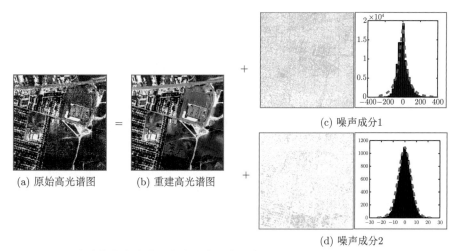

(a) 原始高光谱图　　(b) 重建高光谱图　　(c) 噪声成分1

(d) 噪声成分2

图 2.17　MoEP 噪声建模在高光谱图像去噪中的实验表现。从 (a) 至 (d)：原高光谱图的一个代表性谱段；由 MoEP 方法获得的重建图像；该方法抽取的两个噪声成分演示，分别对应于 $L_{1.8}$ 和 $L_{0.2}$ 的广义正态分布

2.3.2.3　P-MoG 噪声建模算法

能够注意到，以上所述的 MoG 与 MoEP 噪声建模思想，其假设的噪声分布都具有独立同分布 (identically and independently distributed, i.i.d.) 的特性。对于图像信号而言，这一噪声分布假设像素点都是逐点独立同分布的。而事实上，即使在这样的噪声前提下使用复杂的分布形式，例如，更多的成分个数或更复杂的成分类型等，此类噪声仍然难以表达噪声蕴含的结构信息。

噪声分布真的会有结构吗？事实上，具有特定物理生成机制的图像，其混有的噪声，或更准确说是其蕴含的不确定性随机信息，往往是具有结构性的。一个有趣的例子是，在国内著名综艺节目《最强大脑》第三季第一期中，有一个叫作"雪花之谜"的比赛项目[57]，试图让选手对 50 台电视机中播放的雪花点进行记忆，然后随机选取 3 台电视机，让选手观察其雪花点，从而判断其来源于之前 50 台电视机中的哪一台。比赛选手在这个项目中表现出令普通人瞠目结舌的识别能力，这也从一个侧面说明，雪花点似乎并非是完全无信息的白噪声，其中可能蕴含有某种结构性的模式，这种模式为其带来识别的可能性。

为了体现这种随机信息中的结构性，一个简单的办法是把之前逐点定义的分布变为逐块定义。具体来说，可以将噪声分布的对象定义在图像的小像素块 (比如 3×3 的小块)，然后将噪声分布定义于该小像素块的基础之上。例如，可以把之前逐点分布的 MoG，改造为目前逐块分布的 P-MoG(patchwise-MoG)：

$$p(\boldsymbol{e};\Theta) \sim \sum_{k=1}^{K} \pi_k N(\boldsymbol{e};\boldsymbol{\mu}_k,\boldsymbol{\Sigma}_k), \tag{2.65}$$

其中最大的变化为: 除了每个混合高斯成分的均值 $\boldsymbol{\mu}_k \in \boldsymbol{R}^d$ 变成向量表达, 其方差也变为矩阵形式的协方差 $\boldsymbol{\Sigma}_k \in \boldsymbol{R}^{d \times d}$。该矩阵的主成分方向信息能够在一定程度内在反映噪声的结构信息。

图像/视频去雨是此类结构性噪声可尝试的一个自然的应用任务。传统模型驱动的去雨方法大多是将雨视为一个确定性的对象, 根据雨的物理性质 (例如几何特性、亮度特性、颜色特性、时空连续性、局部结构自相关性等) 对雨进行编码建模[58,59]。此种方式较为适用于形态相对一致、模式比较单一的距离镜头较近的雨滴、雨条建模, 然而对于形态多变、尺度多样, 特别是远近差异明显的真实雨景则缺乏较好的拟合性。此外, 除了雨条之外, 往往还需要对图像背景与前景目标进行确定性建模, 这可能导致编码模式的交叠, 从而带来去雨不充分的不良表现。

而一个新颖的想法是, 将雨建模为一个随机性的对象, 即将其视为一种特殊的结构性概率分布来建模。特别是, 当使用以上所述的式 (2.65) 的 P-MoG 分布来对雨进行建模时, 其多成分不仅能反映雨多尺度的形态, 而且这种随机性的编码将图像/视频背景与目标的确定性建模方式区分开, 因此有助于将这几个部分较为清晰地分离开, 从而实现更为准确的去雨效果。

针对监控视频去雨这一任务, 文献 [60] 首次采用雨条的随机建模方式。除了将雨层视为随机性对象外, 其将视频背景用低秩性先验编码, 移动前景目标用时空连续性与稀疏性进行先验编码, 从而用一个简洁的优化模型, 达到较为优良的监控视频去雨表现 (图 2.18)。

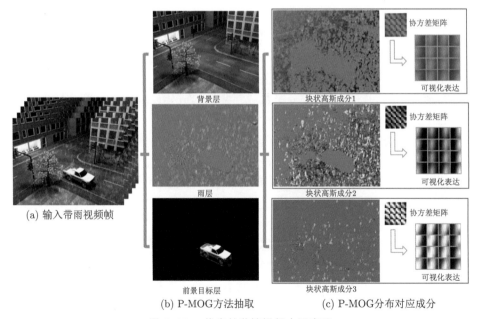

图 2.18 优良的监控视频去雨表现

从图 2.18可看出，P-MoG 方法将雨分为 3 部分，自上而下分别为背景层、雨层和前景目标层 (图 2.18(b))；雨的 P-MoG 分布对应的 3 个成分，其中每个成分的右侧展示了相应分布的协方差矩阵可视化效果 (图 2.18(c))，能够看出，3 个成分分别体现雨层局部相关性不同强弱的局部块结构。通过把雨层视为随机性信息进行 P-MoG 分布编码，很好地抽取出蕴含在视频中的雨层信息。抽取的 3 个成分分别为：一是像素与周边像素相关性较大的雨成分，对应于大块的雨点；二是像素与周边像素相关性较小的雨成分，对应于幅度小一些的雨条；三是像素与周边像素相关性很小的噪声成分，对应于视频镜像噪声的部分，更类似于一个逐点 i.i.d. 的噪声。3 个成分各自的编码都与实际情况较为吻合，而且具有很好的互补性。相对比较准确的雨层提取，自然也带来更好的复原效果。

值得一提的是，沿着这一结构性噪声建模对雨进行编码的方法，后续又逐渐出现能够对雨进行更为精确刻画的多尺度卷积稀疏编码的有效策略。这一策略不仅进一步提升了视频/图像去雨的精度，获得更好的 STOA 表现[61]，且在此内涵理解基础的启发下，出现更具解释性和针对性的去雨网络结构，在更为广泛的真实单图去雨问题上获得良好的表现[62,63]。感兴趣的读者可以阅读这些相关的文献 [61-63]。

2.3.3 针对复杂非 i.i.d. 噪声数据的误差建模方法

由于混合分布的万有逼近性相对于传统方法对复杂噪声具有更好的拟合性，因而在控制混合成分前提下，此类噪声建模方法可带来更好的去噪表现。然而，当面临现实复杂噪声数据时，特别面对开放环境、海量数据的真实大数据环境时，为了令混合分布能够拟合此类复杂的噪声，其成分个数似乎只能设置的足够大尚有良好拟合的可能。而此时却可能出现一个更为严重的问题，混合分布的万有逼近性不仅使其能够拟合预期的随机性信息，也可能会逐渐拟合不希望其拟合的确定性信息。当脱离数据的噪声生成机制仅用简单的混合分布形式来无约束的拟合噪声时，其往往在现实应用中不可避免地出现性能失控的状态。这个现象是我们绝不愿意看到的。如同对数据确定性信息建模时，我们同样不希望其过度复杂，因为复杂的确定性编码不仅能够拟合预期确定性的部分，其强大的拟合能力也可能会拟合随机性信息 (噪声) 的部分。这就是传统机器学习研究中人人避之不及的"过拟合"问题。其根源在于违背了机器学习建模的基本原则：奥卡姆剃刀 (Occam's razor)，即"如无必要、勿增实体"。也就是说，当我们对信号进行编码时，更适当的方式应是建模为尽可能简单的模式。对于确定性信息的建模如此；对于随机性信息，即噪声部分，亦是如此。这能够解释为什么在诸多应用领域中，当设置误差函数时，人们总是优先选择最小二乘损失的形式，这是因为其内在假设的 i.i.d. 高斯白噪声是所有分布中最简单的噪声分布形态。人们在潜意识中已经默认此原理的合理性。

然而，这种简单的建模方式已不再适用于我们所处的大数据时代。因为我们面对的现实数据，其随机性信息通常既不是 i.i.d.，也不是高斯形态。具体来说，现实数据的来源，正在由理想化的实验室环境逐渐变化为随着时间、空间、谱段等多个维度显著变化的开放式环境。对于此类的复杂数据，无论对其确定性信息还是随机性信息，都不可能仅用一种过于简单的方式进行建模。就像对于确定性部分的建模方式，传统的机器学习执着于泛化可控、计算性能良好的浅层模型，而现代的机器学习却不可避免地演变为对其复杂化、深度化的建模趋势。

因此，在噪声建模的问题上，就不可避免地出现了"简单"和"复杂"的矛盾。一方面，我们期望用简单的方式对噪声进行建模，使其尽可能地减弱对数据噪声过度拟合问题的发生；但同时，现实数据噪声的复杂性又不得不要求我们提升对噪声建模的复杂性。因此，必须寻找一种折中的噪声建模方案，使其既能良好拟合现实大数据环境所收集的形态复杂的数据噪声，又能对噪声模型的复杂性进行适当抑制，从而减弱模型对噪声过拟合问题的发生。

数据建模方法的功能通常是通过使其深刻反映数据的内涵，匹配于数据自身蕴含的模式特性，从而自然诱导有益的知识挖掘。对于现实复杂噪声的建模，其解决之道也许蕴含在现实数据噪声的内涵理解之上。

开放环境下大数据噪声的最典型特点应该是非独立同分布 (non-i.i.d.)，其隐含两个层面的内涵：

首先是非同分布 (non-identically distributed)，现实噪声最大的特点是其多样性与变化性。在不同的时间、位置，在不同的谱段、维度，数据的动态、多模态、时空差异等，均导致数据噪声存在幅度，甚至类型的差异性，噪声 i.i.d. 假设的合理性仅在数据局部近似成立。这也是传统采用简单误差函数的图像复原方法能够在"小"数据上合理可行的本质原因。当面对真正贯穿大范围时间、空间、谱段收集的"大"数据时，更为准确地建模应为针对不同的局部，允许不同的噪声考虑。然而，这当然会带来类似于多成分混合分布一样对噪声的过度拟合问题。当每个局部要求不同的噪声分布参数时，"大"数据的特性必然带来海量的噪声分布参数需要拟合，如此自由地选择必然会带来模型学习的失控。

幸运的是，大数据噪声还具有第二个内涵，即非独立分布 (non-independently distributed)。这一内涵意味着局部各异的噪声存在内在的关联性。例如，沿空间一致性过渡、随时间缓慢地变化、跨谱段显著性相关等。这种噪声的内在相关性构成了不同局部差异性噪声分布的天然先验，对于整体噪声建模的目标，有益于控制其复杂性，降低其自由度，发挥本质正则的作用，减弱噪声过拟合问题的发生。

因此，数据的 non-i.i.d. 特性自然启发出针对蕴含复杂噪声的现实数据的噪声建模方案：对局部假设差异性噪声分布，通过挖掘数据内涵的时间、空间、谱段等维度的噪声相关性先验，形成对这些分布的正则控制，从而一方面尽可能地拟合数据噪声复杂性特征，另一方面使其在可控的前提下进行。

以下讨论基于上述建模思想的典型 non-i.i.d. 噪声建模实例。

2.3.3.1 空间 non-i.i.d. 噪声建模

事实上，对于一般的图像或视频而言，物理成像机制自然导致其噪声分布具有空间的一致性，如图 2.19所示的 CCD 相机成像结构。传感器收集图像像素时，并非以像素点而更像是以"面"的方式来获取成像对象亮度信息，这必然使得每个像素点的形成与其周边像素混杂交融，互相影响，紧密关联。因此，如果一个空间位置的像素噪声大，可能其周围近邻的像素噪声幅度也比较大；反之亦然，一个像素点如果噪声小，其周边近邻的像素可能也较为纯净。

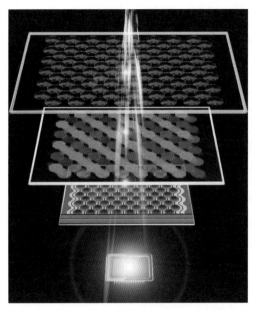

图 2.19　CCD 相机成像结构

　　这一空间结构的一致性，即可形成噪声的空间相关性先验，并对逐点噪声形成有效的正则控制。具体来说，对于一张图片，假设其逐点具有不同的噪声分布，然后用马尔可夫随机场 (Markov random fields，MRF) 来对逐点分布的相关分布参数进行编码，以体现不同位置噪声分布的相关性，从而达到对其自由度进行控制学习的目的。

　　基于以上的想法，构建嵌入噪声分布空间相关性的 non-i.i.d. 噪声建模算法。以 2.2.2 节中所提的 MoEP 噪声分布建模为例，为了便于表达，将如式 (2.63) 表达的 MoEP 分布转换为其等价表达的另一种形式如下[41]：

$$p(e_{ij}|\boldsymbol{z}_{ij}) = \prod_{k=1}^{k} f_{p_k}(e;0,\eta_k)^{z_{ijk}}; \; p(\boldsymbol{z}_{ij}|\pi) = \prod_{k=1}^{k} (\pi_k)^{z_{ijk}},$$

式中，e_{ij} 为一张图片的 i 行 j 列像素噪声；隐变量 $\boldsymbol{z}_{ij} = \{z_{ij1}, z_{ij2}, \cdots, z_{ijk}\}$ 代表对应像素位置隶属成分信息；$z_{ijk} = 1$ 代表此像素隶属于第 k 类，而 $z_{ijk} = 0$ 代表其不属于 k 类。显然，所有 $\boldsymbol{z}_{ij}$ 元素中，仅有一项为 1，其余全部为 0.

　　然后，可在隐变量 $\boldsymbol{z}_{ij}$ 上嵌入以上所述的空间一致性先验，表达如下[64]：

$$\boldsymbol{z}_{ij} \sim M(\boldsymbol{z}_{ij};\pi) \prod_{(p,q) \in N(i,j)} \psi(\boldsymbol{z}_{ij}, \boldsymbol{z}_{pq}), \qquad (2.66)$$

式中，$N(i,j)$ 代表图像 i 行 j 列像素的邻域像素标号；$\psi(\boldsymbol{z}_{ij}, \boldsymbol{z}_{pq}) = 1/C \prod_k \exp(\tau(2z_{ijk} - 1)(2z_{pqk} - 1))$；$C$ 为归一化常数。

　　注意，以上在隐变量 $\boldsymbol{z}_{ij}$ 上所定义的 MRF 先验编码图像邻域像素之间的噪声关联。具体来说，当 (i,j) 像素与 (p,q) 像素位于邻域时，其 z_{ijk} 与 z_{pqk} 总为同样的 0 或 1 值，显然，此时 $\psi(\boldsymbol{z}_{ij}, \boldsymbol{z}_{pq})$ 会获得相对较大的数值 (所有乘项均为 e^τ)。而反之，则乘项中必然有

$e^{-\tau}$ 项，从而使得该先验具有较小的数值。因此，该先验自然编码图像的邻域信息，使得相邻像素的成分隶属更趋向于一致。

结合之前式 (2.63) 中定义的常规隐变量 $\boldsymbol{Z}$ 先验，可得到其先验的完整表达如下：

$$p(\boldsymbol{Z};\pi) = 1/C \prod_{(i,j)\in\Omega,k}^{\pi_k} (\pi_k)^{z_{ijk}} \prod_{(i,j)\in\Omega,k} \prod_{(p,q)\in N(i,j)} \exp(\tau(2z_{ijk}-1)(2z_{pqk}-1)),$$

因此，可得总体模型的完全似然表达为

$$p(E,Z;\Theta) = p(E|Z,\eta)p(Z;\pi),$$

式中，$p(E|Z,\eta)$ 如式 (2.63) 定义。

基于以上的改善，传统侧重于 i.i.d. 噪声的建模就自然进化为编码空间一致性先验的 non-i.i.d. 噪声建模。超越了更适用于同质 (homogeneous) 噪声的基于传统误差函数的复原算法，其能够更客观、全面地刻画异质 (heterogeneous) 噪声的形态，因而，自然能够诱导出对此类复杂噪声的良好表现[64]。

2.3.3.2 谱段 non-i.i.d. 噪声建模

事实上，当获取一个高维度表达的数据时，其不同维度的特征所嵌入的噪声往往也体现 non-i.i.d. 的特性。这主要是由于特征的来源差异、传感器采集系数的不同等因素导致的。因此，当采用简单的误差函数 (例如 L_2 或 L_1 范数误差) 来对这样的信号进行处理时，其对特征编码的错误不可避免会产生一定程度的算法鲁棒性问题。

关于这一点，典型的例子是高光谱图像的复原。此类图像特点为其有多个谱段的灰度图按序堆叠成一个高维数组的表达，每个谱段图对应不同传感器参数下获取的采光信息。对于此类图像而言，其不同谱段的图像呈现非常显著的 non-i.i.d. 特性 (图 2.20)。一些谱段噪声相对较小，而一些谱段噪声非常显著，且呈现多样化的内在形态。大量传统方法陷入选取某个简单固定形式误差函数的思维定式，而把主要聚焦点放置于极度精巧细致的正则项之上，实际上噪声编码的错误直接抑制了算法性能的上限。从这种角度来讲，与其将该问题称为"复原"(恢复原图)，不如称为"去噪"(去除噪声) 更为实质。

针对该谱段 non-i.i.d. 噪声数据构建噪声建模方案的思想已充分阐释，只需将之前的理解迁移到该问题中即可。详细来说，高光谱图像的噪声具有 3 个特点：一是每个谱段的噪声可视为一个局部噪声，因此可近似认为服从 i.i.d. 噪声分布特性；二是不同谱段的噪声分布参数不同 (not identical)，需要差异性建模；三是不同谱段噪声分布具有相关性的 (not independent)，需要编码体现此多谱段噪声的关联性。

基于这 3 点理解，可构建谱段 non-i.i.d. 的噪声模型。对应以上第一个特点，将每个谱段的噪声可建模为一个与该谱段对应的 i.i.d 混合高斯分布，以编码每个谱段的局部噪声分布；对应以上第二个特点，须假设不同谱段的混合高斯具有不同的参数，以体现不同谱段噪声分布的差异性；对应以上第三个特点，用共轭先验编码不同谱段混合高斯参数之间的关联。具体噪声建模表达如下：

$$p(e_{ij};\Theta) = \sum_{k=1}^{K} \pi_{jk} N(e_{ij}; \mu_{jk}, \tau_{jk}^{-1}),$$

式中，i 代表像素标号；j 代表谱段标号。

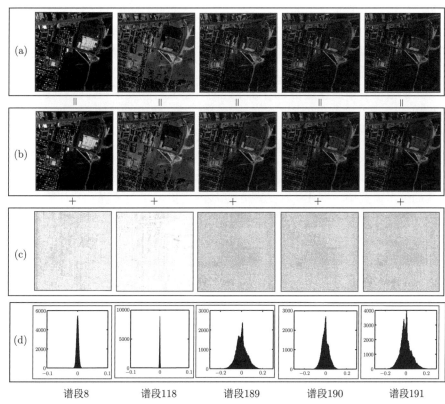

图 2.20　呈现显著 non-i.i.d. 特性的谱段图像。(a) 不同谱段的高光谱图像原图；(b) 通过谱段 non-i.i.d. 噪声建模获得的复原图效果；(c) 和 (d) 分别对应抽取出的噪声图片和相应柱状图展示

可看出，不同谱段噪声拥有不同的噪声参数 $\mu_{jk}, \tau_{jk}(k = 1, 2, \cdots, K)$，然后，将不同的参数用共轭先验的方式相关联：

$$\mu_{jk}, \tau_{jk} \sim N(\mu_{jk}|m_0, (\beta_0\tau_{jk})^{-1})\mathrm{Gam}(\tau_{jk}|c_0, d),$$
$$d \sim \mathrm{Gam}(d|\eta_0, \lambda_0),$$

式中，μ_{jk}, τ_{jk} 共同服从高斯-伽马先验；超参数 d 服从伽马先验。这些先验表达都是似然表达的共轭形式，为后续进行后验推断的计算提供方便。

当应用于实际高光谱图像去噪的任务时，这一方法体现非常显著的去噪效果[65]。可从图 2.20 中看到，该方法能够对不同谱段根据其实际噪声幅度抽取出具有显著差异的噪声，从而带来良好的复原效果。

最终，在一些实际的高光谱图像数据中，这个方法的确取得非常显著的去噪效果。该方法在有效去除噪声的同时，还可以做到对原图一些细节很好的恢复。值得一提的是，文献 [66] 通过对每个谱段噪声非参混合高斯建模的方式，实现了对每个谱段自由选择高斯成分个数，从而实现了自由度更大、适应性更强的 non-i.i.d. 谱段噪声的拟合，进而实现更为显著的高光谱图像复原的效果。

2.3.3.3 时间 non-i.i.d. 噪声建模

时序数据是现实中非常常见的一类数据类型。当我们考虑真实开放环境的实际情形时，时序形式的数据，例如，视频往往不可避免。而时序数据的噪声分布也往往呈现显著的 non-i.i.d. 形态。一方面，随着时间的变化，收集的数据噪声一定亦会产生差异性的变动，而时间的累积无疑会逐渐放大这一差异的显著性，因此，此类噪声显然非同分布。而另一方面，时序变化导致的数据噪声变化通常是有渐变性的，不太可能发生相邻时刻收集的数据，噪声瞬时发生翻天覆地的巨变，噪声形态/幅度等随时间应当具有显著相关性，因此，其一般也非独立分布。因此，可以利用上述内容，对时序变化的时间 non-i.i.d. 噪声分布进行合理的建模。

非常有趣的是，在线模式似乎是对于此类时间 non-i.i.d. 噪声分布较为合适的编码方式。在传统的很多研究中，对于一个方法的在线改造更多是为了提升其计算效率，而由于在线模式要求方法仅能对数据进行增量处理而不能存储前期出现的数据信息，这种即用即扔的模式也通常认为不可避免牺牲计算的精度。但在时间 non-i.i.d. 噪声的上下文下，情况似乎会发生微妙的变化。通过采取不断根据当前数据动态调整噪声分布参数来反映噪声的非同分布内涵，同时将之前所习参数作为先验信息对分布参数进行相关性约束来反映噪声的非独立分布内涵，这种新型的对噪声的在线适应模式有望在提升效率的预期之外，进一步提升算法对于噪声刻画的准确性，从而带来计算准确性与稳健性的提升。也就是说，相比传统方法，这种噪声建模的考虑可能会达成"既快又准"的效果。

以 MoG 作为基准的噪声分布为例，展示以上思想是怎样启发噪声建模算法的构建。假设当前信号 (例如视频中的当前帧) 为 $\boldsymbol{x}^t$，其嵌入噪声记为 $\boldsymbol{e}^t = \{e_i^1, e_i^2, \cdots\}$，其具有以下的 MoG 分布形式：

$$e_i^t \sim \prod_k N(e_i^t; 0, \sigma_k^2)^{z_{ik}^t}; \ z_i^t \sim \mathrm{Multi}(z_i^t; \Pi^t),$$

式中，z_i^t 为相应元素的归属类隐变量信息；$\Pi^t = \{\pi_k^t\}_{k=1}^K, \Sigma^t = \{(\sigma_k^t)^2\}_{k=1}^K$ 为当前数据噪声分布参数。方便起见，记 $\Theta^t = \{\Pi^t, \Sigma^t\}$。注意到，对于每一个当前数据，其拥有自属的噪声分布参数 Θ^t，从而其具有自适应当前数据的噪声变化的功能。

如上所述，噪声分布参数的更新需要在之前学习的参数先验下进行。可对当前需推断的模型参数 Θ^t 采用如下的先验形式来实现这一目标[67]：

$$(\sigma_k^t)^2 \sim \mathrm{Inv-Gamma}\left(\sigma_k^2 \Big| \frac{N_k^{t-1}}{2} - 1, \frac{N_k^{t-1}(\sigma_k^{t-1})^2}{2}\right),$$

$$\Pi^t \sim \mathrm{Dir}(\Pi; \alpha), \ \alpha = (N^{t-1}\pi_1^{t-1} + 1, \cdots, N^{t-1}\pi_K^{t-1} + 1), \tag{2.67}$$

$$N^{t-1} = \sum_k N_k^{t-1}, \ \pi_k^{t-1} = N_k^{t-1}/N^{t-1}, \ N_k^{t-1} = \sum_i \gamma_{ik}^{t-1},$$

式中，$\mathrm{Inv-Gamma}(\cdot)$ 指逆伽马分布；$\mathrm{Dir}(\cdot)$ 指狄利克雷分布，其分别对应原混合高斯分布参数相应的共轭分布形式；γ_{ik}^{t-1} 为 $(t-1)$ 步迭代时算法产生的高斯成分隶属度概率，每一步均在算法中自动更新。

当对模型参数施加以上噪声分布参数先验时，其之前的噪声信息 (即 Π^{t-1}, Σ^{t-1}) 便能够本质的影响当前噪声分布参数的计算。事实上，能够计算出以上关于 Π^t 与 Σ^t 先验分布的最大值恰好分别取于 (Π^{t-1} 与 Σ^{t-1})，这意味着该先验隐式嵌入之前习得噪声知识，能够帮助校正当前 MoG 参数学习时不会与之前习得的噪声信息产生太大偏差，因此自然在噪声分布参数的估计中体现噪声分布的时间关联性信息。

按照以上的概率理解，可写出对于该时变数据复原问题的完整最大后验目标：

$$p(W^t, \Pi^t, \Sigma^t | x^t) \sim p(x^t | W^t, \Pi^t, \Sigma^t) p(W^t | W^{t-1}) p(\Sigma^t | \Theta^{t-1}) p(\Pi^t | \Theta^{t-1}) \qquad (2.68)$$

式中，$p(\Sigma^t | \Theta^{t-1})$ 与 $p(\Pi^t | \Theta^{t-1})$ 是如式 (2.67) 所定义的噪声参数先验；$p(W^t | W^{t-1})$ 为确定性模型参数的先验，由前一步算得的模型参数 W^{t-1} 所控制，在此不再赘述，感兴趣的读者可详读文献 [67]。通过不断对时序到来的数据 x^t 进行模型参数 W^t 与其噪声参数 Π^t, Σ^t 进行更新，数据的噪声分布便可以自适应于时间的变化，逐渐基于数据当前的特性，在之前习得参数 $\Pi^t | \Theta^{t-1}$ 的校正和约束下，得到合理的估计。

如同传统最大后验估计模型与误差正则优化模型之间的对应关系一样，将式 (2.68) 进行负对数变换后，可得到相应的确定性优化问题如下：

$$\min_{\Theta^t} - \log p(x^t; W^t, \Pi^t, \Sigma^t) + R_F^{t-1}(\Pi^t, \Sigma^t) + R_B^{t-1}(W^t), \qquad (2.69)$$

式中，第一项 $-\log_p(x^t; w^t, \Pi^t, \Sigma^t)$ 为本任务的似然函数；$R_B^{t-1}(W^t)$ 为关于确定性信息参数的正则项 (对应于其先验分布的负对数形式)；

$$R_F^{t-1}(\Pi^t, \Sigma^t) = N^{t-1} D_{\mathrm{KL}}(p(e, z; \Pi^{t-1}, \Sigma^{t-1}) || p(e, z; \Pi^t, \Sigma^t)), \qquad (2.70)$$

式中，$p(e, z; \Pi, \Sigma) = \sum_{k=1}^{K} (\pi_k)^{z_k} N(e; 0, \sigma_k^2)^{z_k}$。

从这一确定性模型的角度，可以得到其有能力适用于时间 non-i.i.d. 噪声数据更为生动的理解。对于每个当前的数据，以上误差建模模型能够自适应习得独有的误差函数形式，其对于当前数据具有比固定误差形式更为灵活的拟合性与更加良好的匹配性，因而对于现实时变复杂噪声的数据，其理应具有更为鲁棒的表现效果。

注意到，在此类噪声建模优化模型 (2.69) 中，其对于噪声随机分布参数 Π^t, Σ^t 对应使用的正则项为 KL 散度 (Kullback-Leibler divergence) 的形式。这使得此正则项所起的噪声抑制作用更加直观易懂：由于 KL 散度度量的是两个概率分布之间的差异，其最小自然倾向于令 Π^t, Σ^t 与 Π^{t-1}, Σ^{t-1} 不致偏差过大。事实上，这也显著体现了对于确定性与随机性信息正则的不同。对于确定性信息参数 W^t，若试图用另一个相关参数 W^{t-1} 对其进行相似性抑制，则最直接的方法是采用马哈拉诺比斯距离 (Mahalanobis distance)。而对于随机性对象，由于其内在的概率意义，自然呈现形式也有所差异。

事实上，这种用以建模噪声关联性的噪声先验分布所具有的 KL 散度内涵是一般性成立的。以下定理阐释了在噪声分布假设服从某种指数族分布类型的前提下的这一一般性结论[67]。

定理 2.15 如果一个概率分布 $p(x|\theta)$ 属于全指数族[41]，即其具有形式 $p(x|\theta) = \eta(\theta)\exp(\boldsymbol{\theta}^{\mathrm{T}}\phi(x))$，而其参数 θ 具有以下共有先验格式：$p(\theta|C,\gamma) = f(C,\gamma)\eta(\theta)^\gamma \exp(\gamma\boldsymbol{\theta}^{\mathrm{T}}C)$，则有以下结论成立：

$$\log p(\theta|C,\gamma) = -\gamma D_{\mathrm{KL}}(p(x|\theta^*)\|p(x|\theta)) + C,$$

式中，$\theta^* = \arg\max_\theta p(\theta|C,\gamma)$；$C$ 为与 θ 无关的常数。

定理 2.15 在一定程度上为研究者对一般 non-i.i.d. 噪声建模提供基本的模型构建工具和直观的理解方式。当面对 non-i.i.d. 现实复杂噪声时，只需将不同局部 (如时间、空间、特征、模态等) 假设为具有不同参数的噪声分布，然后将其内在局部间的关联性建立分布参数间的共轭先验关联，其隐含的确定性求解模型中，自然蕴含随局部自适应变化的误差函数形式，以及将不同局部噪声信息相关联的 KL 散度正则。两项分别用于编码噪声内在的非同分布与非独立分布信息。

值得特别说明的是，这种 non-i.i.d. 噪声建模的方式非常适合于嵌入分布式计算环境改造为面对大数据的特别算法。具体来说，在每台集群机器中可存储尽可能性质类似、来源统一的数据，从而可用近似 i.i.d. 噪声对其进行合理假设与建模处理；而不同的机器却不要求其噪声分布一致，反之用具有差异的噪声分布进行独立计算，以体现其非同分布内涵；在独立计算的过程中，在特定相隔的时间段内将其习得的噪声分布信息在不同的机器之间进行通信整合，以体现其非独立分布内涵；然后把整合更新的分布参数重新传回每台机器，重新作为分布初值令其独立计算。此种"分而治之"的策略恰好对应于分布式大数据的一种传统的基本处理模式，因此将该噪声建模算法自然嵌入，有望在提升大数据处理效率的同时提升算法对于复杂噪声数据的计算鲁棒性。

2.3.4　针对特定领域噪声数据的误差建模方法

注意到，以上介绍的噪声建模算法，通过从简单而理想化的 i.i.d. 噪声假设到与现实更为匹配、应用更加普适的 non-i.i.d. 噪声假设的演进，其对于噪声的编码逐渐体现出与领域知识、数据结构相关的特点。那么一个自然的考虑是，当面对特定复原任务时，如果更深刻与全面挖掘噪声形成的物理机制，则有可能形成这一特定应用更具有针对性与更为准确细致的噪声刻画，从而形成"任务定制"的特别噪声建模方案。此类方案应该在其相匹配的领域应用中，有望发挥更强的噪声提取功能，从而有可能相比传统方法获得更为鲁棒的复原表现。

换句话说，以上的想法要求我们打破传统复原方法中预先给定误差函数形式的思维定式，而是针对现实数据所蕴含真实的不确定性信息进行深刻剖析，厘清其物理机制，并将其转换为概率模型的合理编码，从而实现精细化噪声模型设计，进而自然实现增强方法鲁棒复原的功能。当将其转换为确定性复原模型的形式之后，其误差函数常常具有独特的形式，这种误差即为该类应用任务的"定制误差函数"。与传统复原领域孜孜追求精细化正则建模类似，设计该类定制误差函数同样亦应对复原任务起到有益的作用。

以低剂量 CT 的弦图复原这一问题为例，阐述以上嵌入具体领域知识的噪声建模算法构建思想。

　　由于其特定的物理机制，低剂量 CT 投影图像所蕴含的噪声具有鲜明的领域特征 (图 2.21)，其具有显著的 non-i.i.d. 特性，甚至其噪声并非如之前所有噪声建模算法般以加性噪声形式嵌入在图像中。传统乌燕鸥优化算法 (sooty tern optimization algorithm, STOA) 采用加权最小二乘的误差函数来对此类复杂噪声数据进行处理[68]，通过估计数据噪声的大小来对应设置施加于每个数据误差之前的权值变量。而这一变量事实上隐含了其本质的噪声 non-i.i.d. 特性。通过基于噪声形成的物理机制来更为细致准确地刻画蕴含于数据内部不确定性信息的来源，则就有可能摆脱传统方法固定误差函数的思维惯性，令此人为设置权值参数的问题自然获得自动化方案的解决。

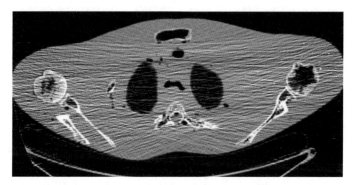

图 2.21　一张典型的低剂量 CT 投影图像

　　为了达成这一目的，以下通过对形成低剂量投影图像随机性不确定信息的每种来源进行概率化建模，从而获得此项任务特别的误差函数形式。

　　记混杂有噪声的投影数据观测为 $Y \in R^d$，其无噪的原图对应于在检测器上接收的光子投影图像 $Q \in N^d$。由于光子成像的量子化特征，Q 的每个元素都为整数值。而由于各种不可避免的电子干扰，我们所获得的真正投影观测 Y 是进一步被一个电子噪声 $\varepsilon \in R^d$ 干扰的，其成因是由于多种隐式因素，因此 Y 的元素具有实数化的形式。以上所述可用下式表达：

$$Y = Q + \varepsilon. \tag{2.71}$$

形成观测 Y 的两个因素——原光子图 Q 和电子噪声 ε，各自具有其不确定性生成因素，需要对各自进行针对性认识与编码，从而获得最终的噪声建模模型。

　　首先看电子噪声 ε。如前所述，其形成由多种隐式因素引起，但通常每种因素都不会导致较大的噪声幅度，因此可以近似用一个高斯分布对其进行建模如下：

$$\varepsilon_i \sim N(\varepsilon_i; 0, \sigma^2), \tag{2.72}$$

式中，噪声的方差信息 σ^2 通常可由 CT 采集系统通过标准的程序预估而得。

　　结合式 (2.71) 与式 (2.72)，可得以下公式：

$$p(Y|Q) = \frac{1}{(2\pi)^{n/2}\sigma^n} \exp\left(\frac{-||Y-Q||^2}{2\sigma^2}\right). \tag{2.73}$$

该式传达了由原光子图 Q 生成观测 CT 图 Y 的生成机制。

进一步, 讨论 Q 中蕴含的不确定性统计因素。记 $O \in N^d$ 为检测器理想环境下能够真实接收到的光量子信息, Q 由真实的光量子图 O 经过一个不可避免的量子扰动而形成。其间的概率关系可通过以下泊松分布来进行表达[69]:

$$Q_i \sim p(Q_i|O_i) = \frac{O_i^{Q_i}}{Q_i!} \exp(-O_i). \tag{2.74}$$

在 CT 成像的问题中, 理想的光量子图 O 是通过一个所谓弦图 X 变换而成的。一般来说, 该问题更本质获取的往往是该理想弦图的信息, 其与理想光量子图满足以下关系[70]:

$$O_i = I_i \exp(-X_i).$$

结合式 (2.74) 与 2.3.4节内容, 可得以下条件概率:

$$p(Q|X) = \prod_{i=1}^{n} \frac{(I_i \exp(-Y_i))^{Q_i}}{Q_i!} \exp(-I_i \exp(-X_i)). \tag{2.75}$$

结合以上概率表达式 (2.73) 与式 (2.75), 可得概率公式 $p(Y,Q|X) = p(Y|Q)p(Q|X)$。其内在表达了数据蕴含的加性电子噪声与近似乘性泊松噪声信息, 构成了该任务不确定性信息的观测模型。

基于以上的表达公式, 可获得该任务完整的后验表达式如下:

$$p(Q, X|Y) \sim p(Y, Q|X)p(X).$$

通过合理设置此式中的弦图先验项 $p(X)$, 最终便可基于观测 Y 得到理想弦图 X 与理想光量子图 Q 的合理估计。

注意到, 以上最大后验估计对应的确定性优化模型具有如下的表达形式:

$$\min_{X,Q} \sum_{i=1}^{d} \left(\frac{(X_i - Q_i)^2}{2\sigma^2} + Q_i \log I_i - Q_i Y_i - \log(Q_i!) - I_i \exp(-Y_i) \right) + R(X).$$

式中, 目标函数第一项为问题的误差函数。能够观察到, 其具有非常特异的形式。对于这一特定任务而言, 这一误差即为以上所述的对此问题定制误差形式。

对于广泛的现实复原任务而言, 其噪声建模的方式应相比之前所述的算法更加充满多样的内容与丰富的变化。深入考虑噪声结构与模式的新型建模方式, 将传统侧重 "聚光之下" 我们意图保留的复原信息建模, 转换为 "光线之外" 我们意图删去的噪声信息建模。与传统确定性建模的初衷相似, 通过精细化剥去看似粗陋却内涵深刻的噪声外壳, 这类方法可能同样有利于抽取出深藏于其中的预想复原目标。这便是噪声建模算法最为核心的内涵与宗旨。

2.3.5　未来发展趋势

本书所介绍的误差/噪声建模算法均为传统模型驱动方法论框架下设计的算法。而如同其他计算机视觉与模式识别的典型问题类似，近十年来，图像/信号复原领域大量任务的 SOTA 方法基本被数据驱动的深度学习方法所取代。数据驱动方法采用的方法论思想与模型驱动具有非常本质的差别，其需预先收集大量的低质量退化图和对应高质量复原图的图对数据，然后通过端对端的方式将这些图对作为函数输入输出端诱导一个预先设计好的以深度网络为基本形式的多层级复合函数对其参数进行训练，习得该函数参数后便可获得显式的复原预测函数。在真正实施的阶段，对于一个输入的低质量退化图片，直接可以将其输入到该显式函数中，便可直接获得其相应预测的复原图。由于深度网络强大的非线性拟合能力，在足质、足量收集数据样本对的前提下，该类方法能够在其结构中隐式学习并嵌入复原信号内在的领域先验结构，从而通过这种操作性更强 (当然耗费资源更大) 的方式达到性能相比传统方法的超越。

然而，即使放置当前数据驱动的时代洪流中，模型驱动，包括误差建模的方法论，其研究仍然是具有重要意义的。我们对其可能进一步发展的未来趋势与意义尝试讨论如下：

(1) 深度学习方法的一个显著局限是其对于预先收集低质量退化图-高质量复原图的有监督图对数据质量与数量的依赖，因为其需要依靠后者输出提供前者输入在网络中变化的向好趋势，从而提供网络参数更新的方向，通过梯度回传的方式逐步改善海量的网络参数值。而针对随机性信息的误差建模与针对确定性信息的正则建模共同提供了可信的最大后验模型，从而即使对于一个无监督的低质量退化图，亦可提供其趋势向好的方向。而利用此信息，便有望通过半监督甚至无监督的方式，将此类数据放置于网络训练过程之中指导网络参数的学习，在一定程度减弱甚至摆脱深度学习对于有监督数据的依赖[71]。

(2) 事实上，目前逐渐开始流行利用传统优化模型启发的算法来启发构建网络层级链接的 "深度展开" 网络结构构建策略[72]，因而尽可能细致而准确的误差建模 + 正则建模所构成的精细化优化模型，对应的相对可靠性优化算法能够自然转换为能反映领域内涵、具有可解释性的深度网络结构。其与算法步骤对应的网络层级结构使网络部件物理意义变得清晰，在训练和测试阶段的运行过程中，用户直接观察到网络中发生的数据流变化特性，从而产生直观印象并休会网络功能发挥的根本或检测网络失效的根源，且得益于其显式嵌入的生成机制参数，当测试数据中成像参数或其他配置参数相比训练数据发生改变，只需要把这些参数放到网络里对网络对应的连接赋值，网络就会对在训练数据中未蕴含相应机理生成的数据实现自然的泛化。这有利于减弱传统深度学习黑箱网络本质存在的易陷入过拟合问题的困扰[63,73]。

(3) 在网络训练中，由于其通常将输出设置为高质量复原图，所以其内在倾向于习得确定性复原的先验信息，测试阶段网络的预测可视为这种先验的直接泛化使用。这也是一些研究把在训练数据上获得的网络结构直接称为 "深度图像先验"，且可将其直接视为一个类似于传统正则格式的正则项应用于复原模型构建的原因[74]。而显然，此类方法一定程度上忽略了训练数据中噪声分布所蕴含的丰富先验知识。虽然后续出现了将训练数据噪声作为网络输出来训练的 DnCNN 网络这样的经典模型[44]，其沿用的确定性模式可能仍未全面编码噪声的随机性内在特性。因此，将网络转变为生成式网络，在概率模型的框架下用类似噪声建模的方式，使确定性信息与随机性信息通过交叉融合、互相补充来共同学习，可利用数据驱动方法的强大功能，实现更为客观准确的噪声编码与鲁棒的预测结果[75]。此类方法一个附加的作用是，由于其能够习得噪声分布的预测方式，在测试阶段对输入信号自动推断其噪声分布形式，从而帮助用户更为全面地理解数据内在的物理生成机制与内涵。

(4) 噪声建模的极致是，能够真正捕捉到数据本质的生成机制，从而能够真正生成与真实数据复杂噪声相比"以假乱真"的模型。深度网络的强大拟合能力使得这一愿景有望成为现实。事实上，有关确定性信息生成的技术已经得到广泛发展，例如，生成对抗网 (GAN)[76]与变分自编码器 (VAE)[77]，然而真正能够挖掘数据内涵随机性噪声分布信息并能够对其自动生成的方法仍然较少，特别是针对具有复杂物理机制且隐藏于数据内核的复杂噪声分布更具有挑战性的任务[78]。而这一功能的实现不仅有助于自动挖掘数据噪声的内在生成机制，从数据中获取其噪声机制理解，而且有助于用户以免费方式生成大量而多样化的训练数据对以供网络参数学习使用，有利于缓解传统网络本质存在的对标注数据的依赖性与局限性，因而具有重要的意义。

以上这些问题都反映出以噪声建模为代表的传统模型驱动方法所具有的广泛意义。相信未来在学者共同的努力下，包括噪声建模算法在内的模型驱动方法论仍然能够得以进一步的演进和发展，并能与数据驱动的深度学习方法论继续推动信号复原领域乃至整个机器学习、信号处理与模式识别领域技术的进一步发展。

参 考 文 献

[1] 周志华. 机器学习 [M]. 北京：清华大学出版社，2016.

[2] Raedt L D, Frasconi P, Kersting K, et al. Probabilistic Inductive Logic Programming[M]. Berlin: Springer, 2008.

[3] Getoor L, Taskar B. Introduction to Statistical Relational Learning[M]. Cambridge: MIT Press, 2007.

[4] Zhou Z H. Abductive learning: Towards bridging machine learning and logical reasoning[J]. Science China Information Sciences, 2019, 62:076101.

[5] Magnani L. Abductive Cognition: The Epistemological and Eco-Cognitive Dimensions of Hypothetical Reasoning[M]. Berlin: Springer, 2009.

[6] Mooney R J. Integrating abduction and induction in machine learning[J]. Abduction and Induction, 2000, 181-191.

[7] Muggleton S H, Bryant C H. Theory completion using inverse entailment[C]// the 10th International Conference on Inductive Logic Programming, 2000: 130-146.

[8] Dai W Z, Zhou Z H. Combining logic abduction and statistical induction: Discovering written primitives with human knowledge[C]// the 31st AAAI Conference on Artificial Intelligence, 2017: 2977-2983.

[9] Zhou Z H. A brief introduction to weakly supervised learning[J]. National Science Review, 2018, 5(1): 44-53.

[10] Zhou Z H. Learnware: On the future of machine learning[J]. Frontiers of Computer Science, 2016, 10(4): 589-590.

[11] Dai W Z, Xu Q, Yu Y, et al. Bridging machine learning and logical reasoning by abductive learning[J]. Advances in Neural Information Processing Systems, 2019:2815-2826.

[12] Kakas A C, Kowalski R A, Toni F. Abductive logic programming[J]. Journal of Logic Computation, 1992, 2(6): 719-770.

[13] Yu Y, Qian H, Hu Y Q. Derivative-free optimization via classification[C]// the 30th AAAI Conference on Artificial Intelligence, 2016: 2286-2292.

[14] Garcez A S D, Broda K B, Gabbay D M. Neural-Symbolic Learning Systems: Foundations and Applications[M]. Longdon: Springer, 2012.

[15] Vapnik V N. The Nature of Statistical Learning Theory[M]. New York: Springer, 2000.

[16] Cesa-Bianchi N, Lugosi G. Prediction, Learning, and Games[M]. Cambridge: Cambridge University Press, 2006.

[17] Li L, Chu W, Langford J, et al. A contextual-bandit approach to personalized news article recommendation[C]// the 19th International Conference on World Wide Web, 2010, 661-670.

[18] Shalev-Shwartz S. Online learning and online convex optimization[J]. Foundations and Trends in Machine Learning, 2011, 4(2): 107-194.

[19] Hazan E. Introduction to online convex optimization[J]. Foundations and Trends in Optimization, 2016, 2(3-4): 157-325.

[20] Daniely A, Gonen A, Shalev-Shwartz S. Strongly adaptive online learning[C]//the 32nd International Conference on Machine Learning, 2015: 1405-1411.

[21] Hazan E, Seshadhri C. Adaptive algorithms for online decision problems[J]. Electronic Colloquium on Computational Complexity, 2007, 14: 088.

[22] Zinkevich M. Online convex programming and generalized infinitesimal gradient ascent[C]// the 20th International Conference on Machine Learning, 2003:928-936.

[23] Jun K S, Orabona F, Wright S, et al. Improved strongly adaptive online learning using coin betting[C]// the 20th International Conference on Artificial Intelligence and Statistics, 2017:943-951.

[24] Besbes O, Gur Y, Zeevi A. Non-stationary stochastic optimization. Operations Research[J].2015, 63(5): 1227-1244.

[25] Mokhtari A, Shahrampour S, Jadbabaie A, et al. Online optimization in dynamic environments: Improved regret rates for strongly convex problems[C]//the 55th IEEE Conference on Decision and Control, 2016: 7195-7201.

[26] Yang T, Zhang L, Jin R, et al. Tracking slowly moving clairvoyant: Optimal dynamic regret of online learning with true and noisy gradient[C]// the 33rd International Conference on Machine Learning, 2016: 449-457.

[27] Zhang L, Yang T, Yi J, et al. Improved dynamic regret for non-degenerate functions[J]. Advances in Neural Information Processing Systems, 2017:732-741.

[28] Wang G, Zhao D, Zhang L. Minimizing adaptive regret with one gradient per iteration[C]//the 27th International Joint Conference on Artificial Intelligence,2018: 2762-2768.

[29] Zhang L, Lu S, Zhou Z H. Adaptive online learning in dynamic environments[J]. Advances in Neural Information Processing Systems, 2018: 1323-1333.

[30] Zhang L, Yang T, Jin R, et al. Dynamic regret of strongly adaptive methods[C]// the 35th International Conference on Machine Learning, 2018: 5882-5891.

[31] Boyd S, Vandenberghe L. Convex Optimization[M]. Cambridge: Cambridge University Press, 2004.

[32] Hazan E, Agarwal A, Kale S. Logarithmic regret algorithms for online convex optimization[J].Machine Learning, 2007, 69(2-3): 169-192.

[33] Shalev-Shwartz S, Singer Y, Srebro N. Pegasos: primal estimated sub-gradient solver for SVM[C]// the 24th International Conference on Machine Learning, 2007: 807-814.

[34] Abernethy J, Agarwal A, Bartlett P L, et al. A stochastic view of optimal regret through minimax duality[C]// the 22nd Annual Conference on Learning Theory, 2009.

[35] Srebro N, Sridharan K, Tewari A. Smoothness, low-noise and fast rates[J]. Advances in Neural Information Processing Systems, 2010: 2199-2207.

[36] Orabona F, Cesa-Bianchi N, Gentile C. Beyond logarithmic bounds in online learning[C]// the 15th International Conference on Artificial Intelligence and Statistics, 2012: 823-831.

[37] Hall E C, Willett R M. Dynamical models and tracking regret in online convex programming[C]//the 30th International Conference on Machine Learning, 2013: 579-587.

[38] Jadbabaie A, Rakhlin A, Shahrampour S, et al. Online optimization: Competing with dynamic comparators[C]// the 18th International Conference on Artificial Intelligence and Statistics, 2015: 398-406.

[39] György A, Linder T, Lugosi G. Efficient tracking of large classes of experts[J]. IEEE Transactions on Information Theory, 2012, 58(11): 6709-6725.

[40] Prokhorov D. IJCNN 2001 neural network competition [J]. Technical report, Ford Research Laboratory, 2001.

[41] Bishop C M. Pattern Recognition and Machine Learning[M]. New York: Springer, 2006.

[42] Candès E J, Li X, Ma Y, et al. Robust principal component analysis[J]. Journal of the ACM, 2011, 58(3): 11.

[43] Candès E J, Romberg J K, Tao T. Stable signal recovery from incomplete and inaccurate measurements[J]. Communications on Pure and Applied Mathematics, 2006,59(8): 1207-1223.

[44] Zhang K, Zuo W, Chen Y, et al. Beyond a Gaussian denoiser: Residual learning of deep CNN for image denoising[J]. IEEE Transactions on Image Processing, 2017, 26(7): 3142-3155.

[45] Dong C, Loy C C, He K, et al. Learning a Deep Convolutional Network for Image Super-Resolution[C]// European Conference on Computer Vision, 2014:184-199.

[46] Li M, Ma K, You J, et al. Efficient and Effective Context-Based Convolutional Entropy Modeling for Image Compression[J]. IEEE Transactions on Image Processing, 2020, 29: 5900-5911.

[47] Mazya V, Schmidt G. On approximate approximations using Gaussian kernels[J]. IMA Journal of Numerical Analysis, 1996, 16(1): 13-29.

[48] Meng D, De La Torre F. Robust Matrix Factorization with Unknown Noise[C]// the IEEE International Conference on Computer Vision, 2013: 1337-1344.

[49] Zhao Q, Meng D, Xu Z, et al. Robust principal component analysis with complex noise[C]// the 31st International Conference on Machine Learning, 2014: 55-63.

[50] Wright J, Peng Y G, Ma Y, et al. Robust principal component analysis: Exact recovery of corrupted low-rank matrices by convex optimization[J]. Advances in Neural Information Processing Systems, 2009, 22: 2080-2088.

[51] Okatani T, Deguchi K. On the wiberg algorithm for matrix factorization in the presence of missing components[J]. International Journal of Computer Vision, 2007, 72:329-337.

[52] Georghiades A S, Belhumeur P N, Kriegman D J. From few to many: Illumination cone models for face recognition under variable lighting and pose[J]. IEEE transactions on Pattern Analysis and Machine Intelligence, 2001, 23(6): 643-660.

[53] Nakamura, J. Image Sensors and Signal Processing for Digital Still Cameras[M]. Boca Raton: CRC Press, 2017.

[54] Cao X, Chen Y, Zhao Q, et al. Low-rank Matrix Factorization under General Mixture Noise Distributions[C]// the IEEE International Conference on Computer Vision, 2015:1493-1501.

[55] Huang T, Peng H, Zhang K. Model selection for Gaussian mixture models[J]. Statistica Sinica, 2017, 147-169.

[56] Cao X, Zhao Q, Meng D, et al. Robust Low-rank Matrix Factorization under General Mixture Noise Distributions[J]. IEEE Transactions on Image Processing, 2016.

[57] 雪花之谜. 2020-01-19. https://baike.baidu.com/item/雪花之谜/20467499?

[58] Garg K, Nayar S K. Vision and rain[J]. International Journal of Computer Vision, 2007,75(1): 3-27.

[59] Kim J H, Sim J Y, Kim C S. Video deraining and desnowing using temporal correlation and low-rank matrix completion[J]. IEEE Transactions on Image Processing, 2015, 24(9):2658-2670.

[60] Wei W, Yi L, Xie Q, et al. ShouldWe Encode Rain Streaks in Video as Deterministic or Stochastic?[C]// IEEE International Conference on Computer Vision, 2017:2516-2525.

[61] Li M, Wei W, Xie Q, et al. Video Rain Streak Removal By Multiscale Convolutional Sparse Coding[C]// the IEEE Conference on Computer Vision and Pattern Recognition, 2018: 6644-6653.

[62] Wang H, Wu Y, Xie Q, et al. Structural Residual Learning for Single Image Rain Removal[J]. Knowledge-Based Systems, 2020, 213: 106595.

[63] Wang H, Xie Q, Zhao Q, et al. A Model-driven Deep Neural Network for Single Image Rain Removal[C]// the IEEE Conference on Computer Vision and Pattern Recognition, 2020:3103-3112.

[64] Cao X, Zhao Q, Meng D, et al. Robust Low-rank Matrix Factorization under General Mixture Noise Distributions[J]. IEEE Transactions on Image Processing, 2016,25(10): 4677-4690.

[65] Chen Y, Cao X, Zhao Q, et al. Denoising Hyperspectral Image with Noni.i.d. Noise Structure[J]. IEEE Transactions on Cybernetics, 2017, 48(3): 1054-1066.

[66] Yue Z, Meng D, Sun Y, et al. Hyperspectral Image Restoration under Complex Multi-Band Noises[J]. Remote Sensing, 2018, 10(10): 1631.

[67] Yong H, Meng D, Zuo W, et al. Robust Online Matrix Factorization for Dynamic Background Subtraction[J]. IEEE Transactions on Pattern Analysis and Machine Intelligence, 2017, 40(7): 1726-1740.

[68] Ma J, Zhang H, Gao Y. Iterative image reconstruction for cerebral perfusion CT using a pre-contrast scan induced edge-preserving prior[J]. Physics in Medicine & Biology,2012, 57(22): 7519.

[69] Whiting B R, Massoumzadeh P, Earl O A. Properties of preprocessed sinogram data in x-ray computed tomography[J]. Medical physics, 2006, 33(9): 3290-3303.

[70] La Rivière P J, Bian J, Vargas P A. Penalized-likelihood sinogram restoration for computed tomography[J]. IEEE transactions on medical imaging, 2006, 25(8): 1022-1036.

[71] Wei W, Meng D, Zhao Q, et al. Semi-supervised transfer learning for image rain removal[C]// the IEEE Conference on Computer Vision and Pattern Recognition, 2019: 3877-3886.

[72] Gregor K, LeCun Y. Learning fast approximations of sparse coding[C]// the 27th International Conference on Machine Learning, 2010: 399-406.

[73] Xie Q, Zhou M, Zhao Q. Multispectral and hyperspectral image fusion by MS/HS fusion net[C]// the IEEE Conference on Computer Vision and Pattern Recognition, 2019:1585-1594.

[74] Ulyanov D, Vedaldi A, Lempitsky V. Deep image prior[C]// the IEEE Conference on Computer Vision and Pattern Recognition, 2018:9446-9454.

[75] Yue Z, Yong H, Zhao Q. Variational denoising network: Toward blind noise modeling and removal[J]. In Advances in Neural Information Processing Systems, 2019: 1690-1701.

[76] Goodfellow I, Pouget-Abadie J, Mirza M, et al. Generative adversarial nets[J]. Advances in Neural Information Processing Systems, 2014:2672-2680.

[77] Kingma D P, Welling M. Auto-encoding variational bayes. ArXiv:1312.6114, 2013.

[78] Yue Z, Zhao Q, Zhang L, et al. Dual adversarial network: Toward real-world noise removal and noise generation[J]. European Conference on Computer Vision, 2020: 41-58.

随着科学技术的发展，人们获取的数据产生爆发性的增长。如何从海量数据中提取有用信息，获取知识和洞察，是当前学术界和工业界面临的共同挑战。为了解决这个挑战，大数据可视化与可视分析相关技术被越来越多地运用到大数据分析中，帮助数据分析员有效地从海量、复杂的数据中挖掘潜藏模式，从而辅助自然科学的研究与现代工厂的生产。本章从数据可视化基础、复杂数据可视化、沉浸式可视呈现、可解释机器学习 4 个方面详细阐述大数据可视分析理论与方法。

3.1　数据可视化基础

数据可视化主要研究数据的各种可视表达与交互，输入是数据，输出是视觉的呈现方式，而最终目标则是获得有价值的洞察。数据可视化能通过有效的视觉感知通道帮助我们更直观地认知、更深入地思考、更轻松地解决所面临的问题。通常，对于复杂、大尺度的数据，已有的统计分析或数据挖掘方法往往是对数据的简化和抽象，隐藏了数据真实的结构，而数据可视化则可还原乃至增强数据中的全局结构和具体细节。如图 3.1(a) 所示，在分析这 4 个数据集的时候，我们经常会使用均值、方差等统计指标，或者对其做一个回归，分析其回归方程。这些方法可以反映数据的某些特征，然而最终得到的结果依旧是数字，依旧无法快速得知每一个数据集的特点。但如果将统计指标换做是散点图 (图 3.1(b))，我们就可以直观、快速地发现一个数据集内在的特性。这就是数据可视化的力量。

现如今，数据可视化已然成了一个热点话题，被广泛应用于社交媒体、竞技分析、城市交通等各类不同的领域，发挥着举足轻重的作用。本节将从数据可视化流程与框架、常见数据可视化方法以及可视分析来介绍数据可视化的基本概念、方法和应用。

3.1.1　数据可视化流程与框架

数据可视化流程是以数据的流向为主线，其主要模块包括数据采集、数据处理、可视化映射和用户感知。整个数据可视化流程可以视作数据流经一系列处理模块，并完成转换的过程。用户通过可视化交互和其他模块互动，通过反馈改进可视化的效果。图 3.2 展示了这一流程的概念图，各模块之间的联系并不是顺序的线性联系，而是在任意两个模块之间都存在联系。例如，用户感知模块中，用户面对现有的可视化的结果，会对其进行交互，具体来说，用户会控制修改数据采集、数据处理、可视映射这些模块从而产生新的可视化结果，并重新反馈给用户。下面将具体介绍数据可视化流程中的 4 个关键步骤，即数据采集、数据处理、可视映射以及用户感知。

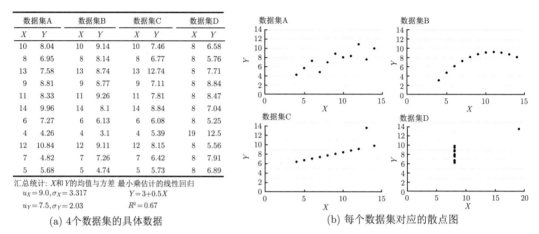

数据集A		数据集B		数据集C		数据集D	
X	Y	X	Y	X	Y	X	Y
10	8.04	10	9.14	10	7.46	8	6.58
8	6.95	8	8.14	8	6.77	8	5.76
13	7.58	13	8.74	13	12.74	8	7.71
9	8.81	9	8.77	9	7.11	8	8.84
11	8.33	11	9.26	11	7.81	8	8.47
14	9.96	14	8.1	14	8.84	8	7.04
6	7.27	6	6.13	6	6.08	8	5.25
4	4.26	4	3.1	4	5.39	19	12.5
12	10.84	12	9.11	12	8.15	8	5.56
7	4.82	7	7.26	7	6.42	8	7.91
5	5.68	5	4.74	5	5.73	8	6.89

汇总统计: X 和 Y 的均值与方差   最小乘估计的线性回归

$u_X = 9.0, \sigma_X = 3.317$ $Y = 3 + 0.5X$

$u_Y = 7.5, \sigma_Y = 2.03$ $R^2 = 0.67$

(a) 4 个数据集的具体数据   (b) 每个数据集对应的散点图

图 3.1   数据可视化举例 (图片来源：文献 [1])

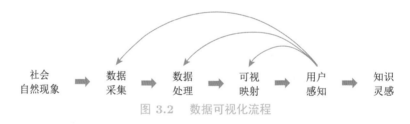

图 3.2   数据可视化流程

3.1.1.1   数据采集

数据是可视化的基础。没有数据，就没有可视化。通用的数据采集方式有传感器采样、调查记录、模拟计算等。而数据的采集方式会直接影响数据的格式、维度、尺寸、分辨率和精确度等重要性质，并在很大程度上决定可视化结果的质量。在设计数据可视化的解决方案的过程中，了解数据的来源、采集方法和数据的属性，才能有的放矢地解决问题。

3.1.1.2   数据处理

数据处理可以认为是可视化的前期处理。之所以需要数据处理，一方面是因为原始数据不可避免地含有噪声和误差，需要通过特定的方法，对数据进行整理和清洗；另一方面是因为数据的模式和特征往往是隐藏的，需要运用一些挖掘算法将隐藏模式挖掘出来进行可视化。常见的数据处理方法有以下几种：

1. 采样

采样就是从整体的数据集中选取若干样本，来代表整体数据集进行数据分析，从而大幅度降低数据处理的成本。一般情况下，具有代表性的采样数据集可以全面地反映整体数据集的特征。最简单的随机采样可以按照某种分布随机地从整体数据集中等概率地选择数据项。

2. 降维

降维就是将高维数据转换成低维数据。数据在高维空间的分布往往很稀疏,导致数据密度和距离定义比较微弱,进而影响数据聚类和离群值检测等操作。因此,通常需要对高维数据进行降维,一方面降低数据处理成本,另一方面减少噪声或消除无关维度给可视化带来的消极影响。常规的降维方法有主成分分析、奇异值分解、等距特征映射 (isometric feature mapping,ISOMAP) 等。

3. 属性变换

属性变换就是将某个属性的所有可能值映射到另一个空间。例如指数变换、取绝对值等操作,其中标准化和归一化是两类特殊的属性变换。具体来说,标准化是将数据区间变换到某个统一的区间范围,归一化则是将所有数据变换到 [0,1] 区间内。

其他的数据处理方法还包括合并、特征子集选择、特征生成等,可以根据具体数据集的情况以及可视化任务而定。

3.1.1.3 可视映射

可视映射是使用可视化视觉通道的不同元素,如位置、形状、面积、颜色等 (图 3.3) 对数据的数值、空间坐标、不同位置数据间的联系等进行视觉编码。这种编码的最终目的是让用户通过可视化洞察数据和数据背后隐含的现象和规律。因此,可视映射的设计不是一个孤立的过程,而是与数据、感知、人机交互等方面的技术相互依托,共同实现的。其中,最基本、最重要的就是了解可视映射中用到的视觉通道的类型和各通道在编码数据时的有效性。

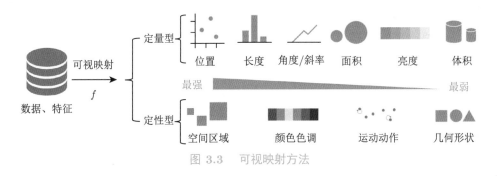

图 3.3　可视映射方法

视觉通道的类型根据其所适合编码的数据类型分为定量型视觉通道和定性型视觉通道 (图 3.3)。定量型视觉通道通常用于表现信息对象的某一属性在数值上的程度,即描述信息对象某一属性的具体数值是多少。例如,长度是一种典型的定量型视觉通道,人们会自然而然地用不同长度的直线去描述属性的数值。而定性型视觉通道则是用于表现信息对象本身特征和位置等,即描述信息对象是什么或者在哪里。例如,人们通常会用形状去描述不同类别的属性,而不会用形状描述属性的大小或者多少。

视觉通道的编码有效性是根据可视化领域内专家长时间的可视化实践总结出来的。如图 3.3所示,两种类型的视觉通道的有效性从左到右依次递减。当然,这个有效性的排序仅代表了大部分情况下的正确性,它可能会根据实际的可视化任务发生相应的变化。

3.1.1.4 用户感知

有了数据可视化的结果之后，用户便可以通过视觉感知和交互从数据可视化结果中提取信息、知识和灵感。数据可视化和其他数据分析处理方法最大的不同之处在于用户在分析过程中起到关键作用。可视映射后的结果只有通过用户感知，配合用户的知识才能转换成知识和洞察。这一过程中，用户除了被动感知可视化的结果之外，通常还会使用大量的交互，即用户会主动通过更改数据集、数据处理方式或可视映射方式来更改最终的可视化结果，以求获取不同角度的知识和洞察。

3.1.2 常见数据可视化方法

人们最熟悉的数据可视化方法莫过于统计图表，这是最早的数据可视化形式之一，并作为基本的可视化元素仍然被广泛地使用。最常用的可视化图表有折线图、柱状图、饼图、散点图等，这里不多做介绍。除了这些基本可视化方法之外，还有一些高效的可视化方法也经常被用来分析各类复杂数据。这里以节点–链接树和词云为例，做简单介绍。

3.1.2.1 节点–链接树

节点–链接树 (图 3.4) 一般用于分析层次数据，例如家族的族谱、企业架构、比赛概况等，可以清晰地展现数据内在的层次关系 (包含和从属关系)。节点–链接树可以根据布局方式分为两类，即正交布局和径向布局。正交布局是最常用的布局方式，如图 3.4(a) 所示，这种布局比较符合人们的视觉识别习惯，但是，这种布局方式对于数据量较大的层次结构数据，会造成数据显示空间不足和屏幕空闲空间浪费的矛盾。由此，衍生出径向布局 (图 3.4(b))。径向布局的根节点位于圆心，不同层次的节点被放置在半径不同的同心圆上，越外层的同心圆越大，因此能容纳更多节点，符合节点数量随着层次增加而增加的特点。

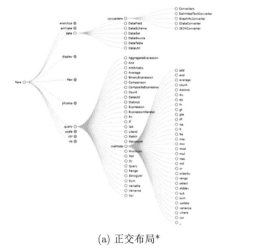

(a) 正交布局*

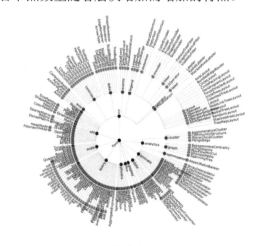

(b) 径向布局**

图 3.4 节点–链接树可视化的两种布局

---

* 图片来源：http://bl.ocks.org/mbostock/4339083

** 图片来源：https://vega.github.io/vega/examples/radial-tree-layout/

3.1.2.2 　词云

词云 (图 3.5) 一般以文本内容作为可视化对象，能帮助用户快速获取文本内容 (例如邮件、新闻、报告等) 中的关键词、短语、句子和主题。词云通过直接抽取文本中的关键词并将其按照一定顺序、规律和约束排列在屏幕上生成可视化文本内容。具体来说，由于关键词在文本中具有分布的差异，因此，在词云中会根据具体的分布使用特定的视觉通道来凸显不同关键词的重要性，例如，用颜色、字体大小，或者用颜色和字体大小的组合来表示重要性，越重要的词汇，字体越大，颜色越显著，反之亦然。现有的词云生成技术不仅可以完成基本的关键词布局，还可以支持词云外观的定制化，如图 3.5 中的词云就是经过定制化的词云，分别使用了不同具有语义的外观轮廓来加强对词云的理解。

图 3.5　根据形状进行自由布局的词云可视化 (由 https://wordart.com/create 生成)

3.1.3　可视分析

可视分析是由数据可视化引申出的一个重要领域，它结合数据可视化和数据挖掘的分析模式，以视觉感知为基本通道，通过可视化的交互界面，将人的知识或经验融入数据分析和推理决策过程中，以迭代求精的方式将数据复杂度降低到人类和计算机可以处理的范围，获取有效知识和洞察。为了提升可视分析的效率和效果，现有的研究提出了众多可视分析的框架，其中比较有名的是著名可视化学者 Tamara Munzner 的可视分析框架 (图 3.6)，这个框架将可视分析系统设计的过程自顶向下分成 4 个层次。

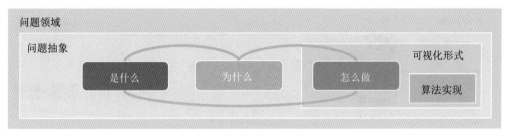

图 3.6　Tamara Munzner 提出的可视分析框架 (图片来源：文献 [2])

(1) 问题领域：目标用户是谁；

(2) 问题抽象：怎么把领域问题转换为可以用可视化语言描述的问题，这里包含两个思考维度，分别为 "是什么"，即要展示什么数据，和 "为什么"，即为什么要让用户看这些数据；

(3) 可视化形式：也就是 "怎么做"，如何用可视化和交互来呈现数据；

(4) 算法实现：如何实现可视化编码与交互的算法。

这 4 个层次一层嵌套一层，并且蕴含了可视分析系统设计中最核心、具有指导意义的"是什么""为什么""怎么做" 3 个思考维度，这 3 个维度具体意义如下：

3.1.3.1　是什么

这一维度主要思考可视化的数据是什么，这些数据的形式和类型是什么。具体来说，数据形式指数据组成数据集的结构形式，例如，最常见的数据形式有表格型数据、网络型数据、地理位置数据等。数据类型是指数据的值的类别，分为类别型数据 (数据间不能做比较) 和有序型数据 (数据间可以做比较)。

3.1.3.2　为什么

这一维度主要思考为什么要用可视化来帮助用户分析。可以从用户的分析行为和分析目标两个角度思考这个问题。其中，用户的分析行为包括高、中、低三层，分别为分析、搜索和查询。在不同层次上，用户有不同的选择，而不同层次的选择之间是独立的，一般会同时考虑用户在高、中、低三层上的选择。对于分析目标这个角度，从宏观来说，所有目标都可以分为发现数据中的趋势、异常和数据特征。其中，数据特征与任务相关，往往是指用户感兴趣的数据结构。

3.1.3.3　怎么做

这一维度主要思考如何设计数据可视化形式来帮助用户分析。如图 3.7所示的常用可视化方法有编码数据、操作视图、多方面呈现、减少数据等。这一维度需要在设计可视化时重点考虑用户在分析行为和分析目标中透露出的分析需求，将其转换成可视化领域中的设计目标，并通过迭代的方式求解出最适合某一具体任务的可视化方式。

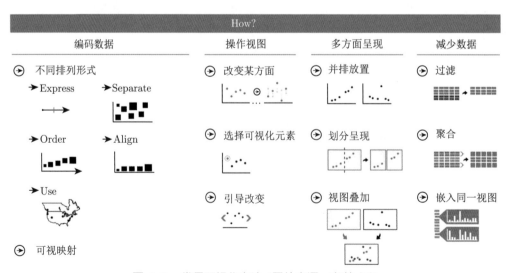

图 3.7　常用可视化方法 (图片来源：文献 [3])

3.2　复杂数据可视化

复杂数据可视化是大数据背景下产生的新兴课题。随着信息技术的快速发展，人们收集数据的渠道和数据的形式呈现多样化。比如，人们日常携带的手机等电子设备中都配置传感器，每时每刻都会产生海量的、带有时间属性和空间属性的流式数据，这些数据为分析人群的移动行为提供了宝贵的数据来源；流媒体技术的发展也使得图片、视频等带视觉信息的跨媒体数据成为社交平台上数据分享的重要形式。相比于传统主流的文字媒介形式，带视觉信息的数据媒介可以记录更生动、更丰富的数据内容。总体而言，目前各领域收集到的复杂数据呈现 4V 的特性，即容量 (volume) 大，形式 (variety) 多，更新 (velocity) 快，价值 (value) 高。如何对这些复杂异构数据进行深度分析并挖掘出其内在价值仍是一个难点。

可视化因其便捷直观的特点常被用于数据分析。可视化可以将数据的属性通过形状、符号、颜色、纹理等视觉元素转化为直观的视觉表达形式，利用视觉这一高效的人类感知通道帮助用户快速理解和探索数据下隐藏的模式和规律。与此同时，可视化还可以支持人与机器的有机融合，帮助用户将已有的知识、经验、推理能力和机器强大的计算性能相结合完成数据的深入分析。因此，可视化被认为是可以支持大数据场景下复杂数据分析的有效手段。然而传统的可视化技术和理论往往只适用于分析表格型等简单、同构的数据。如何建立适用于复杂数据的可视表达理论和分析方法亟须得到解决。在此，本章将以复杂数据中具有代表性的图片数据、空间数据和时间数据为例，介绍当前最先进的可视化基础理论和解决方案。

(1) 图片数据可视化。在跨媒体数据中，图片占据极大的份额，是当前重要的信息载体。从个人相册管理、医学、安全到遥感，大型图片集的分析在各种应用中都发挥着重要作用。传统的图片检索方法可以帮助用户快速查询符合条件的图片集合进而完成分析工作。但是在很多场景下，用户缺少明确的查询条件，需要进行开放式、交互式、迭代式的探索分析，因此需要可视化的参与。本节将介绍传统图片数据可视化技术和理论并分享一个基于图片语义的可视化技术，用于面向海量图片的可视化探索与分析。

(2) 地理空间数据可视化。地理空间数据是指记录物体地理空间坐标的数据。在信息时代，传感器记录大量的地理空间数据，如人的位置数据、打卡数据、社交数据等。这些地理空间数据蕴含着丰富的价值，为解决复杂问题带来可能。比如，人们可以通过分析车辆的 GPS 轨迹数据来探究城市交通拥堵的原因。由于视觉表达的直观性，可视化常被用于展现复杂的地理空间信息以辅助用户进行推理决策。本节将介绍常见的地理空间可视化技术，并详细描述一个综合考虑地理空间和高维统计信息对兴趣点 (points of interest，POI，如房子、商铺等) 进行排名，支持决策分析的可视化技术和案例。

(3) 时间叙事可视化。时间数据是指记录时间信息的序列化数据，如电影的对话脚本、多人间的邮件来往记录、社交媒体上的分享日志等。时间叙事可视化是一种常见的时间数据可视化技术，主要用于生动形象地展示故事随着时间发展的过程，强调视觉展现的直观性、趣味性、可解释性，其容易被大众理解和接受，有着广泛的影响力。故事线 (storyline)

是时间叙事可视化的典型，人们常使用故事线来展示电影和小说的发展过程，是对剧情的高度概括。本节将介绍故事线可视化的背景理论、设计理念、设计空间以及自动化的故事线布局优化算法。

3.2.1 图片数据可视化

图片已成为信息的重要载体并在日常生活中广泛传播。例如，遥感、监控和医学等领域都存在着对海量图片集合分析的需求。如何快速浏览、查找并分析海量图片成了一个研究难点。计算机视觉方法，如基于内容的图片检索 (content based image retrieval) 可以显著地提高处理图片的效率和完成部分的分析工作。但这些方法需要用户给定明确的条件和指标，而在现实的分析场景下，用户往往需要进行开放式的探索分析。因此，研究者们引入了可视化技术，通过便捷直观的视觉通道和人机交互的方法，利用其特有的领域知识背景和分析推理的能力对海量图片集合进行快速地开放式探索并完成复杂的图片分析任务。

3.2.1.1 前沿工作与挑战

常见的图片数据可视化技术包括树状图 (treemaps) 和节点连接图 (node-link diagram) 等。其中，树状图将大量图片组织成层次结构，方便用户的快速浏览；节点连接图则展示了图片之间的网络关系，通过查看网络中的大型社团 (community) 完成分析。这些方法都在一定程度上使图片信息的展现更清晰直观，使分析更高效。根据这些可视化技术，研究者们提出了一系列的图片可视化应用。关于树状图的应用，PhotoMesa[4] 根据图片的生成时间构造了一个树状的图片浏览应用；Krishnamachari 等[5] 则先从图片中提取出颜色直方图的特征并对图片进行层次聚类，从而使颜色背景相似的图片在树中彼此靠近，并通过展现该树状结构辅助分析。关于节点连接图的应用，Crampes 等[6] 使用 Hasse 图来表示社交媒体中收集到的图片之间的关系。根据 Zahálka 等[7] 的总结，现有的图片可视化技术可以被分成四类，分别是网格式布局、基于相似度的投影式布局、基于相似度的填充式布局以及表格式布局，如图 3.8 所示。

 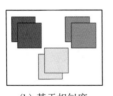 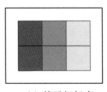 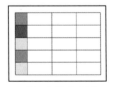

(a) 网格式布局   (b) 基于相似度 的投影式布局   (c) 基于相似度 的填充式布局   (d) 表格式布局

图 3.8　现有的图片可视化技术分类

下面将对每种布局做出介绍。

(1) 网格式布局。网格式布局是目前最为常见的图片布局方法 (图 3.8(a))，常见于图片搜索网站。网格式布局中，图片以网格的形式展示，用户通过滚动页面完成图片浏览。网格式布局的优势在于可以充分利用可视空间，使得每张图片的内容都得到充分展示。但其缺点是对多张图片进行内容总结时，用户需要手动地遍历和浏览图片集合中所有图片，费时费力。因此，研究者们创造了一系列其他的新颖的布局方法 (图 3.8(b)~(d)) 来解决海量图片浏览所带来的挑战。

(2) 基于相似度的投影式布局。这种布局方法根据图片之间的相似性对图片进行布局 (图 3.8(b))，使得相似度高的图片在空间上彼此靠近，以加速浏览的过程。Yang 等[8] 采用物体检测技术 (object detection) 从图片中得到语义内容 (图 3.9(a)) 的向量化的特征表示，并根据向量之间的距离计算得到图片之间的相似性。在此基础上，Yang 等 [8] 通过多维缩放 (multidimensional scaling，MDS)[9] 投影技术对图片的相似距离矩阵进行投影布局，从而使在语义上相似的图片聚集在二维平面上 (图 3.9(b))。这种方法有着很好的视觉可扩展性，可以有效地展示海量图片。但是，这种方法提取出来的语义只包括简单的物体类别，无法有效地概括图片内容，因此在完成图片探索浏览的任务上仍然存在局限。

(a) 图片的语义检测　　　　　　　(b) 使用MDS 投影的基于相似度的投影式布局

图 3.9　采用物体检测技术从图片中获取语义内容的过程 (图片来源：文献 [8])

(3) 基于相似度的填充式布局。基于相似度的填充式布局 (图 3.8(c)) 在视觉形式上与网格式布局 (图 3.8(a)) 非常相似。两者的区别在于，基于相似度的填充式布局中相似的图片会被放置在位置靠近的网格中来加速浏览。而基于相似度的填充式布局与投影式布局的区别则在于，填充式布局会减少图片之间的重叠和遮挡，达到更好的视觉效果。因此，基于相似度的填充式布局是一种空间利用率很高的可视化方法。比如，PHOTOLAND[10] 提取了图片的生成时间和颜色信息，将图片缩略图按照方便叙事的方式拼接成网格；ImageHive[11] 在此基础上提取出图片集合的摘要图片 (图 3.10，摘要中智能地保留了单张图片的重要部分以节省所需的可视化空间) 来展现图片集合信息，具体布局过程如图 3.10所示。在布局前，ImageHive 先对图片进行聚类，将视觉上相似的图片归到同一组中，构建一个链接图片的图结构，并从中选择具有代表性的图片。随后，ImageHive 会通过带约束的优化算法对选择的代表性图片进行全局布局 (图 3.10(a))，以保证图片所占据的空间彼此不重叠。在此基础上，ImageHive 根据 Voronoi tessellation 的空间切割算法对布局进行进一步优化，最大化每张图片的显示空间，最后生成如图 3.10(c) 所示的效果图。

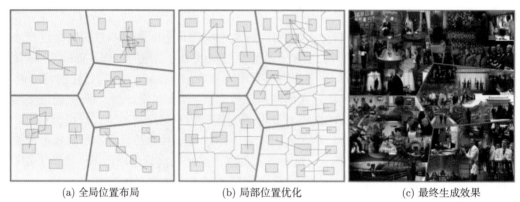

(a) 全局位置布局　　　　　　　(b) 局部位置优化　　　　　　　(c) 最终生成效果

图 3.10　ImageHive 的生成流程及效果 (图片来源文献 [11])

(4) 表格式布局。表格式布局 (图 3.8(d)) 指将图片信息组织成表格的形式来展示。图 3.11是一个表格式的图片可视化工作[12]。表格的行表示的是图片，列表示的是图片各类的属性和元信息。比如，图 3.11(a) 中的每一列代表一个物体类别，每个格子内的颜色深浅则代表该类别的物体在图片中出现的频率。通过这个布局，用户可以快速对一个图片数据集中出现过的物体做出概览和总结，从而支持用户完成涉及高维属性的图片分析。但是，这种可视化布局缺乏对图片视觉内容的展示；同时，通过属性来描述图片内容也不够精确，用户难以从属性的分布中清晰地得知图片具体展现的场景，对于强调图片内容的分析任务并不适合。

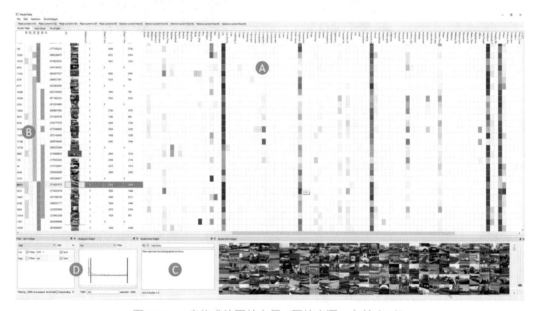

图 3.11　表格式的图片布局 (图片来源：文献 [12])

上述的这些方法都对海量图片数据的理解分析有所促进，但是大部分方法只利用到图片中的视觉特征,如颜色直方图等进行布局。图片中的语义内容信息只能通过元数据 (metadata) 获取，但是，在很多场景中，图片的元数据往往是缺失或不可靠的。因此，语义特征的缺失导致用户难以快速从可视化中得知具体的图片内容，而只能通过对视觉特征进行解读来理解图片集合中主要的图片内容。但是，视觉特征和图片的语义内容之间还存在一条鸿沟。比如，各种交通工具，汽车、飞机、火车等在语义上是彼此相似的，但在外观上却有着巨大的差别。因此，传统的基于视觉特征的图片可视分析方法无法智能地揭示图片的语义内容，对分析造成了障碍。考虑到这一缺点，近年来的图片可视分析工作的研究重点逐渐转移到基于语义的图片可视化。但是，物体检测技术只能提供简单的语义信息，在开放式探索分析方面只能提供简单的指导，如何帮助用户快速探索并理解大规模的图片集合仍是一个巨大的挑战。下面将详细介绍基于语义的图片可视化技术来解决海量图片可视化的问题。

3.2.1.2　海量图片的可视化方法

随着近年来人工智能和计算机视觉的快速发展，图片的语义提取技术已不限于获取物体类别。Google Brain 在 2016 年发布了先进的 "Show and Tell" 图片描述 (image captioning) 模型[13]，可以通过端到端 (end to end) 的神经网络生成准确描述图像内容的语句。受此启发，Xie 等[14] 提出了一项基于图片语义的大型图片集的可视化技术，并开发了一个相应的图片可视化系统来验证技术的有效性和实用性。该工作经过大量的调研分析，总结出 4 项基本的图片分析任务：

(1) 总结图片集合中的主要内容；

(2) 根据指标在图片集合中查询目标图片；

(3) 对图片集合进行开放式的浏览；

(4) 调整图片之间的关系以更好地完成总结、查询和浏览等任务。

在此基础上，研究人员提出了以下需求来满足基于语义的图片可视化分析：

(1) 提供可配置的多层次可视化展现形式；

(2) 展示图片集合中的语义信息；

(3) 使用便捷直观的可视化隐喻；

(4) 提供灵活的图片查询机制。

根据上述提出的需求，研究人员开发了一个面向海量图片探索的可视分析系统。下面将详细介绍该系统的核心——基于语义的海量图片布局方法。

基于语义的海量图片集可视化主要面临两个挑战：第一个挑战是如何从图片中提取出丰富的语义信息；第二个挑战是如何根据提取出的图片语义设计出可以体现图片集合语义内容的可视化布局方法。对于第一个挑战，在尝试了多种计算机视觉技术后，研究者决定使用 Google 的 NIC 模型[13] 完成语义的提取。对于第二个挑战，研究者对不同的降维投影 (如 PCA[15]、MDS[9]、t-SNE[16] 等) 算法的可视化效果进行比较，最后决定使用 t-SNE 作为基础的投影算法，并提出了新颖的图片-关键词共同嵌入的布局算法来得到基于语义的图片布局。

如图 3.12所示，该可视化项目主要由两部分构成，分别是语义信息提取器和可视化布局生成器。如图 3.12A 所示，图片语义提取器首先将图片集合转换为一串句子，其中每张图片都对应一句描述图片内容的句子 (图 3.12B)。在下一步中，提取器将得到的句子拆分成单词并通过自然语言处理过滤掉一些无意义的单词后得到关键词的集合 (图 3.12C)。经过处理的图片语义信息将会和图片本身的视觉特征一起作为输入传给可视化布局生成器。如

图 3.12D 所示，可视化布局生成器首先利用新颖的图片-关键词共同嵌入的投影布局算法对图像和相应的语义关键词进行布局，得到一个包含图片和语义信息的可视化 (图 3.12E)。最后，基于星系隐喻的交互式可视分析系统将结合生成的可视化布局 (图 3.12F) 帮助用户对海量的图片集合进行开放式探索和分析。

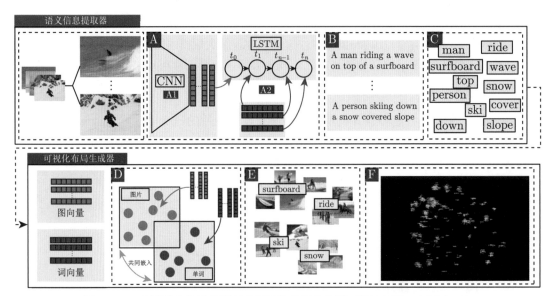

图 3.12　基于语义的图片可视分析系统的架构流程 (图片来源：文献 [14])

该工作的核心是提出新颖的图片与语义信息的共同嵌入布局算法。该布局有如下特点：图片的关键词和图片本身在可视化中的位置彼此靠近，从而方便用户对图片内容进行解读；语义内容相似的图片在可视化中会被聚合，加速了图片的浏览与总结；拥有相似语义的关键词在布局上也会存在聚合，从而使图片的整体布局可以体现出语义特征。该算法包含三步，分别是预处理、图片局部语义结构的构建和语义空间中的图片重构。下面将对该图片-关键词的共同嵌入算法做出详细解释 (图 3.13)。

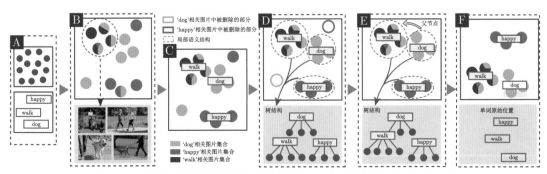

图 3.13　图片-关键词共同嵌入的布局算法流程 (图片来源：文献 [14])

步骤 1 预处理

算法输入包含每张图片的图向量 (取自 NIC 模型中的隐藏层)，每张图片对应的关键

词 (取自 NIC 模型的结果)，以及每个关键词对应的词向量 (取自 word2vec 模型[17])。预处理是先使用 t-SNE 对图向量和词向量进行分别投影 (图 3.13A)。在此我们用 I 代表图片，W 代表得到的关键词，C 代表图片的句子描述。其中，W 由 C 拆分筛选得到。用 $d(I_j, I_k)$ 代表图片之间的距离，$d(W_j, W_k)$ 代表关键词之间的距离。遵循常规的向量距离处理方法，使用欧几里得距离 (Euclidean distance) 作为 $d(I_j, I_k)$ 的计算方法并使用余弦距离 (cosine distance) 计算 $d(W_j, W_k)$。

步骤 2 图片局部语义结构的构建

如图 3.13B~D 部分所示，该步骤在预处理得到的图片投影空间中嵌入图片的关键词来获得图片的局部语义结构。在此，图片的局部语义结构表示的是一组具有相似视觉和语义特征的图片集合。嵌入关键词时需要先对图片和关键词进行双向绑定。绑定原则是将图片与对应的句子描述相关的关键词之间进行绑定。随后，将每一个关键词根据所绑定的图片在图片投影空间的位置进行嵌入。最后，根据得到初步嵌入结果获取按树结构表征的图片的局部语义结构 (图 3.13D)。根据该双向绑定，每张图片可以找到相关的关键词，而每个关键词也可以找到相关的图片。具体绑定规则如下：

如图 3.13B 所示，每张图片都由一个饼图表示。饼图的颜色表示与该图片相关的关键词的个数。颜色色块的大小则代表图片与关键词之间的相似性 $\text{Simi}(W_i, I_j)$，定义为：

$$\text{Simi}(W_i, I_j) = 1 - \min_{W_k \in C_j} d(W_i, W_k) \tag{3.1}$$

式中，W_k 是 I_j 的语义描述 C_j 内包含的词。色块区域越大则相似性越高。图 3.13B 中的圆圈中的一批饼图代表了这批图片与 "dog" (对应黄色区域)、"walk"(对应橙色区域) 有着较高的相似性，与 "happy"(对应褐色区域) 有着较低的相似性。由此，存在着与 W_i 相关的图片集合 ϕW_i：

$$\phi W_i = \{I_j | I_j \in \phi, \ \text{Simi} \geqslant \text{MinSimi}\} \tag{3.2}$$

式中，MinSimi 代表人为设定的最小相似度。当 MinSimi = 1.0 时，ϕW_i 将由语句中明确包含关键词 W_i 的图片组成。根据这一图片和单词相似度的关系，每一张图片 I_j 也存在着一个相关的关键词集合 $\mathcal{W}_{I_j}$：

$$\mathcal{W}_{I_j} = \{W_i | W_i \in \mathcal{W}, I_j \in \phi W_i\} \tag{3.3}$$

式中，$\mathcal{W}$ 为图片集合中出现过的关键词所构成的集合。使用 ϕW_i 和 $\mathcal{W}_{I_j}$ 来代表相互关联的图片和关键词，并将相关的图片和关键词完成绑定。

基于图片与关键词的绑定关系，接下来将每个关键词嵌入到图片投影空间中靠近相关图片的地方 (图 3.13C)。关键词 W_i 的嵌入位置 P 根据以下方法得到：

$$P_{W_i} = \arg\min_P \sum_{I_j \in \phi W_i} \text{Simi}(W_i, I_j) \|P_{I_j} - P\| \tag{3.4}$$

这是一个使关键词 W_i 到相关图片加权距离之和最小的过程。P 表示图片投影空间中的一个位置。通过梯度下降算法得到式 (3.4) 的近似解。在得到的近似解中，ϕW_i 中的一些图

片有可能会远离 W_i，不利于理解。该工作设置了阈值 MaxDist(需手动设定) 以帮助调整 ϕW_i 中包含的图片，从而使 W_i 可以被放置在图片投影空间中合适的位置，靠近相关的图片。如图 3.13D 所示，褐色圆圈和黄色圆圈代表距离关键词过远的图片，这样的图片会导致嵌入结果不理想，因此将其从绑定关系中 (ϕW_i 和 $\mathcal{W}_{I_j}$) 删除。

随后该方法将根据图片的语义进行布局调整来完成语义信息的嵌入。目前，每张图片都与多个关键词建立联系，为布局调整带来困难。为此，该方法会为每一张图片选取联系最紧密的一个关键词，之后图片的位置将根据所绑定的关键词的位置进行调整。关键词选择的规则为：创建一个元组 (S_i, D_i)，其中 $S_i = \mathrm{Simi}(W_i, I_j)$，$D_i = ||W_i - I_j||$。关键词的选取将考虑词与图片间的相似度以及两者在投影空间中的距离。相似度 S_i 很大而投影空间中的距离 D_i 很小的关键词被认为是最具有代表性的关键词。由此创建了一系列以单词作为父节点，图片作为子节点的树结构 (图 3.13D)。这些树结构被定义为图片的局部语义结构。

步骤 3 语义空间中的图片重构

如图 3.13E~F 所示，在图 3.13D 的基础上该方法将根据图片的局部语义结构调整图片的布局。在此过程中，图片将随着绑定关键词的移动而移动，移动规则是保持图片与关键词的相对位置。单纯地将关键词按照语义投影布局并调整相关图片会导致语义分割的问题。如图 3.13E 所示，部分和 "dog" 相关的图片会选择 "walk" 作为绑定的关键词。调整过后这部分图片将被放置在与 "dog" 距离很远的位置，从而造成语义上的分割。为了尽量减少这一现象，该方法在调整图片位置前先对关键词之间的关系进行建模，确定词之间的父子关系。关键词之间的父子关系将通过在句子描述中共现关系确定。为了计算共现关系，先统计关键词在图片的句子描述中出现的频率：

$$\mathrm{Freq}(W_i) = |\phi W_i| \tag{3.5}$$

基于此，两个关键词共现的频率为：

$$\mathrm{Freq}(W_i, W_j) = \mathrm{Freq}(W_j, W_i) = |\phi W_i \cap \phi W_j| \tag{3.6}$$

为了确立父子关系，该方法提出置信度的概念，其中 W_i 相对于 W_j 的置信度为：

$$\mathbf{CF}_{ij} = \frac{\mathrm{Freq}(W_i, W_j)}{\mathrm{Freq}(W_i)} \tag{3.7}$$

W_i 父节点的 W_j 则满足：

$$\mathbf{CF}_{ij} > \max(\mathbf{CF}_{ji}, \mathrm{MinConf}) \tag{3.8}$$

式中，MinConf 为手动设定的最小置信度。基于该父子关系，布局算法会保留同一树结构下的单词和图片的相对位置以完成重构 (图 3.13F)。

如图 3.14所示，A1 为传统的基于视觉特征的图片布局结果，特征向量为图片向量，投影算法采用 t-SNE，关键词的放置则根据相关联的图片的位置确定。A2 为 A1 中某一区域内的局部布局。B1 和 B2 为相同数据的基于语义布局方法的结果。从 A1 和 B1 的对比可以看出，传统的基于视觉的方法是将语义相似 ("train" 和 "motorcycle" 均为交通工具)

但视觉外观上不同的图片布局在平面的不同位置，影响图片浏览的效率。而这一问题通过基于语义的图片布局方法得以解决 (图 3.14中的 B1)，两部分的图片被成功地聚合在一起。而从局部的图片布局 (图 3.14中的 A2 和 B2) 来看，基于视觉的布局与基于语义的布局在局部上非常相似。这说明了基于语义的图片布局采用图片-关键词共同嵌入的方法可以在确保图片按照语义布局的情况下同时利用到图片的视觉信息，从而使得语义上相似的图片彼此聚合，而语义上与视觉上都相似的图片变得更为靠近。

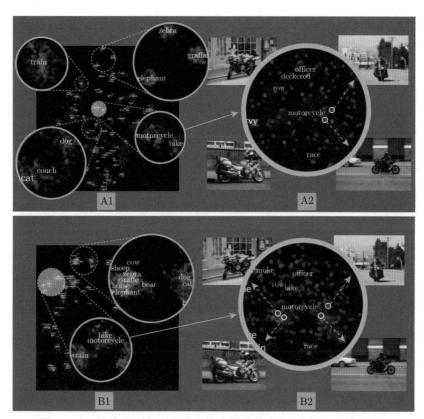

图 3.14　图片-关键词共同嵌入的布局结果 (图片来源：文献 [14])

3.2.2　地理空间数据可视化

地理空间数据通常泛指带有地理空间坐标 (如经、纬度) 的数据，而复杂的高维地理空间数据还带有其他的复杂维度信息。近年来，随着科技的高速发展，各种各样的地理空间数据更易被收集、记录和存储。例如，人的位置数据、打卡数据、社交数据、物体 (如商店、汽车) 的位置、周边环境数据等。这些数据蕴含着丰富的价值，使人们能够解决新兴的更复杂的问题。例如，人们可以根据车辆的 GPS 轨迹数据分析城市交通拥堵[18]，通过将空气质量数据与其他相关数据 (如交通、道路网络等数据) 进行关联来探究空气污染的原因[19]、污染传播的模式[20]。与此同时，可视化作为一种将数据和信息转化为交互式可视表示的方法，提供了一种有效的途径将知识和经验整合到数据探索过程中，进而利用人类强大的创造性、灵活性和领域知识，进行更好的问题理解、推理和决策。本节将对地理空间数据可视化的前沿发展进行介绍，并通过一个地理空间环境下排名可视分析的例子，阐述地理空间数据可视化在协助人分析和决策方面的有效性。

3.2.2.1 前沿工作与挑战

本节将介绍地理空间数据及这些数据的可视化方法，分析这些可视化方法的局限性和面临的挑战。

1) 地理空间数据概念

常用的地理空间数据通常可以分为六类，即人类移动数据、社交网络数据、地理数据、环境数据、健康数据和其他数据[21]。

人类移动数据是近年来广泛使用的空间数据类型之一，其内部蕴含了丰富的社会动态信息，可以用于各种现代社会的应用中。基于不同的数据源，人类移动数据可以分为交通数据、通勤数据、手机数据和有地理标签的社交媒体数据。交通数据是指通过交通工具上的传感器或道路上安装的监测器收集的数据。其中，基于车辆的交通数据记录车辆轨迹，环形传感器监测道路的交通量和行驶速度，监控摄像头捕捉交通状况的可视情况。这类数据的局限性在于覆盖范围有限，如何在有限的数据基础上恢复整个城市范围的社会动态是一个挑战。通勤数据是一种记录人们日常活动的数据，公交刷卡是通勤数据的典型例子，通勤数据常用于改善城市公共交通，还可以用来分析整个城市的人类移动模式。手机数据是指通过手机运营商收集的手机与移动基站之间的通信记录，手机数据可实时提供用户位置。有地理标签的社交媒体数据主要是通过社交网络发布的带有地理信息标记的帖子 (如朋友圈、微博)，这类数据包含的丰富信息可以更好地挖掘人们的活动，但主要挑战在于数据的稀疏性和不确定性。

如今，社交网络成为最流行的交流方式之一，产生大量的数据，称为社交网络数据。除了前面讨论的地理信息外，社交网络数据还包含两个方面的有价值信息。一方面，用户之间的交流揭示了不同人之间的关系以及社会结构；另一方面，用户生成的社交媒体，如文本、照片和视频，含有丰富的有关用户兴趣和特点的信息，为研究各种社会问题提供了数据支持。这类数据的主要问题在于数据过于稀疏且不确定性过高，使得挖掘其中价值的难度增大。

地理数据是地理空间数据中的一种基本数据类型，可为地理空间分析场景提供基本结构和语义信息。常见的地理数据包括道路网数据、交通网络数据和兴趣点 (point of interest, POI) 数据。道路网数据通常是由一组边和节点组成的图的结构，分别表示道路段和交叉口。交通网络数据包括公交和地铁网络的公交路线和站点设施，建模为有向图。此外，还包括公交线路的时间表。POI 数据描述了城市中餐厅、商场、公园、机场、学校、医院等设施的相关信息。

环境数据是用于描述地理空间中环境情况的数据，包括环境监控数据和能源消耗数据。前者包括气象监控指标 (如温度、湿度、日照)、空气污染数据、水质数据和卫星遥感数据。后者记录了电气、燃气等数据。环境数据常用于支持对环境问题的相关研究，或通过检测关联来预测需求负荷，进而帮助优化城市能源使用。

除了上述数据外，还有一系列其他相关的地理空间数据，例如，医疗健康数据、公共事业服务数据、经济数据、教育数据、体育数据等。这些数据往往带有丰富的社会信息模式，并伴随着相应的地理空间位置。随着计算和数据技术的发展，将会有越来越多的地理空间数据出现，这些数据将进一步推动人们结合地理空间因素和人类社会发展进行分析和决策。同时，地理空间数据日益增加产生的复杂度和异质性也将带来巨大的挑战，需要更先进和高效的地理空间可视化技术来帮助人们更好地挖掘这些数据中丰富的信息和模式。

2) 地理空间数据可视化

地理空间数据可视化技术通常分为三种类型，即基于点、基于线和基于区域的可视化技术[21]。

基于点的技术是最直观展现和分析地理空间位置的可视化方法。该技术将每个数据点直接可视化在空间环境 (如地图) 中，并用颜色、大小等视觉通道编码相关信息。如图 3.15 所示，在 TaxiVis[22] 中，不同颜色的点用来表示曼哈顿出租车的接送情况，以确定规则模式和异常情况。基于点的可视化的优点是，用户可以清楚地观察到数据中的单个对象或事件。但当数据量很大时，严重的视觉混乱将使得可视化变得不清晰和难以解释，采用核密度估计 (kernel density estimation，KDE) 的热力图是解决这一问题的常用方法。

(a) 8 am~9 am　　　　　　　　　　(b) 9 am~10 am

图 3.15　一个基于点的地理空间数据可视化例子 TaxiVis：2011 年 5 月 1 日早上 8 点到 10 点曼哈顿出租车接送客点数据，蓝色点表示接客点，红色点表示下客点 (图片来源：文献 [22])

基于线的可视化技术常用于描述轨迹信息。该技术将轨迹画成地图上一条直线或曲线，从起点到终点依次相连。例如，在 HomeFinder[23] 中，不同的线描述从家到不同地点的道路线路规划。当数据量增大时，这类技术也常常带来严重的视觉遮挡和混乱。边绑定技术是解决这一问题最流行的方法，它将相似或相关的线分组成束进行可视化。该方法有效减少了线的重叠和遮挡，但引入了视觉上的模糊性，这可能会阻碍对轨迹信息的理解。另一种方法是使用 KDE 生成线的密度热图，在不扭曲线条的情况下展示大量轨迹，这种方法的轨迹密度通常使用颜色进行编码。

基于区域的可视化技术通常用于展示基于预先确定的空间划分区域的聚合信息。choropleth 地图是基于区域的可视化的一个典型例子，它使用给定的几何图形将区域显示为区域标记，并使用颜色编码属性。如图 3.16 所示，一个使用 choropleth 地图的案例是美国不同州的失业率统计可视化。它使用颜色编码每个区域的失业率，颜色越深意味着失业率越高。除此之外，为了实现可视化区域之间的流动，可以在地图中嵌入流图。然而，随着数据量的增加，大量的流之间重叠和遮挡使得流图难以辨认。Guo 等[24] 提出了一种新的基于流领域的方法来解决这个问题，使得流图更加平滑。除了流图外，Zeng 等[25] 提出了基于图符的方法来可视化不同城市之间的流动模式。总体而言，基于区域的可视化更适合揭示宏观模式 (如区域之间的流动)，但不适合解释微观行为 (如个体行为)。因此，这类技术常与前两类技术结合使用，以支持不同细节程度的地理空间探索和分析。

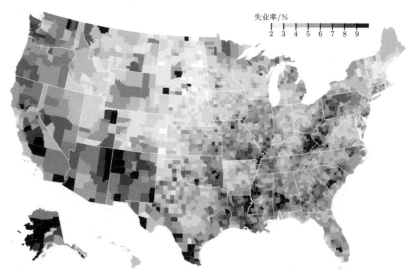

图 3.16　一个基于区域的地理空间数据可视化例子 choropleth 地图：2016 年美国不同州的失业率，颜色越深表示失业率越高 (图片来源：文献 [26])

3.2.2.2　地理空间数据排名可视分析

SRVis[27] 是一种新颖的集成地理空间上下文的视觉排名技术，有助于有效呈现和分析大量的地理空间排名。SRVis 由三个视图组成，即排名 (图 3.17A)、检查 (图 3.17F) 和快照 (图 3.17G) 视图。在排名视图中，数据点的位置被绘制在地图上，还有两个分别概括了排名统计的排名矩阵放置在地图顶部和左侧。在地图的右侧和底部有两个属性分布图表，能帮助用户有效地掌握数据点属性的空间分布并了解排名的原因。此外，地图、矩阵和属性分布图表链接在一起，以便用户可以在它们上刷选，来交互式定位感兴趣的区域，然后在检查视图中呈现选定区域中的数据点。检查视图提供了每个数据点的详细信息，允许用户根据属性值和相似性对数据点进行过滤和分组。此外，用户可以在快照视图中保存区域及其属性权重，可以在两个记录区域之间进行多方面比较分析。

SRVis 的排名视图 (图 3.17A) 显示了大量数据点的排名以及这些排名的原因，并结合地图说明空间环境。排名视图的视觉设计分为以下三个方面进行描述，即空间环境的可视化、排名和排名的原因。

　　空间环境帮助用户有效掌握和评估各空间决策方案中数据点的周围环境。因此，SRVis
采用地图为中心的探索性方法，通过地图可视化空间上下文 (图 3.17C)，其中蓝色圆点编
码替代地点。SRVis 减小了圆点大小并为每个圆点使用一致的颜色，以最小化对底层空间
环境的遮挡和视觉干扰。此外，用户可以重叠其他地理空间上下文并进行观察。例如，人
口密度热图或竞争对手位置。还可以在地图上绘制多边形以选取一些感兴趣的数据点，从
而实现交互式空间过滤。

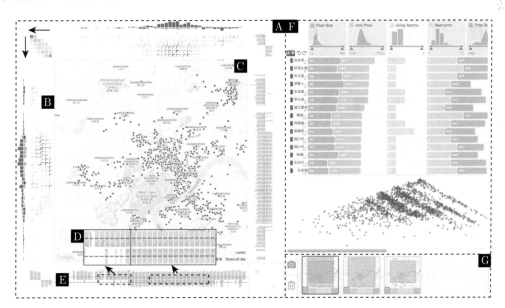

图 3.17　SRVis 的用户界面。(A) 排名视图通过基于矩阵的上下文集成可视化呈现数据点的排名和排
名原因。由 (B)，(C) 和 (E) 提供的灵活空间过滤功能使用户能够方便地探索和识别排名数据集中的空
间模式。(F) 检查视图采用基于表格的排名技术，在排名视图中显示过滤区域中的所有数据点。投影视
图用于帮助用户根据数据属性找到类似的数据点。(G) 快照视图允许用户保存排名和属性权重的快照，
用户比较这些快照，并从比较分析中发现知识和模式 (图片来源：文献 [27])

　　对于空间排名的可视化，为了可视化大规模排名的空间分布，SRVis 将排名平均分成几
个排名组，并使用基于矩阵和柱状图的高度可扩展的视觉表示 (图 3.18A) 对这些组的空间
分布进行编码。视觉表示可以进一步扩展 (图 3.18B)，以支持两组不同排名的比较。SRVis
用矩阵编码排名。两个排名矩阵 (图 3.18E) 分别放置在地图的顶部和左侧。顶部矩阵的每
一列和左侧矩阵的每一行都与地图的垂直或水平切片对齐。地图切片覆盖的数据点根据其
排名组进行划分，并在矩阵相应单元格中进行数量累加。单元格 (图 3.18G) 从矩阵的外
边缘到内边缘按照排名组降序排列，每个单元格的透明度编码相应排名组中的数据点密度。
此外，在每个矩阵的外边缘有一个柱状图 (图 3.18F) 用于表示相应地图切片覆盖的数据点
数量。用户可以在矩阵或柱状图上刷选感兴趣的区域，使用空间和排名过滤器专注属于指
定区域指定排名组的数据点。在比较模式下，为了可视化两个排名集合之间的差异，SRVis
将每个单元格沿着其对角线分成蓝色和红色三角形 (图 3.18H)，每个三角形不透明度编码
对应单元格的数据点密度。一个小的白色三角形箭头放置在每个单元的中心，指向高密度
数据点的排名集。此外，排名矩阵外边缘的柱状图 (图 3.18I) 被分叉的柱状图所取代，两

边的柱状图显示了排名集合中相应数据点的数量。在柱状图中，具有较高不透明度的条纹相对另一侧具有更多的数据点。因此，该设计使用户能够便捷地在空间和排名分布方面感知和比较矩阵上的排名集合。

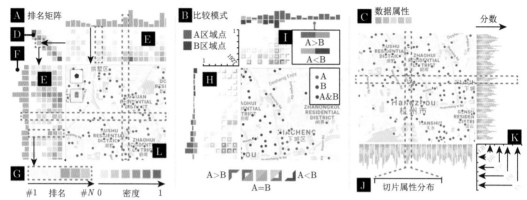

图 3.18　排名视图的设计。(A, D~G) 基于垂直和水平地图切片的聚合的空间排名可视化；(B, H, I) 比较模式下排名视图的两组排名；(C, J, K) 描述空间排名原因的堆叠柱状图设计

(图片来源：文献 [27])

　　为了更好地了解空间排名的原因，即排名中蕴含的空间模式，用户必须通过结合上下文的可视化来确定排名的原因。受 ValueCharts[28] 的启发，SRVis 对排名的原因进行建模，并用定制的堆叠柱状图来呈现排名原因的空间分布。此外，考虑到可扩展性因素，SRVis 使用基于贪婪启发式的新颖两阶段框架来优化条形布局，从而实现清晰且可扩展的空间排名原因可视化。

　　为了呈现排名的细节和原因，SRVis 在检查视图 (图 3.17F) 中实现了基于表格的 ValueCharts，其中每行对应于一个数据项，并且每列对应于一个属性。表格行中每个数据项的归一化属性值采用与列的宽度成比例的条来表示，这些列的宽度与相应属性的权重成比例。用户可以调整每个属性的权重，堆叠多个属性的值，并根据所选属性对数据项进行排名。此外，SRVis 根据欧几里得距离将所有数据项用 MDS 方法[29] 降维投影到二维投影视图上，以展示数据项的潜在相似性。

　　SRVis 的快照视图 (图 3.17G) 允许用户保存当前数据项的空间选择快照和属性权重，以便在排名数据集时记录有趣的空间模式。每个快照都被可视化为覆盖所选数据项的区域的小地图，下面有一个堆叠栏，用于说明属性权重的分配情况。用户可以通过点击查看已保存的快照，并将其恢复到排名和检查视图。

　　下面用一个具体案例介绍 SRVis 是如何帮助专家获得排名空间分布、识别分布异常以及根据专家的领域知识找出异常原因。

　　专家 A 将房屋数据集加载到 SRVis 之后，通过选择两个等权重的属性 (即房屋面积 (m²) 和房屋单价 (元/m²)) 为数据集中的房屋生成排名，他的客户认为这两个因素是寻找理想住宅的最重要的因素。随后，生成的排名空间分布呈现在排名矩阵中。专家 A 立即注意到，大多数低排名房屋 (低 50%) 位于城市中心，因为在水平排名矩阵 (图 3.19A) 中，排名较低部分的深色单元明显比排名较高部分更浓。

为了弄清楚为什么市中心的房屋往往在考虑房屋面积和单价时排名较低，专家 A 根据排名矩阵进行矩形选区，并通过从相应选区创建的两个快照将所有房屋划分为两组：一组包括高排名 (前 50%) 房屋，另一组包含剩余低排名 (后 50%) 的房屋。然后，他通过将一个快照拖到另一个上以切换到排名视图的比较模式 (图 3.17)，从而获得两组选择之间的排名差异 (图 3.17B) 和排名原因 (图 3.17E)。他发现，与排名较低的房屋相比，大多数高排名房屋分布在城市周围 (图 3.17C)，并且，位于郊区的高排名房屋的房屋面积普遍大于位于市中心的低排名房屋的房屋面积 (图 3.17D)。因此，专家 A 推测这些排名较低的房屋可能是老城区中小户型的老房子，其地理优势也解释了这些房屋单价略高于其他新建于市中心房屋的原因。

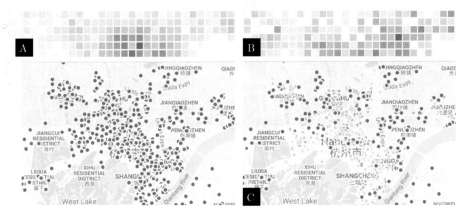

图 3.19   (A) 低排名房屋 (50%~100%) 相比高排名房屋 (0%~50%) 更集中于城市中心；(B, C) 过滤建造 5 年以上房屋，这些房屋大部分位于市区，排名矩阵的分布更加平滑 (图片来源：文献 [27])

为了证实该假设，专家 A 退出比较模式，并调整了建造时间这一属性的范围过滤器，以便在地图上仅显示最近 5 年建造的房屋。在排名视图上，专家 A 观察到大部分被建造时间的范围过滤器排除的房屋 (图 3.19C 中的灰色圆圈) 都位于市中心，矩阵中的房屋密度分布变得如他所期望的那样平滑 (图 3.19B)。

由上述内容发现，帮助专家 A 有效地将这些老房子确定为低性价比的房屋，这些房屋将不会推荐给那些对单价敏感的客户。此外，专家 A 指出，这些调查结果也有助于排名模型的迭代，其中房屋的周边环境，例如餐厅和购物中心的数量应该纳入考虑因素，这样，如果他的客户更偏好便利的周边设施，旧的市中心房屋将获得更高的排名。

3.2.3   时间叙事可视化

近年来，像英国广播公司、纽约时报、卫报、网易数读等新闻媒体使用许多数据可视化展示新闻中的数据。它们利用丰富的表现形式，如视频、网页、信息图等，通过可视化图表呈现的数据特征讲述新闻故事。图 3.20 为 Hans Rosling 关于近 200 年国家收入与人口数量变迁的演讲视频截图。演讲者在可视化图表随时间变化的同时，讲述了不同时间下各个国家的经济发展情况以及人口数量的变化。

数据可视化的叙事性逐渐引起研究者们的关注：可视化不仅能够表现数据特征，还能够传达数据背后的故事。多种利用可视化进行叙事的形式也渐渐被人们发现和使用，如交互式的新闻网页、数据漫画、数据视频等。这些叙事可视化作品运用多种叙事技巧，让观众能够在交互和观看中了解数据特征、探索数据故事。

图 3.20 Hans Rosling 关于近 200 年国家收入与人口数量变迁的演讲视频 (图片来源: 文献 [30])

3.2.3.1 前沿工作与挑战

Segel 等[31] 较早提出了叙事可视化的设计空间。该设计空间包含三个方面，分别是叙事体裁、视觉叙事策略和叙事结构策略。叙事可视化工作在 Segel 等工作的基础上进行更广泛地探索，逐渐形成基于数据驱动的叙事这一研究话题。例如，Lee 等[32] 讨论了如何制作一个数据故事。他们提出一个制作数据故事的流程，该流程包括三个主要步骤，分别是探索数据、编写故事和讲述故事。这一流程不是严格线性的，在实践中会迭代进行。此外，Kosara 等[33] 讨论了数据驱动叙事的若干研究方向，包括具体的叙事方式、叙事可视化的交互等。研究者们沿着这些研究方向逐步开展探索，取得了许多前沿的研究进展。

1) 叙事体裁

叙事可视化有 7 种基础体裁[31]，分别是平面杂志 (magazine style)、注释图表 (annotated chart)、分区海报 (partitioned poster)、流程图 (flow chart)、条漫 (comic strip)、幻灯片 (slide show) 以及影片/视频/动画 (film/video/animation)(图 3.21)。

不同体裁的设计思路也有所不同。例如，交互式网页允许用户在观看叙事可视化时通过交互，自由地探索数据故事，而视频这种体裁只能允许用户通过线性地播放视频观看数据故事。前者偏向于观看叙事可视化的用户主导故事的叙述过程，而后者则是由创作者主导，观看者只能按照创作者确定的叙事顺序观看故事。这种区别不仅影响每种体裁的视觉表现，也影响叙事结构的安排。研究者们对特定的叙事体裁分别进行细致探索。例如，Wang 等[34] 提出了 Narvis，一种专注于幻灯片式的叙事可视化体裁，并开发了一款支持幻灯片创作的工具。该工具支持创作者向非专业人士解释数据可视化中的特殊视觉设计。Amini 等[35] 聚焦于数据视频，调研了来自新闻媒体和视频网站上的数据视频，观察了这种叙事可视化体裁中的数据可视化使用频率以及多种注意力线索，还分析了数据视频的叙事结构。

基于这一工作，Amini 等[36] 开发了 DataClips 来支持用户迭代式地创作内容多样的数据视频。Font-Bach 等[37] 研究了数据漫画，他们对数据漫画进行定性分析，从漫画布局和叙事两个维度探索了数据漫画的设计模式，图 3.22展示了数据漫画中的一些设计模式图解。

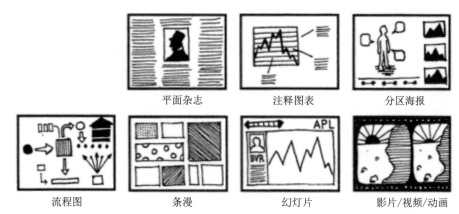

平面杂志　　　　　　　注释图表　　　　　　　分区海报

流程图　　　　　　　条漫　　　　　　　幻灯片　　　　　影片/视频/动画

图 3.21　叙事可视化的 7 种基础体裁 (图片来源：文献 [31])

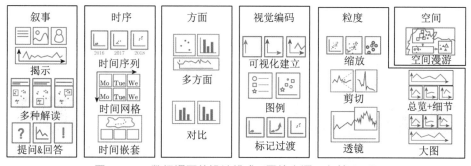

图 3.22　数据漫画的设计模式 (图片来源：文献 [37])

除了以上提到的叙事可视化体裁，其他研究还关注了故事线[38]、信息图[39]、时间线[40]等。然而，叙事可视化的体裁不只有前文提到的这些，还有许多体裁的设计模式未被研究，而已被研究的体裁还需要研究者们更进一步探索。

2) 叙事策略

叙事策略可以分为视觉和非视觉两种。

视觉叙事策略是指能够帮助和促进叙事的视觉装置 [31]，它包含 3 个方面。一是视觉结构，指能够让观众感知叙事的整体结构，例如，设置进度条、目录。二是突出显示，指能够吸引观众注意，并将其注意力引导至特定的元素上。三是过渡指引，指能够在视觉场景转换时保持观众的方向感，不丢失关注的焦点。上文提到的不同叙事体裁相应的也有不同的视觉叙事策略。例如，在故事线中[38]，可以通过故事线间的交叉使用户整体感知人物间的角色关系；再比如在数据漫画的设计模式中 (图 3.22)，可以通过总览和局部相结合 (overview+detail) 的方式，分别展示不同粒度 (granular) 数据，同时揭示数据整体和局部间的包含关系。

非视觉化的叙事策略也叫作叙事结构策略，也包含 3 个部分，分别是交互、信息传递和叙事顺序[31]。交互是指用户操作可视化的不同方式，像 Satyanarayan 等[41] 提出的 Ellipsis

和 Wang 等[34] 提出的 Narvis 都支持用户通过交互方式创作和探索叙事可视化。信息传递是指通过文本等方式将可视化的信息传递给观众,Hullman 等[42] 提出的 Contextifier 可以支持自动生成股市折线图的可视化标注,通过文本标注传递可视化图表的信息。

3) 叙事顺序

叙事顺序是指安排观众观看可视化序列的顺序。Hullman 等[43] 分析了一些叙事可视化案例,针对这些案例中的过渡设计提出了一个过渡设计分类和一个基于序列间过渡成本 (transition cost) 来决定叙事序列顺序的算法模型。通过用户试验验证了人们更喜欢过渡成本较少的叙事序列顺序,并且在一些特定类型数据过渡间存在不同偏好。例如,人们喜欢数据在时序上的转换多于在粒度上的转换。Kim 等[44] 在 Hullman 等人的工作基础上,进一步完善了基于过渡成本的叙事顺序模型,提出了 GraphScape。

具体的叙事可视化体裁也存在着一些相应的叙事结构技巧,以数据视频为例。在 Amini 等[35] 的研究中,数据视频被分成 4 个叙事阶段,分别是建立 (establisher)、初始 (initial)、高潮 (peak)、释放 (release),如图 3.23所示。建立是指提供参考信息而不参与叙事的视频序列;初始是指设定动作或事件的视频序列;高潮是指最重要的事件发生的视频序列或许多事件汇合的序列;释放是指高潮之后直至结尾的余波序列。这 4 个叙事阶段的不同组合方式对应不同的叙事情景。

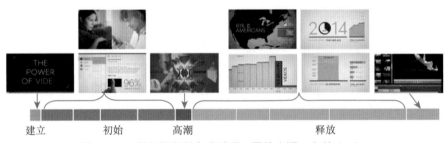

图 3.23　数据视频的叙事阶段 (图片来源:文献 [35])

3.2.3.2　故事线可视化

时间叙事可视化有多种表现形式,其中“故事线 (storyline)”是一种非常有效的可视化方式,人们利用故事线可视化电影[45]、邮件[46]、社交媒体[47] 和代码[48] 等。本节将通过“故事线”这种可视化形式介绍时间叙事可视化。

1) 故事线可视化背景

1765 年,英国博学者 Joseph Priestley 绘制了如图 3.24所示的名人传记图 [49],展示了从公元前 1200 年到公元 1800 年两千位名人的寿命,并使用点线表示人们出生日期和死亡日期上的不确定性。在这幅图中,横向代表时间,纵向线的次序是依据人物的重要程度排列的。如果把图中所代表的这段历史作为一个完整的故事,把这些名人看成这个故事中的角色,这幅图就是一个典型的故事线,读者可以在这样的图中看到在两千位名人中,哪些人共同生活在同一历史时期。

故事线用线编码故事中的角色,用线的组合编码角色间的关系。2009 年,Munroe 在 XKCD 漫画网站上创作了几幅手绘故事线[45],如图 3.25 所示。

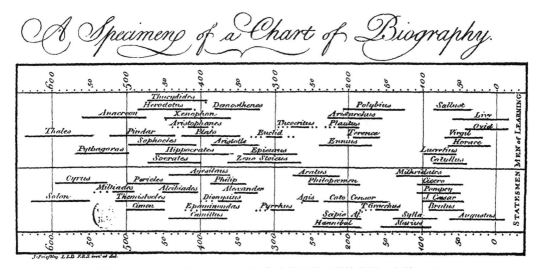

图 3.24   1200BC～1800AD 名人传记图 (图片来源: 文献 [49])

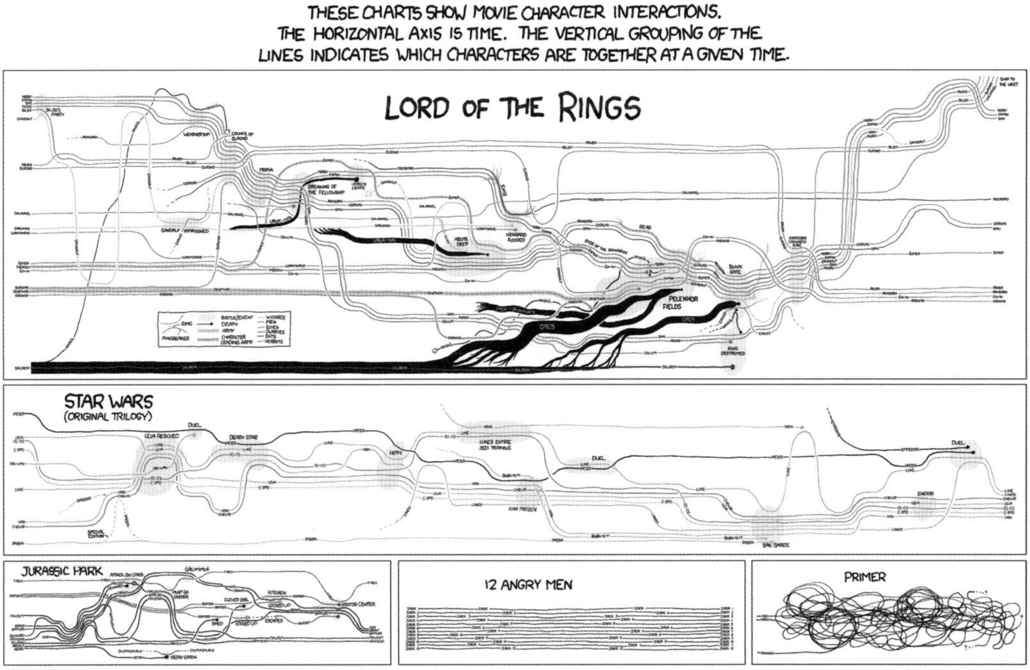

图 3.25   Munroe 创作的手绘故事线 (图片来源: 文献 [45])

  图 3.25 中的故事线可视化呈现了几个电影中不同人物间的关系,横向代表时间;线条代表人物。纵向来看,线的组合代表了这些人物在同一时间出现,同属于一个事件。相比于文字和电影,故事线能够同时提供整个故事的概览和细节,使读者一目了然角色间的关系变化以及故事中重大的情节和事件。

2) 故事线可视化技术

研究者们将故事线运用于分析多种数据类型上，例如，Ogawa 等[48] 运用故事线呈现软件演化过程，并根据 XKCD 网站上的故事线提出了故事线布局的启发式规则；Reda 等[50] 用故事线展示社交结构；Kim 等[51] 用故事线展示家族结构。随着故事线可视化表现形式的流行，研究者们逐渐关注故事线在空间上的自动布局以及优化问题。Tanahashi 等[52] 在 Ogawa 等[48] 的工作的基础上总结了一系列关于生成兼具美观性和可读性的故事线设计原则，具体如下：

(1) 表示有交互关系的人物的线必须相邻，否则，线不得相邻；

(2) 一条线除非与另一条线汇合或发散，否则不得偏离。

依据上述的设计原则，提出了以下的优化目标：尽量减少线条摆动和交叉，以及布局中的空白区域，以显著提高美学性和可读性。

研究者们在此基础上提出了一些对故事线布局的优化算法，提高计算效率，并增加故事线的美观性和可读性。例如，Liu 等[47] 提出的 StoryFlow 是采用离散优化和连续优化相结合的新混合优化方法来优化故事线布局。首先离散方法通过实体的排序和对齐来生成故事线的初始布局，然后，连续方法对初始布局进行优化产生最优布局。这种有效的布局算法使得 StoryFlow 支持故事线的实时交互，例如，线的校直、捆绑和拖拽等；支持用户改善故事线布局，并更好地理解和追踪故事的发展。除了 StoryFlow 以外，Tanahashi 等[46] 也提出过一种将故事线有效运用在流式数据上的框架。

前述工作虽然关注了如何在故事线中定义和展现故事情节，但忽视了创作者们在创作故事线时的一些设计考量，所以仍然存在一些未解的问题。例如，这些布局算法是否忽视一些故事线中重要的叙事元素？在故事线中如何表达这些叙事元素？怎样便捷地制作效果丰富的故事线？等等。为应对以上挑战，Tang 等[38] 提出了 iStoryline，关注创作者在创作手绘故事线时的设计空间，并开发了 iStoryline 系统，支持用户完成符合手绘风格的故事线创作。

3) 手绘故事线可视化设计空间

先前的工作忽视了创作者在创作故事线时的设计考量，自动算法没有考虑在还原手绘故事线时用户们的需求。为了弥补这一缺失，iStoryline 没有继续基于此前的故事线生成的设计原则，而是通过新的研究进行探索。该工作对手绘故事线 (图 3.26) 进行仔细研究，并对创作者们进行访谈，然后从收集到的故事线中整理出一个设计空间 (图 3.27)。这一设计空间将叙事元素映射到从手绘故事线中收集到的视觉元素上。设计空间包含 5 个维度，人物、关系、情节和事件、结构以及装饰。其中，情节和事件是指事件序列；结构是指事件的时间和地点；装饰是指不同叙事维度中被广泛使用的视觉元素。

4) 手绘故事线创作工具——iStoryline

Tang 等[38] 开发的 iStoryline 在故事线自动布局算法部分是以 StoryFlow 为基础的，其算法的实时性可以支持灵活的用户交互，并且 StoryFlow 的优化模块具有可拓展性，使得 iStoryline 能够将设计师的创作考量整合到优化过程中。iStoryline 延续使用了 StoryFlow 的 3 个优化阶段 (图 3.28)，即排序 (ordering)、对齐 (alignment) 和压紧 (compaction)，并依据手绘故事线的设计空间新增了 4 个交互阶段 (图 3.28)，即排列 (arrangement)、排布

(placement)，创建 (creation) 和修饰 (embellishment)。用户交互是 iStoryline 的重要部分，可以将用户的创造力和自动算法有机结合起来。交互示意图如图 3.29 所示。

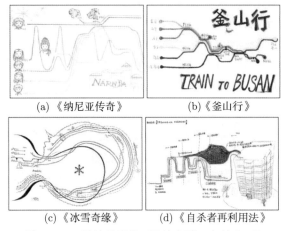

(a)《纳尼亚传奇》　　　　(b)《釜山行》

(c)《冰雪奇缘》　　　　(d)《自杀者再利用法》

图 3.26　手绘故事线 (图片来源：文献 [38])

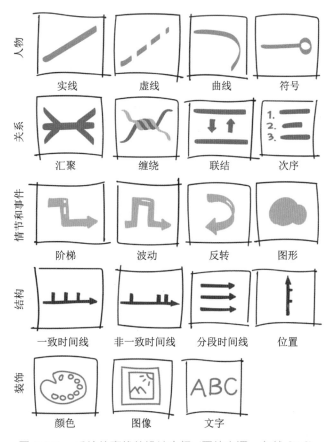

图 3.27　手绘故事线的设计空间 (图片来源：文献 [38])

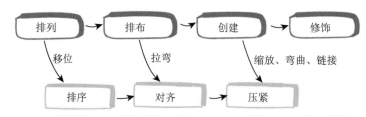

图 3.28　iStoryline 工作流程。3 个优化阶段：排序、对齐和压紧；4 个交互阶段：排列、排布、创建和修饰 (图片来源：文献 [38])

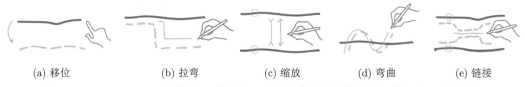

(a) 移位　　　　(b) 拉弯　　　　(c) 缩放　　　　(d) 弯曲　　　　(e) 链接

图 3.29　iStoryline 支持的 5 种交互，实线和虚线分别代表交互前和交互后的状态
(图片来源：文献 [38])

在排列阶段,自动算法会重新排列故事线的次序,尽可能减少线的交叉。为满足图 3.27 中"次序"这一设计空间,从美学角度考虑,iStoryline 提供了"移位 (shifting)"这一交互,允许用户通过拖拽的方式在全局层面重新排序故事线,因为最少交叉条件下的故事线次序未必是用户最希望的。

在排布阶段，用户可以用拉弯 (bending) 这一交互便捷地改变故事线中一些事件的空间位置，将故事线从直线布局修改为阶梯状或呈现波动的布局。该交互虽然会产生一些扭曲的布局，但其与图 3.27 中"情节和事件"维度的"阶梯""波动"相对应，更符合手工制作故事线的设计。用户可以将一组故事线拖拽到一个新的位置完成排布。

在创建阶段，用户可通过缩放 (scaling)、弯曲 (curving) 和链接 (linking) 这 3 种交互修改线条的路径，这也是创作故事线的核心一步。

(1) 缩放。以往的布局优化目标都力求减小空白区域，但实际上艺术家们会利用空白区域表达一些故事内容，例如，用空白强调人物间关系的分离感。在 iStoryline 中，缩放交互可以用来改变几条线之间或者几组线之间的空白区域。用户需要指定一段横向的时间范围；再指定纵向的缩放范围和缩放比例，之后算法会调整所选范围内的空白区域，并仍然保持其他位置的空白最小。这一交互对应图 3.27 设计空间中的"结构"维度，用户能够在自动生成的故事线基础上填加"非一致时间线"和"位置"的设计。该交互还可以在后续向故事线中插入图片、图标和文字标记等装饰时提供合适的空白区域。

(2) 弯曲。曲线这种表达形式经常在手绘故事线中出现，对应于图 3.27 设计空间"人物"维度。iStoryline 提供了"弯曲"交互来支持这种表达形式，用户可以在线段上绘制一段轨迹使其弯曲。

(3) 链接。在这一交互中，用户可以选择故事线中的人物和系统提供的具体视觉元素来强调人物间的关系，并利用图 3.27 中的"汇聚""缠绕""联结"等表达这些关系。

最后，在修饰阶段，用户可以添加图片或文字标记来使故事线更加美观生动。

3.2.4 小结

本章详细阐述了针对复杂数据的先进可视化技术,包括图片数据可视化技术、地理空间数据可视化技术以及时间叙事可视化技术。这些可视化技术可以帮助用户更高效地进行复杂数据分析,深入发掘其中隐藏的数据模式和洞见。

1) 图片数据可视化技术 ImageVis

该技术帮助用户从图片语义层面高效地探索、分析大规模图片数据集。该技术首先使用 Google 的 NIC 模型对图片进行语义提取;然后根据提取的丰富的语义信息,使用全新的基于 t-SNE 投影算法的图片-关键词共同嵌入的布局算法得到基于语义的图片布局;最后,使用星系隐喻的交互式可视分析系统对图片集进行可视化布局从而帮助用户对海量的图片集合进行开放式的探索和分析。在未来,该技术领域将继续研究更强大的图片语义提取模型,更高效的图片-关键词共同嵌入算法以及基于自然语言的可视化交互。

2) 地理空间数据可视化技术 SRVis

该技术支持更好的集成空间上下文的视觉排名,帮助用户高效分析大量空间排名数据并进行有效的空间探索和决策。该技术首先通过基于矩阵的可视化帮助用户探索排名、排名原因和数据点空间信息之间的联系,同时,通过聚合、过滤以及多视图协调等技术提升大规模空间排名数据的处理效率,帮助用户多角度全面分析排名结果,优化最终决策。该技术领域将继续研究排名优化算法,并增加对非线性排名模型的支持。此外,该领域未来的研究方向还包括将时序排名与空间上下文整合来对可视化流式空间排名进行可视化。

3) 时间叙事可视化技术 iStoryline

该技术提供了一种全新的故事线优化算法和创作方法,帮助用户高效地完成高质量的故事线作品。故事线是一种被广泛使用的有效的时间叙事可视化方式。近年来,越来越多的研究者关注如何高效、自动地生成美观、还原度高的故事线,并提出了关于故事线布局的设计考量和优化算法,同时开发了一系列支持用户交互的故事线创作工具。iStoryline 就是在前人的研究基础上,继续探索了设计师创作故事线时在叙事元素与视觉元素上的设计空间,进一步提出的新的故事线优化算法和创作方法,支持用户完成更接近于手绘风格且包含更多叙事元素的故事线作品。该技术领域将继续研究高质量故事线创作的优化方法,进一步帮助用户在保证故事线质量的前提下,简化创作流程。

3.3 沉浸式可视呈现

可视呈现与可视分析曾被描述为"一种利用交互式视觉界面进行分析推理的科学"[53]。基于可视分析科学的技术已得到广泛运用,帮助人们理解各类复杂多样的数据,并从中做出决策。然而可视分析的定义并没有对分析系统中交互界面所使用的设备进行限定。尽管如此,用于显示以及提供交互的输入输出设备对于人们的分析感受与能力却息息相关。对于一般的工业或科学研究中的可视分析系统,其使用的交互展现平台往往是单目显示器、鼠标以及键盘。这不能给使用者提供立体视图的观看感受,也无法支持便捷的多维交互方法。

随着近几年人机交互界面的大力发展，尤其是商业产品如虚拟现实头盔 (如 Oculus Rift、HTC Vive 等) 和增强现实设备 (如 Microsoft HoloLens) 的普及，人们可以使用更为自然的交互方式进行数据分析。例如，人们日常使用的基于声音、手势甚至身体移动的交互方式将得以在虚拟现实和增强现实的设备下实现。这些新的交互设备营造了一个沉浸式的环境，其目的在于去除使用者、数据以及用于交互工具之间的障碍，让人们以体现式分析的方法与数据进行交互[54]。相比于传统的二维平面可视化呈现，沉浸式的环境为人们提供了一种三维空间，使得将虚拟的可视化结果融入现实场景之中成为可能。此外，利用手势操控的数据设计与探索，以及更为引人入胜的立体画面展示都为沉浸式可视化提供了广阔的研究探索方向。

沉浸式可视化对于提升我们生活的方方面面有着巨大的潜力。一个例子是沉浸式叙事可视化的创作。相比于传统利用大量文字描述的纪实，人们更希望使用一种直观而生动的表现形式，用可视化的方法高效地描述由大量数据记载的故事，甚至能够基于现实场景创作动态的叙事可视化而不需要具有专业设计知识。这将对于以文字记载方式为主的传统叙事表达起到极大的促进作用。另一个例子来自于城市规划与环境评估。城市的规划者、工程师们能够利用沉浸式设备，从城市的三维立体环境出发，利用可视化图表等表现形式对城市中的各种问题进行分析与评估。相比于传统的平面展现，虚拟现实、增强现实等设备将人们对于城市的感知提升到三维的层面，从而可以更为真实地模拟观测所做出的决策对本地社区或某一地域的影响。

本章节将从叙事可视化创作和城市数据可视化两方面，集中探讨如何利用增强现实与虚拟现实技术将传统二维可视化的设计与三维场景结合起来，同时给出相应的设计理念与方案，供读者了解可视化技术在沉浸式场景下的运用以及未来存在的研究机遇。

3.3.1 叙事可视化创作

叙事可视化是一种将丰富的内容用引人入胜的方式向人们讲述与传播的重要方法。随着各行各业以及我们日常生活中数据量的不断增长，这个世界发生的各种故事正在被大量数据客观地记录着。如何让数据说话、以数据为驱动生动地叙述这些丰富的内容，成为许多内容表述者的迫切需求。无论是需要故事叙述表达的新闻等行业，亦或是希望记录与描述旅行日志的个人，都希望将所发生的事情清晰而美观地表达出来，这不仅有助于观看者有效地理解表述的内容，也利于客观地了解与掌握故事的脉络。例如，为了展现过去 200 年内 100 个国家人口的平均寿命与收入关系，Hans Rosling[30] 利用动态可视化图表配合简单的增强现实显示以及手势操作，生动地将这 200 年内的变化与故事叙述出来，让观众沉浸在数据驱动的叙事环境中。

然而对于个人而言，创作出自己的可视化叙事并不是一件容易的事情。与传统的面向领域专家的可视化创作工具不同，个人的可视化创作更多的是面向日常生活。人们需要简易的创作方法以及便捷的创作工具，避免过多的可视化领域知识甚至专业的绘图或编程技巧。传统基于台式电脑的创作模式限制了人们随时随地表达叙事的能力，而复杂的可视化创作工具不仅加重了个人学习使用的负担，而且大大束缚了快速高效利用可视工具表达叙事的能力。

随着手机增强现实技术的兴起,手机成为个人可视化创作的工具正逐渐变得富有前景。一方面,作为日常生活中不可或缺的工具,手机记录与显示日常生活的方方面面。同时,增强现实技术在移动端的应用能够轻易地让用户将可视化的内容与具体现实背景联系起来[55],从而在日常环境下创作自己的可视化作品。然而,主流的基于桌面的增强现实创作工具 (例如 Unity 和 Vuforia) 并不适用于非专业人员创作基于手机的增强现实可视化。其中原因主要有以下两点:

(1) 这些主流工具有着陡峭的学习曲线,非专业用户上手存在困难;

(2) 这些工具的主要创作平台并非在手机上,因此用户在创作时需要频繁的在桌面平台与移动设备之间来回切换,造成很大的不便。

为此,可视化前沿开始着手研究基于移动设备 (例如手机),且面向非专业用户的简易可视化创作工具。这些研究主要使用图符可视化的方法进行可视化设计。此种设计具有两个优势:

(1) 图形与符号 (图符) 可将抽象的数据对象以简易且优美的方式展现出来,让非专业可视化用户易于接受[56];

(2) 图符可视化将抽象的数据点用具体的物理图像 (图形和符号) 表示出来,有利于在三维的增强现实环境中呈现。而使用三维图表的展现方式则在可视化领域中存在着较大的争议[57]。

虽然目前有众多的研究成果关注、帮助用户创作与呈现可视化[58-61],但基于移动端的可视化创作研究依旧十分稀少。为了找出基于图符可视化的创作工具 (AR glyph-based visualization,ARGVis) 的特殊性与挑战,Chen 等[62] 首先通过对比传统可视化创作工具与ARGVis,发现两者在可视化创作流程上的异同。这些发现说明了 ARGVis 的独有特征在其创作中的重要性。其次,他们分析了 ARGVis 各个组成部分以及之间的关系。基于 ARGVis 的特征,他们发现传统创作工具着重于解决数据与可视通道之间的关系,避免用户使用不规范,降低视觉表达的可视化图形;而基于移动端的增强现实可视化创作工具需要进一步处理现实与虚拟之间的关系。进一步讲,这种创作工具需要协助用户揭示如下三类关系:数据与虚拟图符、真实物体与虚拟图符,以及真实物体与数据的关系。如何处理这三类关系是创作工具中的开放性问题。为了找出这些问题的可行方案,在结合现有的分析和创作工具以及 ARGVis 的基础上,提炼并制定了 4 个设计准则。这些准则通过多次迭代进行优化。基于这些准则,提出了基于移动端的增强现实可视化工具 (mobile AR visualization tool,MARVisT),向非专业可视化用户提供可视化创作能力。相比于最先进的其他可视化创作工具,MARVisT 利用现实中的信息帮助用户创作视觉映射、调整视觉尺度以及图符等元素的布局。下面首先阐述创作工具的设计理念与方法,其次介绍 MARVisT 工具的设计案例。

3.3.1.1　增强现实可视化创作的设计理念

鉴于过去少有与 ARGVis 相关的研究工作,Chen 等[62] 首先通过对比 ARGVis 与传统可视化创作工具的工作流程,进而识别出 ARGVis 的独有特性。对于一个传统的创作工具,其创作的流程可抽象为 3 个阶段,即数据、视觉映射、可视化,如图 3.30(a) 所示。其中,视觉映射的核心过程是将输入数据的维度映射为各个视觉通道 (例如大小、颜色、位置等),随后这些映射的结果用可视化的方法呈现出来。相比于传统的可视化创作流程,ARGVis

创作流程 (图 3.30(b)) 则存在两个明显的不同：在输入端，除普通的数据之外，还有真实物理场景的输入；存在除视觉映射之外的图符与真实场景关系的处理。

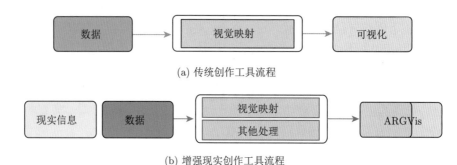

(a) 传统创作工具流程

(b) 增强现实创作工具流程

图 3.30　可视化创作工具流程 (图片来源：文献 [62])

基于这些区别引出一个具体的问题：ARGVis 的独有特征是什么？为此，研究者们首先从增强现实可视化入手，一些现有的研究着手调查信息可视化在增强现实中的应用。例如，Bach 等[63] 提出了增强现实画布用以描绘增强现实中的设计空间；Willett 等[64] 阐述了临场与嵌入式可视化。这些工作表明了 ARGVis 包含两个基本组成部分：现实与虚拟。

现实–虚拟连续体[65] (图 3.31) 描述了现实与虚拟中所有的变体和组成。对应于增强现实图符可视化的背景，研究发现若其位于连续体的最左端，可视化内容只包含现实 (或称为物理化)，则图符可视化表现为使用物理的图像和现实中的物体符号进行可视化呈现；若图符可视化位于连续体的最右端，即只包含虚拟 (或称为图符可视化)，则图符可视化表现为使用虚拟图像或符号进行可视化呈现。

图 3.31　图符可视化版本的现实–虚拟连续体 (图片来源：文献 [62])

图符可视化除了连续体两端的情况之外，我们注意到虽然 ARGVis 与物理化存在着共性 (例如，需要使用三维真实物体作为视觉标记以将数据带入真实世界中)，他们之间存在着显著的不同：ARGVis 并非完全可触摸的，尤其对于数据部分，从而使得 ARGVis 像是一个没有实体的物理化。也就是说，ARGVis 用不可触摸但看上去与真实物体一致的对象对数据进行可视化。

通过从现实、虚拟的角度，以及增强现实可视化、物理化和图符可视化的角度，研究者们总结出 ARGVis 的关键组成部分的含义：

(1) 虚拟性。图标作为数据点的抽象表示，通过利用传统流程中的视觉映射设计即可完成数据属性到视觉通道的绑定，随着用户的设计而改变，因而具有虚拟性。

(2) 真实性。真实物理场景不随设计而改变，因此具有真实性。

依据这两类输入及其对应各自的性质，其之间的关系被分为三大类：

(a) 弱联系。真实场景仅仅作为背景而存在，并不与虚拟的图符进行交互，两者之间是相互独立的 (图 3.32(a))。在这种关系下，真实场景仅仅增加了可视化结果的现场感知。为了让 ARGVis 创造出弱联系，使用者主要进行集中于数据属性与视觉通道之间的映射。然而场景中各种真实物体的存在会对虚拟物体产生各种干扰，设计者需要自己处理这些干扰，从而增加了设计的负担以及可视化结果呈现的难度。

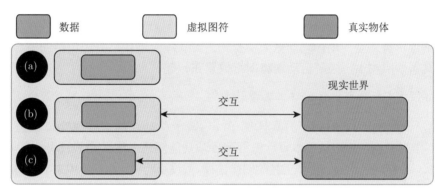

图 3.32　真实与虚拟之间的联系。(a) 弱联系；(b) 中等联系；(c) 强联系 (图片来源：文献 [62])

(b) 中等联系。在此关系中，真实物体可作为虚拟图符的参照物。例如，放置图符的容器或固定图符的锚点 (图 3.32(b))。特别的，一个真实物体可用其一个属性 (例如所在的位置、高度等等) 作为一个数据属性值大小的度量。当这个度量是不可见的，则这个真实物体被当作一个符号象征，而当这个度量是可见的 (例如使用各种视觉影射方法)，则该真实物被理解为可供直接比较的对象。当使用视觉通道映射对真实物体进行比较时，对应的虚拟图符上的视觉通道必须是相同尺度，否者这种对比将失去意义。

(c) 强联系。在此关系中，显示物体和数据 (表现是三维图符) 联系在一起并作为物理参照物 (图 3.32(c))。Willett 等[64] 将此情况下的可视化定义为嵌入式可视化，其中一个特点是 "将各个数据的表示物放置在与其相应的物理参照物接近的位置"。若用户手动将虚拟图符逐一放置到它们对应的物理参照物附近将是一件烦琐的事情。同时，用户手动放置过程可能造成放置位置不精确等问题。

下面阐述 Chen 等[62] 提出的设计 ARGVis 所需要的设计准则。设计准则的形成采用迭代策略。这些设计准则专门为非可视化专业的目标用户以及基于移动设备的增强现实领域打造。准则的确定首先基于信息可视化的设计流程、相关联的创作工具以及对于移动设备中的增强现实创作的分析，其次经过了多轮的实验研究进行改进，最终形成以下 4 个准则：

准则 1. 表现能力与简单性的平衡。创作工具首先应确保用户创作出能够表达叙事需求的可视化表达与结果。同时，由于用户并不具有专业的设计能力，创作工具需要同时兼顾创作的时间成本和复杂程度。这要求创作工具平衡复杂、引人入胜的可视化结果以及设计这些可视化所需的时间与过程的复杂性，从而降低非专业用户的创作障碍。

准则 2. 基于真实背景的视觉映射。在弱联系中，真实世界的画布相比于传统的可视化设计而言需要用户更为小心地设计视觉映射，因为物理世界可能导致用户在视觉感知上有偏差。对于缺少可视化专业知识的用户，在同时兼顾数据与真实环境背景下手动调整视觉映射是一件困难的事情。因此，ARGVis 工具能够处理背景信息以协助用户进行视觉映射的设计，从而避免用户陷入可视化设计的陷阱。

准则 3. 支持虚拟图符与真实物体尺度的同步。在中等联系中，作为可视化的常见任务，比较两个物体常常出现在可视化表达中。当使用真实物体的一个视觉映射作为对比时，需要保持这些映射对应的虚拟图符的尺度一致。为此，ARGVis 工具应当帮助用户有效地同步真实物体与虚拟图符之间的视觉尺度。

准则 4. 支持虚拟图符的自动布局。在强联系中，用户将一个个图符摆放在其对应的真实参照物附近位置上是一项烦琐而低效的操作。ARGVis 创作工具应当帮助用户将图符映射到对应真实参照物上，同时自动地将图符放置在一起。

3.3.1.2 增强现实叙事可视化创作工具设计案例

下面以一个创作 ARGVis 的具体例子——基于移动端的增强现实可视化创作工具 MARVisT 作为案例，分别从基本设计流程和各项功能阐述上述 4 个设计准则的具体应用。

首先以一个使用场景描述创作工具的创作过程。假设小明在一次旅行中去一个博物馆参观，其中一幅拿破仑进攻莫斯科的地图吸引了小明的注意。小明希望将这段进攻路径与他自己到莫斯科的旅游路径相对比，从而了解这段历史。他的手机记录了他旅行的路径和酒店等信息。小明将这些数据导入 MARVisT 中。在视觉映射界面 (图 3.33a)，他选择了鞋子、房子以及钱堆图符，分别表示路径、酒店以及日常开销。MARVisT 自动地将这些图符与数据点对应起来，例如，将鞋子自动地放置在路径上，从而完成在真实地图上的虚拟图符设计。

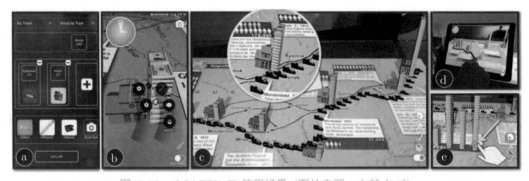

图 3.33   MARVisT 使用场景 (图片来源：文献 [62])

为了编码旅行的距离，小明点击鞋子图符，打开调色板，通过颜色进行距离属性的视觉映射。调色板位于图 3.33b 左上方，是由多个同心圆环构成，其中内环是由多个小点构成，表示数据的属性；而外环则表示视觉通道。MARVisT 支持常用的视觉通道，例如大小 (长度、面积、体积)、颜色、角度和透明度等。当小明点击代表 "距离" 的小点时，MARVisT 立刻推荐 "x 方向宽度" 作为映射的视觉通道，同时代表该通道的小点会以高亮的方式予以提示。基于这条建议，小明将代表 "x 方向宽度" 的小点拖拽至代表 "距离" 的小点上，从而完成视觉映射的创建。他修改了 x 方向宽度的数值，使得鞋子模型与地图的尺度一致。

随后，小明利用房子模型的 y 高度映射日常开销属性值的大小。MARVisT 自动对相同数据属性下的所有数据点进行相同的映射，因此对于钱堆模型，由于其也具有日常消费属性，MARVisT 同样使用 y 高度通道予以映射 (图 3.33b)。接着，小明决定使用 z 长度通道来编码房屋的等级属性。MARVisT 此时会显示一个警告信息以提示这样编码存在一个错误。因此，小明决定使用颜色通道来编码。

MARVisT 允许用户使用多种方式布局图符。通过依次拖拽每个房子图符至它们的位置，小明完成酒店信息在地图上的可视化。随后，小明依据模型类别将数据点编组为三类，并调用 "复制布局" 功能将房子布局转化到钱堆模型的布局 (图 3.33e)，因此钱堆分布在房子模型的旁边。现在他可以轻松地比对每个酒店的开销。在地图上显示具体行程，虽然可以按照 GPS(global positioning system) 数据自动放置虚拟图符的位置，但现实中使用的地图却是多种多样的，这导致了 GPS 点与地图上对应位置的匹配困难。因此，小明决定手动在地图上放置这些虚拟图符。通过使用 "布局草图" 功能，他沿着房屋和钱堆勾画了一条路径以放置鞋子模型 (图 3.33d)，进而揭示旅行路径。对比小明的行程与拿破仑的路径，发现小明的行程与拿破仑撤退时的路径十分相似 (图 3.33c)。小明觉得这个增强现实的创作十分有趣，随即将其以一幅图像的方式保存下来。

下面详细阐述 MARVisT 的基本流程以及针对各个组件的实现，其分别对应于每个设计准则。

1) 基本流程

为了满足准则 1，工具采用自下而上的设计策略[66] 以保证可视化的表达性 (图 3.34)，同时利用目标化策略确保设计的便捷性。在移动端，拖拽是一个常见而简便的操作方式，因此工具中使用了拖拽移动方法实现基本流程。

 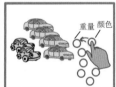  

(a) 映射制定　　　　(b) 建立绑定　　　　(c) 修改绑定　　　　(d) 图符布局

图 3.34　自下而上的图符可视化创作。(a) 图符与数据项的映射设置；(b) 设置图符的视觉映射通道；(c) 调整图符的大小；(d) 使用直观有效的交互方式布局图符 (图片来源：文献 [62])

(1) 数据项与图符的映射设置。通过拖拽的方法，允许用户将数据点拖至对应的图符上，从而完成两者的关联。在导入数据后，用户可以拖拽来自数据集合中不同组的数据点以及来自图符集中的三维图符至中间的空隙 (图 3.34(a))，从而完成两者之间的映射制定。

(2) 创建与修改视觉映射。虽然填表是桌面的人机交互的核心方式，但填表交互是十分烦琐且低效的。相反，MARVisT 将数据属性以及可视化通道用可交互的小点进行表示和操作，以代替填表的交互。用户可以通过拖拽完成视觉映射的创建 (如图 3.34(b) 所示，其中第一列圆圈表示各种映射属性，如第一个为重量，而第二列圆圈则对应各种视觉通道，如第一个为颜色)。若用户希望用图符的不同颜色表示不同大小，只需将对应通道的小点 (颜色) 拖拽至所需映射的属性小点 (重量) 上，工具会自动根据属性的大小将所有图符 (汽车)

涂上不同的颜色 (黑色、墨绿色)。类似的，修改图符对应数据项的值可通过滑动对应小点 (例如向上拖动) 而改变 (增大)，如图 3.34(c) 所示。对于删除操作，用户只需将希望删除的可视化通道对应的小点移除数据属性小点即可。该操作将清除所有对应的图符。

(3) 图符的布局。在完成视觉映射操作后，用户可以进一步创作虚拟图符的布局。图符的布局可按照布局处理的维度分为二维与三维 2 种，而按照处理图符的个数可分为单个图符布局与图符集布局 2 种，因此共有 4 种布局的情况。

对于单个图符布局，二维上的位置布局可通过在屏幕上拖拽完成，图符的位置会随着其所在屏幕的二维平面中的位置而移动 (图 3.35(a))；而三维的图符放置则要借助移动端，通过移动端自身的移动而随之移动，从而完成在三维位置中的放置 (图 3.35(b))。

对于图符集布局，MARVisT 允许用户基于数据属性将多个图符组成一个集合。在处理二维的布局时，为了避免单个图符依次放置的烦琐操作，用户可以通过在屏幕上移动拖拽手势 (如勾勒出一条路径)，则这类图符会随着手势经过的二维平面轨迹依次放置 (如将选择的图符沿着勾勒的路径依次分布)，如图 3.35(c) 所示；对于布局至三维空间的情况，用户可以自由地拖动移动设备，放置的位置则根据移动端拖动所形成的三维轨迹而完成，如图 3.35(d) 所示。

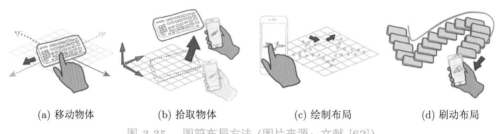

(a) 移动物体	(b) 拾取物体	(c) 绘制布局	(d) 刷动布局

图 3.35　图符布局方法 (图片来源：文献 [62])

为了提高创作的效率以及避免用户陷入烦琐的操作中，MARVisT 基于可视化的常见需求提供了一些辅助的智能图符布局功能，例如，并排比较，将源集合的布局拖拽到目标集合，即可完成目标集合的布局；堆叠图符，MARVisT 可以检测图符集中的图符位置是否改变并帮助用户将图符自动以堆叠的方式对齐 (图 3.34(d))。

2) 上下文感知的推导

视觉映射是创作可视化必不可少的一环 (参见"基本流程")，然而与传统映射的设计不同，增强现实的可视化设计需要考虑真实物理背景的影响 (准则 2)。为了避免非专业设计者陷入映射设计中的错误，MARVisT 从可视化原理出发，从 4 个方面检测用户设计的选择，并对不合理的设计提出警告。

(1) 尺寸。三维空间由于存在透视等视觉效应，处于远近不同的物体会由于透视等视觉效应呈现不同的尺寸大小，因此需要避免为不同深度的图符映射长度、尺寸等属性。如果一个使用了尺寸通道映射的图符被放置在远近不同的距离上，那么这个尺寸通道将是无效的。为此，MARVisT 需要实时检测用户的朝向，判断处于不同深度的图符，并检测这些图符是否使用尺寸不合理的视觉映射。

(2) 对比度。一旦用户使用了图符的光学属性 (例如颜色、明亮度) 编码数据属性，MAR-

VisT 需要检查这些颜色与环境中的背景颜色的亮度对比。只有图符与背景存在充分的颜色对比度时，图符的颜色、形状等属性才能突显出来。因此，创作工具应具有背景颜色与亮度的检测机制以及颜色对比的能力。

(3) 旋转对称性。对于角度视觉通道，MARVisT 会检测图符的旋转对称性。一旦图符的旋转对称性超过 4(即意味着图符在旋转 90° 后与原来的形状一致)，系统将提出警告。这是因为在相比于其他角度，人们对于完全水平和垂直下的角度感知精确度下降严重[67]。

(4) 可分离性。创作工具需要考虑不同视觉通道之间的相互影响[67]。例如，不能将长度与面积同时作用于同一个图符之上，因为两者相互影响。

基于以上的检测机制，MARVisT 为用户提供了双重推导机制：告诉用户什么设计应当避免，以及为用户提供可选择的推荐设计方案，减少用户的不适当选择。特别的，当用户已准备好将一个数据属性映射到指定的图符上时，工具将列出一系列可选的视觉映射方案，同时以感知理论为基础按照人们可视化感知的强弱进行排序。当用户选择所希望的映射后，检测机制将对此结果进行检测，以避免用户陷入可视化的错误中。

3) 视觉大小同步

依据准则 3，当可视化需要用大小展现对比信息时，假如将一个真实物体的大小作为虚拟图符的视觉映射，那么剩余图符的大小则需要调整到相同的尺度。例如，用户需要比较地球、海王星以及木星的体积，并以一个真实的乒乓球作为参照物 (图 3.36(a))，需要将其中一个表示星球的图符的大小调整为乒乓球的大小，同时等比例地将剩余图符的大小进行调整。这就需要 MARVisT 能够检测真实物体大小以及位置的功能，依据物体的远近以及大小自动地调整图符的尺寸。

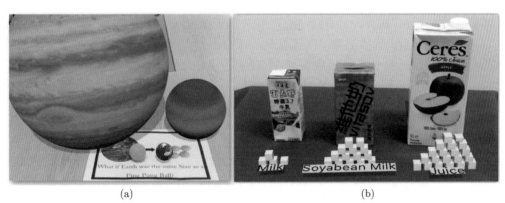

$\qquad$ (a) $\qquad\qquad\qquad\qquad\qquad$ (b)

图 3.36　(a) 如果地球是乒乓球大小，那么木星和海王星将有多大？这时，用户将乒乓球 (真实物体) 作为虚拟图符 (地球) 大小的编码，那么剩余图符 (木星与海王星) 的大小则需要维持在同一尺度下，比较才有意义；(b) 依据真实物体 (饮料) 自动放置虚拟图符 (糖分)(图片来源：文献 [62])

4) 虚拟图符的自动布局

针对准则 4，创作工具帮助用户自动地将虚拟图符放置在一起且放置在所关联的真实物体附近。假如没有这项支持，用户需要手动将 4 块表示方糖的虚拟图符一个个放置到对应位置上，才能得到图 3.36(b) 中最左侧的 "Milk" 所示的样子。为了实现自动布局，MARVisT 需要首先检测真实物体，将数据点映射到真实物体的位置，随后将虚拟图符依据数据点的位置放置从而实现图符的布局。因此要求 MARVisT 具有检测真实物体的能力，以及将虚拟图符放置到真实物体相应位置的能力。例如图 3.36(b) 展现了此项布局的结果，根据真实的饮料位置自动放置虚拟的糖分方块图符。

3.3.2 城市数据可视化

现有的城市可视分析方法大多使用二维 (2-dimension，2D) 地图[21,68]，用户从上方俯视地理空间中的元素。因为 2D 地图是现实世界的抽象，它丢失了与城市环境有关的大量上下文信息，严重限制了用户在城市环境中解决与空间有关的问题。首先，三维 (3-dimension，3D) 城市环境的深度信息缺失，在许多情况下妨碍用户进行明智的决策。例如，对于广告商，仅根据交通流量在 2D 地图上选择合适的位置放置广告牌[69] 是不可靠的，因为真实 3D 城市环境中的候选位置可能位于建筑物、立交桥、电线等附近或下方，达不到理想的广告投放效果。其次，缺乏真实世界外观的 2D 地图无法为用户提供真实的临场感。例如，在 2D 地图中，宏伟的摩天大楼和矮小的平房都简化为多边形显示。由于临场感的缺失，用户无法充分利用他们的领域知识来自信地做出决策，仍旧需要进行昂贵、耗时费力的现场研究。因此，越来越多的应用场景开始将 3D 地图应用于城市可视分析中[70,71]。

近年来，沉浸式头戴式设备 (例如 HTC VIVE、Oculus Rift 和 Microsoft HoloLens) 得到快速发展和广泛采用。这些沉浸式头戴式设备通过提供重要的 3D 上下文信息来营造一种临场感，极大地扩展城市环境中可视分析的方法。使用立体技术为 3D 显示提供支持，营造出引人入胜的沉浸式视觉环境[72]。沉浸式头戴式设备的重大发展和广泛采用，为在沉浸式环境中异构地理空间城市数据可视化与可视分析提供了新的思路。该领域称为沉浸式城市分析。

本节首先介绍相关的前沿工作和挑战，以一个理论模型为例来表征沉浸式城市环境中的可视化与可视分析，为 2D 和 3D 可视化的组合方式提供了一种分类方法；随后描述一系列指导性的设计原则，考虑 2D 和 3D 可视化的视觉几何形状和空间分布，有助于用户选择合适的视图，基于该指导性原则，将介绍一个简单的案例分析，结合实际应用案例阐述虚实结合的城市数据可视化方法和未来发展方向。

3.3.2.1 前沿工作与挑战

大量的研究成果表明，城市场景下的可视分析通过整合强大的机器计算能力和专家的领域知识，能够有效地解决城市中的各种痛点问题，例如智能商业选址[69]、智慧城市规划[73] 和城市交通分析[74]。在城市可视分析中，城市数据的可视表达为其探索和分析提供了至关重要的环境[75]。

早些年，来自城市可视分析[76] 和沉浸式分析[72] 的研究人员提出了有关如何将抽象数据与 3D 模型进行协同可视化的问题。抽象数据通常以 2D 方式可视化，因为它们的 3D 呈现仍然存在争议并且可能引起歧义[3]。相反，城市模型作为一种物理数据可以自然地以 3D 显示。在沉浸式城市分析中，基于 3D 物理数据创建地图作为背景上下文[77]，而其他时空数据可视化用于可视化分析。集成物理数据和抽象数据的可视化一直是沉浸式分析中的关键难点。另外，与数字内容进行交互的真实对象可能是可视化的一部分，从而为整体的可视化带来挑战。

　　考虑到沉浸式分析是最近出现的研究重点，因此很少有与沉浸式城市分析有关的研究工作。精心选取若干个来自学术界和工业界中与沉浸式城市分析相关的作品，并按链接视图和嵌入式视图分别进行讨论。基于这些工作，阐述沉浸式可视分析的前景与设计挑战，其中蕴含宝贵的研究契机。

　　首先是链接视图的应用。链接视图已成为城市可视分析中显示数据的标准方法之一，例如利用联动的视图分别展示空间和时间信息。尽管如此，在沉浸式环境中使用链接视图仍旧较少。因此，一个有趣且重要的挑战是使链接视图适应沉浸式环境。以 Cybulski 等[78] 的项目为例，该项目研究了如何通过分析业务数据的直观 3D 模型辅助沉浸式环境支持复杂的协作决策。他们的系统是在虚拟现实 (virtual reality，VR) 环境中开发的 (图 3.37)，它使用两个链接视图来可视化其他抽象数据，但是，该系统中的链接视图不是交互式的。鉴于沉浸式环境中的交互方法不同于传统桌面端环境，因此修改某些链接视图设计以更好地适应新环境中的交互和展示至关重要。例如，文献 [70] 采用平行坐标链接视图 (图 3.38)，用户可以在其中利用刷选来过滤或突出显示数据，但是，由于不能保证手势的准确性和灵敏度，因此很难使用手势交互来刷图。

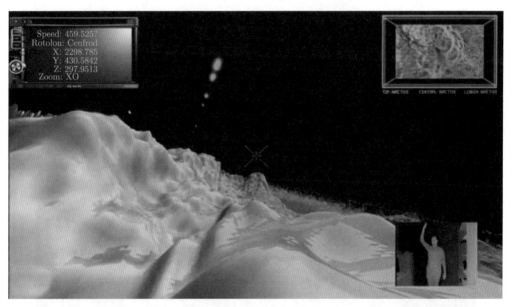

图 3.37　Cybulski 等[78] 在其系统中使用链接视图显示除物理数据之外的其他数字信息

　　嵌入式视图是在沉浸式环境中显示城市数据的流行选择。多个沉浸式城市分析项目在其可视化中采用嵌入式视图。例如，Yoo[79] 利用直接覆盖在 3D 地图上的三维六角形网格单元来展示与伦敦反政府抗议活动有关的带有地理标记的网络咨询。Moran 等[80] 通过使用 HMD VR 设备开发 3D 应用程序，进而研究 Twitter 数据的地理分布。但是，这些嵌入式视图仍有很大的提升空间。

　　一个重要的挑战是解决在嵌入式视图中物理数据和抽象数据之间相交引起的遮挡问题。大多数现有方法采用将抽象数据直接覆盖在物理数据之上的策略，这可能会产生遮挡问题。例如，尽管 HoloMaps[81] 可以显示丰富的实时城市数据 (图 3.39)，但抽象城市数据的可视化却引入令人讨厌的遮挡问题，既遮挡物理数据又遮挡其他抽象数据。这些遮挡迫使用户在分析过程中花费更多的时间来浏览可视化元素，而且，在某些情况下，无论用户如何改变其视角都不能摆脱遮挡问题。如何正确解决嵌入式视图中的遮挡是一个亟待解决的问题。另一个重要的挑战是扩展嵌入式视图的设计空间。嵌入式视图中数据的可视表达通常是带有颜色的基本几何图形，例如，点、线、流图、轮廓图等。将复杂的信息图嵌入地图很难，因为它可能导致其他有用信息的严重遮挡，如地图信息以及物理数据和抽象数据之间的相互干扰。一个潜在的研究方向是利用沉浸式技术来扩展嵌入式视图的设计空间。

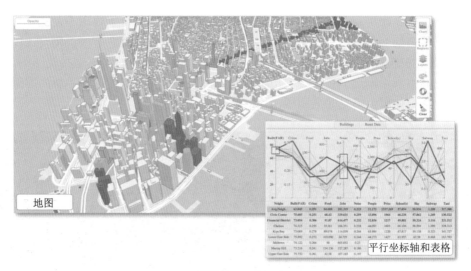

图 3.38　Ferreira 等[70] 在其系统中链接传统的 2D 视图

图 3.39　HoloMaps 的例子 (图片来源：文献 [81])

　　针对现有沉浸式可视分析作品的各种缺陷，文献 [82] 尝试综合探讨如何有效地无缝显示 2D 抽象数据和 3D 物理城市模型。接下来，将基于该前沿工作，梳理沉浸式城市分析的设计空间和虚实结合的城市可视分析的指南方针。

3.3.2.2　虚实结合的城市数据可视化方法

1) 沉浸式城市分析的可视化模型

　　首先要确定如何有效地集成物理城市模型和抽象数据可视化，然后，介绍一个理论模型来描述沉浸式城市分析中的可视化。该模型使得我们能够从一个科学、抽象和概括的角度考虑问题，而不是使用盲目穷举的方法搜索设计空间。

　　众所周知，物理数据 (物理城市模型) 通常以 3D 的形式呈现，而抽象数据则以 2D 的形式可视表达。这导致沉浸式城市分析的可视化中存在两种渲染空间，即 3D 空间 (物理空间) 和 2D 空间 (抽象空间)。明确沉浸式城市分析中数据的渲染空间后，用户如何感知、分析、理解这些数据仍不清楚。根据 Ware[67] 和 Munzner[3] 的说法，人类能感知到的大多数视觉信息都位于 2D 图像平面上，而第三个维度，即深度，只是 2D 区域之外的很小一部分视觉感知信息。因此，无论信息以何种形式 (2D 或 3D) 呈现出来，人们最后接收到的信息只是物理和抽象空间在 2D 平面 (视网膜) 上的投影。图 3.40示意了该模型：在沉浸式城市分析系统中，物理空间 (图 3.40中的 P) 用于渲染 3D 物理数据，而抽象空间 (图 3.40中的 A1 和 A2) 用于渲染抽象数据。用户在图像平面上感知可视化效果 (图 3.40中的 I)。该模型的公式定制为：$V = \cup_{i \in \text{Items}}(p \circ r)(i)$。$V$ 是用户在图像平面上看到的可视化效果；Items 表示要显示的数据项集；r 表示从数据到视觉空间的映射渲染方法；p 表示将

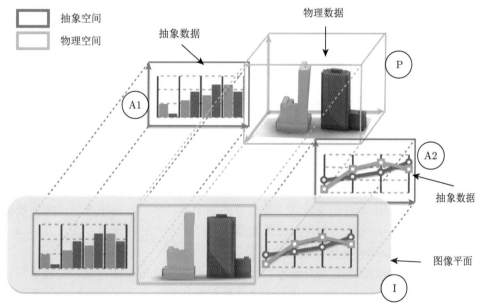

图 3.40　沉浸式城市数据可视分析的模型。VR 环境下，A1 和 A2 都是 2D 抽象空间，用于渲染抽象数据。P 是 3D 物理空间，用于渲染物理数据。用户通过图像平面来接收不同数据在各自渲染空间的投影。(图片来源：文献 [82])

视觉空间投影到图像平面 (视网膜) 上的投影方法。使用此模型, 可以表征虚拟现实、增强现实和混合现实环境并描述其可视化效果。

虚拟现实环境是最基本的一个情况, 该环境中没有客观存在的实体, 仅需考虑 3D 物理空间中的城市物理模型和 2D 抽象空间中的抽象数据。基于该模型公式, VR 环境中的模型可表示为: $V_{\mathrm{VR}} = \cup_{i \in \mathrm{AD}}(p \circ r_{\mathrm{AS}})(i) \cup \cup_{i \in \mathrm{PD}}(p \circ r_{\mathrm{PS}})(i)$。其中 AD 和 PD 分别是抽象数据 (abstract data) 和物理数据 (physical data) 的数据集; r_{AS} 和 r_{PS} 分别是从数据到抽象空间和物理空间的映射渲染方法。VR 环境是该模型的默认情况。图 3.40 展示了 VR 环境下的一个例子, A1 和 A2 都是抽象空间, 它们位于呈现抽象数据的 2D 空间中; P 为物理空间, 位于呈现物理城市模型的 3D 空间中。

在增强现实环境中, 由于现实世界是 3D 的, 所以真实对象存在于物理空间。在以往的情况下, 物理数据通常以 3D 的形式呈现; 但在 AR 环境中, 虚拟内容以 2D 的形式呈现, 并直接覆盖在真实对象之上。这意味着物理数据和抽象数据都显示在抽象空间中。该模型可表示为: $V_{\mathrm{AR}} = \cup_{i \in \mathrm{AD} \wedge \mathrm{PD}}(p \circ r_{\mathrm{AS}})(i) \cup \cup_{i \in \mathrm{RO}}(p \circ r_{\mathrm{PS}})(i)$。其中, RO(real object) 表示真实物体。例如, 在图 3.41 中的①中, 虚拟机器人是一个物理数据, 被渲染在抽象空间 A2 中, 并直接叠加在物理空间 P 中。

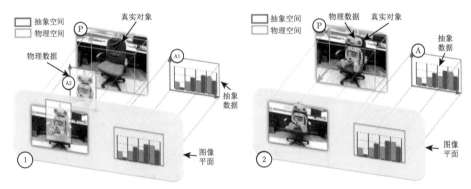

图 3.41 沉浸式城市数据可视化模型下 VR 与 MR 环境 (图片来源: 文献 [82])

在混合现实环境中, 物理数据与现实融合, 在现实世界 (即物理空间) 中显示, 而在抽象空间中仅呈现抽象数据。该模型可表示为: $V_{\mathrm{MR}} = \cup_{i \in \mathrm{AD}}(p \circ r_{\mathrm{AS}})(i) \cup \cup_{i \in \mathrm{RO} \wedge \mathrm{PD}}(p \circ r_{\mathrm{PS}})(i)$。图 3.41 中的②示意了虚拟机器人 (物理数据) 和真实椅子共同呈现在物理空间 P 中。

该模型可以全面地涵盖沉浸式城市数据分析中的各种环境。接下来讨论如何使用该模型推导出一种分类学, 将集成物理和抽象数据的可视化方式进行分类。

2) 物理和抽象数据可视化集成的分类学

基于上述全面而简洁的可视化模型, 将物理数据和抽象数据的可视化集成这一问题转化为整合物理和抽象空间在 2D 图像平面上的投影集成问题。为了简化讨论, 假设可视化中仅有物理和抽象两个空间。考虑到空间投影的大小是有限的, 两个不同空间的两个投影被视为 2D 图像平面上的两个面。根据欧几里得几何基本定理, 一个 2D 图像平面上的两个面之间可以有三个关系, 即分离、相交和邻接。基于这三个关系, 从视觉上, 物理数据和抽象数据的集成方式被分类为链接视图、嵌入式视图和混合式视图。

只从设计目的的角度来考虑这些关系。具体来说，该分类基于上述两个平面的初始/默认关系，而不是实时的关系。因为在沉浸式环境中，用户的视角会频繁发生变化，并且物理和抽象空间的投影之间的关系也会相应地发生变化。

(1) 链接视图 (图 3.42(a)) 或协调联动多视图已广泛用于城市数据的可视分析中，并成为同时显示时间和空间数据的标准方法[76]。在链接视图中，物理空间和抽象空间彼此分开。通常在具有链接视图的可视分析系统中，物理视图 (通常是地图) 和抽象数据视图 (通常是信息图表) 往往同时显示。这些视图通常通过交互技术达到数据内容的同步刷新、响应，从不同角度全面地展示数据。链接视图实现非常简便，并且引入的遮挡较少。但链接视图也存在一定的缺点，例如，尽管链接视图功能强大且高效、有效，但需要额外的屏幕空间来显示多个视图；另外，链接视图要求用户在心理上、认知上将物理数据与抽象数据关联起来，从而导致用户在上下文切换时存在较大的思维负担。

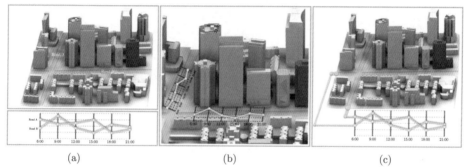

| (a) | (b) | (c) |

图 3.42 物理和抽象数据可视化集成的分类学。(a) 链接视图，物理空间和抽象空间彼此分离；(b) 嵌入式视图，物理空间和抽象空间相互交叉；(c) 混合式视图，物理空间和抽象空间相邻放置，数据可在两个空间中自由延伸 (图片来源：文献 [82])

(2) 嵌入式视图 (图 3.42(b)) 或集成视图在同一视图中同时显示物理数据和抽象数据，保证用户在探索分析数据时流畅连贯的体验。在嵌入式视图中，物理空间与抽象空间是相交的。嵌入式视图已广泛应用于城市数据可视分析中。在大多数现有的可视分析系统中，嵌入式视图往往将抽象数据都封装在物理空间中。任何类型的空间相关的数据都可以使用嵌入式视图进行可视化，并且根据相应的空间位置在地图上展示这些数据，但是，在嵌入式视图中，抽象数据的视觉呈现通常是带有颜色的几何图形，例如，点、线、流图、轮廓图等。将复杂的信息图嵌入到地图中，可能会引入严重信息遮挡，影响用户在地理空间上下文中探索、分析数据。

(3) 混合式视图 (图 3.42(c)) 是一种新颖的形式，可以在视觉上自然地融合物理数据和抽象数据。在混合式视图中，物理空间和抽象空间以适当的方式彼此相邻放置，物理数据跨物理空间的边界 "延伸" 到抽象空间中 (图 3.43)。本质上，可以将混合式视图视为显式链接视图，但是，在混合式视图中，物理空间和抽象空间中的内容在视觉上是连续的；而在链接视图中，这些内容在视觉上是离散的。总结起来，混合式视图有如下优点：

(1) 与链接视图相比，尽管混合式视图也将物理空间和抽象空间分开，但是用户可以更顺畅自然地切换上下文；

(2) 混合式视图比起嵌入式视图，避免了遮挡和相互干扰的问题，设计人员可以更自由地设计信息可视化；

(3) 通过和谐地合并物理数据和抽象数据，混合式视图更加生动，能激发用户对数据的兴趣。

图 3.43　混合式视图示例 (图片来源：文献 [83])

混合式视图不仅是数据分析人员发现知识的有用工具，而且是出色的交流工具，可向非专业人士展示复杂的数据，但是，混合式视图仍具有某些局限性。首先，混合式视图的设计空间目前仍旧是不确定的；其次，一些辅助的技术仍待开发。例如，需要一种新的布局算法，将物理数据从物理空间"延伸"到抽象空间；还需要一种新的变形算法来重新配置数据以实现更好地融合。这些局限性主要是由于缺乏相关研究造成的。相信这些局限性在未来被广泛调查并能够很好地解决。

3) **设计原则**

根据上述分类学，在为沉浸式环境中的物理和抽象数据设计可视化时，设计人员必须从链接视图、嵌入式视图和混合式视图中选择一种合适的方式集成两种类型的数据。基于视觉城市分析的一些代表性作品，提出两个简单而全面的设计考虑因素：几何形状和空间分布。

(1) 几何形状。数据的几何形状决定了数据的外观。给定物理数据的几何形状 (the geometry of physical data，PG)，用户可以自由地选择抽象数据的几何形状 (the geometry of abstract data，AG)。例如，地图中道路的几何形状是一条线，而交通流量数据的几何形状既可以是折线图中的折线，也可以是条形图中的矩形。

(2) 空间分布。考虑数据在空间中的相对位置，它们不会随着空间的移动而改变。空间分布决定了两个空间中的数据在视觉上是否连贯。我们将物理数据的分布和抽象数据的分布分别称为 PD(distribution of physical data) 和 AD(distribution of abstract data)。

有了这两个设计原则，用户可以根据启发式规则快速确定应该使用哪种视图 (表 3.1)：

(1) 如果视图的 PG 和 AG 有相同的几何形状，且 PD 和 AD 一致，则应使用嵌入式视图；

(2) 如果视图的 PG 和 AG 有相同的几何形状，且 PD 和 AD 不一致，则应用混合式视图；

(3) 如果视图的 PG 和 AG 有不同的几何形状，且 PD 和 AD 不一致，则应用链接视图。

表 3.1　视图选择[82]

	PD=AD	PD≠AD
PG=AG	嵌入式视图	混合式视图
PG≠AG	—	链接视图

基于上述的理论，通过几个简单的例子来详细阐述如何利用这些理论，以及总结得到的设计指南来进行沉浸式的城市数据可视化的设计。另外，考虑到沉浸式分析是新兴的研究重点，与沉浸式城市分析有关的研究工作目前仍较少，因此通过探讨几个实际的应用案例，来阐述沉浸式的城市数据可视化的潜在应用价值以及发展的方向。

首先，图 3.44展示了 3 个例子，分别对应上述的视图选择方式。

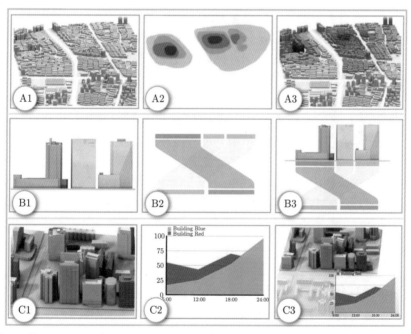

图 3.44　基于两条设计原则选择合适的视图，集成物理数据和抽象数据。(A1~A3) 选择嵌入式视图的情况；(B1~B3) 选择混合式视图的情况；(C1~C3) 选择链接视图的情况 (图片来源：文献 [82])

图 3.44 的第一行 (A1~A3) 显示使用嵌入式视图显示一块区域的数据情况。A1 是某个地区的地图，A2 是显示该地区人口密度的核密度估计 (kernel density estimation，KDE) 地图。嵌入式视图的使用 A3 是合适的，因为地图和 KDE 地图的几何形状都是平面，并且 KDE 地图中区域和内核的位置分布是一致的。

图 3.44 的第二行 (B1~B3) 显示混合式视图的情况，显示建筑物的数据。B1 表示 3D

地图上的三座建筑物。B2 是一张显示两个月内建筑物能耗的桑基图。这些数据的几何形状都是平面，但分布情况不一致。因此，使用混合式视图将这两种数据集成在一起。

图 3.44 的最后一行 (C1~C3) 介绍链接视图的情况，以显示多个建筑物的数据。C1 表示建筑物通过两种不同的颜色被分为两类；C2 是一个堆积面积图，描绘了两类建筑物的统计数据。很明显，C1 和 C2 的几何形状和空间分布是不同的。因此，选择使用链接视图。

3.3.3 小结

本节从叙事可视化创作和城市数据可视化两方面介绍增强现实技术与虚拟现实技术在沉浸式可视化呈现中的应用，并给出相应的设计理念与方案。

(1) 叙事可视化创作。介绍了叙事可视化的基本概念，从具有应用前景的个人增强现实叙事可视化创作出发，分别从工具的创作流程、可视化虚拟图符与真实物体的三类关系以及创作工具的设计准则对创作工具进行详细地需求描述，最后以一个实际的增强现实可视化创作工具为例，解析如何实现这些需求。通过这类创作工具，用户可以简便地将数据属性与期望的视觉通道相互绑定，并利用简单直观地交互操作将图符布局在指定的空间位置中。得益于移动端功能不断发展以及普及，基于移动端的增强现实可视化将具备更广阔的前景。这些技术能够将虚拟的可视化信息与现实的环境和物体充分地融合在一起，达到真实上下文可感知的可视化效果，这是传统可视化设计无法实现的。然而，人们对于三维立体的感知与平面的感知存在较大的不同，例如，透视造成的大小扭曲，如何避免用户移动导致的物体相对位置改变而造成的遮挡，如何避免环境中背景颜色的变化导致图符颜色发生的改变等等，这会对可视化的设计带来新的挑战。

(2) 城市数据可视化。介绍了表征沉浸式城市环境中的可视化与可视分析的理论模型，基于此模型，进一步介绍在沉浸式环境中物理数据和抽象数据的可视化集成的分类学，包括链接视图、嵌入式视图以及混合式视图。此外，通过实际例子，展示了物理数据和抽象数据的可视化集成的设计原则。该领域将继续研究分类学中亟待研究的混合式视图，并对提出的分类学和设计原则进一步引领沉浸式城市数据可视化的研究。

3.4 可解释机器学习

近年来，机器学习的成功正在深刻改变着人类的生产和生活方式，比如自动驾驶、个性化推荐等。随着需要处理的数据量的增大，机器学习模型的结构越来越复杂，参数也越来越多。例如，在图像识别中表现优异的卷积神经网络[84]，可能含有上百个网络中间层，每个网络中间层可能含有上百万个参数。专家在使用机器学习模型时，往往将其当作一个黑盒子。由于缺乏对这些模型工作机理的深刻理解，在开发高效模型时，常常依赖一个冗长又昂贵的反复实验过程。由于用户无法理解模型内部的工作机理，所以无法实现人机的平等双向沟通，给人机之间的协作带来巨大的障碍。能否进行有效的人机沟通，准确理解、信任和管理这些"类人"机器及相应的学习模型，将直接影响这些"类人"机器是成为人类的"朋友"还是"敌人"。这就迫切需要提升机器学习模型的可解释性，将"黑箱"模型转化为"白箱"，为实现人机平等沟通奠定基础。因此，对于工作机理复杂的深度学习模型所做出的决策缺乏解释以及对其内部过程缺乏控制等本质缺陷，不仅制约其技术本身的发展 (模型设计、调试和分析)，而且限制其在高影响和高风险的关键决策过程中的应用。例如，精准医学、智能交通和智能执法。

可解释机器学习在未来人工智能领域的重要意义，使其成为新一代人工智能的重要发展趋势，引起欧盟、美国、中国等的高度重视。2016 年 4 月欧盟立法规定人类有权要求对机器产生的决策做出解释[85]；《欧盟人工智能》也确立以人为本的欧洲战略，把可解释人工智能提高到人工智能价值观层面，确保其朝着有益于个人和社会的方向发展；2016 年 8 月，美国国防高级研究计划局 (DARPA) 发布了一份关于 "可解释人工智能"(explainable artificial intelligence，XAI) 项目的征询建议书[86]，认为可解释人工智能将引领 "手工智能""统计学习" 之后的第三波人工智能浪潮。我国在《新一代人工智能发展规划》中也明确将 "实现具备高可解释性、强泛化能力的人工智能" 作为未来我国人工智能发展的重要突破口。在学术研究方面，哈佛大学、斯坦福大学、麻省理工学院、谷歌、微软、Facebook 等机构在机器学习的可解释性方面取得显著进展，开发出 TensorBoard 等通用的可解释机器学习平台和工具。近年来，人工智能和机器学习领域的顶级国际会议 NeurIPS、ICML 和 IJCAI 等都纷纷设立了可解释机器学习的专题研讨会，吸引了领域内大量的研究者参与讨论[87,88]。

可视分析是可解释机器学习研究的重要手段，并且正在成为一个活跃的前沿研究领域。它们通过交互式可视化紧密地结合人的视觉感知能力和自动算法的计算能力，对深度学习的可解释性进行探索和分析。利用可视分析技术与方法提升机器学习模型的可解释性，帮助专家更高效地完成模型开发过程中的主要任务 (图 3.45)，即：理解模型的工作机理；诊断模型的训练过程；改进模型的预测性能。

模型理解 (包括工作机理解释、网络结构展示、内在语义表征与模型框架演化) 旨在揭示模型预测背后的基本原理和深度学习模型的内部工作机理，并试图使这些复杂模型至少部分可被理解；模型诊断 (包括收敛性诊断、日志分析、鲁棒性分析与错误根源追踪) 是识别和解决深度学习模型中缺陷或者问题的过程，比如网络无法收敛或者性能无法满足要求；模型改进 (包括交互式调参、主动学习、混合式发起式模型指导和领域知识融合) 是通过丰富的用户交互，以及半监督学习或主动学习，将专家知识和专业知识交互式地融入深度学习模型，对其进行改进的过程。下面将对可解释机器学习的主要任务进行详细阐述。

3.4.1　模型理解

模型理解是利用可视分析技术，展示模型的工作过程，以使研究人员更好地理解机器学习模型的工作机理。

3.4.1.1　前沿工作与挑战

机器学习模型的理解是诊断和改进的基础。研究者们提出了一系列可视分析方法帮助专家更好地理解不同机器学习模型，例如分类模型[90,91] 以及回归模型[92]。在所有模型之中，神经网络由于其优异的性能和难以理解的工作机理获得最为广泛的关注。模型理解的方法可以分为两类：基于散点图的模型理解方法[92,93] 和基于图可视化的模型理解方法[91,94]。

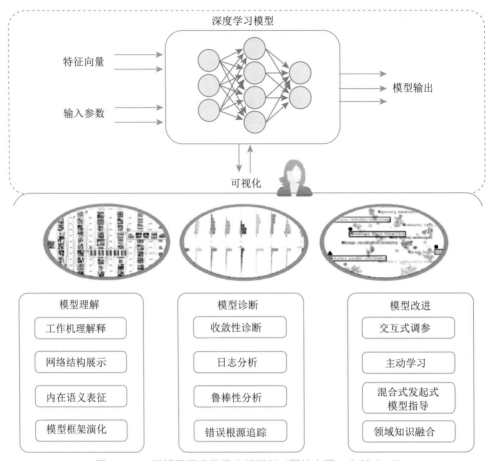

图 3.45　可解释深度学习分析框架 (图片来源：文献 [89])

　　基于散点图的模型理解方法是利用散点图 (scatterplot) 展示样本间的关系。该方法将每个样本表示为一个高维数据点，例如，将样本的特征表示为高维数据点。在此基础上，该方法利用降维技术将这些高维数据点降维至二维平面，然后利用散点图进行展示。典型降维技术包括主成分分析 (principal component analysis，PCA)[15] 和 t-SNE(t-distributed stochastic neighbor embedding)[95] 等。基于散点图的模型理解方法可以帮助专家验证关于模型的假设[92]、找到异常样本等[93]。

　　一个典型的例子是 Rauber 等[93] 提出的基于 t-SNE 降维技术的模型理解方法。如图 3.46(a) 所示，每个点代表一个测试样本的特征表示。每个点的颜色表示这个测试样本的类别标签。从图中可以看出，在模型训练之后，不同类别样本的特征表示能够区分地更好。该方法还可以帮助专家发现分类错误的样本。很多分类错误的样本是视觉上的离群点，即周围有很多其他类别的样本。如图 3.46(b) 所示，这些分类错误的样本用三角形表示。通过该方法的可视化结果可以发现，很多离群点对应的样本类别判断比较困难，连人都难以分辨它们的类别。例如，如图 3.46(b) 所示，一个数字 3 的图片之所以被分错，是因为它跟数字 5 特别相似。

　　尽管基于散点图的模型理解方法能够展示数据集中样本间的关系，但是这些方法无法展示神经网络的拓扑结构。而神经网络与传统的机器学习模型的不同之处就在于其拓扑结构。在神经网络中，很多网络中间层相互连接，相邻网络中间层中的神经元也有大量的连接关系[96]，这些中间层和神经元共同完成一定的机器学习任务。而基于散点图的模型理解方法无法展现这些中间层以及中间层中神经元的相互连接。为了解决这个问题，研究者们提出了一系列基于图可视化的模型理解方法，将神经网络建模为一个图，利用图可视化方法展现网络的拓扑结构[94,97,98]。在这些方法中，常用图中节点和边的颜色以及大小等属性，表示神经网络除拓扑信息之外的其他信息。例如，神经元的响应以及神经元之间的相互影响等。这些信息与神经网络的拓扑信息帮助专家从多个角度分析神经网络的工作机理。

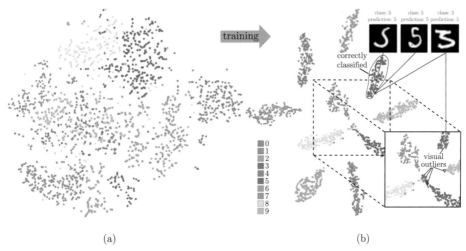

图 3.46　　基于散点图的模型理解方法样例。(a) 训练前样本的特征表示；(b) 训练后样本的特征表示
(图片来源：文献 [93])

一个典型的例子是 Tzeng 等[91] 提出的浅层神经网络可视分析方法。该方法将神经网络表示成一个有向无环图 (directed acyclic graph) 来展现网络的拓扑结构,网络中的其他重要信息通过有向无环图中点 (边) 的大小 (粗细)、颜色以及可视化图标来表示。Tzeng 等[91] 提出的方法能够处理含有几个网络中间层，几十个神经元的浅层神经网络。然而，随着深度学习的发展，以深度卷积神经网络为代表的神经网络的深度和宽度都不断增加，给上述方法带来可扩展性上的挑战。例如，在图像识别领域表现最好的深度卷积神经网络 ResNet[84] 具有上百个网络中间层，数百万神经元。该方法在处理如此大规模的深度卷积神经网络时，会产生严重的视觉混乱。为了解决这个问题,Liu 等[99] 提出了基于多层次聚类和大规模有向无环图可视化的可视分析方法，展现神经元聚类的多方面信息 (神经元学到的特征、响应和对网络的贡献), 以及神经元聚类间的连边，并开发可视分析系统 CNNVis，帮助机器学习专家理解和诊断具有数千个神经元和数百万个连接的深度卷积神经网络 (convolutional neural networks，CNNs) 训练过程中单个时间片上的训练状态。一个可视化结果如图 3.47所示，图中最左侧是网络的输入，最右侧是网络的输出；每一列表示一个代表性的中间层；每一列中一个大矩形代表一个神经元聚类；其中每一个小矩形代表一个神经元。在两层神经元中间增加了一个中间层，来代表基于双聚类的边绑定 (biclustering-based edge bundling) 结

果，用以表示神经元聚类间的连边 (图 3.47 中的 F)。CNNVis 支持对每个神经元的多个层面进行分析。利用这个可视化系统，专家可以很快地了解网络运行状况，例如每层神经元学到的特征。注意到，在这个网络中，底层神经元学到的是底层特征，例如色块等 (图 3.47 中的 A)。可以看到在一个主要检测黑白局部特征的神经元聚类中，出现了一个检测彩色局部特征的神经元 (图 3.47 中的 B)。为了更好地比较这些聚类，可以将这个神经元移动到主要检测彩色特征的神经元聚类中 (图 3.47 中的 C)。专家通过浏览使这部分底层神经元响应最大的图片块，发现这些图像块的差别很小 (图 3.47 中的 D)。而在高层神经元中，专家发现这部分神经元能够检测出高层的特征，例如一辆车 (图 3.47 中的 E)。基于这些观察，专家认为能够从底层逐渐检测出高层的特征是卷积神经网络一个很重要的性质，而 CNNVis 能够很好地展现这个性质。

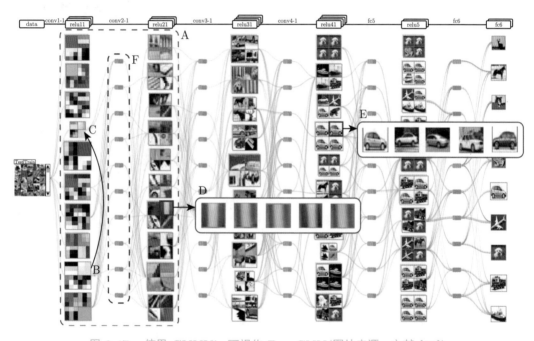

图 3.47　使用 CNNVis 可视化 BaseCNN(图片来源：文献 [99])

受 CNNVis 工作的启发，为了帮助用户直观地理解模型结构和输出结果，近年来涌现了许多对深度神经网络进行交互式可视化的工作。比如 ActiVis[100] 通过多个协调视图 (如矩阵式视图和嵌入式视图) 提供对给定深度学习模型的探索性可视分析；Wongsuphasawat 等[101] 对 TensorFlow 框架下的神经网络的数据流图进行可视化，帮助开发人员直观地理解和调试深度学习模型的架构。除了前馈式的卷积神经网络，也有一些初步的工作努力去理解循环神经网络 (recurrent neural network，RNN) 及长短期记忆 (long short-term memory，LSTM) 网络的架构。例如，为了在自然语言建模应用中提供网络单元语义上的意义，LSTMVis[102] 将各个单元的激活模式随时间变化的序列可视化为折线图。RNNVis[103] 对具有相似激活模式的隐藏状态节点进行聚类，并将它们可视化为热度图，以显示关联性最强的词语。解释神经网络对图像预测的现有工作通常集中于解释单个图像或神经元的预测。

由于预测通常是根据对数百万个图像进行优化的数百万个权重计算得出的，因此无法得到对网络的一个全面的理解。为了解决上述问题，Hohman 等开发了一个交互式系统 SUM-MIT[104]。该系统可扩展性强，系统地总结深度学习模型学习到的特征以及这些特征如何相互作用进行预测，并用可视化的形式展现。SUMMIT 引入了两种可扩展性强的汇总技术：激活聚合技术用于发现重要的神经元；神经元影响聚合技术识别这些神经元之间的关系。SUMMIT 结合了这些技术，以创建新颖的属性图 (attribution graph)，揭示并总结了有助于理解模型结果的关键神经元之间的关联和子结构。

在实际应用中，有许多领域专家虽然对机器学习知之甚少，但却需要与机器学习系统一起工作。针对这一群体，Ming 等[105] 提出了一种交互式可视化技术，以帮助在机器学习方面缺乏专业知识的用户理解、探索和验证预测模型。通过将模型视为黑盒子，他们从其输入输出行为中提取标准化的基于规则的知识表示，然后，设计了 RuleMatrix，基于矩阵的规则可视化，以帮助用户浏览和验证规则与黑盒模型。

3.4.1.2　理解网络结构对模型的影响

本节介绍如何使用 CNNVis 来帮助专家理解 CNN 网络。在此案例研究中，专家想使用 CNNVis 来研究一个基础网络 (BaseCNN) 以及它的变体集 (具有不同深度和宽度)、理解网络结构对模型的影响。

BaseCNN 是基于文献 [106] 引入的广泛使用的深度 CNN 设计的，该 CNN 常用于图像分类。该模型由 10 个卷积层和 2 个全连接层组成。卷积层又分为 4 组，分别包含 2、2、3 和 3 个卷积层，每组都以最大池化层结尾。在设计 BaseCNN 时，专家采用常用的激活函数 ReLU(rectified linear unit)。此外，使用交叉熵来衡量 CNN 输出和真实图像标签之间的差异。BaseCNN 的网络结构如图 3.48所示，该模型在基准图像数据集 CIFAR10[107] 上进行训练和测试，CIFAR10 由 60000 张 32×32 的彩色图像组成，共有 10 个不同的类 (例如飞机、鸟和卡车)，其中每一类包含 6000 张图片。将数据集分为包含 50000 张图像的训练集和包含 10000 张图像的测试集。在测试集上，BaseCNN 模型的错误率达到 11.32%。

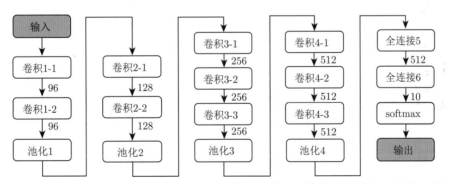

图 3.48　BaseCNN 的网络结构，包含 10 个卷积层和 2 个全连接层，每一层下面的数字是该层中神经元的数量 (图片来源：文献 [99])

1) BaseCNN 概览

首先为专家提供了 BaseCNN(图 3.49) 概览，以评估 CNNVis 的质量。从提供的概览中，专家发现较低层的神经元学会检测低级特征，例如角、色块和条纹 (图 3.47中的 A)。在先前的工作中报道了类似的观察结果[108]。在对底层神经元中相应最大的图片块进行浏览之后，专家发现这些图片块之间的差别很小，然后专家转向更高的层次。在较高层的神经元中 (图 3.47中的 E)，专家注意到这些神经元可以学会检测高级特征 (例如汽车)。为了评估 CNNVis 展示 CNN 细节的能力，专家选择两个相似的类 (汽车和卡车)，然后检查相关神经元的激活方式。从底层的学习特征中，专家发现了卡车和汽车之间的一些共性，例如轮子 (图 3.49(a) 中的 A1，A2)。专家指出，这些特征不足以区分这两个类别。因此，专家展开了第四层卷积层作进一步检查 (图 3.49(b))。专家注意到，"不纯" 的神经元聚类 (图 3.49(b) 中的 B1~B3) 的数量随着层次的递增而逐渐减少。在这里 "不纯" 的神经元聚类是指最大程度地激活该簇中神经元的图像块来自不同的类别。检查 "纯度" 能够帮助专家检查 CNN 区分不同类别图像的能力。在一个 "纯" 的聚类中，所有相同类别的图片聚集在一起。在网络的底层特征中，"不纯" 的聚类更多，因为希望神经元能够检测尽可能多的不同种类的特征。在较高的层中，"纯" 的聚类更多，因为希望模型将不同类别的图像分得更开，以使来自不同类别的图片很少出现在同一聚类中。图 3.50展示了这一规律。例如，在 BaseCNN 的顶层卷积层中，所有聚类看起来都是 "纯" 的，这表明 BaseCNN 给出的图像的输出激活与它们对应的类非常匹配。

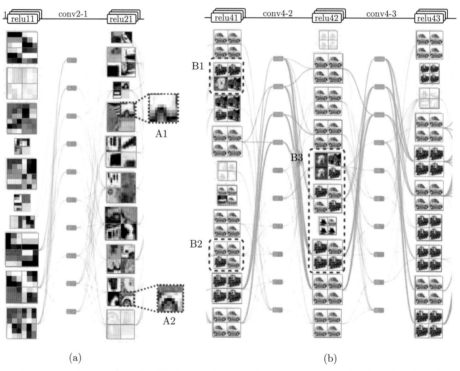

图 3.49　BaseCNN 学习到的特征。(a) 底层特征；(b) 高层特征 (图片来源：文献 [99])

2) 网络深度

专家进一步研究了网络深度如何影响神经元检测到的特征。专家将 BaseCNN 与两个

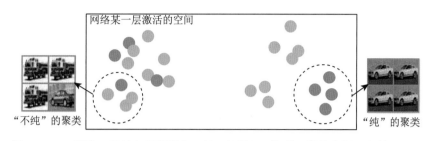

图 3.50 "不纯" 的神经元聚类和 "纯" 的神经元聚类 (图片来源: 文献 [99])

变体模型进行比较，其中包括 ShallowCNN(去掉第 4 组卷积层) 和 DeepCNN(使卷积层的数量加倍)。表 3.2展示了不同深度 CNN 的网络结构及其错误率。

表 3.2 不同深度 CNN 之间的性能比较[99]

项目	错误率	卷积层数	层数
ShallowCNN	11.94%	7	30
BaseCNN	11.33%	10	40
DeepCNN	14.77%	20	70

专家仍然选择卡车和汽车这两个相似的类，并展开最后一组卷积层 (图 3.51(a))。在 ShallowCNN 中，专家发现与 BaseCNN 相比，顶层卷积层中确实存在更多 "不纯" 的聚类，这表明深度不足的模型通常无法区分相似类别的图像，这可能导致性能下降。在 DeepCNN 中，专家注意到第 4 组第一个卷积层中的几乎所有连边都是绿色的 (图 3.51(b) 中的 A)。这表明该层中几乎所有的权重都是正的。由于该层的输入是非负的，因此输出大部分是正的，然后将输出送入 ReLU。由于 ReLU 保留了输入的正部分，因此 ReLU 及其对应的卷积层可以看作是接近线性的函数。通过进一步展开第 4 组卷积层，专家识别出具有相似模式的几个连续层 (图 3.52)。由于线性函数的组成仍然是线性的，因此推断该现象表明各层中存在冗余。这种冗余可能会损害整体性能，并使学习过程在计算上昂贵且在统计上无效，这与先前研究的结论一致[109]。

3) 网络宽度

影响性能的另一个重要因素是 CNN 的宽度。为了全面了解其影响，专家评估了具有不同宽度的 BaseCNN 的几种变体，命名为 BaseCNN×w，其中 w 表示层中神经元数量与 BaseCNN 的比率。例如，BaseCNN×4 表示包含 4 倍于 BaseCNN 的神经元。在案例研究中，w 从 $\{4, 2, 0.5, 0.25\}$ 中选择。表 3.3展示了不同宽度 CNN 的网络结构及其错误率[99]。

与 BaseCNN 相比，更宽的 CNN(BaseCNN×4) 训练时的损失函数值比测试时的损失函数值要低得多。专家评论，这种现象被称为机器学习领域的过拟合。这意味着网络尝试对输入中的每个微小变化进行建模，这些微小变化极有可能是噪声。过拟合现象常常出现在与训练数据相比网络含有过多参数的情况。当模型出现过拟合时，其在测试集上的性能将比在训练集上的性能差很多。专家希望检查 CNN 中过拟合的影响，并使用 CNNVis 可视化 BaseCNN×4。

在检查高层特征之后，专家发现它与 BaseCNN 相比并没有太大区别。然后，专家去检查底层特征，立即发现在多个神经元中都显示了相同的特征。为了进一步验证，专家决定检查该簇中神经元的激活，与 BaseCNN 较低层的激活相比 (图 3.53(b))，专家发现许多神经元具有非常相似的激活 (图 3.53(a))。该观察结果证实，在 CNN 的底层中存在多余的神经元。

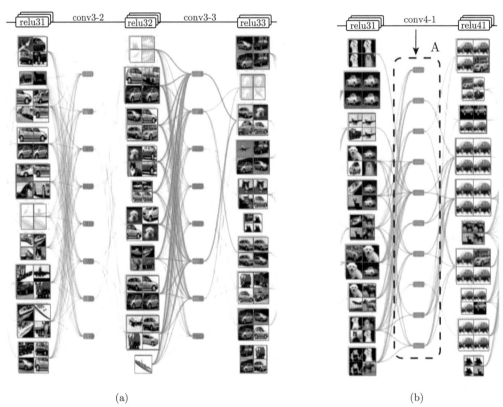

(a)   (b)

图 3.51　模型深度的影响。(a) ShallowCNN 的高层特征；(b) 在 DeepCNN 中权重几乎全为正的中间层 (图片来源：文献 [99])

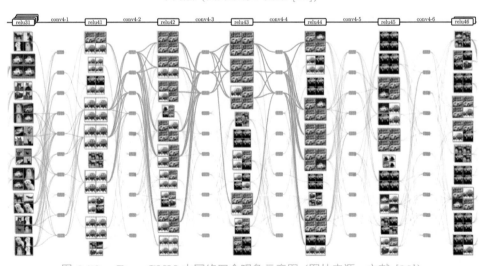

图 3.52　DeepCNN 中网络冗余现象示意图 (图片来源：文献 [99])

表 3.3　不同宽度 CNN 之间的性能比较[99]

项目	错误率	参数量	训练损失	测试损失
BaseCNN×4	12.33%	4.22M	0.04	0.51
BaseCNN×2	11.47%	2.11M	0.07	0.43
BaseCNN	11.33%	1.05M	0.16	0.40
BaseCNN×0.5	12.61%	0.53M	0.34	0.40
BaseCNN×0.25	17.39%	0.26M	0.65	0.53

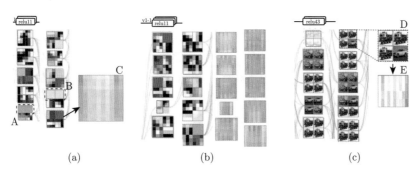

图 3.53　不同宽度的模型之间的比较。(a) BaseCNN×4 的底层特征；(b) BaseCNN 的底层特征；
(c) BaseCNN×0.25 的高层特征 (图片来源：文献 [99])

　　然后，专家将 BaseCNN 与较窄网络 (BaseCNN×0.5 和 BaseCNN×0.25) 的性能进行比较。这些较窄网络的训练损失和测试损失相差无几，表明这些较窄网络具有良好的泛化能力，但其性能却比 BaseCNN 要差 (表 3.3)，这种现象被称为欠拟合。当试图用简单的模型执行复杂的任务时就会发生这种情况。在图像分类中，产生欠拟合的主要原因之一是该模型过于简单，无法将图像与相似类别 (例如汽车和卡车) 区分开。专家对 BaseCNN×0.25 进一步探索，选择了两个相似的类别：汽车和卡车，以检查相关神经元的模式。在分析底层特征之后，发现它们与 BaseCNN 相比并没有太大差异，因此，专家将注意力转移到高层特征上。在检查最后一个卷积层的特征时，专家发现有几个 "不纯" 的神经元聚类。例如，图 3.53(c) 中的聚类 D 由三辆卡车和一辆汽车 (离群点) 表示。专家转而探索这个聚类中的激活 (图 3.53(c) 中的 E)。专家发现，这个神经元聚类中的响应包含卡车和汽车两个子类，这意味着该神经元无法将汽车与卡车这两个类区分开来，导致模型对来自相似类别的图像进行正确分类能力下降，从而降低了模型分类的准确性。

3.4.2　模型诊断

　　模型诊断 (包括收敛性诊断、日志分析、鲁棒性分析与错误根源追踪) 旨在帮助用户理解为什么一个机器学习模型不能达到理想的结果，从而帮助用户在改进模型的时候做出更好的决定 (例如，选择更好的参数或者特征)。模型诊断的可视分析技术能够帮助专家交互地探索模型性能不佳或训练失败的原因，减少对专家专业知识的依赖。机器学习模型的训练过程往往是一个迭代过程，由多个时间片组成。按照分析对象为训练过程中单个时间片还是多个时间片，可以将现有研究分为两个部分：训练过程中单个时间片的诊断方法、模型整个训练过程的诊断方法。需要注意的是，对模型训练结果的诊断也可以看作是对单个时间片 (即训练过程最后一个时间片) 的诊断。

3.4.2.1 前沿工作与挑战

训练过程单个时间片的诊断方法旨在展示机器学习模型在训练过程中单个时间片上的情况。例如，训练结果对应的时间片，帮助专家探索模型训练失败的原因。混淆矩阵 (confusion matrix) 是机器学习领域常用的诊断训练结果的手段之一。在一个混淆矩阵中，每一个元素 $c[i, j]$ 表示将第 i 类样本分为第 j 类的个数或者概率。混淆矩阵可以提供数据集中所有样本预测结果的一个概览，帮助专家定位到需要进一步浏览的类别上。研究者们提出一系列可视分析方法帮助专家有效地浏览混淆矩阵。

一个典型的例子是 Alsallakh 等[110] 开发的分类模型诊断工具。该工具包括一个混淆轮 (confusion wheel) 视图和一个特征分析视图。混淆轮视图基于径向布局来排列不同类，并通过直方图展示预测得分分布，对于每一个类 c_i，将预测得分值低 (高) 样本的区间 (bin) 放在内 (外) 环。通过特征分析视图，专家能够发现这两组样本可以通过哪些特征进行更好地分离，从而有助于在进行特征选择的时候做出更好的决定。

尽管上述工具能够提供有益的诊断信息，但是混淆轮中径向布局的直方图可能造成一定失真，而且该工具无法支持对多个模型进行有效比较。Amershi 等[111] 提出了 Model-Tracker，该模型使用 2D 空间中的笛卡儿坐标直接对每个实例的模型预测得分进行编码，以使预测得分相似的实例具有空间接近性。同样，将这种技术应用于多个模型或多类别分类任务时，其效率仍然未知。为了解决这些问题，Ren 等[112] 开发了利用单个视图帮助专家诊断模型的可视分析工具 Squares。Squares 从多个粒度上展现混淆矩阵。在最细粒度上，每个样本用一个方块表示，每个方块的颜色表示对应样本的类别，方块的纹理表示这个样本的预测结果是否正确 (实心表示正确，条纹表示错误)；在最粗粒度上，每个类别中的样本用堆叠起来的方块表示。除了单个类别上的信息，Squares 还能够帮助专家浏览多个类别之间的信息，这部分信息用贯穿所有类别的折线表示。

上述基于单个时间片的模型诊断方法，能够在一定程度上帮助专家诊断模型训练失败的原因。但是，当训练过程过长时，专家无法预知要浏览的时间片。另外，这些方法不能有效地刻画模型在训练过程中的演化过程，这导致专家无法将训练结果与训练各个阶段的中间结果相比较。为了解决上述问题，研究者们提出展示模型整个训练过程的可视分析方法。这些方法可以分为两大类：投影方法和非投影方法。

受训练过程中单个时间片诊断方法的启发，投影方法是将多个时间片上的高维信息用类似的投影方法投影到低维 (2D) 空间中。例如，Rauber 等[93] 提出了一个基于 t-SNE 的可视化方法，展现神经网络中每个样本在训练过程中特征表示的变化。具体地说，每个时间片上的信息用 t-SNE 降维技术[95] 投影至二维平面上。为了减少多个投影重叠带来的视觉混乱，将多个投影结果对齐，并用二维的轨迹展示样本特征的变化。上述基于 t-SNE 的可视化能够有效展示，神经网络经过训练能够更好地区分不同类别的图片这一事实。虽然基于投影的方法能够有效地展现在训练过程中样本特征表示的演化情况，但这些方法无法提供网络训练的概览，也无法展现在网络训练过程中响应、梯度以及网络权重的变化情况。浏览上述训练动态数据对于找到真正导致训练失败的神经元是很重要的[113]。

展现整个训练过程中训练动态数据更有效的方法是非投影方法，例如折线图等。现在已经有几种诊断工具，采用非投影方法来展现整个训练过程中的训练动态数据[114,115]。例如，TensorFlow 中提供的诊断工具[114] 支持专家利用折线图浏览整体的训练情况，诸如网络的损失函数变化，每个中间层响应的平均值变化。该诊断工具能够给专家提供一个训练过程的概览。但是不足以帮助专家定位真正导致训练失败的一个或几个神经元。

与上述工具相比，Liu 等[116] 提出的多层次可视分析算法不仅提供整体的训练情况，而且建立沟通整体训练情况与具体训练动态数据的桥梁。该算法支持专家浏览损失函数的变化作为分析的入口，帮助专家找到感兴趣的时间片。在时间片层次，结合有向无环图和折线图，有效展现数据在网络中的流动。在网络层次，利用基于蓝噪声的折线采样算法，减少由大量训练动态数据带来的视觉混乱并保留异常值。在神经元层次，提出了责任分配算法，揭示神经元之间的相互影响，帮助专家诊断模型训练失败的根本原因。他们提出了深度生成模型训练过程诊断的可视分析方法，基于该方法开发了 DGMTracker[116] 系统，帮助专家交互地探索模型性能不佳或训练失败的原因。作为诊断过程的开始，专家以不同的时间粒度浏览损失函数的变化 (图 3.54(a))，进而点击损失函数上的某一个时间点选择自己感兴趣的时间点进一步分析。专家可以浏览该时间点周围数据在网络中的流动情况，以找到需要进一步分析的中间层 (图 3.54(b))。在找到感兴趣的中间层之后，专家可以利用网络层次可视化模块，浏览该中间层中的训练动态数据。例如，响应随时间的变化 (图 3.54(c))。DGMTracker 用折线图展示训练动态数据，折线图中每一个折线都是一个神经元或神经元组。根据训练动态数据的折线图，专家能够找到可能导致网络失败的神经元 (图 3.54中的 A)。在此基础上，专家可以利用神经元层次可视化模块查看神经元之间的相互影响 (图 3.54中的 B)，从而分析网络训练失败的根本原因。

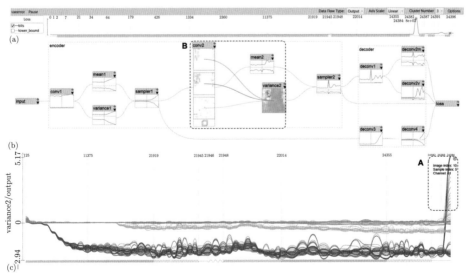

图 3.54　Liu 等开发的 DGMTracker 可视分析工具。(a) 损失函数的变化；(b) 数据流可视化；(c) 训练动态数据的可视化 (图片来源：文献 [116])

此外，对抗样本分析是神经网络诊断工作的重要方向，比如 AEVis[117] 通过数据路径抽取算法以及多层级的可视对比，对深度卷积神经网络对噪声的鲁棒性进行分析。

tree boosting 因其准确、灵活和健壮的特性且需要较少的计算资源，与深度学习一样相当受欢迎。tree boosting 是一种高效且广泛使用的机器学习方法，它结合弱学习 (通常是决策树) 以生成强学习。然而，高性能 tree boosting 模型的开发是一个耗时的过程，需要大量的反复试验。为了解决这个问题，Liu 等[118] 开发了可视化诊断工具 BOOSTVis，以帮助专家快速分析和诊断 tree boosting 的训练过程。特别的，他们设计了时间混淆矩阵可视化，并将其与 t-SNE 投影和树可视化相结合。这些可视化组件协同工作，以提供 tree boosting 模型的全面概览，并能够对不满意的训练过程进行有效的诊断。

Zhang 等[119] 提出了 Manifold 框架解决整合、评估和调试多个模型的问题。该框架为用户提供了检查 (假设)、解释 (推理)、改进 (验证) 的工作流程，帮助用户理解、调试复杂的算法，并且能比对同类问题 (分类、回归的有监督学习) 的多个算法。为了支持这些工作流程，Manifold 提供了两个简洁的视图：基于散点图的模型比较视图，提供一个模型对 (model pairs) 多样性与互补性的可视化总结，用户可以在这个视图上找到有问题的数据并提出假设；基于表格形式的视图，帮助用户区分从有问题的数据子集中抽出不同的特征，并确定哪些特征对模型输出结果的影响更大，从而为较早产生的假设提供解释。随后这些解释又可以被加入到下一轮迭代中去验证和改进模型。

3.4.2.2 诊断生成式对抗网络的训练过程

本节介绍了如何使用 DGMTracker 来帮助专家诊断生成式对抗网络 (generative adversarial network，GAN)。Arjovsky 等[120] 发现生成式对抗网络使用的原始指标可能会导致梯度消失，为了解决这个问题，他们提出了一种新的度量标准，即 Wasserstein 距离[120]，该度量在任何地方都是连续且可微的，从而提供了更可靠的梯度，开发 Wasserstein 生成式对抗网络 (WGAN) 来解决这个问题。然而，WGAN 还存在两个已经被发现但没有被有效解释的问题：不合适的损失函数和基于动量的优化器的不稳定性。为此，专家希望通过 DGMTracker 来分析这两个问题。

1) 不合适的损失函数

Goodfellow 等[121] 提出一个基于二人极小极大博弈[122] 训练生成式对抗网络的损失函数：

$$\min_{G} \max_{D} \mathbb{E}_{x \sim p_{\text{data}}(x)} \log D(x) + \mathbb{E}_{z \sim p(z)} \log(1 - D(G(z))),$$

式中，G 表示生成器；D 表示判别器。

在生成式对抗网络中，Goodfellow 等[121] 声称，这一基于二人极小极大博弈的损失函数在实践中是不适用的，因为这会使训练过程卡住，专家希望理解这一现象。

因此，Goodfellow 构建了结构如图 3.55所示的生成式对抗网络。这个模型包含 548 万个参数，并在 CIFAR10 数据集[107] 上进行训练。从损失曲线中，专家发现判别器的损失经过几次迭代后迅速停止变化 (图 3.56)，这表明训练过程卡住。

为了发生这种情况的原因，专家在第 8 轮迭代处单击损失曲线，并且检查梯度的数据流。发现梯度在训练过程的开始就为非零，但是在经过几次迭代后梯度都消失 (图 3.57)。

为了确定梯度是从哪一层开始消失的，他仔细检查数据流，发现即使在最后一个全连接层中，梯度也消失 (图 3.57 中的 A)。由于梯度是从最后一层反向传播到第一层的，因此专家怀疑全连接层会导致训练过程卡住。这启发了专家检查该层的输出。专家发现经过几次迭代后，生成的图像在判别器上的输出都接近于 0(图 3.58中的 A)，而真实图像的输出接近于 1(图 3.58中的 B)。

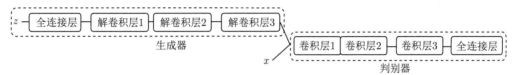

图 3.55　案例分析中所使用的生成式对抗网络的结构 (图片来源：文献 [116])

图 3.56　判别器的损失在几次迭代后迅速停止变化，这表明训练过程卡住 (图片来源：文献 [116])

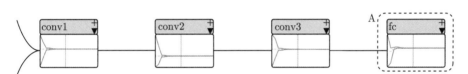

图 3.57　不合适的损失函数导致训练过程中的梯度消失 (图片来源：文献 [116])

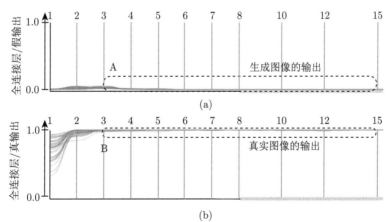

图 3.58　判别器的输出变化。(a) 生成图像的输出接近于 0；(b) 真实图像的输出接近 1
(图片来源：文献 [116])

通过查看生成的图像，专家理解了为什么发生这种现象。在训练开始时，生成器不能产生真实的图像。在这种情况下，判别器很容易将它们与真实图像区分开。由于判别器的输出表示一个图像是真实图像的概率，因此在几次迭代之后，生成的图像得到的输出接近于 0。

理解这种现象发生的原因后，专家继续分析了其对训练过程的影响。这种异常现象促使专家检查全连接层输出的导数。专家发现，当发生这种现象时，导数几乎为 0，根据反向传播算法，这使得所有层中的权重的梯度都非常小，从而导致训练过程卡住。

2) **基于动量的优化器的不稳定性。**动量是深度学习优化方法中一种被广泛使用的技术[123]，但是，基于动量的优化器会使得 WGAN 的训练过程不稳定。尽管动量被确定为是导致训练不稳定的潜在原因，但动量为何导致不稳定的训练过程的原因尚未完全阐明。为了分析基于动量的优化器使 WGAN 的训练过程不稳定的原因，专家构建了 WGAN，其主要结构与上面所使用网络相同。专家使用基于动量的优化器 Adam[124] 在 CIFAR10 数据集上训练网络。

专家首先检查判别器的损失，并发现在两个时间点处损失突然增大 (图 3.59中的 A 和 B)。为了确定这种现象的影响，专家首先研究 Adam 中权重的更新方式。传统的随机梯度下降优化器 (stochastic gradient descent，SGD) 通过其梯度 g_i 与学习率 $\alpha (\alpha > 0)$ 的乘积直接更新权重 w_i：

$$w_i{}^{t+1} = w_i{}^t - \alpha g_i{}^t$$

图 3.59   判别器的损失在两个时间点处突然增大，导致训练过程不稳定 (图片来源：文献 [116])

而 Adam 首先自适应地估计每个梯度的均值和方差，然后根据估计的均值和方差更新权重。因此，专家选择检查判别器中第一个卷积层中权重梯度的均值和方差，这是因为该层最容易出现，例如梯度消失[96] 等训练失败的现象 (图 3.60)。

专家注意到，梯度的符号在迭代 4441 处突然改变 (图 3.60中的 B)，但均值的符号保持不变 (图 3.60中的 A)。这一现象解释了为什么基于动量的优化器会使训练过程不稳定。专家进一步解释，当梯度的符号发生改变时，它们的均值不会立即反映此变化，因为它们是由该时间点之前的所有梯度确定的 (图 3.61)，因此训练方向出错，使其比使用不基于动量的优化器 (如 RMSprop) 训练时更加不稳定 (图 3.61)。

为了进一步验证这个结果，专家对每一个权重 w_i 计算 $(w_{i+1} - w_i)g_i^t$ 的变化。由于权重和梯度变化的符号一致时，$(w_{i+1} - w_i)g_i^t = -\alpha(g_i^t)^2 \leqslant 0$，因此，$(w_{i+1} - w_i)g_i^t$ 为正值，说明权重与其梯度变化的符号不一致。如图 3.62所示，在使用 Adam 的训练过程中，该值出现一些正值 (图 3.62中的 A)；当使用不是基于动量的优化器 (如文献 [120] 中所建议的 RMSprop) 时，在训练过程中几乎没有这样的正值出现 (图 3.62中的 B)。这些分析表明，基于动量的方法会使训练过程不稳定的主要原因是，梯度在训练过程中会突然改变，导致基于动量的方法的训练方向出错。在其他类型的深度学习模型 (例如，卷积神经网络) 的训练过程中，这种情况很少出现，因此，对于这些深度学习模型，基于动量的方法能取得不错的效果。

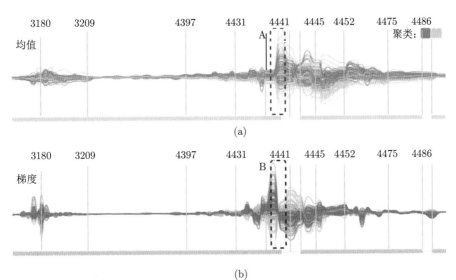

图 3.60　使用 Adam 的训练过程中，梯度的符号突然发生变化，但是均值的符号保持不变。(a) 均值的改变；(b) 梯度的变化 (图片来源：文献 [116])

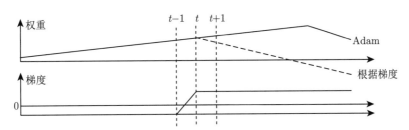

图 3.61　使用 Adam 训练时，权重随梯度的符号发生变化而改变的示意图 (图片来源：文献 [116])

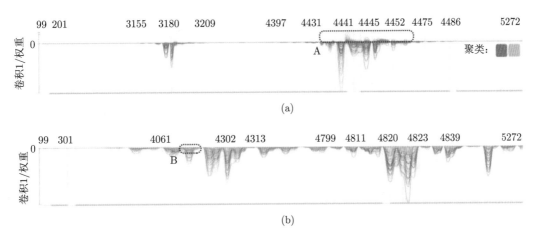

图 3.62　$(w_{i+1} - w_i)g_i^t$ 在训练过程中的变化。(a) 使用 Adam 训练；(b) 使用 RMSProp 训练 (图片来源：文献 [116])

3.4.3 模型改进

模型改进 (包括交互式调参、主动学习、混合式发起式模型指导和领域知识融合) 是指通过丰富的用户交互, 以及半监督学习或主动学习, 将专家和专业知识交互式地融入深度学习模型, 并对其进行改进的过程。在理解模型的工作机理并诊断出模型训练失败的原因之后, 专家往往需要根据自己分析的结果改进这个模型。为了方便地将专家的知识融入模型中, 研究者提出一系列交互式模型改进方法。相关研究工作按照处理的模型可以大致分为两个部分: 针对有监督学习的模型改进可视分析方法[90,110] 和针对无监督学习的模型改进可视分析方法[125,126]。

3.4.3.1 研究前沿和挑战

在有监督学习方面, 研究者主要研究如何帮助专家找到对有监督分类器性能影响很大的因素[90,110], 并进行针对性的修改。这些因素包括训练样本、特征、分类器种类、训练参数等。例如, Paiva 等 [127] 针对图片分类模型开发一个可视分析工具, 支持专家交互地选择需要修改的训练样本, 并调整它们的类标。在专家反馈的基础上, 该工具能够增量式地更新模型。每个样本用缩略图表示, 采用邻居接入树 (neighbor joining trees)[127] 对样本进行布局。

在无监督学习方面, 为了将专家的反馈融入模型, 研究者往往将问题建模为一个半监督学习问题[125,126,128]。在这些方法中, 专家的反馈往往被用作监督信息, 与原始的无监督数据综合在一起, 以提高无监督学习模型的性能。一个典型的例子是 Choo 等[126] 开发的用于改进主题模型的可视分析工具 UTOPIAN。在 UTOPIAN 中, 主题是用非负矩阵分解 (nonnegative matrix factorization, NMF)[129] 生成的, 生成的主题采用散点图进行展示。该工具不仅支持专家交互地合并、分解主题, 以及基于样例文档或者用户给定的关键词生成新的主题, 而且还支持主题中关键词的改进。这些交互通过半监督 NMF 算法, 与原始的主题模型相融合, 增量式地改进原始的主题模型。

虽然上述方法能够帮助专家交互地改进机器学习模型, 但是从可视化结果中找到待修改的地方需要专家大量的浏览和探索。为了尽量减少专家的工作量, 后续的研究者利用主动学习 (active learning)[130] 的思想, 计算并展现机器学习模型结果的不确定性。这样, 专家可以更有针对性地关注不确定性较大的部分, 方便找到需要修改的地方, 并进行修改。

例如, Wang 等[125] 开发了 TopicPanorama 工具, 帮助商业领域专家改进主题模型。TopicPanorama 工具的核心思想是展现多源文本中主题全景图, 支持专家交互地进行修改。多源文本中的主题图采用相关主题模型 (correlated topic models)[131] 抽取。多源文本中抽取出的多个主题图经过图匹配算法, 计算出相同以及不同的主题, 并拼接成全景图。图匹配的结果采用散点图的可视化形式进行展现。为了帮助专家更容易地找到需要修改的主题, TopicPanorama 工具计算了每一个匹配结果的不确定性。专家可以根据展现出的不确定性方便地找到需要修改的地方并进行修改。专家的修改经过度量学习 (metric learning), 增量式地改进原有的匹配模型。

Liu 等[132] 根据基于不确定性的交互式模型改进方法, 开发了可视分析工具 Mutual-Ranker。与 TopicPanorama 工具相比, 该工具能够有效地展示微博检索结果及其不确定性, 并支持专家交互地修改模型的检索结果。为了有效地检索重要的微博消息、微博用户和主题标签,建立了一个互增强图 (mutual reinforcement graph,MRG) 模型[133],该模型共同考虑微博消息的内容质量、用户的社会影响力和主题标签的受欢迎程度;还建立一个不确定性模型用来估计检索结果的不确定性以及在图上的传播情况。基于检索到的数据和不确定性,开发一种复合可视化工具,展示微博消息、微博用户和主题标签,以及它们之间的关系和结果中的不确定性。借助这种可视化,专家可以轻松地检测出最不确定的结果并以交互方式完善 MRG 模型。为了有效地完善模型,开发了一种基于随机游走的蒙特卡洛采样方法,该方法可以基于用户交互来局部更新模型 [133]。

另外,一些可视分析系统也提供交互功能来帮助研究者改善模型的表现。这些系统允许用户向模型嵌入他们的领域知识以调整影响模型输出结果的因素。通常考虑的因素包括训练样本、特征和训练中使用的参数。DQNViz[134] 通过折线图、饼图和直方图对深度 Q 网络进行 4 个不同粒度层级上的可视概括,即整体训练过程 (overall training)、阶段 (epoch)、时期 (episode) 和片段 (segment),以帮助领域专家通过控制网络的随机行为来提高模型性能。

循环神经网络 (RNN) 在电子病历 (electronic medical record,EMR) 分析上已经有了许多成功的应用。病历中包含患者的诊断、用药和其他各种事件的历史记录,以预测患者的当前和未来状态。尽管 RNN 的性能很强,但对于用户来说,要理解模型为何做出特定的预测通常是非常困难的。RNN 的这种黑盒性质可能会阻碍其在临床实践中的广泛使用。此外,还没有成熟的方法可交互式地利用用户的领域专业知识和先验知识来改进模型。为了解决上述问题,Kwon 等 [135] 与医学专家、人工智能科学家和可视分析研究人员共同努力,提供了一种可视分析解决方案,以提高 RNN 的可解释性和交互性,并设计了可视分析工具 RetainVis[135]。RetainVis 对在医疗病历单上训练的 RNN 网络进行可视分析,以帮助用户利用领域经验与先验知识对模型进行控制和改进。该工具结合了一个新改进的、可解释的、基于 RNN 的交互式 RNN 模型 RetainEX,为用户浏览 EMR 数据预测任务的上下文提供可视化。

近年来,一些可视分析系统可实时展示深度学习模型的训练过程,改进模型的准确性和缩短训练时间。例如,ReVACNN[136] 是一种用于对 CNN 进行可视分析的系统,支持在训练期间实时修改模型,如动态删除/添加节点以及在训练过程中交互式选择小批量的后续数据;DeepEyes[137] 能够实现深度学习模型的实时监控和交互式模型控制,例如,高亮稳定的节点和层,还允许用户删除激活值非常低的滤波器以对模型做出交互式的优化。

深度序列模型 (例如 LSTM) 在许多应用领域中使用越来越广泛,包括预测医疗保健、自然语言处理和日志分析,但是,这些模型的复杂工作机制限制了领域专家对它们的可访问性。它们的黑盒性质也使得将专家的特定领域知识纳入模型中成为一项艰巨的任务。Ming 等[138] 提出了 ProtoSteer(prototype steering),可以直接让领域专家指导深度序列模型而无须依赖模型开发者。

为了减少手动选择机器学习算法和调整超参数的麻烦,已开发自动机器学习 (automated machine learning,AutoML) 方法来自动搜索良好的模型,由于存在巨大的模型搜索空间 (例如 "将搜索多少种算法?"),用户不可能尝试所有模型,因此,用户倾向于不信任自动结果,并尽可能增加搜索预算 (例如 "该过程将运行多长时间?"),从而降低了 AutoML 的效率。为了解决这些问题,Wang 等[139] 设计并实现了一个交互式的可视化工具 ATMSeer，支持用户完善 AutoML 的搜索空间并分析结果。通过多粒度可视化使用户能够监视 AutoML 过程，分析搜索到的模型并实时优化搜索空间。

3.4.3.2 改进排序模型

在案例中，专家使用 shutdown 数据集，其包含了 2013 年 10 月 1 日至 16 日中包含词语"shutdown"的 5132510 条推文。专家使用 MutualRanker 对这一数据集进行以下工作分析 (图 3.63)：

(1) 使用不确定度分析识别模型中重要度错误的关键标签和用户；

(2) 使用该可视分析系统迭代地降低不确定度级别；

(3) 提取和政府停工有关的主题标签/用户/推文。

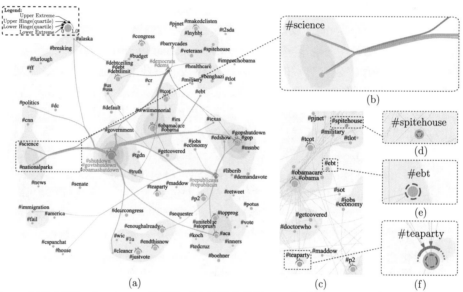

图 3.63　交互式修改 shutdown 数据集对应的检索模型 (a) 标签图及图上不确定性分布和不确定性的传播；(b) 不确定性传播；(c~f) 交互修改检索模型 (图片来源：文献 [132])

1) 概览

在检查系统生成的主题标签概览图后，专家迅速通过一组标签确定 7 个突出的主题：关于停工和奥巴马医改的讨论 (图 3.64中的 A)，推特上的政治言论 (图 3.64中的 B)，停止停工的讨论 (图 3.64中的 C)，停工对人民生活的影响 (图 3.64中的 D)，新闻媒体对停工的报道 (图 3.64中的 E)，有关债务的讨论 (图 3.64中的 F)，对于停工的批评 (图 3.64中的 G)。

2) 不确定度分析

"#shutdown"聚类包含了不确定程度较高的元素，因而引起专家的注意 (图 3.64(b))。专家检查该聚类中的主题标签和推文，发现除了"#govtshutdown""#obamashutdown"和"#shutdowngop"等常见的标签外，推特用户创建了许多不同的标签。这些主题标签包括批评停工 ("#shutdownharry")，本地新闻帖子 ("#hounews") 和公共运动 ("#dontcutkids")。专家希望检查其中不确定度最高的主题标签，因此，按不确定度级别对主题标签进行排序。有趣的是，"#lewinsky"被列为最不确定的主题标签 (图 3.64(c))。专家搜索相关推文，发

现带有 "#lewinsky" 标签的数据与 1995 年克林顿政府的停工有关。由于专家只关心本次政府停工，他决定降低该主题标签的重要性程度。这一过程表明不确定度分析能够帮助专家找到模型中存在的问题和需要修改的地方。

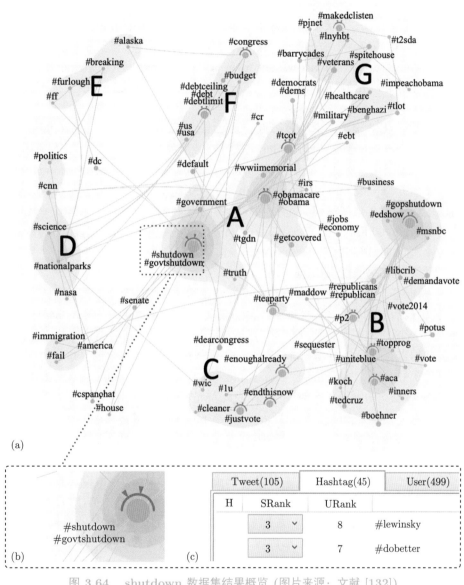

图 3.64　shutdown 数据集结果概览 (图片来源：文献 [132])

3) 不确定度传播

专家研究了 "#shutdown" 聚类的不确定度如何影响其邻近聚类。专家单击 "传播" 按钮，并显示了相应的不确定度传播 (图 3.63中的橙色流线)。专家选择与 "#shutdown" 聚类密切相关的 "#democrats" 聚类 (图 3.63中的蓝色流线) 和 "#republicans" 聚类 (图 3.63中的绿色流线) 的不确定度传播。如图 3.63b 所示，聚类 "#nationalparks" 受到 3 个聚类传播带来的不确定度的共同影响。国家公园关闭是政府停工的结果，这也引起推特上的讨论。因此专家将 "#nationalparks" 的重要度从 4 提高到 6(在 MutualRanker 中，重要度范围是 1~10，最高是 10)。

经过调整后，专家注意到另外两个主题标签 "#spitehouse" 和 "#teaparty" 对应的重要度也自动增加。在第一个聚类中，诸如 "#spitehouse" 和 "#demshutdown" 之类的主题标签的得分增加；在第二个聚类中，诸如 "#teaparty" 和 "#defundgop" 之类的主题标签的排名分数也增加。专家在 "#spitehouse" 聚类和 "#teaparty" 聚类中也找到相关的推文，如 "RepBradWenstrup sarahlance #shutdown #Nationalpark Here's what my tea-party-backed #Republican did to my vacation"。这条推文的发布者批评了国家公园关闭对游客的影响。

另一方面，"#ebt" 聚类的重要度降低。专家通过查阅相关推文以探究其原因，发现电子福利转账系统 (electronic benefit transfer, EBT) 在政府停工期间崩溃，许多人想知道这是否是由于政府停工引起的，例如 "Ahh... #ebt not working cause if a #governmentshutdown? How sad you can't spend money taken from me against my will that I worked for"，但是之后有消息解释 EBT 系统崩溃只是技术故障的原因 ("According to NBC, #ebt is down because of a technical issue, NOT #governmentshutdown")，因此，"#ebt" 这一话题与政府停工无关，这个重要度的变化是合理的。

4) 在不同的数据视图之间切换

除了主题标签，专家还希望检查参与不同讨论组的用户。例如，专家想确定 "#shutdown" 集群中最活跃的用户，因此在该主题标签周围展示相关用户 (图 3.65(a))。然后，专家切换到用户视图以浏览其他用户信息 (图 3.65(b)、(c))，找到两类重要的账号：

(1) 重要的官方账号，如 "@barackobama" 和 "@whitehouse"(图 3.65(b))；

(2) 媒体账号，如 "@nytimes""@guardian" 和 "@bloombergnews"(图 3.65(c))。

由于专家对政党的领导人比较感兴趣，因此首先观察某些政治人物，并且发现其重要度被低估，如 "@speakerboehner"(重要度 8)，"@whiphoyer"(重要度 8) 和 "@nancypelosi"(重要度 7)。专家认为政治人物在推特上的影响力和积极性通常远低于现实生活，因此将上述用户的重要度修改为 10，图 3.65(d) 展示了这一修改后用户视图的变化。

修改后，用户聚类被重新生成，某些节点的不确定度明显减少。值得注意的是，"@whiphoyer" 成为一个重要的聚类，其中几个用户的重要度增加 (图 3.65(e))，如 "@repmaloney" 和 "@repteddeutch"(重要度均由 5 提高到 6)。这些是国会议员的账号，因此专家认为这些国会议员账号重要度的变化在这里是合理的。此外，专家认为这种修改相关元素重要度的机制能帮助他找到不熟悉或者在推特上不活跃的重要用户。

专家再次切换回主题标签视图以查看这一修改对该视图的影响，发现一个新的聚类 "#senatemustact"，通过查阅这一聚类中的推文，专家发现这主要表达了对政府、共和党人和民主党人的批评，如 "PeteSessions #DefundObamacare #shutdown #MakeDCListen #senatemustact Stand for the American People"，这正是提高国会议员账号重要度的结果。

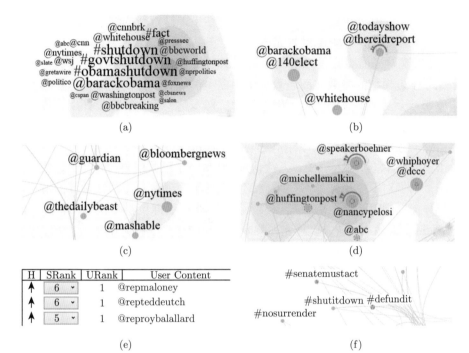

图 3.65　在不同数据视图之间切换。(a) 在关注的主题标签聚类中展示相关用户；(b) 用户视图中的官方账号；(c) 用户视图中的媒体账号；(d) 修改后的用户视图；(e) 一些政治人物账号更新后的重要性；(f) 切换回标签视图 (图片来源：文献 [132])

3.4.4　小结

本节分别从模型理解、模型诊断和模型改进三个方面介绍如何利用可视分析技术与方法提升机器学习模型的可解释性，帮助专家直观地理解机器学习模型的工作机理，方便诊断模型的训练过程，以及更高效地改进模型的预测性能。

本节介绍的可解释机器学习方法是从机器学习专家完成模型开发过程中的主要任务这一方面对现有研究进行归纳总结得到的。从另一个方面，也就是分析对象 (例如模型和训练过程) 上看，机器学习模型的可视分析依然有着广阔的研究前景。

(1) 融入人类知识。大多数机器学习模型，特别是深度学习模型是由数据驱动的方法构成，而从知识驱动的视角改进模型受到的关注相对较少。从这个意义上说，一个研究机遇是通过交互式可视化将人类专家知识和机器学习技术相结合。具体而言，潜在的研究课题包括领域知识表示和解释、专家知识预测和基于知识的可视解释。此外，可以利用可视分析直观地验证模型是否正确地遵循人类注入的知识和规则，这是确保机器学习模型在应用中表现正常的关键步骤。例如，当训练具有摄像头获取的图像输入的自动驾驶模型时，可以向模型施加"避免撞击场景中识别出的人"这样的规则。

(2) 渐进式深度学习可视分析。大多数现有的可解释深度学习方法主要侧重于在模型训练完成后离线地理解和分析模型预测或训练过程。由于许多深度学习模型的训练非常耗时 (需要数小时到数天的计算)，因此需要使用渐进式可视分析技术将专家融入深度学习模型的分析流程中。为此，深度学习模型期望在训练过程中产生语义上有意义的中间结果。然后，专家可以利用交互式可视化来探索这些部分结果，检查新的结果，并进行新一轮的探索性分析，而无须等待整个训练过程完成。

(3) 提高深度学习的鲁棒性以实现安全人工智能。深度学习往往依赖大量的高质量训练数据来充分学习模型的参数，而当数据中存在噪声或者属性缺失时，这些深度学习模型的识别精度通常会受到很大的影响。例如，对抗样本是一类被恶意设计用来攻击机器学习模型的样本，它们对真实样本的修改非常轻微，以至于人类观察者根本无法注意到，但模型却做出错误的预测。这些对抗性样本通常用于攻击深度学习模型。保持深度学习模型的鲁棒性对于实际应用 (如无人驾驶、人脸识别 ATM 机) 至关重要。而产生这些鲁棒性问题的本质原因是人们对很多机器学习模型的工作机理不够理解，无法针对性的解决问题。因此，关于解释深度学习的一个研究是结合人类知识来提高深度学习模型的鲁棒性。

(4) 减少所需训练集的大小。通常，深度学习模型包含数百万个参数。为了充分训练具有大量参数的学习模型，需要成千上万的训练样本。在实际应用中，给每个特定任务分配单独的大规模训练数据集是不切实际的。有必要利用先前在相似类别中训练的模型获得的先验知识以及人类专业知识来减少所需训练集的规模。一次学习 (one-shot learning) 或零次学习 (zero-shot learning) 是当前训练小样本深度学习模型的主要方法，它提供了将对象的先验知识结合到 "先验" 概率密度函数中的可能性。也就是说，使用给定数据及其标签训练的那些模型通常只能解决它们最初训练的预定义问题。例如，如果没有足够的老虎标签训练数据，检测猫的深度学习模型原则上是不能检测老虎。通过可视化分析框架注入少量用户输入可能解决这些问题。因此，未来研究的一个有趣方向是，探索如何将可视分析与小样本学习算法结合，以融入外部人类知识，并减少所需的训练样本数量。

(5) 面向数据科学家和从业者的可解释性。大多数现有研究工作侧重于面向机器学习专家对深度学习训练过程进行理解和分析。这种类型的可解释性对机器学习专家构建强大而高效的学习模型是有效的，但是在实际中，数据科学家和从业者还需要机器学习模型的可解释性来建立相关的业务或者做出合理的决策。其中主要障碍是预测性能和可解释性之间的权衡。通常，基于决策树的方法可以被非机器学习专家容易地理解；另一方面，深度学习模型有更好的预测性能。然而，深度学习的复杂性通常会降低可解释性。因此，一个有趣的方向是，研究如何利用自解释的机器学习模型如决策树，去解释深度模型的工作机制和预测结果。这使从业者能够更好地理解模型预测并选择适当的模型和参数。

(6) 可视化系统的可扩展性。在大数据时代，模型的大小以及数据量都在不断增长。对具有复杂结构和大量组件的模型进行可视化具有挑战性，尤其是当模型需要处理数以万计的数据。例如，如果使用 ResNet-101 在包含数百万个图像和数百个类别的数据集上训练，通常很难对其进行合适地可视摘要或抽象，以支持模型分析和预测理解任务。因此，可视化领域的研究人员需要设计和开发拓展性强的可视化技术，同时对模型结构、预测结果和原始数据进行展示，以及将它们结合在一起全面分析深度学习过程。

参 考 文 献

[1] Anscombe F J. Graphs In Statistical Analysis[J]. The American Statistician, 1973,27(1): 17-21.

[2]　Munzner T. A Nested Process Model For Visualization Design And Validation[J].IEEE Trans. Vis. Comput. Graph., 2009, 15(6): 921-928.

[3]　Munzner T. Visualization Analysis and Design[M]. Boca Raton: CRC Press, 2015.

[4]　Bederson B B. PhotoMesa: a zoomable image browser using quantum treemaps and bubblemaps[C] //Proceedings of ACM UIST. ACM, 2001: 71-80.

[5]　Krishnamachari S, Abdel-Mottaleb M. Image browsing using hierarchical clustering[C] //Proceedings of IEEE ISCC, IEEE Computer Society, 1999:301-307.

[6]　Crampes M, de Oliveira-Kumar J, Ranwez S, et al. Visualizing social photos on a hasse diagram for eliciting relations and indexing new photos[J]. IEEE TVCG, 2009, 15(6): 985-992.

[7]　Zahálka J, Orring M. Towards interactive, intelligent, and integrated multimedia analytics[C] // IEEE VAST, IEEE Computer Society, 2014: 3-12.

[8]　Yang J, Fan J, Hubball D, et al. Semantic image browser: Bridging Information Visualization With Automated Intelligent Image Analysis[C]// IEEE VAST, IEEE Computer Society, 2006: 191-198.

[9]　Bentley C, Ward M O. Animating multidimensional scaling to visualize ndimensional data sets[C] //IEEE Info Vis, IEEE, 1996: 72-73.

[10]　Ryu D, Chungw, Cho H. PHOTOLAND: A new image layout system using spatiotemporal information In digital Photos[C]//ACM SAC, ACM, 2010: 1884-1891.

[11]　Tan L, Song Y, Liu S, et al. ImageHive: interactive content-aware image summarization[J]. IEEE Computer Graphics and Applications, 2012, 32(1): 46-55.

[12]　Worring M, Koelma D, Zah'Alka J. Multimedia pivot tables for multimedia analytics on image collections[J]. IEEE TMM, 2016, 18(11): 2217-2227.

[13]　Vinyals O, Toshev A, Bengio S, et al. Show and Tell: lessons learned from the 2015 MSCOCO image captioning challenge[J]. IEEE TPAMI, 2017, 39(4) : 652-663.

[14]　Xie X, Cai X, Zhou J, et al. A semantic-based method for visualizing large image collections[J]. IEEE TVCG, 2019, 25(7): 2362-2377.

[15]　Jolliffe I T. Principal Component Analysis[M].New York: Springer, 1986.

[16]　Maaten L V D, Hinton G. Visualizing data using t-SNE[J]. Journal of Machine Learning Research, 2008, 9(11): 2579-2605.

[17]　Mikolov T, Chen K, Corrado G, et al. Efficient Estimation of Word Representations In Vector Space[C]//ICLR Workshop Track Proceedings, 2013.

[18]　Wang Z, Lu M, Yuan X, et al. Visual Traffic Jam Analysis Based On Trajectory Data[J]. IEEE TVCG, 2013, 19(12): 2159-2168.

[19]　Zhang Y, Liu F, Hsieh H. U-Air: When Urban Air Quality Inference Meets Big Data[C] // Proceedings of ACM SIGKDD, ACM, 2013: 1436-1444.

[20]　Deng Z, Weng D, Chen J, et al. AirVis: Visual Analytics of Air Pollution Propagation[J]. IEEE TVCG, 2020, 26(1): 800-810.

[21]　Zhang Y, WU W, Chen Y, et al. Visual Analytics In Urban Computing: An Overview[J]. IEEE Transactions On Big Data, 2016, 2(3): 276-296.

[22]　Ferreira N, Poco J, Vo H T, et al. Visual Exploration of Big Spatio-Temporal Urban Data: A Study of New York City Taxi Trips[J]. IEEE TVCG, 2013, 19(12): 2149-2158.

[23]　Weng D, Zhu H, Bao J, et al. Homefinder Revisited: Finding Ideal Homes With Reachability-Centric Multi-Criteria Decision Making[C] // Proceedings of CHI,ACM, 2018: 247.

[24] Guo D, Zhu X. Origin-Destination Flow Data Smoothing and Mapping[J]. IEEE TVCG, 2014, 20(12): 2043-2052.

[25] Zeng W, Fu C, Arisona S M, et al. Visualizing Interchange Patterns In Massive Movement Data[J]. Computer Graphics Forum, 2013, 32(3): 271-280.

[26] Bostock M. Choropleth map: unemployment rate by county, august 2016[EB/OL]. 2017. https://Observablehq.Com/@D3/Choropleth.

[27] Weng D, Chen R, Deng Z, et al. SRVis: towards better spatial integration in ranking visualization[J]. IEEE TVCG, 2019, 25(1): 459-469.

[28] Carenini G, Loyd J. Valuecharts: Analyzing Linear Models Expressing Preferences And Evaluations[C] // Proceedings of AVI, ACM Press, 2004: 150-157.

[29] Kruskal J B. Nonmetric multidimensional scaling: A numerical method[J]. Psychometrika, 1964, 29(2): 115-129.

[30] BBC. Hans Rosling's 200 Countries, 200 Years, 4 Minutes-The Joy of Stats-BBC Four[EB/OL]. 2010. https://Www.Youtube.Com/Watch?V=Jbksrlysojo.

[31] Segel E, Heer J. Narrative visualization: telling stories with data[J]. IEEE TVCG, 2010, 16(6): 1139-1148.

[32] Lee B, Riche N H, Isenberg P, et al. More than telling a story: Transforming data into visually shared stories[J]. IEEE Computer Graphics and Applications, 2015, 35(5): 84-90.

[33] Kosara R, Mackinlay J D. Storytelling: The next step for visualization[J].IEEE Computer, 2013, 46(5): 44-50.

[34] Wang Q, Li Z, Fu S, et al. Narvis: Authoring narrative slideshows for introducing data visualization designs[J]. IEEE TVCG, 2019, 25(1): 779-788.

[35] Amini F, Riche N H, Lee B, et al. Understanding data videos: Looking at narrative visualization through the cinematography lens[C] //Proceedings of CHI,ACM, 2015: 1459-1468.

[36] Amini F, Riche N H, Lee B, et al. Authoring data-driven videos with DataClips[J]. IEEE TVCG, 2017, 23(1): 501-510.

[37] Font-Bach O, Bartzoudis N G, Miozzo M, et al. Design, implementation and experimental validation of a 5G energy-aware reconfigurable hotspot[J]. Computer Communications, 2018, 128: 1-17.

[38] Tang T, Rubab S, Lai J, et al. iStoryline: Effective convergence to hand-drawn storylines[J]. IEEE TVCG, 2019, 25(1): 769-778.

[39] Wang Y, Sun Z, Zhang H, et al. DataShot: Automatic generation of fact sheets from tabular data[J]. IEEE TVCG, 2020, 26(1): 895-905.

[40] Brehmer M, Lee B, Bach B, et al. Timelines revisited: A design space and considerations for expressive storytelling[J]. IEEE TVCG, 2017, 23(9): 2151-2164.

[41] Satyanarayan A, Heer J. Authoring narrative visualizations with Ellipsis[J].Computer Graphics Forum, 2014, 33(3): 361-370.

[42] Hullman J, Diakopoulos N, Adar E. Contextifier: Automatic generation of annotated stock visualizations[C] //Proceedings of CHI, ACM, 2013: 2707-2716.

[43] Hullman J, Drucker S M, Riche N H, et al. A deeper understanding of sequence in narrative visualization[J]. IEEE TVCG, 2013, 19(12): 2406-2415.

[44] Kim Y,Wongsuphasawatk, Hullman J, et al. GraphScape: A Model for Automated Reasoning about Visualization Similarity and Sequencing[C] //Proceedings of CHI, ACM, 2017: 2628-2638.

[45]　Munroe R. Movie Narrative Charts[EB/OL]. 2009.https://Xkcd.Com/657/.

[46]　Tanahashi Y, Hsueh C, Ma K. An efficient framework for generating storyline visualizations from streaming Data[J]. IEEE TVCG, 2015, 21(6): 730-742.

[47]　Liu S, Wu Y, Wei E, et al. StoryFlow: Tracking the Evolution of Stories[J]. IEEE TVCG, 2013, 19(12): 2436-2445.

[48]　Ogawa M, Ma K. Software Evolution Storylines[C] // Proceedings of ACM Symposium on Software Visualization, 2010: 35-42.

[49]　Priestley J. Chart of Biography[EB/OL]. 1765. https://En.Wikipedia.Org/Wiki/File:Priestley-chart.Gif.

[50]　Reda K, Tantipathananandh C, Johnson A E, et al. Visualizing the Evolution of Community Structures in Dynamic Social Networks[J]. Computer Graphics Forum, 2011, 30(3): 1061-1070.

[51]　Kim N W, Card S K, Heer J. Tracing Genealogical Data with Timenets[C]// SANTUCCI G. Proceedings of AVI, ACM Press, 2010: 241-248.

[52]　Tanahashi Y, Ma K. Design Considerations for Optimizing Storyline Visualizations[J]. IEEE TVCG, 2012, 18(12): 2679-2688.

[53]　Thomas J. Illuminating the Path: The Research and Development Agenda for Visual Analytics[M]. IEEE Press, 2005.

[54]　Dwyer T, Marriott K, Isenberg T, et al. Immersive Analytics: An Introduction[M]. Springer, 2018: 1-23.

[55]　Elsayed N A M, Thomas B H, Marriott K, et al. Situated Analytics[C]// Proceedings of BDVA, IEEE, 2015: 96-103.

[56]　Borgo R, Kehrer J, Chung D H S, et al. Glyph-Based Visualization: Foundations, Design Guidelines, Techniques and Applications[C] // EuroGraphics-State of the Art Reports, Eurographics Association, 2013: 39-63.

[57]　Brath R. 3D Infovis is Here to Stay: Deal With It[C] //Proceedings of IEEE VIS International Workshop On 3dvis, IEEE, 2014: 25-31.

[58]　Kim N W, Schweickart E, Liu Z, et al. Data-Driven Guides: Supporting Expressive Design for Information Graphics[J]. IEEE TVCG, 2017, 23(1): 491-500.

[59]　MÉndez G G, Nacenta M A, Vandenheste S. Ivolver: Interactive Visual Language for Visualization Extraction and Reconstruction[C] //Proceedings of CHI. ACM, 2016: 4073-4085.

[60]　Ren D, Höllerer T, Yuan X. iVisDesigner: Expressive Interactive Design of Information Visualizations[J]. IEEE TVCG, 2014, 20(12): 2092-2101.

[61]　Satyanarayan A, Heer J. Lyra: An Interactive Visualization Design Environment[J]. Computer Graphics Forum, 2014, 33(3): 351-360.

[62]　Chen Z, Su Y, Wang Y, et al. MARVisT: Authoring Glyph-based Visualization in Mobile Augmented Reality[J]. IEEE Transactions on Visualization and Computer Graphics，2020,26(8):2645-2658.

[63]　Bach B, Sicat R, Pfister H, et al. Drawing Into the AR-CANVAS: Designing Embedded Visualizations for Augmented Reality[C] //Proceedings of IEEE VIS Workshop on Immersive Analytics, 2017.

[64]　Willett W, Jansen Y, Dragicevic P. Embedded Data Representations[J].IEEE TVCG, 2017, 23(1): 461-470.

[65] Milgram P, Takemura H, Utsumi A, et al. Augmented Reality: A Class of Displays on the Reality-Virtuality Continuum[C] //Telemanipulator and Telepresence Technologies ,1995 , 2351: 282-292.

[66] Huron S, Jansen Y, Carpendale S. Constructing Visual Representations:Investigating the Use of Tangible Tokens[J]. IEEE Transactions on Visualization and Computer Graphics,2014, 20(12):2102-2111.

[67] Ware C. Information Visualization: Perception for Design[M]. Waltham: Morgan Kaufmann,2019.

[68] Chen W, Guo F, Wang F. A Survey of Traffic Data Visualization[J]. IEEE Transactions on Intelligent Transportation Systems, 2015, 16(6): 2970-2984.

[69] Liu D, Weng D, Li Y, et al. Smartadp: Visual Analytics of Large-Scale Taxi Trajectories for Selecting Billboard Locations[J]. IEEE TVCG, 2017, 23(1): 1-10.

[70] Ferreira N, Lage M, Doraiswamy H, et al. Urbane: A 3D Framework to Support Data Driven Decision Making in Urban Development[C] //Proceedings of IEEE VAST, IEEE Computer Society, 2015: 97-104.

[71] Ortner T, Sorger J, Steinlechner H, et al. Vis-A-Ware: Integrating Spatial and Non-Spatial Visualization for Visibility-Aware Urban Planning[J]. IEEE TVCG, 2017, 23(2): 1139-1151.

[72] Bach B, Dachselt R, Carpendale S, et al. Immersive Analytics: Exploring Future Interaction and Visualization Technologies for Data Analytics[C]// Proceedings of ACM ISS, ACM, 2016: 529-533.

[73] Huang X, Zhao Y, Ma C, et al. TrajGraph: A Graph-based Visual Analytics Approach to Studying Urban Network Centralities Using Taxi Trajectory Data[J].IEEE TVCG, 2016, 22(1): 160-169.

[74] Guo H, Wang Z, Yu B, et al. TripVista: Triple Perspective Visual Trajectory Analytics and Its Application on Microscopic Traffic Data at a Road Intersection[C]// Proceedings of IEEE Pacific Visualization Symposium, IEEE Computer Society, 2011: 163-170.

[75] Andrienko G L, Andrienko N V, Jankowski P, et al. Geovisual Analytics for Spatial Decision Support: Setting The Research Agenda[J]. International Journal of Geographical Information Science, 2007, 21(8): 839-857.

[76] Andrienko G L, Andrienko N V, Demsar U, et al. Space, Time and Visual Analytics[J]. International Journal of Geographical Information Science, 2010, 24(10): 1577-1600.

[77] Yang Y, Dwyer T, Jenny B, et al. Origin-Destination Flow Maps in Immersive Environments[J]. IEEE Trans. Vis. Comput. Graph., 2019, 25(1): 693-703.

[78] Cybulski J, Saundage D, Keller S, et al. Immersive and Collaborative Analytics[EB/OL]. Http://Visanalytics.Org/Info/Projects/Immersive-And-Collaborative-DecisIon-Making-Environments/.

[79] Yoo S. Mapping The 'End Austerity Now' Protest Day in Central London Using a 3D Twitter Density Grid[J]. Regional Studies, Regional Science, 2016, 3(1): 199-201.

[80] Moran A, Gadepally V, Hubbell M, et al. Improving Big Data Visual Analytics with Interactive Virtual Reality[C] //Proceedings of IEEE HPEC, IEEE, 2015: 1-6.

[81] Taqtile. HoloMaps[EB/OL].http://www.Taqtile.Com/Holomaps/.

[82] Chen Z, Wang Y, Sun T, et al. Exploring the Design Space of Immersive Urban Analytics[J]. Visual Informatics, 2017, 1(2): 132-142.

[83] Tufte E R, Goeler N H, Benson R. Envisioning Information [M]. Cheshire: Graphics Press, 1990.

[84] He K, Zhang X, Ren S, et al. Deep Residual Learning for Image Recognition[C]// Proceedings of the IEEE Conference on Computer Vision and Pattern Recognition.2016: 770-778.

[85] Cade Metz Business, Artificial Intelligence Is Setting Up The Internet For A Huge Clash With Europe[EB/OL]. 2016.https://Www.Wired.Com/2016/07/Artificial-Intelligence-Setting-Internet-H Uge-Clash-Europe.

[86] Gunning D. Explainable Artificial Intelligence (XAI)[Z]. Defense Advanced Research Projects Agency (DARPA), Nd Web, 2017, 2.

[87] Zhang Q, Nian Wu Y, Zhu S C. Interpretable Convolutional Neural Networks[C]// Proceedings of The IEEE Conference On Computer Vision And Pattern Recognition, 2018: 8827-8836.

[88] Zhou B, Bau D, Oliva A, et al. Interpreting Deep Visual Representations Via Network Dissection[J]. IEEE Transactions On Pattern Analysis And Machine Intelligence,2018, 41(9): 2131-2145.

[89] 姜流, 刘世霞, 雷娜. 基于可视分析的可解释深度学习 [J]. 中国计算机学会通讯, 2019, 15(3):29-35.

[90] Paiva J G S, Schwartz W R, Pedrini H, et al. An Approach To Supporting Incremental Visual Data Classification[J]. IEEE TVCG, 2014, 21(1): 4-17.

[91] Tzeng F Y, Ma K L. Opening The Black Box-Data Driven Visualization of Neural Networks[C] // Proceedings of IEEE Visualization Conference. 2005: 383-384.

[92] Zahavy T, Ben-Zrihem N, Mannor S. Graying the Black Box: Understanding DQNS[C] // International Conference On Machine Learning. 2016: 1899-1908.

[93] Rauber P E, Fadel S G, Falcao A X, et al. Visualizing The Hidden Activity of Artificial Neural Networks[J]. IEEE TVCG, 2016, 23(1): 101-110.

[94] Harley A W. An Interactive Node-Link Visualization of Convolutional Neural Networks[C] // International Symposium On Visual Computing. 2015: 867-877.

[95] Maaten L V D, Hinton G. Visualizing Data Using t-SNE[J]. Journal of Machine Learning Research, 2008, 9(11): 2579-2605.

[96] Lecun Y, Bengio Y, Hinton G. Deep Learning[J]. Nature, 2015, 521(7553): 436-444.

[97] Craven M W, Shavlik J W. Visualizing Learning And Computation In Artificial Neural Networks[J]. International Journal On Artificial Intelligence Tools, 1992, 1(03): 399-425.

[98] Streeter M J, Ward M O, Alvarez S A. Nvis: An Interactive Visualization Tool For Neural Networks[C] //Visual Data Exploration And Analysis VIII, 2001: 234-241.

[99] Liu M, Shi J, Li Z, et al. Towards Better Analysis of Deep Convolutional Neural Networks[J]. IEEE TVCG, 2016, 23(1): 91-100.

[100] Kahng M, Andrews P Y, Kalro A, et al. ActiVis: Visual Exploration of Industry-Scale Deep Neural Network Models[J]. IEEE TVCG, 2017, 24(1): 88-97.

[101] Wongsuphasawat K, Smilkov D, Wexler J, et al. Visualizing Dataflow Graphs of Deep Learning Models In TensorFlow[J]. IEEE TVCG, 2017, 24(1): 1-12.

[102] Strobelt H, Gehrmann S, Pfister H, et al. LSTMVis: A Tool For Visual Analysis of Hidden State Dynamics In Recurrent Neural Networks[J]. IEEE TVCG, 2017,24(1): 667-676.

[103] Ming Y, Cao S, Zhang R, et al. Understanding Hidden Memories of Recurrent Neural Networks[C] // Proceedings of IEEE VAST. 2017: 13-24.

[104] Hohman F, Park H, Robinson C, et al. SUMMIT: Scaling Deep Learning Interpretability By Visualizing Activation And Attribution Summarizations[J]. IEEE TVCG, 2019, 26(1): 1096-1106.

[105] Ming Y, Qu H, Bertini E. RuleMatrix: visualizing and understanding classifiers with rules[J]. IEEE TVCG, 2018, 25(1): 342-352.

[106] Simonyan K, Zisserman A. Very Deep Convolutional Networks For Large-Scale Image Recognition[J]. Arxiv Preprint, Arxiv:1409.1556, 2014.

[107] Krizhevsky A. Learning Multiple Layers of Features From Tiny Images[D]. Montreal: University of Montreal, 2009.

[108] Krizhevsky A, Sutskever I, Hinton G E. Imagenet Classification With Deep Convolutional Neural Networks[C] //Advances In Neural Information Processing Systems, 2012: 1097-1105.

[109] Sun S, Chenw,Wang L, et al. On The Depth of Deep Neural Networks: A Theoretical View[C] // Proceedings of AAAI, 2016: 2066-2072.

[110] Alsallakh B, Hanbury A, Hauser H, et al. Visual Methods For Analyzing Probabilistic Classification Data[J]. IEEE TVCG, 2014, 20(12): 1703-1712.

[111] Amershi S, Chickering M, Drucker S M, et al. ModelTracker: Redesigning Performance Analysis Tools For Machine Learning[C] // Proceedings of CHI, 2015: 337-346.

[112] Ren D, Amershi S, Lee B, et al. Squares: Supporting Interactive Performance Analysis For Multiclass Classifiers[J]. IEEE TVCG, 2016, 23(1): 61-70.

[113] Orr G B, M¨Uller K R. Neural Networks: Tricks of The Trade[M]. New York: Springer,2003.

[114] Google. TensorFlow[EB/OL]. 2017.https://WWW.Tensorflow.Org.

[115] Nvidia. Nvidia Digits:Interactive Deep Learning GPU Training System [EB/OL]. 2017. https://Developer.Nvidia.Com/Digits.

[116] Liu M, Shi J, Cao K, et al. Analyzing the Training Processes of Deep Generative Models[J]. IEEE TVCG, 2017, 24(1): 77-87.

[117] Liu M, Liu S, Su H, et al. Analyzing the Noise Robustness of Deep Neural Networks[C]// Proceedings of IEEE VAST, 2018: 60-71.

[118] Liu S, Xiao J, Liu J, et al. Visual Diagnosis of Tree Boosting Methods[J]. IEEE TVCG, 2017, 24(1): 163-173.

[119] Zhang J, Wang Y, Molino P, et al. Manifold: A Model-Agnostic Framework For Interpretation and Diagnosis of Machine Learning Models[J]. IEEE TVCG, 2018, 25(1): 364-373.

[120] Arjovsky M, Chintala S, Bottou L. Wasserstein GAN[J]. Arxiv Preprint Arxiv:1701.07875, 2017.

[121] Goodfellow I, Pouget-Abadie J, Mirza M, et al. Generative Adversarial Nets[C]//Advances In Neural Information Processing Systems. 2014: 2672-2680.

[122] Kingma D P, Ba J. Adam: A Method For Stochastic Optimization.[C]// Proceedings of ICLR. 2015: 13-13.

[123] Sutskever I, Martens J, Dahl G, et al. On The Importance of Initialization And Momentum In Deep Learning[C] // Proceedings of ICML. 2013: 1139-1147.

[124] Nikhil Thorat Daniel Smilkov C N. Embedding Projector—Visualization of Highdimensional Data[EB/OL]. 2016. http://Projector.Tensorflow.Org.

[125] Wang X, Liu S, Liu J, et al. TopicPanorama: A Full Picture of Relevant Topics[J].IEEE TVCG, 2016, 22(12): 2508-2521.

[126] Choo J, Lee C, Reddy C K, et al. UTOPIAN: User-Driven Topic Modeling Based On Interactive Nonnegative Matrix Factorization[J]. IEEE TVCG, 2013, 19(12): 1992-2001.

[127] Paiva J G, Florian L, Pedrini H, et al. Improved Similarity Trees and Their Application To Visual Data Classification[J]. IEEE TVCG, 2011, 17(12) : 2459-2468.

[128] 巫英才, 崔为炜, 宋阳秋, 等. 基于主题的文本可视分析研究 [J]. 计算机辅助设计与图形学学报, 2012, 24(10): 1266-1272.

[129] Lee D D, Seung H S. Learning the Parts of Objects by Non-Negative Matrix Factorization[J]. Nature, 1999, 401(6755): 788-791.

[130] Settles B. Synthesis Lectures on Artificial Intelligence and Machine Learning: Active Learning[M]. Williston: Morgan & Claypool, 2012.

[131] Chen J, Zhu J, Wang Z, et al. Scalable Inference for Logistic-Normal Topic Models[C]//Advances In Neural Information Processing Systems, 2013: 2445-2453.

[132] Liu M, Liu S, Zhu X, et al. An Uncertainty-Aware Approach for Exploratory Microblog Retrieval[J]. IEEE TVCG, 2015, 22(1): 250-259.

[133] Wei F, Li W, Lu Q, et al. Query-Sensitive Mutual Reinforcement Chain and Its Application in Query-Oriented Multi-Document Summarization[C] //Proceedings of ACM SIGIR, 2008: 283-290.

[134] Wang J, Gou L, Shen H W, et al. DQNViz: A Visual Analytics Approach to Understand Deep Q-Networks[J]. IEEE TVCG, 2018, 25(1): 288-298.

[135] Kwon B C, Choi M-J, Kim J T, et al. RetainVis: Visual Analytics with Interpretable and Interactive Recurrent Neural Networks on Electronic Medical Records[J].IEEE TVCG, 2018, 25(1): 299-309.

[136] Chung S, Suh S, Park C, et al. ReVACNN: Real-Time Visual Analytics for Convolutional Neural Network[C]//Proceedings of ACM SIGKDD Workshop on Interactive Data Exploration and Analytics. 2016.

[137] Pezzotti N, HÖllt T, Van Gemert J, et al. DeepEyes: Progressive Visual Analytics For Designing Deep Neural Networks[J]. IEEE TVCG, 2017, 24(1): 98-108.

[138] Ming Y, Xu P, Chen G F, et al. ProtoSteer: Steering Deep Sequence Model with Prototypes[J]. IEEE TVCG, 2019, 26(1): 238-248.

[139] Wang Q, Ming Y, Jin Z, et al. ATMSeer: Increasing Transparency and Controllability in Automated Machine Learning[C] // Proceedings of CHI, 2019: 1-12.

多源不确定数据挖掘方法与技术

04

数据挖掘旨在基于智能分析技术发掘数据内蕴价值，是实现大数据分析从数据到知识转化的重要环节。在大数据环境下，数据的多源异构性质以及任务的不确定性给现有数据挖掘技术带来诸多挑战，具体表现为数据形态多样散乱、任务先验知识缺乏、语义监督信息低质等。针对上述挑战，本章围绕多源异构数据的多度量学习和先验缺乏任务的数据挖掘，形成一系列适用于多源不确定大数据环境的鲁棒挖掘方法与技术。

4.1 针对多源异构数据的多度量学习

度量学习是通过数据学习对象间相似性度量的一种机器学习方法，输出的度量可供分类等下游任务。实际任务面临着多源异构数据的挑战，数据本身或者数据之间的关联关系具有多样化、模糊化、异构化等特性。因此面对多源异构数据，传统的度量学习方法的单一度量无法有效挖掘对象的内在联系。本章首先引入多度量概念，对度量学习进行扩展，将单一的度量扩展到多个度量，自然地适应对象之间异构多样的关联要求。其次通过两个不同的场景，对多度量"平面化"和"立体化"的拓展进行考量。在单一空间中，多个度量能够刻画数据在不同特征情况下的多样性，因此特征空间中的多个度量增强了模型的表示能力，能够应对更复杂的场景。对于多样的度量，本章介绍了一种有效的模型正则方式，能够自适应地设定多个度量的数目，避免度量的过度分配或者分配不足。此外，多个度量也可用于解释对象的关联程度，用于对数据中的歧义性进行分解，每一个度量分别对应一个语义。通过对某个模糊的对象关联，选择或融合一个或多个度量进行解释，从而挖掘对象之间的多样化语义。这两种方法均在实验上展示出较好的效果，同时有较强的可解释性。本章最后对这两种方法进行总结。

4.1.1 多度量学习

首先，简单介绍度量学习的基本概念和距离度量的数学定义；然后，给出度量学习的优化目标和算法的评测方法；最后，简单介绍多度量学习及与多度量学习领域相关的工作。

4.1.1.1 度量学习

度量学习 (metric learning) 是一种重要的特征表示学习方法，它利用对象之间的关联关系，从数据中学习出能用于度量对象之间相似性关系的模型。广泛来说，度量学习学到一种特征表示空间，在该特征表示空间中，语义上相似的样本之间的距离较小，而不相似的样本之间距离较大。这意味着，在度量学习学到的特征表示空间中，样本之间的距离度量能反映数据之间的关系。学习得到的度量除了可以辅助近邻分类与聚类问题，也广泛用于以下领域：多任务学习[1]，图像检索[2,3]，人物识别[4-6]，跨领域物体识别[7]，网络关系学习[8,9]，推荐系统[10] 等。度量学习方法的综述可参见文献 [11–13]。

度量学习考虑如何更好地描述、利用对象之间的关系，最初由 Xing 等[14] 提出，通过约束两样本之间的相似关系学习一种线性的距离度量，辅助样本聚类。度量学习训练过程中使用的辅助信息 (side information) 是一种弱监督信息 (weak supervision information)，这种信息不但在大多数情况下能够被广泛获取，而且描述了对象之间的高阶语义。例如，在社交网络中，能够很容易地确定两个用户之间是否存在好友关系或者交互记录，但是如果要定义分组，则很难将每个用户划归到某一类别。同时，在利用对象关系的过程中，能够辅助挖掘有效的对象表示，以及对象之间的语义关系，为后续任务提供帮助。

度量学习中利用的辅助信息主要包含二元组 (pairwise) 和三元组 (triplet) 等表示形式。在一个二元组中，两个样本之间存在明确的相似或不相似关系，即 "必连 (must-link)" 和 "勿连 (cannot-link)"[15]。大多数情况下可通过原始类别定义二元相似关系，如指定同类样本相似，而异类样本不相似。例如，图 4.1(a) 中两张图片都表示 "鸟"，因此相似；而图 4.1(b) 中两张图片分别为 "鹿" 和 "水杯"，因此不相似。实际中有时存在二元相似关系很难界定的情况[16]。例如，图 4.1(a) 中虽然两张图片都表示 "鸟"，但第一张图片是知更鸟，而第二张图片是麻雀；图 4.1(b) 中虽然两张图不是同一对象，但水杯的把手部分有鹿的形状。在这种 "模糊" 的情况下，为更好地反映对象之间的相似性，可以在二元组中引入新的对象，构成三元组，根据两个样本之间的比较关系，清晰地反映对象的关联性质。图 4.2 展示了 2 个三元组，其中，前两个对象比第一、第三个对象构成的样本对更加相似。如图 4.2(a) 中，两张知更鸟的图像更相似，而知更鸟和麻雀相对不相似；图 4.2(b) 中比起普通的水杯，把手部分呈现鹿的形状的水杯与鹿更相似。这种概念被用于从数据中抽取三元组关联关系[17]。三元组在文献 [18,19] 等算法中被进一步使用，这些算法验证了三元组对于距离度量泛化能力的帮助。其他类型的关联关系也被用于辅助学习更好的度量，如等式关系[20]、四元组关系[21]。

4.1.1.2 距离度量的定义和性质

度量学习关注样本之间的相关关系。样本之间的联系可以使用不同的方式进行度量。给定一对样本 $(\boldsymbol{x}_i, \boldsymbol{x}_j)$，样本之间的欧氏距离 (Euclidean distance) 被定义为

$$\mathrm{Dis}_I(\boldsymbol{x}_i, \boldsymbol{x}_j) = \sqrt{(\boldsymbol{x}_i - \boldsymbol{x}_j)^{\mathrm{T}}(\boldsymbol{x}_i - \boldsymbol{x}_j)} = \sqrt{\sum_{d'=1}^{d}(\boldsymbol{x}_{i,d'} - \boldsymbol{x}_{j,d'})^2}, \tag{4.1}$$

(a) 相似样本对

(b) 不相似样本对

图 4.1　二元组对象间的相似与不相似关系

(a) 三元组1　　　　　　　　　　　　　　(b) 三元组2

图 4.2　对象构成的三元组的两个例子

即两个向量对应维度元素差的平方相加后，再开方。欧氏距离认为不同的特征重要性相同，且不同的特征之间是独立的，这一点假设在大多数情况下并不成立。对于样本的多维特征，会存在相关性和差异性。如描述某个用户的行为，可以考虑用户在不同时间段对商品的点击率，由于时间段的不同，往往点击率的比重也不同，比如有时更加邻近的时间段的统计量更加重要，欧氏距离无法反映这一性质，因此，往往采用更加通用的马哈拉诺比斯距离 (Mahalanobis distance) 度量两个样本之间的差异性：

$$\mathrm{Dis}_{\boldsymbol{M}}(\boldsymbol{x}_i, \boldsymbol{x}_j) = \sqrt{(\boldsymbol{x}_i - \boldsymbol{x}_j)^{\mathrm{T}} \boldsymbol{M} (\boldsymbol{x}_i - \boldsymbol{x}_j)}, \tag{4.2}$$

式中，$\boldsymbol{M} \in \mathcal{S}_d^+$ 为 $d \times d$ 大小的半正定矩阵，反映了 d 维特征的权重以及特征之间的关联性。可以看出，当令 $\boldsymbol{M} = \boldsymbol{I}$ 时，马哈拉诺比斯距离退化为欧氏距离。假设有投影矩阵 $\boldsymbol{L} \in \mathbb{R}^{d \times d'}$，且有 $\boldsymbol{L}\boldsymbol{L}^{\mathrm{T}} = \boldsymbol{M}$，则马哈拉诺比斯距离可以表示为

$$\mathrm{Dis}_{\boldsymbol{L}}(\boldsymbol{x}_i, \boldsymbol{x}_j) = \sqrt{(\boldsymbol{x}_i - \boldsymbol{x}_j)^{\mathrm{T}} \boldsymbol{L}\boldsymbol{L}^{\mathrm{T}} (\boldsymbol{x}_i - \boldsymbol{x}_j)} = \sqrt{\|\boldsymbol{L}^{\mathrm{T}}(\boldsymbol{x}_i - \boldsymbol{x}_j)\|_F^2}. \tag{4.3}$$

因此，马哈拉诺比斯距离可以看作原始空间在使用 $\boldsymbol{L}$ 投影之后，在新空间中使用欧氏距离对样本关系进行度量。实际算法中，考虑到优化的性质，常使用平方之后的马哈拉诺比斯距离，标记为 $\mathrm{Dis}_{\boldsymbol{M}}^2(\boldsymbol{x}_i, \boldsymbol{x}_j)$ 或 $\mathrm{Dis}_{\boldsymbol{L}}^2(\boldsymbol{x}_i, \boldsymbol{x}_j)$。由于距离是非负的，平方之后并不会影响对象之间的相对距离关系。

某个空间中的度量是使用距离函数定义的。对于空间中任意的 $\boldsymbol{x}_i, \boldsymbol{x}_j, \boldsymbol{x}_l$，该距离函数需要满足如下 4 个性质。

非负性：$\mathrm{Dis}(\boldsymbol{x}_i, \boldsymbol{x}_j) \geqslant 0$；

自反性：$\mathrm{Dis}(\boldsymbol{x}_i, \boldsymbol{x}_j) = 0$ 当且仅当 $\boldsymbol{x}_i = \boldsymbol{x}_j$；

对称性：$\mathrm{Dis}(\boldsymbol{x}_i, \boldsymbol{x}_j) = \mathrm{Dis}(\boldsymbol{x}_j, \boldsymbol{x}_i)$；

满足三角不等式: $\mathrm{Dis}(\boldsymbol{x}_i, \boldsymbol{x}_l) \leqslant \mathrm{Dis}(\boldsymbol{x}_i, \boldsymbol{x}_j) + \mathrm{Dis}(\boldsymbol{x}_j, \boldsymbol{x}_l)$。

从上述性质可以看出, 由于马哈拉诺比斯距离中的度量矩阵 $\boldsymbol{M}$ 是半正定的, 并不满足 "自反性", 因此, 基于马哈拉诺比斯距离学习的距离度量也被称为 "伪距离度量 (pseudo metric)" [19]。本书中若无特指, "距离度量" 都是指由马哈拉诺比斯距离引入的度量。

度量对象之间相关性的方法除了距离, 也可以使用相似度。一般相似度的定义条件相比距离而言更加宽松, 如余弦相似度 (cosine similarity) 定义为

$$\mathrm{Sim}(\boldsymbol{x}_i, \boldsymbol{x}_j) = \frac{\langle \boldsymbol{x}_i, \boldsymbol{x}_j \rangle}{\|\boldsymbol{x}_i\| \|\boldsymbol{x}_j\|}, \tag{4.4}$$

即归一化之后两个向量的内积 (余弦值)。有时也直接使用未归一化向量的内积作为一种相似度的度量方式。

4.1.1.3　度量学习的优化目标

度量学习考虑采用训练数据学习有效的合适的距离或相似度。不同于传统的监督学习, 度量学习利用弱监督信息 (即样本对的关联关系) 进行学习。这种不同于类别标记的关系为学习提供了 "关联辅助信息 (side information)", 而度量学习预期获得一种距离或相似性度量, 使得基于该度量相似样本之间的距离较小, 不相似样本之间的距离较大。

关联辅助信息具有不同的形式。最常用的有二元样本对信息 (pairwise) 和三元组信息 (triplet)。二元信息的形式表示为样本索引集合 $\mathcal{P}$, 对于 $\mathcal{P}$ 中任意一个元素 $\tau = (i, j)$ 包含一对样本的索引 i 和 j。使用 $q_{ij} = \mathbb{I}[y_i = y_j] \in \{-1, 1\}$ 表示两个样本是否相似 (类别是否相同)。如果样本 $\boldsymbol{x}_i$ 与 $\boldsymbol{x}_j$ 相似, 则 q_{ij} 为 1, 否则为 -1。类似地, 对于三元组信息, 样本索引集合记为 $\mathcal{T}$。其中每一个三元组也记为 $\tau = (i, j, l)$, 表示两个样本对之间的关系。其中, 对于参考样本 $\boldsymbol{x}_i$, 其目标近邻 (target neighbor) 为 $\boldsymbol{x}_j$, 而不相似对象 (imposter) 为 $\boldsymbol{x}_l$。此时 τ 定义三个样本之间的距离比较关系, 相比于 $\boldsymbol{x}_l$, $\boldsymbol{x}_i$ 和 $\boldsymbol{x}_j$ 更加相似。使用符号 $(i, j) \sim \mathcal{P}$ 和 $(i, j, l) \sim \mathcal{T}$ 表示从二元组或三元组集合中进行一次元素索引的抽取。标记集合 $\mathcal{P}$、$\mathcal{T}$ 中元素的数目分别为 P 和 T。

利用关联辅助信息, 可以通过训练数据对距离度量进行学习。以马哈拉诺比斯距离度量矩阵 $\boldsymbol{M}$ 的学习过程为例, 利用二元组信息时, 目标函数为

$$\min_{\boldsymbol{M} \succeq 0} \frac{1}{P} \sum_{(i,j) \sim \mathcal{P}} \ell(q_{ij}(\gamma - \mathrm{Dis}_{\boldsymbol{M}}^2(\boldsymbol{x}_i, \boldsymbol{x}_j))) + \Omega(\boldsymbol{M}), \tag{4.5}$$

式中, γ 为非负阈值; ℓ 为标量输入的损失函数。例如, 考虑损失 $\ell = [1 - x]_+$, 则通过优化上述目标, 使得相似样本的距离尽可能小于 $(\gamma - 1)$, 而不相似样本之间的距离尽可能大于 $(\gamma + 1)$, 因此使得相似的样本距离小, 而不相似的样本距离大。由于距离非负, 因此考虑到优化的简便性, 目标函数中一般优化马哈拉诺比斯距离的平方。约束条件 $\boldsymbol{M} \succeq 0$ 要求矩阵 $\boldsymbol{M}$ 半正定。

对于三元组信息, 则优化如下的目标函数:

$$\min_{\boldsymbol{M} \succeq 0} \frac{1}{T} \sum_{(i,j,l) \sim \mathcal{T}} \ell(\mathrm{Dis}_{\boldsymbol{M}}^2(\boldsymbol{x}_i, \boldsymbol{x}_l) - \mathrm{Dis}_{\boldsymbol{M}}^2(\boldsymbol{x}_i, \boldsymbol{x}_j)) + \Omega(\boldsymbol{M}), \tag{4.6}$$

通过式 (4.6) 的优化, $(\boldsymbol{x}_i, \boldsymbol{x}_k)$ 的距离会比 $(\boldsymbol{x}_i, \boldsymbol{x}_j)$ 的距离大。文献 [18] 考虑使用 $\ell = [1-x]_+$ 作为损失函数, 使得不相似的样本之间的距离不但要比对应的相似的样本距离大, 而且同时要保持一个间隔 (margin), 这在实际应用中能使得度量空间有更好的类别结构信息, 并增强模型的泛化能力。

4.1.1.4 度量学习算法评测

考虑到度量学习在学习过程中使得相似的样本之间距离小, 不相似的样本之间距离大, 因此, 度量学习算法中大多使用基于所学距离/相似度的 k 近邻算法进行评测。即对任意的测试样本, 基于学到的距离度量, 计算该样本与所有训练样本之间的距离, 其中最近的 k 个样本进行投票, 对该样本进行预测。

考虑到马哈拉诺比斯距离计算的复杂性, 当学到马哈拉诺比斯距离度量后, 应首先对其进行分解, 利用投影后的欧氏距离简化马哈拉诺比斯距离的计算。例如, 对于马哈拉诺比斯距离度量半正定矩阵 $\boldsymbol{M}$ 进行特征值分解 (eigen-decomposition), $\boldsymbol{M} = \boldsymbol{U}\boldsymbol{V}\boldsymbol{U}^{\mathrm{T}}$, 其中 $\boldsymbol{U}$ 为特征向量组成的正交矩阵, $\boldsymbol{V}$ 是由特征值构成的对角矩阵, 且所有元素均非负。令 $\boldsymbol{V}^{\frac{1}{2}}$ 表示对所有元素做开方, 可以得到投影矩阵 $\boldsymbol{L} = \boldsymbol{U}\boldsymbol{V}^{\frac{1}{2}}$ 且 $\boldsymbol{L}\boldsymbol{L}^{\mathrm{T}} = \boldsymbol{M}$。因此, 对于训练和测试样本先使用 $\boldsymbol{L}$ 进行投影, 然后在投影后的空间中使用欧氏距离实现 k 近邻, 能够极大程度地减轻计算负担。

在深度度量学习的任务中[22-25], 使用聚类和检索的指标对学到的度量表示空间进行评测, 如规范化互信息 (normalized mutual information, NMI) 和 k 位召回率。

4.1.1.5 多度量学习

由于基于马哈拉诺比斯距离的度量学习本身可以看作在使用投影矩阵 $\boldsymbol{L}$ 进行线性变换之后使用欧氏距离度量样本间的关系, 因此, 学到的特征表示和原始表示相比, 呈一种线性变换关系。为了构建非线性的度量, 可以在空间中使用多个度量, 不同的局部区域使用不同的度量距离。

如文献 [19] 提出 LMNN 的多度量扩展, 针对每一个簇学习一个度量, 在有新样本时, 使用训练集中所有样本隶属类别的度量计算对应的距离进行评测。具体而言, 对样本对 $(\boldsymbol{x}_i, \boldsymbol{x}_j)$, 假设其对应的度量为使用样例 $\boldsymbol{x}_j$ 的标签 $\boldsymbol{y}_j$ 所指示的度量 $\boldsymbol{M}_{\boldsymbol{y}_j}$:

$$\min \frac{1}{T} \sum_{(i,j,l)\sim\mathcal{T}} [1 - \mathrm{Dis}^2_{\boldsymbol{M}_{\boldsymbol{y}_l}}(\boldsymbol{x}_i, \boldsymbol{x}_l) + \mathrm{Dis}^2_{\boldsymbol{M}_{\boldsymbol{y}_j}}(\boldsymbol{x}_i, \boldsymbol{x}_j)]_+ + \lambda \sum_{(i,j)\sim\mathcal{P}} \mathrm{Dis}^2_{\boldsymbol{M}_{\boldsymbol{y}_j}}(\boldsymbol{x}_i, \boldsymbol{x}_j). \quad (4.7)$$

多度量的方案也能够扩展到为每一个样本学习一个度量, 但这种方式往往需要在训练过程中包含所有 (无标记的) 测试样本, 增加了模型的复杂度并容易过拟合[26]。文献 [27] 提出一种稀疏组合度量学习 (sparse compositional metric learning, SCML), 即通过训练数据预生成一组基矩阵, 并假设多个度量矩阵均通过这组基非负加权求和构成。SCML 针对不同局部区域的样本和对应基的系数之间建立不同的参数化映射, 通过优化参数映射的系数使得不同的样本具有不同的度量, 并能够确定新样本的度量。鉴于参数化映射无法适用于所有情况, 且预生成的基矩阵无法有效反映数据的性质, 文献 [28] 提出样本特定子空间学习 (instance specific metric subspace), 利用贝叶斯方式为每一个样本构建子空间。某个样例 $\boldsymbol{x}_i$ 在度量矩阵 $\boldsymbol{M}_{\boldsymbol{y}_i}$ 与其余 $(N-1)$ 个样例的集合 $\boldsymbol{x}_j(j \neq i)$ 下产生的概率可定义

为 $\frac{1}{N-1}\sum_{j\neq i}\mathcal{N}(\boldsymbol{x}_i\mid\boldsymbol{x}_j,\boldsymbol{M}_{\boldsymbol{y}_i}^{-1})$，即样本度量的选择可以放置在对应度量产生的特定子空间中，并用高斯分布 $\mathcal{N}$ 进行刻画。对子空间的选择可以使用多项分布进行描述，得到样本在局部度量集合和子空间指示变量下的条件分布。最终通过变分的方式推断出每个样本的度量分布。对于新的样本，也可以使用类似的方式进行推断。

4.1.1.6　多度量学习的相关工作

全局度量学习方法是使用单一的度量矩阵对所有可能的样本对进行比较，不同于全局度量学习方法，局部度量学习方法不局限于单一类型的特征关系，而是进一步考虑空间中数据的异质性 (heterogeneity)。例如，基于不同的局部区域[19] 构建[27,29] 或生成[30] 多个度量矩阵。此外，还有一些方法考虑将距离度量扩展至训练集中每一个样本，进一步增强分类性能[26,31]。虽然这些方法为不同局部分配多个度量，但由于这些方法完全依赖于标签中的语义，将标签中的信息当做所有的指导信息。同时，对于每一个样本，这些方法仅能使用当前局部代表的度量矩阵，而无法同时考虑多种不同的语义信息。

社交网络领域的研究工作考虑用户的个性，并以此对用户之间的关系进行挖掘[32,33]。在度量学习的研究领域中，文献 [34] 和 [35] 利用度量矩阵考虑对象关联中的语义。但前者只限于考虑标签中的语义，后者只能模拟 "噪声或运算 (noisy or)" 导致的语义关系。此外，文献 [36] 和 [37] 在对数据可视化时考虑多个投影映射，但容易造成数据中的多样化语义集中于某个投影空间的现象。

深度度量学习 (deep metric learning) 利用深度神经网络作为样本的特征表示函数，并利用二元或三元组信息来监督学习过程。样本对中不同的样例共享特征表示函数，不同性质的损失函数可以提升聚类和检索的性能[3,22,23,25]。

4.1.2　应对动态异构成分的多度量学习

在开放动态环境中，由于语义的多样性，往往需要对异构成分进行学习。在多度量学习的应用场景下，进一步提出对多个度量的自适应选择和调整。首先引入在学习多个局部度量时对全局度量考虑的主要思想，然后介绍这种利用全局度量的自适应多度量学习方法框架，最后给出该框架的实现方法以及优化策略。

4.1.2.1　Lift 框架的主要思想

全局马哈拉诺比斯距离度量假设空间中的所有样本都使用同一个马哈拉诺比斯度量矩阵计算相似性，而异构数据中不同局部存在不同的度量关系。为了刻画异构样本之间的复杂关系，已有的文献通过分配多个度量 $\boldsymbol{M}_K=\{\boldsymbol{M}_1,\cdots,\boldsymbol{M}_K\}$ 分别对应不同局部的数据。不同于在数据中直接学习 K 个度量矩阵，本书利用基于全局度量学习局部度量偏差的思路，基于全局度量矩阵 $\boldsymbol{M}_0$ 学习 $\{\boldsymbol{M}_k=\boldsymbol{M}_0+\Delta\boldsymbol{M}_k\}_{k=1}^K$。在全局度量和局部偏差的组合中，全局度量矩阵 $\boldsymbol{M}_0$ 代表对全体数据通用的、全局的特征建模，而局部偏差 $\Delta\boldsymbol{M}_k$ 用于刻画不同局部区域的特性。为保证 $\boldsymbol{M}_k$ 是有效的度量，一般要求 $\Delta\boldsymbol{M}_k\in\mathcal{S}_d^+$ 为半正定矩阵，这增加了计算的负担并且限制了模型的表示能力。考虑学习全局度量投影以及多个度量投影偏移 $\{\boldsymbol{L}_k=\boldsymbol{L}_0+\Delta\boldsymbol{L}_k\}_{k=1}^K$ 以产生 $\{\boldsymbol{M}_k=\boldsymbol{L}_k\boldsymbol{L}_k^{\mathrm{T}}\}_{k=0}^K$。记 $\mathcal{L}_K=\{\Delta\boldsymbol{L}_1,\cdots,\Delta\boldsymbol{L}_K\}$，度量 (投影) 偏移和全局 (投影) 的并集表示为 $\hat{\mathcal{M}}_K(\hat{\mathcal{L}}_K)$。

学习多个度量投影 $\hat{\mathcal{L}}_K$ 相比于直接学习度量矩阵的优势主要有：学习投影并不需要每次优化都进行半正定矩阵投影，从而加速了优化过程。同时，通过优化投影一般可以获得低秩的度量矩阵，一般在检索应用中会有更好的效果。尽管优化投影使得目标函数非凸，但根据以往的实验研究[19,38,39]，投影的优化也能得到接近全局最优的解。文献 [40] 和 [39] 通过度量矩阵的形式构建多个局部度量，但是由于度量矩阵偏差的半正定性，使得局部距离大于全局距离，从而无法完全表示局部的特性。通过优化投影矩阵，克服了局部偏差的单向性修正，使得局部度量可以消除全局度量中的无效和冗余的特征表示。

对于第 k 个局部区域，假设包含从局部分布 $\mathcal{Z}_k$ 中抽样的 N_k 个样本 $\{\boldsymbol{z}_i^k = (\boldsymbol{x}_i^k, \boldsymbol{y}_i^k)\}_{i=1}^{N_k}$。类似地，使用 q_{ij}^k 表示局部样本 $\boldsymbol{z}_i^k$ 和 $\boldsymbol{z}_j^k$ 之间的标记是否相同。局部辅助信息集合为 $\{\mathcal{P}_k\}_{k=1}^K$，且 $\mathcal{P}_k$ 包含 $\dfrac{1}{\mu_k} = N_k(N_k - 1)$ 个样本对。考虑两种不同类型的样本"局部"。局部可能来源于对全局空间的 K 个划分，不同划分中的样本不重叠，此时有 $N = \sum_{k=1}^K N_k$。此外，多语义环境中不同的局部表示对数据的不同视图，每一个视图都包含 N 个样本，但视图内每一个样本的权重和视图对应的语义相关。记所有局部区域样本对之和为 $\dfrac{1}{\mu'} = \sum_{k=1}^K N_k(N_k - 1)$。

全局度量投影的作用可以从两个方面考虑。首先，当有固定的全局投影 $\boldsymbol{L}_0$ 时，第 k 个局部投影可以通过目标 (式 (4.8)) 进行学习。

$$
\begin{aligned}
\min_{\Delta \boldsymbol{L}_k} \ & \mu_k \sum_{(\boldsymbol{z}_i^k, \boldsymbol{z}_j^k) \sim \mathcal{P}_k} \ell(q_{ij}^k(\gamma - \mathrm{Dis}^2_{\underbrace{\boldsymbol{L}_0 + \Delta \boldsymbol{L}_k}_{\boldsymbol{L}_k}}(\boldsymbol{x}_i^k, \boldsymbol{x}_j^k))) + \lambda \|\Delta \boldsymbol{L}_k\|_F^2 \\
= \ & \epsilon_{\mathcal{P}_k}(\underbrace{\boldsymbol{L}_0 + \Delta \boldsymbol{L}_k}_{\boldsymbol{L}_k}) + \lambda \|\Delta \boldsymbol{L}_k\|_F^2,
\end{aligned}
\tag{4.8}
$$

式中，γ 为预定义阈值；$\ell(\cdot)$ 为凸损失函数；λ 为有偏正则的权重。通过优化上述目标，一方面在局部度量投影的度量下，相似的样本之间的距离小于 γ，而不相似样本之间的距离比较大；另一方面要求局部度量和全局度量尽量接近。在优化过程中，局部的度量相当于通过优化局部的偏差在全局度量上进行调整。

当需要同时学习多个局部度量时，将全局度量投影 $\boldsymbol{L}_0$ 和局部度量投影偏差 $\mathcal{L}_K$ 的目标互相结合，具体形式为如下的自适应局部度量提升 (local metrics facilitated transformation, LIFT) 框架：

$$
\begin{aligned}
\min_{\hat{\mathcal{L}}_K} \ & \lambda \mathcal{R}_F(\hat{\mathcal{L}}_K) + \mu \sum_{(\boldsymbol{z}_i, \boldsymbol{z}_j) \sim \mathcal{P}_0} \ell(q_{ij}(\gamma - \mathrm{Dis}^2_{\boldsymbol{L}_0}(\boldsymbol{x}_i, \boldsymbol{x}_j))) \\
& + \mu' \sum_{k=1}^K \sum_{(\boldsymbol{z}_i^k, \boldsymbol{z}_j^k) \sim \mathcal{P}_k} \ell(q_{ij}^k(\gamma - \mathrm{Dis}^2_{\boldsymbol{L}_0 + \Delta \boldsymbol{L}_k}(\boldsymbol{x}_i^k, \boldsymbol{x}_j^k))),
\end{aligned}
\tag{4.9}
$$

式中，$\mathcal{R}_F(\hat{\mathcal{L}}_K)$ 是关于所有局部度量投影 $\hat{\mathcal{L}}_K$ 的 F 范数求和。

式 (4.9) 不但要求全局度量投影 $\boldsymbol{L}_0$ 对样本之间关系的度量满足全局关联辅助信息的 $\mathcal{P}_0$，而且要求根据 $\boldsymbol{L}_0$ 以及局部偏差 $\Delta \boldsymbol{L}_k$ 产生的局部度量投影能够满足局部辅助信息 $\mathcal{P}_k$。

因此，如果 $\boldsymbol{L}_0$ 在某个局部足够好，对应的局部偏差 $\Delta\boldsymbol{L}_k$ 会退化为零，因此，局部度量投影的数目也会相应地减小，并降低整个模型的复杂度，防止模型过拟合。如果 $\boldsymbol{L}_0$ 无法直接胜任局部区域要求的样本关系度量，则局部偏差 $\Delta\boldsymbol{L}_k$ 会根据局部损失函数产生，使局部度量足够好。整体 LIFT 框架的流程如图 4.3 所示。

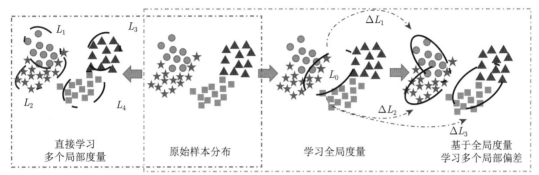

图 4.3　LIFT 框架示意图。图中以 L 作为距离度量距离，由文中所述，M 分解之后到 L。已有的多度量学习方法直接为每一个类别学习一个局部度量，而 LIFT 通过学习全局度量 L_0，并用其桥接多个局部度量。例如，当 L_0 足够好，局部偏差 ΔL_3 和 ΔL_4 退化为零，对应的局部度量 L_3 和 L_4 退化为全局度量

4.1.2.2　LIFT 框架优化策略

基于式 (4.9) 中的 LIFT 框架，需要具体确定的是在数据中找到/产生多个局部区域的方法。首先根据所有数据得到的辅助信息 $\mathcal{P}_0$ 和不同局部区域的中心导出局部的辅助信息 $\mathcal{P}_k$；其次提出避免局部冗余并考虑不同局部度量差异性的正则项，最后描述具体的优化策略。

使用局部中心反映数据的局部特性。假设共有 K 个局部中心 $\mathcal{P}_K = \{\mathcal{P}_k \in \mathbb{R}^d\}_{k=1}^{K}$ 分布在 K 个局部区域中，分别对应多个局部度量，离某个中心距离越近的样本受该中心 (即对应的局部度量 $\boldsymbol{L}_k$) 的影响越大。样本对中心的隶属程度使用概率权重为 $\mathcal{C}_N = \{\boldsymbol{c}_i = (\boldsymbol{c}_{i,1}, \cdots, \boldsymbol{c}_{i,K})^{\mathrm{T}}\}_{i=1}^{N}$，即每一个样本在所有中心的权重非负且求和为 1。权重的大小反映样本受度量的影响程度，权重 $\boldsymbol{c}_{i,k}$ 越大，说明样本 $\boldsymbol{x}_i$ 受度量 $\boldsymbol{L}_k$ 的影响也越大。LIFT 框架可以通过如下目标函数实现：

$$\min_{\hat{\mathcal{P}}_K, \mathcal{C}_K, \mathcal{P}_K} \sum_{i=1}^{N} \sum_{k=1}^{K} \boldsymbol{c}_{i,k}^{\eta} \|\boldsymbol{x}_i - \boldsymbol{c}_k\|_{\boldsymbol{L}_0 + \Delta\boldsymbol{L}_k}^2 + \lambda_1 \mathcal{R}_F(\hat{\mathcal{L}}_K) +$$

$$\lambda_2 \sum_{(\boldsymbol{z}_i, \boldsymbol{z}_j) \sim \mathcal{P}_0} \left(\ell(q_{ij}(\gamma - \mathrm{Dis}_{\boldsymbol{L}_0}^2(\boldsymbol{x}_i, \boldsymbol{x}_j))) + \sum_{k=1}^{K} \boldsymbol{c}_{i,k}^{\eta} \ell(q_{ij}(\gamma - \mathrm{Dis}_{\boldsymbol{L}_0 + \Delta\boldsymbol{L}_k}^2(\boldsymbol{x}_i, \boldsymbol{x}_j))) \right)$$

$$\text{s.t. } \forall i = 1, \cdots, N, \ \mathbf{1}^{\mathrm{T}} \boldsymbol{c}_i = 1, \ \boldsymbol{c}_{i,k} \geqslant 0. \tag{4.10}$$

在式 (4.9) 的目标函数中，样例 $\boldsymbol{x}_i$ 的权重 $\boldsymbol{c}_{i,k}$ 可以看作是从全局关联信息 $\mathcal{P}_0$ 导出局部关联信息 $\mathcal{P}_k$ 的一种方法。$\boldsymbol{c}_{i,k}$ 与样本和第 k 个局部中心的距离，以及和样本 $\boldsymbol{x}_i$ 相关的损失函数的值有关 (这两者都依赖于局部度量投影 $\boldsymbol{L}_k = \boldsymbol{L}_0 + \Delta\boldsymbol{L}_k$)，且样本到中心的距离越小或对应的局部损失越小，相应的权重就越大。因此，局部分布的选择同时考虑局部特性

(样本到局部中心的距离) 以及局部度量是否合适 (通过局部度量对应的损失函数衡量)。由于局部关联辅助信息由全局关联辅助信息 $\mathcal{P}_0$ 导出，从全局视角看，全局训练的度量在平均意义上也能在局部区域有一定的效果；从局部视角看，同一个局部中心附近的样本往往具有相似的局部特性，可以通过同一个局部度量进一步挖掘。在优化过程中，局部度量和全局度量之间的差异可以通过局部偏差得到补充，使得局部度量能够充分反映局部样本的特性。

式 (4.10) 中，上标 $\eta(\eta \geqslant 1)$ 是一个用于调节权重的非负值[41]。当 $\eta = 1$ 时，从 $\mathcal{P}$ 中抽取的样本仅针对某一个局部；当 η 很大时，将平均影响每个局部区域。由于 $p_{i,k} \leqslant 1$，式 (4.10) 为赋予全局度量的学习部分以更多的权重。值得注意的是，基于式 (4.10)，如果全局度量投影 $\boldsymbol{L}_0$ 能很好地处理所有约束，则不需要局部度量偏差进行修改，即 $\Delta \boldsymbol{L}_k = 0$。因此，LIFT 仅输出全局度量投影。当 λ_1 足够大时也是这种情况。式 (4.10) 的这两个特性使得 LIFT 能自适应地免于分配过多冗余的局部度量。实验中，使用平滑铰链函数实现损失函数 $\ell(\cdot)$ 以加速优化。

为发现不同局部的特性，要求局部偏差 $\{\Delta \boldsymbol{L}_k\}_{k=1}^K$ 之间有较大的差异。这样也可以降低冗余性，以便提升模型的泛化能力[42]。度量偏差之间的差异性来源于不同度量空间特征的重要性，即希望不同的局部度量投影 $\mathcal{L}_K$ 关注不同的特征集合。而在度量投影 $\mathcal{L}_K$ 中，每一行对应每一维度的原始特征，所以能将矩阵之间的差异性转化为矩阵对行选择的差异性。通过优化这种差异性，最终，不同的局部区域度量投影选择不同的特征。

对于向量 $\boldsymbol{l}_1$ 和 $\boldsymbol{l}_2$，其夹角 θ 的余弦值为：

$$\cos \theta = \frac{\langle \boldsymbol{l}_1, \boldsymbol{l}_2 \rangle}{\|\boldsymbol{l}_1\|\|\boldsymbol{l}_2\|}. \tag{4.11}$$

如果两个归一化的向量其夹角的余弦值即为其向量间的内积，内积越大，向量间夹角越小。文献 [42] 使用联合凸正则项 $\|\boldsymbol{l}_1 + \boldsymbol{l}_2\|_F^2$ 作为替代函数优化以增大向量间的夹角，具体而言，式 (4.11) 分别优化了向量的范数和向量之间的内积。当最小化该向量正则项后，向量 $\boldsymbol{l}_1$ 和 $\boldsymbol{l}_2$ 在选择元素上具有差异，即如果某个元素在 $\boldsymbol{l}_1$ 中非零，则对应的元素在 $\boldsymbol{l}_2$ 中极有可能为零。

将这种向量之间的差异性扩展到矩阵之间。定义算子 $\kappa(\boldsymbol{L}) : \mathbb{R}^{d \times d} \to \mathbb{R}^d$，且 $\kappa(\boldsymbol{L}) = [\|\boldsymbol{L}_{1,:}\|_2, \|\boldsymbol{L}_{2,:}\|_2, \cdots, \|\boldsymbol{L}_{d,:}\|_2]^\mathrm{T}$。$\kappa$ 算子首先对矩阵的每一行计算 ℓ_2 范数，其次将不同的范数值拼接为一个向量。提出如下正则项 $\mathcal{R}_D(\mathcal{L}_K)$ 以增大不同矩阵对特征 (行) 选择的差异性：

$$\mathcal{R}_D(\mathcal{L}_K) = \sum_{k=1}^K \sum_{k'<k} \|\kappa(\Delta \boldsymbol{L}_k) + \kappa(\Delta \boldsymbol{L}_{k'})\|_F^2. \tag{4.12}$$

最小化公式 (4.12) 中的正则项能促使不同的矩阵选择不同的行 (特征)，使得不同的局部之间对特征的选择各不相同。

在 LIFT 框架中，充分考虑到全局度量和局部度量之间的关联性，使得多个局部度量一方面能够有效使用全局度量的"通用性"，另一方面也能够自适应地反映每一个局部区域的"特异性"。这一通过学习局部度量差异 $\Delta \boldsymbol{L}$ 构造多个局部度量的方法也可视为在学习多个局部度量的同时复用（reuse）全局度量，并通过残差（residual）刻画全局与局部的关系。

上述 LIFT 框架中，如果设置只有一个全局度量 L_0 而没有任何其他局部度量（但保持有多个局部类中心），则方法退化为一个全局度量学习方法，称为 LIFT_G。这一方法和传统的全局度量学习方法类似，但在度量学习的过程中，充分考虑到局部区域，使得样本在全局度量下保持和对应的局部类中心 c_k 接近，增强其聚类效果。

式 (4.10) 的 LIFT 方法的目标函数可以使用一种交替优化的方法进行求解。完整的算法求解过程如下：

1) **初始化**。全局度量投影通过两种方式初始化：设置为单位矩阵 $L_0 = I$，使初始阶段全局使用欧氏距离；或使用某全局度量学习方法，如 LMNN[19] 进行全局度量投影的初始化。实验中，使用前一种全局度量投影的优化方法，局部度量投影偏差 $\mathcal{L}_K$ 初始化为零。基于全局初始投影 L_0，可以通过 k-means 聚类的方法获得类中心的初始化，各样本的初始权重初始化为样本和各聚类簇的隶属关系。

2) **固定 $\mathcal{P}_K$ 和 $\mathcal{C}_N$ 以求解 $\mathcal{L}_K$**。若使用 F 范数正则化 $\mathcal{R}_F(\hat{\mathcal{L}}_K)$，使用加速投影梯度下降方法[43] 对度量投影 $\hat{\mathcal{L}}_K$ 进行求解。记式 (4.10) 目标函数的平滑部分为 $\mathfrak{O}$，则关于 ΔL_k 的梯度包含三个部分：$\frac{\partial \mathfrak{O}}{\partial \Delta L_k} = \nabla_1 + \lambda_1 \nabla_2 + \lambda_2 \nabla_3$，分别对应于式 (4.10) 中的三项。其中，

$$\nabla_1 = 2 \sum_{i=1}^N c_{i,k}^{\eta} (x_i - p_k)(x_i - p_k)^{\mathrm{T}}(L_0 + \Delta L_k), \quad \nabla_2 = 2 \sum_{k=1}^K \Delta L_k, \quad 且$$

$$\nabla_3 = 2 \sum_{(z_i, z_j) \sim \mathcal{P}_0} \sum_{k=1}^K c_{i,k}^{\eta} \sigma_{i,k} (x_i - x_j)(x_i - x_j)^{\mathrm{T}}(L_0 + \Delta L_k) .$$

$\sigma_{i,k}$ 是分段线性函数，当 $\delta_{i,k} = q_{ij}(\gamma - \text{Dis}_{L_0 + \Delta L_k}^2(x_i, x_j)) < 1$ 时，输出非零值，而当 $\delta_{i,k} < 0$ 时，有 $\sigma_{i,k} = -1$，当 $0 \leqslant \delta_{i,k} \leqslant 1$ 时，有 $\sigma_{i,k} = \delta_{i,k} - 1$。关于 L_0 的梯度有类似的形式：具体而言，$\nabla_2 = 2L_0$，且除了上述 ∇_3 外，还有对全局度量投影的导数 $2 \sum_{(z_i, z_j) \sim \mathcal{P}_0} \sigma_{i,k}(x_i - x_j)(x_i - x_j)^{\mathrm{T}} L_0$。

当使用式 (4.12) 中的差异化正则项 $\mathcal{R}_D(\mathcal{L}_K)$，由于目标函数不再平滑，因此使用加速近端梯度下降方法进行求解[44,45]。假设在第 s 步迭代时对应的度量投影记为 $\hat{\mathcal{L}}_K^s$，首先，以步长 χ 对每一个度量投影成分做一次梯度下降，得到 $\hat{\mathcal{V}}_K^s = \hat{\mathcal{L}}_K^s - \chi(\nabla_1 + \lambda_2 \nabla_3) = \{V_0^s, V_1^s, \cdots, V_K^s\}$。对于 $\mathcal{L}_K$ 中的每一个局部投影偏差 (下文中，为简化符号，忽略迭代次数索引 s)，需要对 $\mathcal{V}_K = \{V_1, \cdots, V_K\}$ 做另一次近端优化：

$$\min_{\mathcal{L}_K} \frac{1}{2} \sum_{k=1}^K \|\Delta L_k - V_k\|_F^2 + \lambda \sum_{k=1, k'<k}^K \|\kappa(\Delta L_k) + \kappa(\Delta L_{k'})\|_F^2$$

$$= \sum_{m=1}^d \frac{1}{2} \sum_{k=1}^K \|l_{k,m} - v_{k,m}\|_2^2 + \lambda \sum_{k=1, k'<k}^K (\|l_{k,m}\|_2 + \|l_{k',m}\|_2)^2, \tag{4.13}$$

式中, $l_{k,m}$(或 $v_{k,m}$) 是矩阵 ΔL_k(或 V_k) 的第 m 行。式 (4.13) 中的近端算子优化正则项, 同时要求优化后的解不能离当前的解太远。此外, 求解式 (4.13) 被分解为对 d 行分别求解子问题。

定理 4.1 当只有两个度量投影偏移 ΔL_1 和 ΔL_2, 近端算子优化中针对每一行的子问题 (为简化符号, 以下讨论省略行号 m)

$$\min_{l_1,l_2} \frac{1}{2}\|l_1 - v_1\|_2^2 + \frac{1}{2}\|l_2 - v_2\|_2^2 + \lambda(\|l_1\|_2 + \|l_2\|_2)^2 \, .$$

具有闭式解。如果 $\|v_1\|_2 = \|v_2\|_2$, 则 $l_1 = \frac{1}{1+4\lambda}v_1$, $l_2 = \frac{1}{1+4\lambda}v_2$。若 $\|v_1\|_2 \neq \|v_2\|_2$ 且不失一般性地假设 $\|v_1\|_2 > \|v_2\|_2$ 则有

$$\begin{cases} l_1 = \dfrac{1}{1+2\lambda}v_1, \ l_2 = 0, & \lambda > \dfrac{\|v_2\|_2}{2(\|v_1\|_2 - \|v_2\|_2)} \\[3mm] l_1 = \dfrac{1}{1+4\lambda}\left(1 + 2\lambda - 2\lambda\dfrac{\|v_2\|_2}{\|v_1\|_2}\right)v_1, & \text{其他情况}. \\[3mm] l_2 = \dfrac{1}{1+4\lambda}\left(1 + 2\lambda - 2\lambda\dfrac{\|v_1\|_2}{\|v_2\|_2}\right)v_2. \end{cases}$$

当近端算子优化问题中有超过两个矩阵时, 也可以分别交替求解每一个局部度量投影 ΔL_k。具体而言, 每一次固定 $\{\Delta L_{k'}\}_{k' \neq k}$ 只求解 ΔL_k:

$$\min_{\Delta L_k} \frac{1}{2}\|\Delta L_k - V_k\|_F^2 + \lambda \sum_{k' \neq k} \|\kappa(\Delta L_k) + \kappa(\Delta L_{k'})\|_F^2 \tag{4.14}$$

$$= \sum_{m=1}^{d} \frac{1}{2}\left\|l_{k,m} - \frac{1}{\nu}v_{k,m}\right\|_2^2 + \frac{\lambda}{\nu}\left(2\sum_{k' \neq k}\|l_{k',m}\|_2\right)\|l_{k,m}\|_2. \tag{4.15}$$

式中, $\nu = 1 + 2\lambda(K-1)$。度量投影可以通过 ℓ_2 范数的近端算子来快速求解[46]。

3) **固定 $\mathcal{L}_K$ 和 $\mathcal{C}_N$ 以求解 $\mathcal{P}_K$。** 此时子问题只涉及式 (4.10) 中的第一项, 相当于使用 K 个局部度量对数据进行聚类。通过对每一个类别中心 c_k 求导并设导数为零, 得到 $p_k = \sum_{i=1}^{N} c_{i,k}^{\eta} x_i$。因此, p_k 是使用 $\mathcal{C}_N$ 对样本加权后在第 k 个区域的类别中心。

4) **固定 $\mathcal{L}_K$ 和 $\mathcal{P}_K$ 以求解 $\mathcal{C}_N$。** 定义在当前度量和样本分布下的中间变量 $h_{i,k} = \|x_i - p_k\|_{L_0+\Delta L_k}^2 + \lambda_2 \sum_j \ell_s(q_{ij}(\gamma - \text{Dis}_{L_0+\Delta L_k}^2(x_i, x_j)))$。对 i 的求和表示对所有涉及 x_i 的样本对进行求和。此时, 子问题变为

$$\min_{\mathcal{C}_N} \sum_{i=1}^{N} \sum_{k=1}^{K} c_{i,k}^{\eta} h_{i,k} \ s.t. \ \forall i = 1, \cdots, N, \ 1^{\mathrm{T}}c_i = 1, \ c_{i,k} \geqslant 0,$$

并有闭式解

$$\begin{cases} c_{i,k} = 1, k = \arg\min_{k} h_{i,k}; \ c_{i,k'} = 0, k' \neq k, & \eta = 1 \\[3mm] c_{i,k} = \dfrac{(h_{i,k})^{\eta-1}}{\displaystyle\sum_{j=1}^{K}(h_{i,j})^{\eta-1}}, & \eta > 1 \, . \end{cases}$$

通过一次求解每一个子问题，Lift 目标函数值下降，并趋于收敛。

4.1.2.3　实验验证

将 Lift 和 5 种主流度量学习方法在 20 个数据集上进行比较，对比方法包括全局方法 Itml[15]、局部多度量学习方法 MmLmnn[19]、Plml[29]、Scml[27]，和本章详细介绍的 Um²L。基于学到的度量，使用 3 近邻 (3NN) 进行对模型的评估。Lift$_D$ 使用差异化正则项，根据 Lift 框架设计的全局度量学习方法记为 Lift$_G$ 。所有方法都在 20 个真实数据集上进行测试，在每一个数据集上都重复 30 次实验以评估算法在每个数据集上的性能。表 4.1 显示了不同数据集上的平均错误率和标准差，其中每一个数据集的最佳性能使用粗体表示，可见 Lift 与其他主流度量学习方法相比，Lift 能够在大多数数据集上得到性能显著提升。

表 4.1　使用 Lift 度量学习分类方法基于 3 近邻的性能比较结果 (测试误差与标准差)

数据集	Lift$_D$	Lift$_G$	MmLmnn	Scml	Plml	Um²L	Itml
austral	0.170±0.025	**0.158±0.028**	0.198±0.023	0.167±0.021	0.172±0.033	0.174±0.024	0.197±0.030
citeser	**0.309±0.014**	0.319±0.012	0.338±0.015	0.334±0.013	0.326±0.011	0.342±0.032	0.369±0.012
coil20	0.023±0.008	0.029±0.011	0.022±0.006	0.032±0.010	**0.021±0.007**	0.038±0.024	0.039±0.011
costume	0.200±0.019	0.200±0.016	0.199±0.032	**0.192±0.015**	0.229±0.015	0.205±0.037	0.254±0.027
credit-a	0.163±0.027	0.166±0.031	0.181±0.028	**0.162±0.030**	0.190±0.155	0.172±0.029	0.192±0.036
credit-g	**0.271±0.028**	0.295±0.023	0.303±0.023	0.308±0.019	0.300±0.023	0.296±0.027	0.301±0.025
german	**0.269±0.016**	0.295±0.026	0.300±0.024	0.297±0.025	0.296±0.019	0.297±0.023	0.302±0.022
infant	0.210±0.018	**0.209±0.019**	0.213±0.022	0.252±0.029	0.256±0.015	0.222±0.031	0.250±0.019
letter	0.040±0.003	0.041±0.003	0.044±0.006	0.040±0.002	**0.034±0.002**	0.068±0.003	0.054±0.003
optdigits	0.015±0.003	0.016±0.003	**0.014±0.005**	0.024±0.005	0.016±0.002	0.015±0.003	0.021±0.006
pendigits	0.006±0.001	0.006±0.001	0.006±0.001	**0.005±0.001**	0.007±0.002	0.007±0.001	0.007±0.002
reut8	**0.065±0.005**	**0.065±0.005**	0.098±0.036	0.118±0.167	0.068±0.005	0.191±0.087	0.117±0.010
sick	**0.030±0.004**	0.034±0.004	0.035±0.005	0.032±0.005	0.034±0.005	0.033±0.008	0.037±0.006
spambase	**0.063±0.007**	0.074±0.008	0.075±0.007	0.086±0.009	0.069±0.005	0.069±0.005	0.092±0.009
sports	0.123±0.008	0.124±0.008	**0.121±0.020**	0.129±0.006	0.140±0.009	0.134±0.035	0.196±0.037
usps	**0.046±0.003**	0.048±0.003	0.055±0.003	0.063±0.005	0.045±0.004	0.142±0.101	0.091±0.011
voc2009_b	**0.343±0.011**	0.381±0.011	0.415±0.032	0.450±0.012	0.429±0.010	0.405±0.032	0.502±0.011
voc2009_f	**0.375±0.013**	0.400±0.012	0.435±0.040	0.456±0.011	0.458±0.011	0.421±0.018	0.492±0.011
voc2009_s	**0.339±0.011**	0.371±0.010	0.392±0.011	0.437±0.011	0.417±0.009	0.392±0.018	0.494±0.010
waveform	**0.139±0.007**	0.185±0.071	0.204±0.009	0.182±0.010	0.160±0.006	0.171±0.060	0.286±0.016

4.1.3　应对多样语义挑战的多度量学习

提出囊括多样化相似性的多度量学习框架 Um²L，利用多度量学习分析数据中存在的多样化语义。首先引入框架，然后详细讨论如何通过控制框架中的算子以适应不同场合下的语义，最后叙述求解策略并进行实验验证。

4.1.3.1　面向多样化相似性的多度量学习框架

将多度量学习框架中待学习的 K 个度量表示为集合 $\mathcal{M}_K = \{\boldsymbol{M}_k\}_{k=1}^K$，对于其中任意一个度量 $k \in [1, K]$，都有 $\boldsymbol{M}_k \in \mathcal{S}_d^+$。不失一般性，可将两个样本之间的相似度表示为样本对之间的负距离，即 $f_{\boldsymbol{M}_k}(\boldsymbol{x}_i, \boldsymbol{x}_j) = -\mathrm{Dis}_{\boldsymbol{M}_k}^2(\boldsymbol{x}_i, \boldsymbol{x}_j)$。在多度量学习场景下，定义基于多

个度量产生的相似度集合为 $f_{\mathcal{M}_K} = \{f_{\boldsymbol{M}_k}\}_{k=1}^K$，集合中的每一个元素都通过某种语义反映对象之间的相似性。

对于相似的样本 $(\boldsymbol{x}_i, \boldsymbol{x}_j)$，基于 $f_{\mathcal{M}_K}$ 定义其间"综合相似度"为 $f_1(\boldsymbol{x}_i, \boldsymbol{x}_j) = \kappa_1(f_{\mathcal{M}_K}(\boldsymbol{x}_i, \boldsymbol{x}_j))$。其中 $\kappa_1(\cdot)$ 为与具体应用有关的函数算子，将基于多个语义的多个相似度映射为单一的综合相似度。$f_1(\cdot)$ 和 $\kappa_1(\cdot)$ 中的下标 1 表示针对相似样本对的综合相似度与算子，类似地，将 $f_{-1}(\cdot)$ 和 $\kappa_{-1}(\cdot)$ 用于不相似样本对。所以，对象之间的综合相似度 f_1 和 f_{-1} 分别基于 κ_1 和 κ_{-1}。根据上述定义和讨论，可以得到统一的多度量学习 (unified multi-metric learning, UM²L) 框架。针对二元组辅助信息有

$$\min_{\mathcal{M}_K} \frac{1}{P} \sum_{(i,j) \in \mathcal{P}} \ell\left(q_{ij}(f_{q_{ij}}(\boldsymbol{x}_i, \boldsymbol{x}_j) - \gamma)\right) + \lambda \sum_{k=1}^K \Omega_k(\boldsymbol{M}_k). \tag{4.16}$$

针对三元组辅助信息有

$$\min_{\mathcal{M}_K} \frac{1}{T} \sum_{(i,j,l) \in \mathcal{T}} \ell\left(f_1(\boldsymbol{x}_i, \boldsymbol{x}_j) - f_{-1}(\boldsymbol{x}_i, \boldsymbol{x}_l)\right) + \lambda \sum_{k=1}^K \Omega_k(\boldsymbol{M}_k), \tag{4.17}$$

式中，$\ell(\cdot)$ 为非递减凸的损失函数，其输入值越大则输出越小。

通过优化上述目标，相似样本对相比于不相似的样本对将有更大的综合相似度。具体而言，在二元组场景中，式 (4.16) 通过阈值 γ 使得相似的样本对的综合相似度大于 γ，而不相似的样本对之间的综合相似度小于 γ。在利用三元组辅助信息的式 (4.17) 中，一个三元组中相似样本对的综合相似度要比不相似样本对的综合相似度大。值得注意的是，在上述目标函数中，样本间相似度的度量都涉及多个不同的度量矩阵 $\boldsymbol{M}_K$，将多个不同的度量和相似度一起优化，使得利用不同度量的相似度和距离可比[19]。$\Omega_k(\boldsymbol{M}_k)$ 针对每一个度量矩阵进行结构或者先验的约束。$\lambda \geqslant 0$ 为正则化的权重参数。

上述 UM²L 框架能够统一多个当前已有的度量学习方法。例如，当只有单一的度量矩阵时 $(K = 1)$，可以得到文献 [2] 中使用的度量学习框架；如果使用铰链损失函数，并令正则项 $\Omega(\boldsymbol{M}) = \text{tr}(\boldsymbol{M}\boldsymbol{B})$，其中 $\boldsymbol{B} = \sum_{(i,j) \in \mathcal{P}, y_i = y_j} (\boldsymbol{x}_i - \boldsymbol{x}_j)(\boldsymbol{x}_i - \boldsymbol{x}_j)^{\text{T}}$，为相似样本对之间的协方差，则 UM²L 的三元组形式能够转化为大间隔度量学习方法 LMNN[18]；如果对度量使用迹范数进行约束，则可以变化为[47]；当有多个度量时，如果令 $\kappa_{\pm 1}$ 为样本对中第二个类别指示函数，即 $\{\kappa(f_{\boldsymbol{M}_k}(\boldsymbol{x}_i, \boldsymbol{x}_j))\}_{k=1}^K = f_{\boldsymbol{M}_{y_j}}(\boldsymbol{x}_i, \boldsymbol{x}_j)$，则 UM²L 可以被转化为多度量大间隔度量学习方法 MMLMNN[19]。

由于开放环境中提供的样本关联辅助信息无法直接指明具体使用的是哪种语义，所以，UM²L 通过 κ 灵活指定语义性质这一特点更加重要。例如，在社交网络中，互为好友的用户只能共享某些特定的爱好，不可能在所有爱好上都相似。在这种场景下，可以使用不同的度量反映用户不同的爱好，即在每一个度量计算用户针对每一个爱好的相似度后，利用算子 $\kappa_{\pm 1}$ 选择或综合两个用户之间的相似度，并进行最终的判断或学习。

4.1.3.2 基于算子 κ 引申出的多样化语义

通过设置 κ，UM²L 能够同时考虑空间和语义上的样本连接，能够对其进行综合或选择。最基本的综合策略是把使用所有度量衡量下的相似度或距离进行求和，即 $\kappa_1 = \kappa_{-1} = \sum$。

这种方法同等看待所有语义，一般在对问题没有任何先验信息的情况下使用。这种求和算式的算子具有"自适应"的特性，当某一个度量能够较好地完成度量任务时，剩余的度量矩阵会因正则项的约束而退化至零。自适应多度量学习 LIFT 框架就是利用这一性质。为考虑空间上多度量的连接关系，可以在算子 κ 中引入空间局部信息。例如，使用径向基函数对样本度量的选择依赖于样本的局部位置。

当 κ 对多度量进行选择，$U_M{}^2L$ 能够自动为每一个样本对分配度量，并解释样本之间的关联关系。这种对多度量的选择方法一方面降低了初始辅助信息选择的影响[48]，另一方面也使得最能反映样本语义的度量被筛选出来，以便后续进行样本之间的比较。对算子 κ 的选择依赖于具体的应用，下面将讨论三种典型的算子，并对其如何解释对象间的语义连接做进一步讨论。

1) 顶端优势相似度 (apical dominance similarity, ADS)

类似于植物中的顶端优势效果，在衡量对象之间的相似性时，只有最重要的成分被考虑到相似性的度量中。在此情况下，$\kappa_1 = \kappa_{-1} = \max(\cdot)$，即要求相似样本之间最大的相似度成分大于不相似样本之间最大的相似度成分。换句话说，当两个对象相似时，至少需要在某一个度量表示的相似成分上相似，而如果两个对象之间不相似时，需要在所有度量对应的成分上都表现为不相似。这种关联关系适用于社交网络中用户好友关系的度量。如果两个用户是好友，则在众多可能的爱好中，至少存在某种爱好是两个用户共有的；而如果两个用户不相似，则他们没有任何共同爱好。这种假设与文献 [32,33] 等工作中的假设相同，但使用基于多度量学习的方法进行社交网络中语义挖掘，能够在学习之后通过度量对用户的特征、用户之间的关联性进行解释。图 4.4展示了 ADS 的示意图。

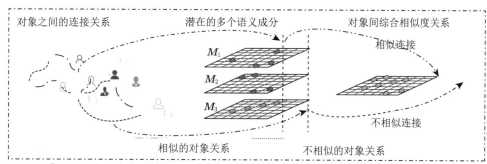

图 4.4　$U_M{}^2LADS$ 在三个度量情况下的图示。左图显示一个社交网络中用户间的好友关系，反映在最右侧的用户相似度图中。每一个度量反映用户在不同语义成分上的相关性 (中间图中的圆圈表示在某度量下两个样本之间是否相似)

2) 一票决定相似度 (one vote similarity, OVS)

这一相似度表示在决定两个对象是否相似时，可能存在某种关键的语义成分，直接决定其综合表现为相似或不相似。此时，$\kappa_1 = \max(\cdot)$ 且 $\kappa_{-1} = \min(\cdot)$。通过这种算子设置度量两个对象之间的相似性，只要在某一个成分上相似，这两个对象就表现为相似的；同样地，如果两个对象在某一个语义成分上表现为不相似，那么这两个对象就是不相似的。因此，这种语义选择方法可以作为一种对开放环境中复杂语义成分的"解释器"，可以用于发现图像或者文本中可能存在的语义成分。值得注意的是，当使用 OVS，如果使用不正确的

正则项 $\Omega(\cdot)$ 将会导致产生平凡解，使得只有某一个度量是有意义的，而其余度量都为零。因此，在这种情况下，需要使用有偏的正则项 $\Omega_k(\boldsymbol{M}_k) = \|\boldsymbol{M}_k - \mathcal{I}\|_F^2$ 或者约束每一个度量矩阵的迹为 1。

3) 排序归并相似度 (rank grouping similarity, RGS)

这种相似度使得相似样本对通过不同度量产生的所有成分都要表现为比通过不相似度量产生的所有成分更加相似。可以将不同度量计算的样本对之间的相似度看作一个数轴，其中，相似样本对之间的所有可能的相似度值都被归并在一起，表现为比不相似样本对之间所有的相似性度量值要大。此时，$\kappa_1 = \min(\cdot)$ 而 $\kappa_{-1} = \max(\cdot)$。因此，对于相似的对象，在所有的语义成分上都要表示为相似，而对于不相似的样本，通过所有度量都要表现为不相似。这种相似度有助于要求不同度量之间保持语义的一致性。例如，在多模态问题中，通过不同的物理模态进行度量时，要求对象之间的相似度都保持一致[49]。

尽管算子 κ 有不同的选择，但最终的确定需要依赖真实环境下的应用。除了算子，在目标函数中，正则项 $\Omega_k(\cdot)$ 也可以有多种不同的形式。不同于以往工作使用 F 范数设置度量矩阵的正则项，考虑使用 $\ell_{2,1}$ 范数 $\Omega(\boldsymbol{M}_k) = \|\boldsymbol{M}_k\|_{2,1}$ 使度量矩阵表现更多的结构信息，即要求度量矩阵的行和列同时具有稀疏性；或要求 $\Omega_k(\boldsymbol{M}_k) = \mathrm{Tr}(\boldsymbol{M}_k)$，这种设置下要求度量矩阵有低秩性。综上，由于统一的框架可以根据算子和正则的不同实现在不同的场景中进行应用，故将该方法命名为统一的多度量学习方法。

4.1.3.3 Uм²ʟ 统一的求解算法

对 Uм²ʟ 框架给出统一的求解方案。具体来说，当 $\kappa_{\pm 1}$ 为 $\max(\cdot)$ 或 $\min(\cdot)$ 这类分段线性算子时，Uм²ʟ 通过交替优化的方法求解，即分别优化度量矩阵集合 $\mathcal{M}_K$ 与每一个样本对度量的选择。给定学到的度量矩阵集合 $\mathcal{M}_K$，一样本对 $\tau = (\boldsymbol{x}_i, \boldsymbol{x}_j)$ 对应的度量可以直接获得。例如，当 $\kappa = \max(\cdot)$ 时，则 $k_\tau^* = \arg\max_k f_{\boldsymbol{M}_k}(\boldsymbol{x}_i, \boldsymbol{x}_j)$，即为 $\mathcal{M}_K$ 中产生最大相似度度量的索引。为每一个样本对找到"激活"的度量矩阵，后续的度量学习问题转化为只针对激活度量的线性优化问题。重复上述步骤即可得到最终结果。

考虑到之前对度量学习性质的分析，利用平滑的损失函数能够在相同样本的情况下提升模型性能，因此将损失函数限制为平滑铰链函数，即

$$\ell(x) = \begin{cases} 0, & x \geqslant 1 \\ \frac{1}{2}(1-x)^2, & 0 \leqslant x < 1 \\ \frac{1}{2} - x, & x < 0. \end{cases} \tag{4.18}$$

对于式 (4.16) 中二元组形式，目标函数针对多个度量矩阵 $\boldsymbol{M}_k, k \in [1, K]$ 的梯度为

$$\frac{\partial \ell(\mathcal{M}_K)}{\partial \boldsymbol{M}_k} = \frac{1}{P} \sum_{\tau=(i,j)\in\mathcal{P}} \frac{\partial \ell(q_{ij}(-\langle \boldsymbol{M}_{k_\tau^*}, A_{ij}\rangle - \gamma))}{\partial \boldsymbol{M}_k}$$

$$= \frac{1}{P} \sum_{\tau=(i,j)\in\mathcal{P}} \frac{\partial \ell(a_\tau)}{\partial \boldsymbol{M}_k} = \frac{1}{P} \sum_{\tau=(i,j)\in\mathcal{P}} \nabla_{\boldsymbol{M}_k}^\tau(a_\tau). \tag{4.19}$$

而对于式 (4.17) 中的三元组形式，使用 $k_{1,\tau}^*$ 和 $k_{-1,\tau}^*$ 分别表示三元组 $\tau = (i,j,l)$ 的相似/不相似样本对 $\kappa_1(f_{\mathcal{M}_K}(\boldsymbol{x}_i, \boldsymbol{x}_j))$ 和 $\kappa_{-1}(f_{\mathcal{M}_K}(\boldsymbol{x}_i, \boldsymbol{x}_l))$ 中被激活的度量的索引。此时，针对度量 $\boldsymbol{M}_k$ 的梯度为

$$
\begin{aligned}
\frac{\partial \ell(\mathcal{M}_K)}{\partial \boldsymbol{M}_k} &= \frac{1}{T} \sum_{\tau=(i,j,l)\in\mathcal{T}} \frac{\partial \ell(\langle \boldsymbol{M}_{k_{-1,\tau}^*}, A_{il}^t \rangle - \langle \boldsymbol{M}_{k_{1,\tau}^*} A_{ij}^t \rangle)}{\partial \boldsymbol{M}_k} \\
&= \frac{1}{T} \sum_{\tau=(i,j,l)\in\mathcal{T}} \frac{\partial \ell(a_\tau)}{\partial \boldsymbol{M}_k} = \frac{1}{T} \sum_{\tau=(i,j,l)\in\mathcal{T}} \nabla^\tau_{\boldsymbol{M}_k}(a_\tau).
\end{aligned}
\tag{4.20}
$$

在上述梯度计算过程中，对每一个 a_τ 产生的偏导 $\nabla^\tau_{\boldsymbol{M}_k}(a_\tau)$ 列举在表 4.2中。

表 4.2　二元组和三元组形式下 $\mathrm{UM}^2\mathrm{L}$ 目标函数针对度量矩阵 $\boldsymbol{M}_k$ 的梯度。定义 a_τ 为损失函数的输入值，在二元组情况下为 $q_{ij}(\langle -A_{ij}, \boldsymbol{M}_{k_\tau^*} \rangle - \gamma)$，三元组情况下为 $\langle \boldsymbol{M}_{k_{-1,\tau}^*}, A_{il}^t \rangle - \langle \boldsymbol{M}_{k_{1,\tau}^*} A_{ij}^t \rangle$。

二元组	三元组	条件
0	0	$a_\tau \geqslant 1$
$(1-a_\tau)q_{ij}A_{ij}\delta[k_\tau^* = k]$	$(a_\tau - 1)(A_{il}\delta[k_{-1,\tau}^* = k] - A_{ij}\delta[k_{1,\tau}^* = k])$	$0 < a_\tau < 1$
$q_{ij}A_{ij}\delta[k_\tau^* = k]$	$A_{ij}\delta[k_{1,\tau}^* = k] - A_{il}\delta[k_{-1,\tau}^* = k]$	$a_\tau \leqslant 0$

对于平滑的正则项如 F 范数约束 $\Omega_k(\boldsymbol{M}_k) = \|\boldsymbol{M}_k\|_F^2$ 或矩阵迹约束 $\Omega_k(\boldsymbol{M}_k) = \mathrm{Tr}(\boldsymbol{M}_k)$，对应的度量梯度仅在上述梯度后增加一平滑项 $2\lambda\boldsymbol{M}_k$ 或 $\lambda\mathcal{I}$。在这种情况下，使用加速投影梯度下降法[43,50]对度量矩阵的子问题进行求解。每一次梯度下降之后，通过投影操作保持度量矩阵为半正定矩阵。

如果强调度量矩阵的结构信息，提出使用 $\ell_{2,1}$ 范数对度量矩阵进行正则，即 $\Omega_k(\boldsymbol{M}_k) = \|\boldsymbol{M}_k\|_{2,1}$，并使用快速迭代阈值收缩算法 (fast iterative shrinkage-thresholding algorithm, FISTA) 对这种同时含有平滑和非平滑的优化目标进行优化[44]。FISTA 大致优化过程如下：假设梯度下降的步长为 χ，首先针对平滑的损失函数进行梯度下降，得到中间结果 $\boldsymbol{V}_k = \boldsymbol{M}_k - \chi \dfrac{\partial \ell(\mathcal{M}_K)}{\partial \boldsymbol{M}_k}$；然后对近端算子 (proximal operator) 优化子问题进行求解，并做进一步优化：

$$
\boldsymbol{M}_k' = \underset{\boldsymbol{M}\in\mathcal{S}_d}{\arg\min} \frac{1}{2}\|\boldsymbol{M} - \boldsymbol{V}_k\|_F^2 + \lambda\|\boldsymbol{M}\|_{2,1}.
\tag{4.21}
$$

在度量学习的研究中，文献 [2,51] 通过实验论证，在训练过程中，可以只要求度量矩阵的对称性，并在优化过程的最后一步再做半正定投影，这种简化的操作能够极大程度加快优化速度，并取得和每一步做半正定投影接近的性能。同时考虑这种优化模式，在近端算子优化子问题中，只要求度量矩阵保持对称性。由于 $\ell_{2,1}$ 范数只限制行的稀疏性，文献 [52] 使用交替投影方法对子问题进行求解，具有较大的计算开销。提出重加权 (reweight) 方法，利用下述引理快速求解近端算子优化子问题：

引理 4.1　式 (4.21) 中的近端算子子问题*可以通过交替更新对角矩阵 $\boldsymbol{D}_1$ 和 $\boldsymbol{D}_2$*：

$$
\boldsymbol{D}_{1,rr} = \frac{1}{2\|\boldsymbol{m}_r\|_2}, \quad \boldsymbol{D}_{2,cc} = \frac{1}{2\|\boldsymbol{m}^c\|_2}, \quad r,c \in [1,d].
$$

---

* 当 $\|\boldsymbol{m}_r\|_2$ 或 $\|\boldsymbol{m}^c\|_2$ 趋于零时，需要在分母上增加微弱的扰动。

和对称矩阵 M

$$\mathrm{vec}(\boldsymbol{M}) = \left(\boldsymbol{I} \otimes \left(\boldsymbol{I} + \frac{\lambda}{2}\boldsymbol{D}_1\right) + \left(\frac{\lambda}{2}\boldsymbol{D}_2 \otimes \boldsymbol{I}\right)\right)^{-1} \mathrm{vec}(\boldsymbol{V}_k),$$

$\mathrm{vec}(\boldsymbol{M})$ 将矩阵拉伸为向量形式, 而 $\otimes$ 表示 Kronecker 乘积。上述每一个子问题的更新都有闭式解的形式, 因此优化速度有显著的提升。

定理 4.1 中对 M 的更新同时考虑行和列上的稀疏性,实验中发现, 上述更新方法一般在 5 至 10 次迭代, 即可收敛。

4.1.3.4 实验验证

$\mathrm{U}\mathrm{M}^2\mathrm{L}$ 学习的多个度量可以对应多种不同的语义,因此,通过对图片、文本数据的学习, 对其中潜在的语义进行发现与挖掘。两个不同类型的任务分别为论文关联性解释和图片弱标记发现。

在论文关联性解释任务中,收集国际机器学习会议 (ICML) 2012~2015 年的论文。每一篇论文会有多个不同的主题, 使用论文在会议中的分会主题作为每一篇论文的标签, 具体包括 "特征学习""在线学习" 以及 "深度学习" 3 个主题。针对 220 篇论文中的所有词汇取出 1622 个常用的非停词, 并利用 TF-IDF 特征和论文标签之间的关联关系学习度量。由于标签信息无法提供论文的多样主题, 因此使用 $\mathrm{U}\mathrm{M}^2\mathrm{L}_{\mathrm{ADS}}$ 和 $\mathrm{U}\mathrm{M}^2\mathrm{L}_{\mathrm{OVS}}$ 对论文中的语义进行发现。如前文所述, 为避免平凡解, $\mathrm{U}\mathrm{M}^2\mathrm{L}_{\mathrm{OVS}}$ 使用正则项 $\Omega_k(\boldsymbol{M}_k) = \|\boldsymbol{M}_k - \boldsymbol{I}\|_F^2$。学习到某个度量之后, 度量可以被分解为 $\boldsymbol{M}_k = \boldsymbol{L}_k\boldsymbol{L}_k^{\mathrm{T}}$, 其中投影矩阵的每一行对应每一维特征, 即语料库中的每一个词汇, 使用投影矩阵每一行的 ℓ_2 范数为每一个特征 (词汇) 进行加权, 反映在每一个度量下每个特征的重要性。通过这种方法能够发现在每一个语义中代表性的词汇。这些词汇通过词云的方法显示在图 4.5 中。

图 4.5 也显示了 $\mathrm{L}\mathrm{MNN}$, $\mathrm{P}\mathrm{LML}$, $\mathrm{MM}\mathrm{L}\mathrm{MNN}$ 和 $\mathrm{S}\mathrm{CA}$ 等方法。其中, $\mathrm{L}\mathrm{MNN}$ 只返回一个全局度量。由于 $\mathrm{L}\mathrm{MNN}$ 学习到的度量可能具有较强的判别能力, 但词的权重无法区分 3 个选择到的主题。对于多度量学习方法 $\mathrm{P}\mathrm{LML}$ 和 $\mathrm{MM}\mathrm{L}\mathrm{MNN}$, 尽管它们可以提供多个基本度量, 具有多个词云, 但是子图中呈现的词并不具有清晰的物理语义含义。特别是, $\mathrm{P}\mathrm{LML}$ 输出多个度量彼此相似 (且倾向于全局度量), 并且只关注字母表的第一部分, 而 $\mathrm{MM}\mathrm{L}\mathrm{MNN}$ 默认学习和类别数目相等的 3 个度量, 并不能发现更多的语义。$\mathrm{S}\mathrm{CA}$ 和 $\mathrm{U}\mathrm{M}^2\mathrm{L}$ 训练过程中度量的数目设为 6。$\mathrm{S}\mathrm{CA}$ 发现 "在线学习" 和 "深度学习" 中的一些关键词, 例如, 对于在线学习, 有 "reward""bound" 和 "adversary"; 对于深度学习, 有 "GPU""layer"。$\mathrm{U}\mathrm{M}^2\mathrm{L}_{\mathrm{OVS}}$ 的结果清楚地展示所有 3 个主题。在主题 "在线学习" 中, 它可以发现不同的子领域, 如 "online convex optimization" (图 4.5(s) 和 (t)), 以及 "online (multi-) armed bandit problem"(图 4.5(v)); 对于主题 "特征学习", 能发现具有 "feature score" (图 4.5(u)) 和 "PCA projection" (图 4.5(x)); 对于 "深度学习", 词云中能显示如 "network""auto encoder" 和 "layer" (图 4.5(w)) 等关键词。对于 $\mathrm{U}\mathrm{M}^2\mathrm{L}_{\mathrm{ADS}}$, 也能发现所有 3 个主题, 但找出的关键词与 $\mathrm{U}\mathrm{M}^2\mathrm{L}_{\mathrm{OVS}}$ 有所不同。从图 4.5(m) 开始, 主题对应是 "领域自适应", 这可能与深度学习研究中的可迁移特征学习有关。图 4.5(n)、(o) 和 (q) 都是关于特征学习, 但是有不同的子主题, 即图 4.5(n) 中对应的主题关于度量学习中的 "结构特征学习", 强调

对象之间的成对约束; 图 4.5(o) 是关于特征构造中的"流形学习", 图 4.5(q) 是关于子空间学习和特征学习中的"降维", 关键词"eigenvector"被强调。图 4.5(p) 与深度学习有关, 词云清楚地显示"network layer""RBM"等关键词。图 4.5(r) 对应在线学习语义, 有关键词"arm""optimal""bandit"和"regret"。值得注意的是, 潜在语义是从 UM^2L 学到的度量中发现的, 这也验证了 UM^2L 框架对语义的挖掘能力, 这将有益于一些后续任务。

(a) LMNN 度量 (b) PLML 度量 1 (c) PLML 度量 2 (d) MMLMNN 1
(e) MMLMNN 2 (f) MMLMNN 3 (g) SCA 度量 1 (h) SCA 度量 2
(i) SCA 度量 3 (j) SCA 度量 4 (k) SCA 度量 5 (l) SCA 度量 6
(m) UM^2L_{ADS} 度量 1 (n) UM^2L_{ADS} 度量 2 (o) UM^2L_{ADS} 度量 3 (p) UM^2L_{ADS} 度量 4
(q) UM^2L_{ADS} 度量 5 (r) UM^2L_{ADS} 度量 6 (s) UM^2L_{OVS} 度量 1 (t) UM^2L_{OVS} 度量 2
(u) UM^2L_{OVS} 度量 3 (v) UM^2L_{OVS} 度量 4 (w) UM^2L_{OVS} 度量 5 (x) UM^2L_{OVS} 度量 6

图 4.5　根据不同度量学习方法产生的词云。词的大小表示度量对该词 (特征) 的权重

UM^2L 对语义的抽取可以用于图片弱标记场景中。对于每一张图片, 可能会包含多种不同的语义[53-55]。图像之间的关联性可能仅取决于共有某一个语义成分, 类似地, 图像之间的差异性也可能仅由于着眼的某个语义不同而导致。使用文献 [53] 的图像数据集, 其中每个图像都包含来自沙漠、山脉、海洋、日落和植物的一个或多个标签。对于每个图像, 选择其最明显的标签并对此数据集进行转换, 使每个样本只有一个标签。因此, 在这种情况下, 由于图像具有大量潜在语义, 图像之间的相似性或不相似性只取决于图像中的某一个语义。UM^2L_{OVS} 可以获得多个度量, 保证每一个度量都具有一定的视觉语义。通过基于不同度量计算相似性, 可以发现潜在的语义, 即如果假设在某个语义中非常相似的两张图像可能具有共享的标签, 通过该策略, 可以对图像的标签进行补全。利用这种弱标记信息发现语义的结果, 如图 4.6所示。

(a) (海洋, 山脉)   (b) (山脉, 海洋)   (c) (植物, 日落)   (d) (日落, 植物)

(e) (植物, 山脉)   (f) (植物, 山脉)   (g) (日落, 山脉)   (h) (沙漠, 日落)

(i) (植物, 日落)   (j) (山脉, 植物)   (k) (沙漠, 山脉)   (l) (沙漠, 植物)

图 4.6 $\mathrm{U_{M^2L}}$ 针对图片进行潜在语义挖掘的结果。分图图题括号中的词分别表示已知的和挖掘出的语义

其中分图图题括号中的标注表示训练标签和利用 $\mathrm{U_{M^2L}}$ 发现的隐藏标签。一个图像可能具有复杂的语义。例如，图像图 4.6(b) 是关于山旁边的湖泊，图像图 4.6(j) 描绘山脉和树木。这两张图是相似的，因为它们都有山 (类似，因为它们是基于语义 "山" 的度量来衡量并比较的)。图像图 4.6(a) 也是关于山脉的，但湖泊更为明显。鉴于训练标签是 "海"，很难与 "山" 的图片联系起来。$\mathrm{U_{M^2L_{OVS}}}$ 可以学习多个度量，每个度量对应一个语义。如果图像图 4.6(a) 和 (b) 在训练提供的三元组中不相似，$\mathrm{U_{M^2L_{OVS}}}$ 会找到一个度量语义空间 (例如 "日落") 以解释其不相似性，但并不否认这两张图在 "海" 和 "山" 的语义 (度量空间) 上相似。

4.1.4　小结

考虑多源不确定数据挖掘方法与技术，针对对象、对象连接之间的多样化语义问题进行研究。主要思路是通过多度量学习方法，在训练数据中分配多个度量矩阵，以便学习与刻画多个不同的语义成分。提出一种自适应分配的多度量学习框架 $\mathrm{L_{IFT}}$。该框架有效地利用全局度量的作用，并通过学习多个局部的度量偏差，使模型动态适配简单和复杂的环境。此外，考虑到开放环境中的多样语义信息，提出一种统一的多度量学习方法 $\mathrm{U_{M^2L}}$。$\mathrm{U_{M^2L}}$ 利用函数算子对不同语义下样本之间的相似度/距离进行综合，挖掘对象的潜在语义。$\mathrm{U_{M^2L}}$ 针对多种不同的算子和正则项，具备统一的优化方法。理论和实验均验证了这种考虑全局度量思路的有效性，以及模型框架的优越性。

4.2　围绕先验缺乏任务的数据挖掘

在许多数据挖掘任务中，模型训练往往依赖于大量的先验知识。一般认为，已获取的先验知识越多，质量越高，基于这些先验知识得到的模型往往也更高效。然而，在实际应用场景中，数据所蕴含的先验知识往往比较匮乏，主要表现为特征缺失和标记缺失这两种形式。这些先验知识的获取一般需要人工参与，耗费大量的时间和精力，某些特定的任务要求相应的专业知识，导致获取代价昂贵。为了降低先验知识的获取代价，一方面，通过主动学习获取最有价值的先验知识，以基于更少的先验知识达到同等甚至更好的模型性能；另一方面，通过模型迁移的方法，在其他具有先验知识的大规模数据上对模型进行预训练，并自适应地迁移到当前任务上。为了解决先验缺乏的数据挖掘任务，基于主动学习和迁移学习提出了两种方法。针对特征缺失的数据挖掘任务，提出了考虑成本差异的主动知识获取方法，在主动获取缺失特征值的过程中，同时考虑不同特征的获取代价不同，以更低的成本获取同等效用甚至效用更高的特征，从而降低整体标注成本。针对标记缺失的数据挖掘任务，提出结合模型迁移的自适应数据挖掘方法，通过选择当前任务最有价值的样本，对预训练模型进行微调，显著地减少所需标记的数量。

4.2.1　相关工作

根据先验缺失的两种重要表现形式：特征缺失和标记缺失，针对缺失问题，如何基于成本预算有限条件查询最有益的信息，介绍研究特征缺失和标记缺失的其相关工作。

在数据挖掘任务中，数据往往以特征矩阵的形式呈现，在矩阵中，每一行是一个数据对象，而每一列则表示数据的一维特征。在许多实际应用场景中，由于许多不同的原因，往往会造成特征矩阵的部分值缺失[56]。例如，在疾病诊断中，病人被视为一个数据对象，该对象包含的特征则由病人的体格检查结果构成。在这种情况下，一个可能造成特征缺失的原因是，病人可能仅进行部分项目的体检，因而导致该数据对象包含的其他特征缺失[57]。在无线传感器网络实验中，由多个传感器监测环境的不同参数属性，一些失效的传感器也会导致某些参数属性缺失[58]。数据特征缺失会显著地降低从该数据集上得到的模型的性能。因此，对数据的缺失特征值进行恢复就显得尤为关键。其中，最可靠的方法是直接获取缺失特征的真实值。在某些情况下，特征值的获取往往意味着要使用特殊的仪器或包含复杂的过程，这将导致代价高昂。其次，特征之间往往呈现高度的相关性，特征矩阵往往包含许多冗余信息。因此，与以高昂的代价获取特征矩阵的所有特征值相比，一个性价比较高的方法是获取矩阵的一部分缺失特征值，并基于已观测的特征恢复另一部分缺失特征值。

矩阵补全作为一种有效的缺失特征恢复的方法，已被广泛研究[59-61]。然而，现有的方法往往忽略数据对象的标记类别，忽略其能对矩阵补全提供有效的监督信息。在实际应用中，已观测的特征可能是含有噪声的，并且往往无法对缺失特征的恢复提供充足的信息。尤其是在特征缺失较严重的情况下，往往有大量可能的特征矩阵满足当前已观测的特征值。在这种情况下，由于类别标记往往依赖于数据的特征表示，因此，利用类别标记信息能显著地降低满足条件的可能特征矩阵的数量。此外，不同的特征一般对缺失值的恢复以及分类模型性能的提高发挥着不同的作用，某些特征可能比其他特征起到更为重要的作用。为了降低获取缺失特征的代价，一个可行的办法是，一方面主动选择最有信息量的特征，并查询这些特征的真实值，另一方面，基于已观测的特征利用矩阵补全的方法恢复缺失的特征。

传统的主动学习方法是通过主动选择最有信息量的未标注样并查询样本的标记，显著降低样本的总体标注代价[62,63]。相似的方法也被应用进行主动特征获取[64-66]。这些方法往往首先估计每一个特征能对模型性能提升提供的期望效用，然后通过选择期望效用最高的特征并查询该特征的真实值。然而，有一些期望效用较高的特征可以通过矩阵补全的方法获取，在这种情况下，对这些特征的查询就浪费查询开销。

标记信息的缺失属于弱监督学习领域的一个子问题，能以较低成本获取大量无标记样本，但基于成本预算等问题，标记信息获取困难。针对这个问题，一个重要的思路是利用主动学习方法[63]挑选最具价值的样本并查询它们的标记，从而降低标注成本。在过去的数十年，大量关于主动学习在样本挑选上的工作研究[62,67,68]，而这些工作通常是基于非深度学习模型进行研究的。近年来逐渐出现一些深度学习中应用主动学习方法的研究[69-71]，减少深度学习模型训练需要的数据。其中，文献 [69] 提出基于贝叶斯神经网络[72]挑选样本，贝叶斯深度学习模型能够通过网络参数的不确定性导出模型对样本预测的不确定度，进而挑选不确定度较大的样本；文献 [70] 则将样本挑选看作核心子集选择问题，采用样本在深度学习模型提取的特征进行计算挑选，该方法无需改动模型，普适性较强；文献 [71] 则倾向于查询不确定性较大的样本，同时赋予未标记样本的未标记置信度较高，这样可以最大程度纠正模型的训练方向。

迁移学习[73]利用在源域任务上学到的知识辅助模型在目标域任务上进行训练，在特征或模型水平上已有大量的研究[74,75]。通常，这些方法试图直接通过复用或修改源域任务模型实现在目标域任务上的学习。近年来也有很多针对深度学习模型的迁移学习工作[76,77]，以文献 [77] 为代表的工作，主要是在网络中的多层或单层通过距离约束促使目标域和源域数据特征分布对齐，特征分布对齐可以有效地约束网络深层向特定目标任务的方向优化训练。这些方法虽然促使深度学习模型的训练更简单，但在迁移过程中没有考虑主动学习的方法，仍然需要大量已标记样本。此外，这些方法需要修改网络结构，增大了工作量。

针对传统浅层模型，有些研究工作将主动查询和迁移过程结合到一起。文献 [78] 将主动学习和迁移学习结合到高斯过程方法中，根据预测方差依次从目标域数据中查询样本。文献 [79] 提出结合跨域主动学习和迁移学习的原则框架，利用源域的已标记数据来改善模型在目标域上的表现。文献 [80] 提出更复杂的框架来探索不同域的聚类结构，根据数据分布结构尝试为未标记数据归纳标记信息并在目标域中挑选。但这些方法依然是基于传统浅层模型设计，难以直接应用于训练深度神经网络。

4.2.2 考虑成本差异的主动知识获取

4.2.2.1 特征缺失问题

介绍特征缺失问题的处理方法，通过联合主动特征提取和基于监督信息的特征补全方法来降低先验知识的获取成本。为了在矩阵补全的过程中充分利用标记信息，提出了基于重构损失、低秩正则算子和经验分类损失的目标函数。通过最小化这个目标函数，恢复的特征矩阵将包括以下两方面特性：一方面，该矩阵有效地拟合了特征空间结构信息；另一方面，在标记信息的作用下，该矩阵将具有较强的判别性。为了选择最具信息量的特征进行查询，提出了一种基于方差的查询准则，这种查询准则同时考虑了来自特征补全和分类模型性能提高两方面的信息量。此外，还着重考虑了成本差异的主动特征获取，并且引入了二元目标优化 (bi-objective optimization) 来解决这种任务；对提出的矩阵补全方法进行理论分析，给出该方法的重构损失的上界；在不同的数据集上进行大量的实验验证，实验结果表明，提出的方法可以准确地恢复缺失矩阵，并且能以较低的获取成本实现较高的分类性能。

4.2.2.2　基于监督矩阵补全的主动特征提取方法

$D = \{(x_i, y_i)\}$ 表示一个含有 n 个示例的数据集，其中，x_i 是第 i 个示例的特征向量而 y_i 是其标记。让 $X \in \mathbb{R}^{n \times d}$ 表示真实的特征矩阵，其中每一列代表 d 维特征空间中的一维。在特征缺失的问题中，X 仅是部分可观测的。首先介绍基于监督信息的矩阵补全方法，然后介绍考虑成本差异的主动特征提取方法。

由于已观测的特征值是有限的，且一般无法对缺失值的恢复提供足够的信息，因而矩阵补全问题往往极具挑战性。在这种情况下，往往存在无数符合已观测值的矩阵。为了找到最符合真实值的矩阵，需要利用外部的知识。一个最常见的假设是，特征矩阵呈现低秩结构。除此之外，进一步利用类别标记的监督信息来进行矩阵补全。分类函数 f 是一个从特征空间到标记空间的映射，可以通过这个映射的逆向传播为特征恢复提供有用的监督信息。例如，给定一个含有缺失值的示例以及该实例的真实标记，x 是通过恢复该示例的缺失特征而得到的特征向量。假设 f 是一个可靠的分类模型，如果对 x 预测值 $f(x)$ 与其真实标记 y 相差很大，这极有可能说明 x 并不是一个被准确恢复的特征向量。基于上述讨论，提出一个联合的框架用于矩阵补全，在这个框架中，通过最小化经验分类损失、重构损失以及矩阵的秩，交替地优化特征矩阵和分类模型。

一方面，基于低秩假设，期望可以从部分观测的特征矩阵 X 恢复出真实的特征矩阵；另一方面，期望从复原矩阵 $\widehat{X}$ 训练得到的分类模型 f 的经验损失较小。基于上述两点，提出的目标函数如下：

$$\min_{\widehat{X}, f} \frac{1}{2} \|\mathcal{R}_\Omega(\widehat{X} - X)\|_F^2 + \lambda_1 \|\widehat{X}\|_{\mathrm{tr}} + \lambda_2 \sum_{i=1}^{n} \ell(y_i, f(\hat{x}_i)), \tag{4.22}$$

式中，$\mathcal{R}_\Omega : \mathbb{R}^{n \times d} \to \mathbb{R}^{n \times d}$，

$$[\mathcal{R}_\Omega(X)]_{i,j} = \begin{cases} X_{i,j}, & (i,j) \in \Omega, \\ 0, & \text{其他}. \end{cases}$$

其中，$\|\cdot\|_{\mathrm{tr}}$ 表示 Frobenius 范数；$\lambda_1, \lambda_2 \geqslant 0$，是正则化参数；$\Omega$ 表示 X 所有已观测值的下标。

假设损失函数 ℓ 可以形式化为一个以 $\widehat{X}$ 为参数的函数，并且该函数对参数 $\widehat{X}$ 是利普希茨 (Lipschitz) 连续的。其中一个例子是带有平方损失的线性函数，当 $f(x_i) = w^{\mathrm{T}} x_i$，其中 $w \in \mathbb{R}^d$；其损失函数定义如下：$\sum_{i=1}^{n} \ell(y_i, f(\hat{x}_i)) = \|Xw - y\|^2$，其中，$y = [y_1, y_2, \cdots, y_n]$，在这里，$\|\cdot\|$ 表示 ℓ_2 范数。将 $\sum_{i=1}^{n} \ell(y_i, f(\hat{x}_i))$ 简写成 $\ell(X, f)$，并将优化问题写成：

$$\min_{\widehat{X}, f} \frac{1}{2} \|\mathcal{R}_\Omega(\widehat{X} - X)\|_F^2 + \lambda_1 \|\widehat{X}\|_{\mathrm{tr}} + \lambda_2 \ell(\widehat{X}, f), \tag{4.23}$$

这个优化问题可以通过交替地优化 $\widehat{X}$ 和 f 解决。

当固定 f，通过优化下列问题得到 $\widehat{\boldsymbol{X}}$：

$$\min_{\widehat{\boldsymbol{X}}} \frac{1}{2}\|\mathcal{R}_{\Omega}(\widehat{\boldsymbol{X}} - \boldsymbol{X})\|_F^2 + \lambda_1 \|\widehat{\boldsymbol{X}}\|_{\mathrm{tr}} + \lambda_2 \ell(\widehat{\boldsymbol{X}}). \tag{4.24}$$

作为一种解决迹范数最小化的经典优化技术，加速近似梯度下降 (accelerated proximal gradient descent)[81] 被用来解决该优化问题。令

$$g(\widehat{\boldsymbol{X}}) = \frac{1}{2}\|\mathcal{R}_{\Omega}(\widehat{\boldsymbol{X}} - \boldsymbol{X})\|_F^2 + \lambda_2 \ell(\widehat{\boldsymbol{X}}),$$

并且

$$h(\widehat{\boldsymbol{X}}, \boldsymbol{Z}) = g(\boldsymbol{Z}) + \left\langle \nabla g(\boldsymbol{Z}), \widehat{\boldsymbol{X}} - \boldsymbol{Z} \right\rangle + \lambda_1 \|\widehat{\boldsymbol{X}}\|_{\mathrm{tr}},$$

式中，

$$\nabla g(\boldsymbol{Z}) = \mathcal{R}_{\Omega}(\boldsymbol{Z} - \widehat{\boldsymbol{X}}) + \lambda_2 \frac{\partial \ell}{\partial \boldsymbol{Z}}.$$

总结该方法的主要步骤为：

步骤 1. 初始化，$\theta_0 = \theta_{-1} \in (0,1]$, $L > 1$, $\widehat{\boldsymbol{X}}_0 = \widehat{\boldsymbol{X}}_{-1}$, $\gamma > 1$, $k = 0$.

步骤 2. 在第 k 轮，

    计算得 $\boldsymbol{Z}_k = \widehat{\boldsymbol{X}}_k + \theta_k(\theta_{k-1}^{-1} - 1)(\widehat{\boldsymbol{X}}_k - \widehat{\boldsymbol{X}}_{k-1})$；

    计算得 $\widehat{\boldsymbol{X}}_{k+1} = \arg\min_{\widehat{\boldsymbol{X}}} \left\{ h(\widehat{\boldsymbol{X}}, \boldsymbol{Z}_k) + \frac{L}{2}\|\widehat{\boldsymbol{X}} - \boldsymbol{Z}_k\|_F^2 \right\}$；

    当 $g(\widehat{\boldsymbol{X}}_{k+1}) + \lambda_1\|\widehat{\boldsymbol{X}}_{k+1}\|_{\mathrm{tr}} > h(\widehat{\boldsymbol{X}}_{k+1}, \boldsymbol{Z}_k) + \frac{L}{2}\|\widehat{\boldsymbol{X}}_{k+1} - \boldsymbol{Z}_k\|_F^2$：

        ∗ 更新 $L = \gamma L$.

        ∗ 更新 $\widehat{\boldsymbol{X}}_{k+1} = \arg\min_{\widehat{\boldsymbol{X}}} \left\{ h(\widehat{\boldsymbol{X}}, \boldsymbol{Z}_k) + \frac{L}{2}\|\widehat{\boldsymbol{X}} - \boldsymbol{Z}_k\|_F^2 \right\}$.

    更新 $\theta_{k+1} = \sqrt{\theta_k^4 + 4\theta_k^2} - \theta_k^2/2$；

    更新 $k = k + 1$.

将该方法迭代优化直至收敛。在上述步骤中，没有给出如何求得 $\widehat{\boldsymbol{X}}_{k+1}$ 的具体步骤，下面将详细介绍。将上述优化问题写成：

$$\min_{\widehat{\boldsymbol{X}}} \left\langle \nabla g(\boldsymbol{Z}_k), \widehat{\boldsymbol{X}} - \boldsymbol{Z}_k \right\rangle + \frac{L}{2}\|\widehat{\boldsymbol{X}} - \boldsymbol{Z}_k\|_F^2 + \lambda_1 \|\widehat{\boldsymbol{X}}\|_{\mathrm{tr}}, \tag{4.25}$$

等价于

$$\min_{\widehat{\boldsymbol{X}}} \frac{L}{2} \left\| \widehat{\boldsymbol{X}} - \left(\boldsymbol{Z}_k - \frac{1}{L}\nabla g(\boldsymbol{Z}_k) \right) \right\|_F^2 + \lambda_1 \|\widehat{\boldsymbol{X}}\|_{\mathrm{tr}}. \tag{4.26}$$

这个问题可利用奇异值阈值法 (SVT)[82] 解决。具体地，首先对 $\boldsymbol{Z}_k - \frac{1}{L}\nabla g(\boldsymbol{Z}_k)$ 进行奇异值分解得到 $\boldsymbol{Z}_k - \frac{1}{L}\nabla g(\boldsymbol{Z}_k) = \boldsymbol{U}\boldsymbol{\Sigma}\boldsymbol{V}^{\mathrm{T}}$，然后，让 $\widehat{\Sigma}_{ii} = \max\left(0, \Sigma_{ii} - \frac{\lambda_1}{L}\right)$，最终结果为 $\boldsymbol{U}\widehat{\boldsymbol{\Sigma}}\boldsymbol{V}^{\mathrm{T}}$。

当固定 $\widehat{\boldsymbol{X}}$，分类模型可以通过现有的方法 (如 SVM) 进行优化。重复步骤 1 和步骤 2，直至收敛。

接下来，介绍如何通过主动查询最有信息量的特征的真实值，以最低的查询成本获得最大的模型性能提升。首先提出一个新的查询准则，用于评估每一个特征的信息量，然后进一步考虑在不同特征具有不同查询成本的情况下，如何进行有效查询。

在传统的主动学习中，当模型对某一个示例的预测不确定时，这个示例将被认为对模型的提升提供较多信息，因而将有很大的概率被查询 [62]。受此启发，提出一个基于不确定性的查询准则，用于衡量每一个特征的信息量。对于这个问题，其难点在于该信息量要同时反映对缺失特征恢复以及分类模型训练的作用。注意到式 (4.22) 同时考虑了两个方面的信息。在主动学习的每一轮迭代中，在获取一个小批量的特征值之后，利用上述方法通过最优化式 (4.22) 来进行矩阵补全。注意到每一轮矩阵补全结果是具有差异的。如果某一个特征在每一轮矩阵补全的方差很大，那么意味着算法对该特征的补全结果不确定，因而该特征将对特征矩阵的恢复和分类模型的优化提供更多有用的信息。假设 $\boldsymbol{X}^t$ 是第 t 轮的补全矩阵，定义示例 $\boldsymbol{x}_i$ 的第 j 维特征的信息量如下：

$$I_{i,j} = \sum_{t=1}^{T}(X_{i,j}^t - \bar{X}_{i,j})^2, \tag{4.27}$$

式中，$\bar{X}_{i,j} = \frac{1}{T}\sum_{t=1}^{T}X_{i,j}$，是 $X_{i,j}$ 在 T 轮中的平均值。

然后，选择一个小批量的最具信息量的特征，并查询这些特征的真实值。

值得注意的是，并不一定要计算所有轮次下的方差。一般来说，最近轮次的变化往往更为重要。例如，如果一个特征在迭代初期具有较大的方差，而随着迭代的过程逐渐稳定，这说明该特征有可能已经被提取的特征所提供的信息准确地恢复，因此不需要对该特征进行查询。

在实际应用中，获取不同特征值的成本一般是不一样的。例如，在对病人的诊断过程中，利用功能磁共振成像 (fMRI) 进行检测的成本显然比抽血化验的成本高。在这种情况下，知识的获取成本显然与其信息量形成矛盾。如何在考虑成本差异的情况下进行主动特征获取是研究的一个重点。假设获取第 j 维特征的代价为 C_j，且假设知识的获取代价与示例无关。为了同时平衡知识的获取代价与其信息量，提出两种考虑成本差异的主动知识获取方法。

第一种方法是直接将信息量除以获取代价，得到单位代价信息量，并选择单位信息量最大的特征进行提取：

$$\operatorname*{argmax}_{(i,j)\notin\Omega} \frac{I_{i,j}}{C_j}. \tag{4.28}$$

这种方法相对简单，因此，在某些极端的情况下可能失效。

第二种方法则通过二元目标优化 (bi-objective optimization) 实现。在主动知识获取的每一次迭代中，选择一个小批量的缺失特征，并获取这些特征的真实值。这个过程显然可以看作成一个子集选择的问题。一般来说，子集选择问题的目标是在约束子集大小的条件下，以目标函数 $\mathcal{J}$ 从一个大集合 V 中选择出一个子集 S。这个过程可以形式化为下列目

标函数:

$$\arg\min_{S \subseteq V} \mathcal{J}(S) \qquad \text{s.t.} \quad |S| \leqslant b, \tag{4.29}$$

式中，$|\cdot|$ 表示集合的大小；b 是子集包含元素数量的最大值。为了简化符号，子集选择问题进一步地被形式化为优化一个二元向量。通过引入一个二元向量 $\boldsymbol{s} \in \{0,1\}^n$ 表示子集关系，其中，$s_i = 1$ 意味第 i 个元素被选择加入子集中；相反地，$s_i = 0$ 则意味着第 i 个元素不在子集中。根据文献 [83]，式 (4.29) 中的子集选择问题可以形式化为一个二元目标最小化问题:

$$\arg\min_{s \in \{0,1\}^n} (\mathcal{J}_1(s), \mathcal{J}_2(s)),$$

$$\mathcal{J}_1(s) = \begin{cases} +\infty & \boldsymbol{s} = \{0\}^n \text{或} |s| \geqslant 2b, \\ \mathcal{J}(s) & \text{其他.} \end{cases} , \mathcal{J}_2(s) = |s|$$

式中，$|s|$ 表示向量 $\boldsymbol{s}$ 中 1 的数量。这个优化问题通过稀疏选择的方法来最小化目标函数 $\mathcal{J}$。在这里，通过将 $\mathcal{J}_1$ 设成 $+\infty$ 来避免平凡解或使子集大小 $|s|$ 超过约束条件。该目标函数试图最大化如式 (4.27) 所定义的信息量的同时，最小化获取特征的成本。这两个目标分别对应两个目标函数 $\mathcal{J}_1$ 和 $\mathcal{J}_2$，可形式化为以下二目标优化问题:

$$\arg\min_{s \in \{0,1\}^n} (\mathcal{J}_1(s), \mathcal{J}_2(s)),$$

$$\mathcal{J}_1(s) = \begin{cases} +\infty, & \boldsymbol{s} = \{0\}^n \text{ 或} \mathcal{J}_2(s) \geqslant 2b, \\ -\sum_{ij} s(i,j) \cdot I_{ij}, & \text{其他} \end{cases}$$

$$\mathcal{J}_2(s) = \sum_{ij} s(i,j) \cdot C_j.$$

式中，b 是知识获取在每一轮的开销；$s(i,j)$ 表示矩阵 $\boldsymbol{X}$ 第 i 行第 j 列上的元素。在这里，同样将 $\mathcal{J}_1$ 设成 $+\infty$ 来避免平凡解或使子集大小 $|s|$ 超出约束条件。使用优化方法 POSS (pareto optimization for subset selection) [83] 解决这个问题。POSS 是一种演化计算的方法，其主要的思想是维护一个解集，并通过不断地迭代将更好的解替换解集中的解。具体地，该方法首先初始化一个空的解集。在每一轮迭代中，随机选择解集中的一个解 s，并通过翻转解 s 得到一个新的解 s'。经过计算得到两个目标值 $\mathcal{J}_1(s')$ 和 $\mathcal{J}_2(s')$，并与解集中的解比较。具体来说，当存在一个解 s 满足下列两个条件:

$$\mathcal{J}_1(s) \leqslant \mathcal{J}_1(s') \text{和} \mathcal{J}_2(s) \leqslant \mathcal{J}_2(s'),$$

$$\mathcal{J}_1(s) < \mathcal{J}_1(s') \text{ 或} \mathcal{J}_2(s) < \mathcal{J}_2(s'),$$

则解 s' 被扔掉；否则，s' 被加入解集中，所有解集中的解满足下列条件:

$$\mathcal{J}_1(s') \leqslant \mathcal{J}_1(s) \text{和} \mathcal{J}_2(s') \leqslant \mathcal{J}_2(s)$$

将从解集中去除。不断重复此过程直至达到提前设定的迭代轮次。最终，该算法将选择具有最小目标值 J_1 并没有超出总开销的解。

4.2.2.3　理论分析

给出监督矩阵补全方法的重构损失的一个理论上界。对于 $\boldsymbol{Xw}$ 与 $\boldsymbol{y}$ 之间的损失，即在式 (4.22) 经验分类损失项 $\sum_{i=1}^{n} \ell(y_i, f(\hat{\boldsymbol{x}}_i))$，讨论一种更为严格的情况，即，当 $\boldsymbol{Xw}$ 与 $\boldsymbol{y}$ 相等的情况。式 (4.22) 通过松弛这个严格的约束来处理数据含有噪声的情况。这种松弛同时可以使得损失函数的选择更具灵活性，例如，$\|\boldsymbol{Xw} - \boldsymbol{y}\|$，也使得优化更为简便。为了简化符号表达，在没有噪声情况下，式 (4.22) 为

$$\min_{\widehat{\boldsymbol{X}}} \sum_{(i,j) \in \Omega} (\widehat{X}_{i,j} - X_{i,j})^2 \quad \text{s.t.} \quad \|\widehat{\boldsymbol{X}}\|_{\text{tr}}^2 \leqslant \beta \sqrt{rnd}, \ f(\widehat{\boldsymbol{X}}) = \boldsymbol{y}, \tag{4.30}$$

式中，β 和 r 是常数。假设 $\widehat{\boldsymbol{X}}^*$ 是式 (4.30) 的最优解，进一步分析最优解和通过提出的方法得到的解之间的差异。在讨论解的特性之前，先定义矩阵的一致性：

定义 4.1　给定一个秩为 r 的矩阵 $\boldsymbol{M} \in \mathbb{R}^{n \times m}$，奇异值分解为 $\boldsymbol{M} = \boldsymbol{U\Sigma V}^{\text{T}}$，矩阵 $\boldsymbol{M}$ 的一致性定义如下，

$$\mu(\boldsymbol{M}) = \max\{\max_{1 \leqslant i \leqslant n} \|\boldsymbol{U}_{i,*}\|, \max_{1 \leqslant j \leqslant m} \|\boldsymbol{V}_{j,*}\|\},$$

式中，$\boldsymbol{U}_{i,*}$ $(\boldsymbol{V}_{j,*})$ 表示 $\boldsymbol{U}$ $(\boldsymbol{V})$ 的第 $i(j)$ 行.

注意到与文献 [84,85] 不同，在这里，没有以矩阵的大小对一致性进行规范化。一致性衡量了元素值在矩阵中的分布。矩阵的一致性较低，意味着矩阵中的值分布得比较平均。显然，当矩阵中不存在峰值，则意味着矩阵中缺失的值更容易通过已观测值恢复。基于此定义，在定理 4.2 中给出理论结果。

定理 4.2　假设 $\|\boldsymbol{X}\|_{\text{tr}}^2 \leqslant \beta \sqrt{rnd}$，$f(\boldsymbol{X}) = \boldsymbol{y}$ 且 Ω 是以概率为 $|\Omega|/(nd)$ 从伯努利分布模型中独立随机采样得到。假设 $\widehat{\boldsymbol{X}}^*$ 是优化问题式 (4.30) 的解且 $\mu = \max_{\widehat{\boldsymbol{X}} \in G} \mu(\widehat{\boldsymbol{X}})$，对于某一个 $r \leqslant \min\{n,d\}$ 且 $\beta \geqslant 0$，$G = \left\{\widehat{\boldsymbol{X}} \in \mathbb{R}^{n \times d} \mid \|\widehat{\boldsymbol{X}}\|_{\text{tr}}^2 \leqslant \beta\sqrt{rnd}, f(\widehat{\boldsymbol{X}}) = \boldsymbol{y}\right\}$ 且 $G \subset \mathbb{R}^{n \times d}$。至少以概率为 $1 - C/(n+d)$，可以得到如下结果：

$$\frac{1}{nd} \|\widehat{\boldsymbol{X}}^* - \boldsymbol{X}\|_F^2 \leqslant 2\left(C_0 \mu^2 \beta \sqrt{\frac{r(n+d)}{|\Omega|}} \sqrt{1 + \frac{(n+d)\log(n+d)}{|\Omega|}}\right).$$

定理 4.2 给出监督矩阵补全的重构损失的上界。显然，可以通过增加特征值的数量 $|\Omega|$ 而得到一个更小的上界。这同时也启发我们通过迭代获取更多特征值。定理 4.2 的详细证明过程可参见文献 [86]。

4.2.2.4　实验验证

在 abalone, letter, image, chess, HillValley 和 HTRU2 等 6 个数据集上进行实验。矩阵包含的元素数量从 22960 到 143184 个。随机地将每一个数据集划分为两个子集，其中，训练集包含 70% 的样本，而测试集包含 30% 的样本。重复随机划分的实验 10 次并报告平均结果。

在每次主动查询之后，评估每个算法矩阵补全和分类的性能。对提出的基于监督信息的矩阵补全算法 (AFASMC) 与下列方法比较：OptSpace [87]，LmaFit [88] 和 NNLS [89]，如

表 4.3 所示。同样地，将主动特征提取方法与下列方法进行比较：QBC[90]，Stability[90]，EM Inference[91] 和 Random，如图 4.7 所示。

对基于监督矩阵补全的主动特征提取方法 AFASMC 来说，在所有数据集上，参数 λ_1 和 λ_2 被固定为 1。对于其他的方法，参数根据对应文献给出的设定或进行微调。使用线性支持向量机 (support vector machine, SVM) 作为所有方法的基分类器。

首先评估基于监督信息的矩阵补全方法的性能，其性能通过矩阵的重构误差以及分类的准确性衡量。在所有的数据集上，根据不同的特征值缺失率对所有的方法进行比较。表 4.3 展示了实验结果。每一个数据集的第一行对应 60% 的特征值可观测的情况，第二行则对应 80%。从表 4.3 中可以看出，提出的方法在重构损失和分类准确率上都实现了最佳性能。唯一的仅在 HillValley 数据集上，在 60% 特征可观测的情况下，NNLS 重构损失比 AFASMC 小，但是在分类器精度上，AFASMC 仍实现了最佳性能。

表 4.3　矩阵补全算法的比较结果. 在 60% 和 80% 缺失特征的情况下，各个算法的重构误差以及分类准确率

数据集	可观测特征比例	AFASMC	OptSpace	LmaFit	NNLS
重构误差					
abalone	60%	**0.13±0.01**	0.38±0.01	0.14±0.00	0.14±0.00
	80%	**0.07±0.00**	0.23±0.01	0.09±0.00	**0.07±0.00**
letter	60%	**0.18±0.00**	0.33±0.01	0.24±0.00	0.23±0.00
	80%	**0.11±0.00**	0.29±0.00	0.17±0.00	0.17±0.01
image	60%	**0.25±0.00**	0.54±0.01	0.36±0.05	0.56±0.03
	80%	**0.16±0.00**	0.51±0.00	0.18±0.00	0.23±0.08
chess	60%	**0.43±0.00**	1.57±0.01	0.48±0.00	1.28±0.02
	80%	**0.29±0.00**	1.63±0.01	0.33±0.00	1.21±0.01
HillValley	60%	0.04±0.00	0.06±0.00	0.04±0.00	**0.03±0.00**
	80%	0.03±0.00	0.06±0.00	0.03±0.00	**0.03±0.00**
HTRU2	60%	**0.29±0.00**	0.59±0.00	0.63±0.00	**0.29±0.00**
	80%	**0.16±0.00**	0.39±0.00	0.45±0.00	0.17±0.00
分类器精度/%					
abalone	60%	**78.5±1.2**	71.8±0.8	78.3±1.3	78.4±1.2
	80%	**79.7±0.7**	76.3±1.2	79.5±0.6	79.5±0.9
letter	60%	**98.5±0.6**	92.1±3.7	97.0±1.3	94.3±1.0
	80%	**99.3±0.2**	94.2±0.8	99.1±0.4	94.6±1.1
image	60%	**79.3±2.0**	67.1±2.2	75.5±2.1	70.1±3.5
	80%	**81.0±2.3**	68.1±1.5	79.8±2.5	80.5±3.2
chess	60%	**94.3±0.9**	52.1±1.8	93.3±0.8	53.8±1.7
	80%	**94.8±0.4**	52.8±1.9	94.7±0.7	77.9±3.6
HillValley	60%	**51.5±3.2**	48.7±3.5	49.4±3.7	50.7±2.8
	80%	**51.1±2.1**	49.5±3.3	50.8±2.3	49.7±2.0
HTRU2	60%	**97.2±0.2**	90.8±0.3	97.1±0.2	97.1±0.2
	80%	**97.4±0.2**	94.3±0.2	97.3±0.2	**97.4±0.2**

接下来，评估主动特征提取方法的性能。在初始阶段，从每个数据集的特征中采样 60% 作为可观测特征值，而剩余的 60% 作为缺失值。在每一次查询后，首先进行矩阵补全，并在训练数据上训练一个 SVM 分类器，最后记录分类器在测试集上的准确率。图 4.7展示了所

有方法随着查询特征数量增加的性能变化曲线。注意到，EM Inference 在数据集 abalone，letter 和 HillValley 上的性能比较差，为了避免可视化不清晰，在这些数据集上，忽略了该方法的性能曲线。从图 4.7 中可以看出，提出的方法在大多数情况下都取得最佳性能。EM (expectation maximization, 基于期望最大法特征提取方法) Inference 的效果不稳定，该方法在数据集 image 和 chess 上取得了不错的效果，但在其他数据集上表现得不好。QBC 和 Stability 表现相当，并且在大多数情况下只比 AFASMC 差一点。不出乎意料地，与主动

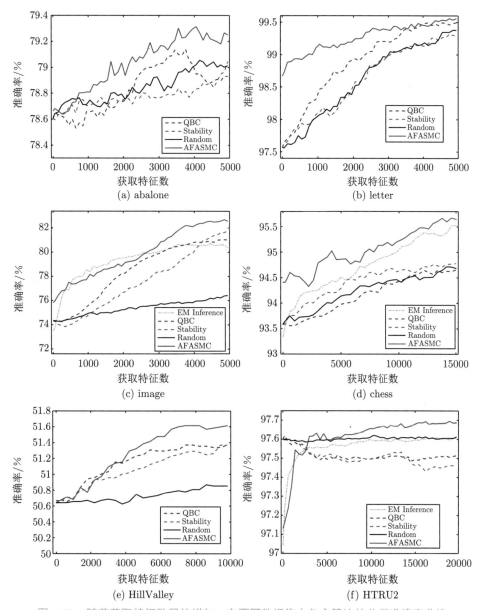

图 4.7　随着获取特征数目的增加，在不同数据集中各个算法的分类准确率曲线

提取的方法相比，Random 的效果很不好。在表 4.4 和表 4.5中，比较了在查询不同比例的缺失值的情况下各个方法的 AUC(area under the curve, RDC 曲线下面积)。从表中可以看出，在大多数情况下，我们的方法都取得了最佳效果。

在实际情况中，不同特征的提取成本是具有差异的。因此，评估提出的方法在考虑成本差异的主动特征提取问题上的性能。比较 4.2.2.1 节提出的两种策略：AFASMC+Cost1，该策略简单地使用单位代价信息量来挑选特征；AFASMC+Cost2，通过二元目标优化的方法来平衡获取成本和信息量。假设每一个特征获取成本是 $\{1,\cdots,10\}$ 集合中的一个随机整数。由于篇幅的限制，仅展示在数据集 HTRU2 上的结果。

表 4.4   各个主动特征获取算法在低特征缺失率条件下的 AUC 结果.
通过在 95% 现在水平下进行配对 t 检验，最佳结果以加粗显示

数据集	算法	查询特征比例		
		5%	10%	20%
abalone	Random	0.859±0.010	0.859±0.010	0.860±0.010
	QBC	0.858±0.010	0.858±0.010	0.859±0.009
	Stability	0.859±0.010	0.859±0.009	0.859±0.009
	AFASMC	**0.862±0.009**	**0.862±0.009**	**0.863±0.009**
letter	Random	0.999±0.001	0.999±0.000	0.999±0.000
	QBC	**0.999±0.000**	**1.000±0.000**	**1.000±0.000**
	Stability	0.999±0.001	0.999±0.001	1.000±0.000
	AFASMC	**1.000±0.000**	**1.000±0.000**	**1.000±0.000**
image	Random	0.806±0.012	0.808±0.012	0.810±0.013
	QBC	0.804±0.015	0.811±0.014	0.826±0.012
	Stability	0.805±0.013	0.807±0.014	0.818±0.015
	AFASMC	**0.822±0.017**	**0.832±0.015**	**0.846±0.012**
chess	Random	0.983±0.004	0.984±0.004	0.986±0.003
	QBC	0.983±0.004	0.984±0.003	0.986±0.004
	Stability	0.985±0.004	**0.986±0.004**	0.987±0.003
	AFASMC	**0.987±0.004**	**0.988±0.003**	**0.989±0.004**
HillValley	Random	**0.452±0.094**	**0.451±0.094**	**0.449±0.093**
	QBC	0.449±0.078	**0.443±0.075**	**0.436±0.075**
	Stability	0.445±0.085	0.442±0.086	0.439±0.085
	AFASMC	**0.454±0.082**	0.447±0.085	0.446±0.073
HTRU2	Random	0.971±0.002	**0.971±0.002**	0.972±0.002
	QBC	0.971±0.002	0.968±0.003	0.969±0.002
	Stability	0.970±0.002	0.971±0.002	0.969±0.002
	AFASMC	**0.972±0.002**	**0.971±0.002**	**0.973±0.002**

表 4.5   各个主动特征获取算法在高特征缺失率条件下的 AUC 结果.
通过在 95% 现在水平下进行配对 t 检验，最佳结果以加粗显示

数据集	算法	查询特征比例		
		30%	40%	50%
abalone	Random	0.861±0.009	0.861±0.009	0.862±0.009
	QBC	0.859±0.009	0.861±0.009	0.864±0.009
	Stability	0.860±0.009	0.861±0.008	0.862±0.008
	AFASMC	**0.865±0.009**	**0.866±0.010**	**0.867±0.010**

续表

数据集	算法	查询特征比例		
		30%	40%	50%
letter	Random	1.000±0.000	1.000±0.000	1.000±0.000
	QBC	**1.000±0.000**	**1.000±0.000**	**1.000±0.000**
	Stability	**1.000±0.000**	**1.000±0.000**	**1.000±0.000**
	AFASMC	**1.000±0.000**	**1.000±0.000**	**1.000±0.000**
image	Random	0.814±0.014	0.819±0.012	0.824±0.013
	QBC	0.838±0.015	0.845±0.015	0.851±0.013
	Stability	0.829±0.016	0.835±0.015	0.846±0.016
	AFASMC	**0.852±0.013**	**0.855±0.012**	**0.857±0.012**
chess	Random	0.987±0.003	0.988±0.002	0.989±0.002
	QBC	0.988±0.003	**0.990±0.002**	**0.991±0.002**
	Stability	0.987±0.003	0.988±0.002	0.990±0.002
	AFASMC	**0.991±0.003**	**0.991±0.003**	**0.992±0.002**
HillValley	Random	**0.446±0.094**	**0.445±0.090**	0.442±0.090
	QBC	0.435±0.073	0.434±0.072	0.434±0.072
	Stability	0.438±0.070	0.434±0.072	0.434±0.072
	AFASMC	**0.451±0.077**	**0.451±0.078**	**0.450±0.078**
HTRU2	Random	0.972±0.002	0.972±0.002	0.972±0.002
	QBC	0.974±0.002	0.975±0.002	**0.975±0.002**
	Stability	0.969±0.003	0.971±0.003	0.971±0.003
	AFASMC	**0.975±0.002**	**0.975±0.002**	**0.976±0.002**

记录每一轮查询后分类器的准确率，并在图 4.8 中展示结果。注意到，在图 4.8 中，仍然展示了不考虑成本差异的 AFASMC 方法的结果作为基准结果。从图中，可以看出，两种考虑成本差异的方法都比不考虑成本差异的方法表现得更好。同时，使用了二元目标优化的 AFASMC+Cost2 方法要显著优于 AFASMC+Cost1 方法。

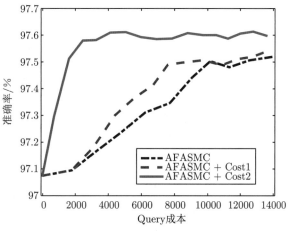

图 4.8　考虑获取成本差异的比较结果

AFASMC 基于所有轮次的预测结果来计算每个预测值的信息量。然而，在刚开始几轮迭代中方差比较大的特征，可能在最近的几轮已经被准确地恢复。因此，对于一个特征来说，该特征在当前几轮的矩阵补全变化更为重要。为了验证这个方法，基于不同轮次的矩阵补全结果计算方差，并比较它们的性能。具体来说，对于每一个缺失特征来说，基于最近的 m 轮计算方差，其中，m 的值为 2，4，8，16。与图 4.8 中的实验相同，在数据集 HTRU2 上实验。在图 4.9 中，给出各种情况的性能曲线。从图 4.9 中可以看出，当 $m = 4$ 时，性能达到最佳，这意味着无论是太多或是太少的轮次都将损害性能。该实验观察符合我们的构想，即最近轮次的方差计算对最终的性能起决定性作用。注意，在前面的所有实验中，将 m 设为默认值 T。这意味着，可以通过对 m 进行微调，进一步提高 AFASMC 的性能。

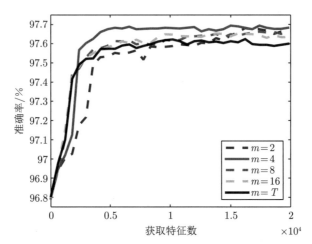

图 4.9　考虑基于不同轮次矩阵补全进行方差计算的比较结果

4.2.3　结合模型迁移的自适数据挖掘

4.2.3.1　ADMA

深度神经网络已经在各种任务上取得了很大成功，但训练一个深度模型需要大量的有标记数据，并且需要先验知识来设计网络结构，在实验中根据损失变化情况反复地调整模型参数。针对这些问题以及先验缺乏中的标记缺失的情况，可以通过基于相近数据集上的预训练模型调整到目标数据集上。这里介绍结合模型迁移的自适应数据挖掘工作 (active deep model adaptation，ADMA)，从模型自适应的角度设计特征转换模式，可以同时优化面向目标任务的特征表示学习和分类器的性能。预训练模型具有大量源域知识，其中一部分与目标域知识重叠，通过从目标域中选择样本来调整模型适应目标任务。

首先介绍 ADMA 的总体框架和问题。令 $U = \{\boldsymbol{x}_i\}_{i=1}^{n_u}$ 表示 n_u 个无标记数据，$\boldsymbol{x}_i$ 为第 i 个样本。ADMA 遵循主动学习流程，每次进行批量查询，即在每次迭代中从 U 中选取一个小批量 $Q = \{\boldsymbol{x}_q\}_{q=1}^{b}$ 样本子集，共 b 个样本。令 M^0 表示预训练模型，M^t 表示第 t 次迭代训练的模型。ADMA 可以批量查询，即每次从未标记数据集中选择一小批样本子集来查询标记。整个框架流程如图 4.10 所示。

图 4.10 中以 8 层的 AlexNet 为例来解释整个框架，深度神经网络学习的特征从浅到深分别为从普适特征到特定任务相关的特征，网络的前面几层主要是捕获比较通用的特征，比如边和曲线，后面的层产生和特定任务更加适配的具体特征。通用特征可以用于不同的任务，而具体特征集中于刻画具有独特性质的任务。面对目标任务直接采用在源任务上的预训练模型是不可行的，但可以保留预训练模型学到的通用特征知识，固定模型的浅层部

分针对目标任务更新网络的中深层。

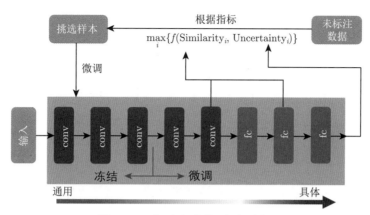

图 4.10　深度主动学习框架流程

4.2.3.2　ADMA 方法

在深度神经网络中，浅层生成通用特征，后面的层生成更高级分化的特征，为了让源域任务上的深度网络适应目标任务并保持网络结构不变，关键在于网络权重的更新。基于此在 ADMA 框架中提出了两种评价准则：区分度和不确定度，分别改善网络的中浅层和分类器层。挑选样本帮助模型适应目标任务后，网络模型不仅学得目标任务上的特征表示，分类器也达到较高的准确率。区分度和不确定度的计算流程如图 4.11 所示。

ADMA 提出了一种全新的衡量样本改善网络在目标任务上特征表示的能力。预训练模型经过在源域数据上的训练对源域任务是最优的，希望从目标域上挑选样本来体现源域任务的独特性并微调模型。因为可以从源域任务特性区分出目标任务，所以称这种能力为区分度。为了估计一个样本的区分度，基本的思路是设计预训练模型浅层网络到深层网络的特征转换模式。如果一个目标域的样本与源域任务的特征转换模式有较大程度的不相同，那么这个样本具有较高的区分度。下面详细介绍如何计算一个样本基于作差的区分度。

首先，假定源域具有 K 类数据，实验中采用的预训练模型是基于 ImageNet 比赛的数据训练的，即 $K-1000$。对每个类别挑选一个具有代表性的中心数据，因此共选取 K 个代表性样本构成集合 $C = \{c_1, c_2, \cdots, c_K\}$。令 z 表示一个源域样本在网络最后特征层，即分类器前面一层的特征，计算每个类别的所有样本在该层的特征均值中心为：

$$\bar{z}_k = \frac{1}{|\Omega_k|} \sum_{z \in \Omega_k} z$$

式中，Ω_k 表示属于第 k 个类别的样本集合；$|\cdot|$ 表示集合中元素的数量。然后每个类别的中心选择标准为

$$c_k = \arg\min_{z \in \Omega_k} \|z - \bar{z}_k\|^2$$

关于预训练模型的浅层网络在源域的特征学习情况，利用具有代表性的中心数据的特征转换模式来表示。为了简化表示，选定一个前面的某层记为 A，一个靠后的层记为 B，

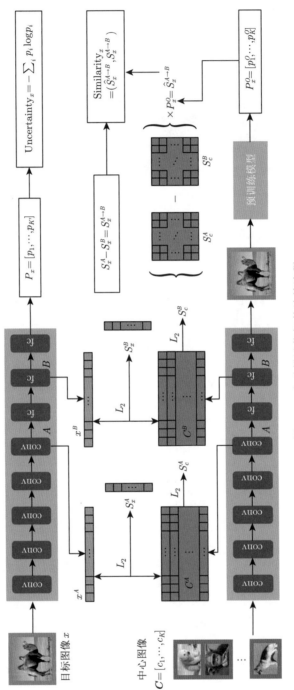

图 4.11　主动挑选指标的计算流程

用 $S_c^{A \to B}$ 表示中心数据的转换模式。可以将这些转换模式看作源域任务最优的模式，但对目标任务来说不是最优的。给定一个目标域样本 $\boldsymbol{x}$，可以得到类似的转换模式，令 $\hat{S}_x^{A \to B}$ 表示 x 的观测模式，此外也可以通过对中心数据的转换模式加权组合来估计一个近似的转换模式 $\hat{S}_x^{A \to B}$。实际上，$\hat{S}_x^{A \to B}$ 估计了如果样本来自源域任务时网络对样本 x 的特征转换，因此这两种模式反映目标域样本 x 与源域任务的区别程度。基于此介绍如何计算从 A 层到 B 层的转换模式。

给定一个中心数据 $\boldsymbol{c}_k$，其在 A 层的输出记为 $\boldsymbol{c}_k^A$，在 B 层的输出为 $\boldsymbol{c}_k^B$。类似的，目标域样本 $\boldsymbol{x}$ 在 A、B 层的特征分别为 $\boldsymbol{x}^A$ 和 $\boldsymbol{x}^B$。定义两个量：

$$S_C^A = [S_{\boldsymbol{c}_1}^A, S_{\boldsymbol{c}_2}^A, \cdots, S_{\boldsymbol{c}_K}^A] = \begin{pmatrix} \|\boldsymbol{c}_1^A - \boldsymbol{c}_1^A\|^2 & \|\boldsymbol{c}_2^A - \boldsymbol{c}_1^A\|^2 & \cdots & \|\boldsymbol{c}_K^A - \boldsymbol{c}_1^A\|^2 \\ \|\boldsymbol{c}_1^A - \boldsymbol{c}_2^A\|^2 & \|\boldsymbol{c}_2^A - \boldsymbol{c}_2^A\|^2 & \cdots & \|\boldsymbol{c}_K^A - \boldsymbol{c}_2^A\|^2 \\ \vdots & \vdots & & \vdots \\ \|\boldsymbol{c}_1^A - \boldsymbol{c}_K^A\|^2 & \|\boldsymbol{c}_2^A - \boldsymbol{c}_K^A\|^2 & \cdots & \|\boldsymbol{c}_K^A - \boldsymbol{c}_K^A\|^2 \end{pmatrix}$$

和

$$S_{\boldsymbol{x}}^A = [\|\boldsymbol{x} - c_1^A\|^2, \|\boldsymbol{x} - c_1^A\|^2, \cdots, \|\boldsymbol{x} - c_K^A\|^2]^{\mathrm{T}}.$$

同样，在 B 层也有对应的 S_C^B 和 $S_{\boldsymbol{x}}^B$。实际上中心数据 $\{\boldsymbol{c}_k\}_{k=1}^K$ 发挥路标的作用，为目标域的 $S_{\boldsymbol{x}}^A$ 和 $S_{\boldsymbol{x}}^B$ 提供相对关系参照。然后对从 A 层和 B 层获得的特征模式相减即可作为这两层的数据特征转换模式：

$$S_{\boldsymbol{x}}^{A \to B} = S_{\boldsymbol{x}}^A - S_{\boldsymbol{x}}^B.$$

接下来，探索来自源域中心数据的特征转换模式。同样的，计算每个中心数据的特征转换模式时依照其余所有中心数据为参照：

$$S_{\boldsymbol{c}_k}^{A \to B} = S_{\boldsymbol{c}_k}^A - S_{\boldsymbol{c}_k}^B.$$

然后如下式所示对 $\{S_{\boldsymbol{c}_k}^{A \to B}\}_{k=1}^K$ 加权线性组合来近似样本 $\boldsymbol{x}$ 的转换模式：

$$\hat{S}_{\boldsymbol{x}}^{A \to B} = \sum_{k=1}^K \alpha_k(\boldsymbol{x}) \cdot S_{\boldsymbol{c}_k}^{A \to B},$$

式中，$\alpha_k(\boldsymbol{x})$ 为第 k 个聚类中心的权重，这里将其定义为原始预训练模型预测 $\boldsymbol{x}$ 属于类别 k 的概率，即

$$\alpha_k(\boldsymbol{x}) = p(M^0(\boldsymbol{x}) = k),$$

式中，M^0 表示预测 $\boldsymbol{x}$ 的预训练模型。

现在有样本 $\boldsymbol{x}$ 的观测特征转换模式 $S_x^{A \to B}$，也有假定 $\boldsymbol{x}$ 来自源域对其预测并估计出近似转换模式 $\hat{S}_x^{A \to B}$。这两种模式的差异反映样本 $\boldsymbol{x}$ 调整模型从源域任务到适应目标任务学习表示的贡献，根据这两种模式构造区分度。注意到这两种模式都是向量的形式，有各种度量方式来衡量它们的差别。由于根据参照关系定义模式的，因此元素间的顺序比精确

地实数值效果更好，用肯德尔等级相关系数 (Kendall's tau coefficient) 来估计向量间的差别：

$$\text{Dinstinctiveness}(x) = \frac{1 - \tau(S_x^{A \to B}, \hat{S}_x^{A \to B})}{2},$$

式中，$\tau(S_x^{A \to B}, \hat{S}_x^{A \to B})$ 表示 $S_x^{A \to B}$ 与 $\hat{S}_x^{A \to B}$ 之间的肯德尔等级系数。

除了区分度，还有不确定度。不确定度是主动学习中常见的评价标准，用来评估模型对一个样本的预测信心。假定目标任务上有 K' 个类别，样本 x 的不确定度为

$$\text{Uncertainty}(x) = -\sum_{k'=1}^{K'} p(M(x) = k')(1 - p(M(x))) = k',$$

式中，M 是当前模型；$p(M(x) = k')$ 是当前模型预测样本属于类别 k' 的概率。此外，除了采用熵作为不确定度指标，还有其他很多表示预测置信度的指标可供选择。

4.2.3.3 模型训练流程

介绍模型训练流程和结合区分度和不确定度的方法。如前面的分析，在模型训练的前期，主要任务是着重改善网络的特征表示，不确定度改善的是最后一层分类器。因此，在前期为了选择更合适的样本，区分度所占权重应该较大，因为在调整预训练模型适应目标任务的过程中，特征表示应该优先学习，否则分类器的学习会随着前面层网络的变化而失效，因而此时不确定度的权重较小。随着模型的性能提升前面层网络的特征学习逐渐适应并趋于稳定，区分度的权重逐渐下降，应该着重改善模型分类器对特征的预测表现，即增大不确定度的权重。基于此，假设当前迭代训练次数为 t，则挑选指标得分计算如下所示：

$$\text{score}(x) = (1 - t) \cdot \text{Distinctiveness}(x) + t \cdot \text{Uncertainty}(x),$$

式中，t 表示当前训练进度占设置的总进度比例。

4.2.3.4 实验

介绍关于上述方法的实验效果 (图 4.12~ 图 4.13)。在实验中采用 3 种模型结构：

(1) AlexNet[92] 在 ImageNet[93] 2012 比赛中获得冠军，该网络包含 5 层卷积层和 3 层全连接层。对于 AlexNet，A 层特征为最后一层卷积层后面池化层的输出特征，B 层为输入最后分类器层前一层输出的特征。

(2) VGG-16[94] 应用在 ImageNet[93]2014 比赛中，由于网络深度和卷积核的差异，VGG 网络家族具有不同类型的网络。对于 VGG-16，A 层特征为第 4 层卷积层后面池化层的特征，B 层特征为第 13 层卷积层后面池化层的特征。

(3) 网络模型不能无限加深，否则模型表现会发生退化。网络逐渐加深，准确率会变得饱和，然后急速退化。这种退化不是过拟合导致的，增加更多的层导致训练误差增加。残差网络 ResNet-18[95] 的提出缓解了这个问题。对于 ResNet-18，A 层特征为第 4 层网络中的首层中的下采样层输出特征，B 层为平均池化输出的特征。

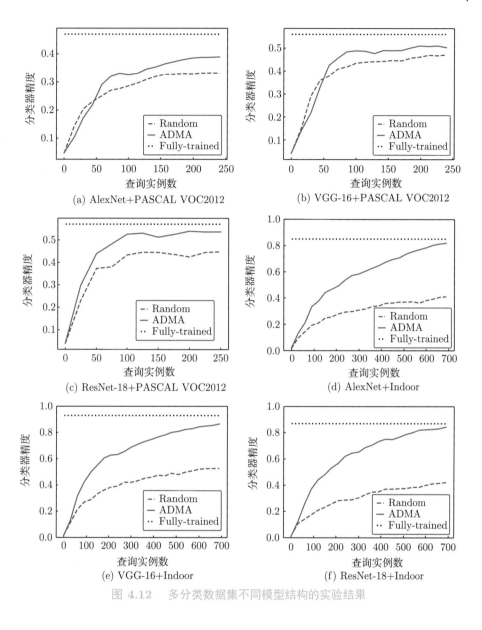

图 4.12　多分类数据集不同模型结构的实验结果

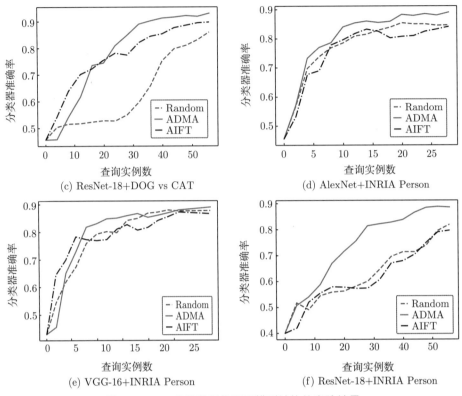

图 4.13　二分类数据集不同模型结构的实验结果

当在新的任务上应用预训练模型时，最后一层节点的数量调整为目标数据集对应的类别数量，预训练模型均在 ImageNet ILSVRC-2014，包含 14197122 张图片，共计 1000 个类别。这里介绍实验所采用的数据集，实验中包含两个多分类数据集合以及两个二分类数据集。PASCAL VOC2012[96] 是现实场景中视觉目标图像数据集。包含了 17125 张图片共计 20 个类别。Indoor[97] 是一个包含 67 个类别共计 15620 张图片的数据集。DOG vs CAT[98] 是来自 kaggle 的二分类数据集，共计 25000 张图片。INRIA Person[99] 是行人检测数据集，共计 1832 张图片。所有的图片被处理为 224×224 大小输入模型。

4.2.3.5　表现对比

将 ADMA 和随机方法在多分类和二分类数据集上作比较，随机方法即随机挑选样本并查询它们的标记。AIFT[100] 只能处理二分类问题，不能在多分类数据集上作比较。同时标出采用全部数据训练的结果来提供参考，其中用到的模型结构和对比方法一致，只是采用所有目标任务上的标记信息。如前文分析所示，在实验中冻结网络中 A 层之前的一些层。查询时对于多分类任务每次挑选两个样本，而对于二分类任务每次挑选一个样本。对 VOC 和 INRIA 这两个数据集采用原始划分，对另外两个数据集，挑选 70% 作为无标记样本池以供挑选，30% 作为测试集来验证分类表现。对多分类任务，准确率曲线如图 4.14 所示。可以看到提出的方法明显优于随机采样方法，表明了 ADMA 的有效性。特别的，仅需要查询 5% 的数据集即可以达到基本满意的效果。分别在表 4.6 和图 4.7 中列出 AUC 实验值，AUC

是多分类任务中评估模型性能的重要指标,结果与图 4.14 一致。对于二分类任务,准确率曲线如图 4.14 所示。由于任务相对多分类简单,曲线增长很快。AIFT 的表现并不稳定,在基于 ResNet-18 的 DOG vs CAT 和基于 VGG-16 的 INRIA 上表现不佳。

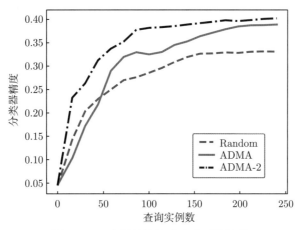

图 4.14 多层转换模式实验对比结果

表 4.6 PASCAL VOC2012 数据集 AUC 结果

查询次数	AlexNet		VGG-16		ResNet-18	
	ADMA	Random	ADMA	Random	ADMA	Random
20	0.676(±0.003)	**0.725**(±0.012)	0.748(±0.018)	**0.748**(±0.013)	**0.820**(±0.034)	0.805(±0.006)
40	0.756(±0.025)	**0.767**(±0.018)	**0.863**(±0.002)	0.818(±0.010)	0.876(±0.005)	**0.886**(±0.001)
60	**0.787**(±0.025)	0.778(±0.010)	**0.886**(±0.000)	0.855(±0.019)	0.894(±0.004)	**0.895**(±0.000)
80	**0.787**(±0.025)	0.778(±0.010)	**0.886**(±0.000)	0.855(±0.019)	0.894(±0.004)	**0.895**(±0.000)
100	**0.823**(±0.024)	0.806(±0.004)	**0.896**(±0.002)	0.879(±0.003)	**0.907**(±0.004)	**0.909**(±0.000)
120	**0.823**(±0.024)	0.807(±0.004)	**0.897**(±0.002)	0.880(±0.004)	0.903(±0.001)	0.907(±0.002)

表 4.7 Indoor 数据集 AUC 结果

查询次数	AlexNet		VGG-16		ResNet-18	
	ADMA	Random	ADMA	Random	ADMA	Random
100	**0.858**(±0.014)	0.716(±0.013)	**0.906**(±0.001)	0.766(±0.007)	**0.834**(±0.016)	0.685(±0.013)
200	**0.924**(±0.013)	0.781(±0.010)	**0.960**(±0.006)	0.839(±0.006)	**0.938**(±0.002)	0.781(±0.004)
300	**0.945**(±0.026)	0.820(±0.020)	**0.971**(±0.003)	0.871(±0.009)	**0.961**(±0.002)	0.826(±0.002)
400	**0.958**(±0.005)	0.847(±0.005)	**0.976**(±0.003)	0.908(±0.001)	**0.973**(±0.001)	0.852(±0.004)
500	**0.964**(±0.003)	0.863(±0.003)	**0.980**(±0.001)	0.922(±0.003)	**0.977**(±0.001)	0.866(±0.007)
600	**0.967**(±0.005)	0.888(±0.005)	**0.983**(±0.009)	0.929(±0.003)	**0.981**(±0.002)	0.877(±0.007)

4.2.3.6 不同权重的效果

提出的区分度准则是基于网络中从 A 层到 B 层的特征转换计算的。这里进一步探究在多层转换模式下的性能表现。选取基于 AlexNet 的 PASCAL VOC2012 为例。特别地设定 2 个开始层,即第 4 层 A_1 和第 5 层 A_2,分别计算这两对的特征转换模式 $A_1 \rightarrow B$ 和 $A_2 \rightarrow B$,将这两个转换模式的方差作为区分度。对比结果如图 4.14 所示。通过探索多个转换模式的方法 ADMA-2 的效果明显比 ADMA 要好。未来可以期望探索更多层间的特征转换模式。

此外，探究了查询的样本的特点，并基于 B 层的特征利用 t-SNE[101] 方法做可视化，如图 4.15 所示。从图中可以看出 ADMA 方法挑选的样本子集分布相比随机方法明显有偏，随机挑选的样本呈均匀分布。此外展示了被挑选的样本和未被查询的样本。其中，第一行是在目标域上被选中或未选中的样本，第二行为最接近中心图片的样本。可以看出被选中的样本相比未被选中的样本与中心数据更不相似。这种观察与区分度的定义动机相符合。

最后，在估计样本 x 的转换模式时，采用其他可能形式的权重 $\alpha_k(x)$。实际上，如果假定样本来自源域数据，那么权重 $\alpha_k(x)$ 代表样本 x 来自源域数据第 k 个类别的可能性。在前面的实验中，将预训练模型对样本 x 的预测为类别 k 的概率 $\alpha_k(x)$ 作为样本对应第 k 个聚类中心的权重。提供另一种方案，基于 A 层样本 x 与中心样本特征的距离来计算权重：L_2 范数的倒数。实验结果如图 4.15 所示，可以看到基于距离计算的权重加权效果更好，可能是由于直接用预训练模型预测目标任务的样本预测概率并不可靠，这也是预训练模型需要适配不同任务的原因。

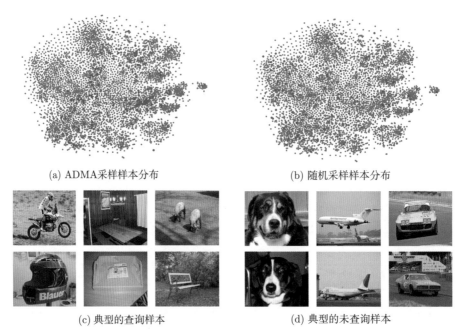

(a) ADMA采样样本分布　　　　　　　　(b) 随机采样样本分布

(c) 典型的查询样本　　　　　　　　(d) 典型的未查询样本

图 4.15　查询图片的可视化效果

4.2.4　小结

先验缺乏问题在现实应用场景中很常见，主要表现为特征缺失和标记缺失这两种重要形式。在成本受限的情况下如何主动查询所需信息，对这两种问题提出了对应的解决方案 AFASMC 和 ADMA。AFASMC 主要解决特征缺失问题，在考虑成本差异的情况下，通过结合监督矩阵补全和主动特征获取方法显著地降低先验知识的获取成本。ADMA 从迁移学习中的域自适应角度出发，提出了调整模型适应目标任务的样本挑选方法。神经网络浅层学习的图片特征是更通用的特征，而中深层学到的特征和特定任务适配即更加具体。考虑用一个预训练模型从图像中学到的浅层知识，冻结浅层网络参数，然后挑选目标域的样本最大限度的改善网络在目标域上的表现。

参 考 文 献

[1] Parameswaran S, Weinberger K Q. Large margin multi-task metric learning[C]// Advances in Neural Information Processing Systems, 2010:1867-1875.

[2] Qian Q, Jin R, Zhu S, et al. Fine-grained visual categorization via multistage metric learning[C]// Proceedings of the IEEE Conference on Computer Vision and Pattern Recognition, 2015:3716-3724.

[3] Schro F , Kalenichenko D, Philbin J. Facenet: A unified embedding for face recognition and clustering[C]// Proceedings of the IEEE conference on computer vision and pattern recognition, 2015:815-823.

[4] Yi D, Lei Z, Liao S, et al. Deep metric learning for person re-identication[C]//Proceedings of the 22nd International Conference on Pattern Recognition, 2014:34-39.

[5] Xiong F, Gou M, Camps O, et al. Person re-identification using kernelbased metric learning methods[C]//European Conference on Computer Vision, 2014:1-16.

[6] Liao S, Hu Y, Zhu X, et al. Person re-identification by local maximal occurrence representation and metric learning[C]// Proceedings of the IEEE conference on computer vision and pattern recognition, 2015:2197-2206.

[7] Kulis B, Saenko K, Darrell T. What you saw is not what you get: Domain adaptation using asymmetric kernel transforms[C]//IEEE Conference on Computer Vision and Pattern Recognition, 2011:1785-1792.

[8] Becker H, Naaman M, Gravano L. Learning similarity metrics for event identi-cation in social media[C]// Proceedings of the Third ACM International Conference on Web Search and Data Mining, 2010:291-300.

[9] Shaw B, Huang B, Jebara T. Learning a distance metric from a network[J]. In Advances in Neural Information Processing Systems, 2011:1899-1907.

[10] Hsieh C K, Yang L, Cui Y, et al. Collaborative metric learning[C]// Proceedings of the 26th International Conference on World Wide Web, 2017:193-201.

[11] Yang L, Jin R. Distance metric learning: A comprehensive survey[J]. Michigan State Universiy, 2006, 2(2):4.

[12] Kulis B. Metric learning: A survey[J]. Foundations and Trends in Machine Learning, 2013, 5(4):287-364.

[13] Bcllct A, Habrard A, Sebban M. Metric Learning[M]. Williston: Morgan & Claypool, 2015.

[14] Xing E P, Jordan M I, Russell S J, et al. Distance metric learning with application to clustering with side-information[C]//Proceedings of the 15th Advances in Neural Information Processing Systems, 2003:521-528.

[15] Davis J V, Kulis B, Jain P, et al. Information-theoretic metric learning[C]// Proceedings of the 24th international conference on Machine learning, 2007: 209-216.

[16] Amid E, Ukkonen A. Multiview triplet embedding: Learning attributes in multiple maps[C]// Proceedings of the 32nd International Conference on Machine Learning, 2015:1472-1480.

[17] Schultz M, Joachims T. Learning a distance metric from relative comparisons[J]. In Advances in Neural Information Processing Systems, 2004:41-48.

[18] Weinberger K Q, Blitzer J, Saul L K. Distance metric learning for large margin nearest neighbor classification[C]//Advances in Neural Information Processing systems, 2006:1473-1480.

[19] Weinberger K Q, Saul L K. Distance metric learning for large margin nearest neighbor classification[J]. Journal of Machine Learning Research, 2009, 10:207-244.

[20] Koestinger M, Hirzer M, Wohlhart P, et al. Large scale metric learning from equivalence constraints[C]//IEEE Conference on Computer Vision and Pattern Recognition, 2012:2288-2295.

[21] Law M T, Thome N, Cord M. Learning a distance metric from relative comparisons between quadruplets of images[J]. International Journal of Computer Vision, 2017,121(1):65-94.

[22] Oh Song H, Xiang Y, Jegelka S, et al. Deep metric learning via lifted structured feature embedding[C]// Proceedings of the IEEE Conference on Computer Vision and Pattern Recognition, 2016:4004-4012.

[23] Sohn K. Improved deep metric learning with multi-class n-pair loss objective[C]//Advances in Neural Information Processing Systems, 2016:1857-1865.

[24] Opitz M, Waltner G, Possegger H, et al. Bier-boosting independent embeddings robustly[C]// Proceedings of the International Conference on Computer Vision, 2017.

[25] Oh Song H, Jegelka S, Rathod V, et al. Deep metric learning via facility location[C]// Proceedings of the IEEE Conference on Computer Vision and Pattern Recognition, 2017:5382-5390.

[26] Zhan D C, Li M, Li Y F,et al. Learning instance speci_c distances using metric propagation[C]// Proceedings of the 26th Annual International Conference on Machine Learning, 2009:1225-1232.

[27] Shi Y, Bellet A, Sha F. Sparse compositional metric learning[C]// Proceedings of the 29th AAAI Conference on Artificial Intelligence, 2014:2078-2084.

[28] Ye H J, Zhan D C, Jiang Y. Instance specific metric subspace learning: A bayesian approach[C]// Proceedings of the Thirtieth AAAI Conference on Artificial Intelligence, 2016:2272-2278.

[29] Wang J, Kalousis A, Woznica A. Parametric local metric learning for nearest neighbor classification[C]//Advances in Neural Information Processing Systems, 2012:1601-1609.

[30] Noh Y K, Zhang B, Lee D D. Generative local metric learning for nearest neighbor classification[J].IEEE Transactions on Pattern Analysis and Machine Intelli-gence, 2018, 40(1):106-118.

[31] Fetaya E, Ullman S. Learning local invariant mahalanobis distances[C]// Proceedings of the 32nd International Conference on Machine Learning, 2015:162-168.

[32] Leskovec J, Mcauley J J. Learning to discover social circles in ego networks [C]//Advances in Neural Information Processing Systems, 2012:539-547.

[33] Chakrabarti D, Funiak S, Chang J, et al. Joint inference of multiple label types in large networks[C]//Proceedings of The 31st International Conference on Machine Learning, 2014:874-882.

[34] Yang L, Jin R, Mummert L, et al. A boosting framework for visuality-preserving distance metric learning and its application to medical image retrieval[J]. IEEE Transactions on Pattern Analysis and Machine Intelligence, 2010, 32(1):30-44.

[35] Changpinyo S, Liu K, Sha F. Similarity component analysis[C]//Advances in Neural Information Processing Systems, 2013: 1511-1519.

[36] Cook J, Sutskever I, Mnih A, et al. Visualizing similarity data with a mixture of maps[C]// Proceedings of the 11th International Conference on Artificial Intelligence and Statistics, 2007:67-74.

[37] Van Der Maaten L , Hinton G. Visualizing non-metric similarities in multiple maps[J]. Machine Learning, 2012, 87(1):33-55.

[38] Maurer A. Learning similarity with operator-valued large-margin classifiers[J]. Journal of Machine Learning Research, 2008, 9:1049-1082.

[39] Bhattarai B, Sharma G, Jurie F. Cp-mtml: Coupled projection multi-task metric learning for large scale face retrieval[C]// IEEE Conference on Computer Vision and Pattern Recognition, 2016:4226-4235.

[40] Parameswaran S, Weinberger K Q. Large margin multi-task metric learning[C]// Advances in Neural Information Processing Systems, 2010:1867-1875.

[41] Cai X, Nie F, Huang H. Multi-view k-means clustering on big data[C]// Pro-ceedings of the 23rd International Joint Conference on Artificial Intelligence, 2013:2598-2604.

[42] Yu Y, Li Y F, Zhou Z H . Diversity regularized machine[C]// Proceedings of the 22nd International Joint Conference on Articial Intelligence, 2011:1603.

[43] Nesterov Y. Introductory Lectures on Convex Optimization: A Basic Course[M]. Springer, 2004.

[44] Beck A, Teboulle M. A fast iterative shrinkage-thresholding algorithm for linear inverse problems[J]. SIAM Journal on Imaging Sciences, 2009, 2(1):183-202.

[45] Parikh N, Boyd S, et al. Proximal algorithms[J]. Foundations and Trends in Opti-mization, 2014, 1(3):127-239.

[46] Duchi J C, Singer Y. Efficient online and batch learning using forward backward splitting[J]. Journal of Machine Learning Research, 2009,10:2899-2934.

[47] Huang K, Ying Y, Campbell C. Gsml: A unified framework for sparse metric learning[C]// Proceedings of the 9th IEEE International Conference on Data Mining, 2009:189-198.

[48] Wang J, Woznica A, Kalousis A. Learning neighborhoods for metric learning[C]// Proceedings of the 2012 European Conference on Machine Learning and Principles and Practice of Knowledge Discovery in Databases, 2012: 223-236.

[49] McFee B, Lanckriet G. Learning multi-modal similarity[J]. Journal of Machine Learning Research, 2011, 12:491-523.

[50] Li N, Jin R, Zhou Z H . Top rank optimization in linear time[C]//Advances in Neural Information Processing Systems, 2014:1502-1510.

[51] Chechik G, Sharma V, Shalit U, et al. Large scale online learning of image similarity through ranking[J]. Journal of Machine Learning Research, 2010,11:1109-1135.

[52] Lim D, Lanckriet G, McFee B. Robust structural metric learning[C]// Proceedings of the 30th International Conference on Machine Learning, 2013:615-623.

[53] Zhang M L, Zhou Z H. ML-KNN: A lazy learning approach to multi-label learning[J]. Pattern Recognition, 2007, 40(7):2038-2048.

[54] Zhang Y, Zhou Z H . Multilabel dimensionality reduction via dependence maximization[J].ACM Transactions on Knowledge Discovery from Data, 2010, 4(3):14.

[55] Zhou Z H, Zhang M L, Huang S J, et al. Multi-instance multi-label learning[J].Articial Intelligence, 2012, 176(1):2291-2320.

[56] Liu H, Motoda H. Feature extraction, construction and selection: A data mining perspective[J]. Journal of the American Statistical Association, 1999, 94(448):014004.

[57] Lim C P, Leong J H, Kuan MM. A hybrid neural network system for pattern classification tasks with missing features[J]. IEEE Transactions on Pattern Analysis and Machine Intelligence, 2005, 27(4):648-653.

[58] Hou B, Zhang L, Zhou Z. Learning with feature evolvable streams[J]. IEEE Transactions on Knowledge and Data Engineering, 2017:1416-1426.

[59] Chen Y, Bhojanapalli S, Sanghavi S, et al. Coherent matrix completion[C]// International Conference on Machine Learning, 2014:674-682.

[60] Kiraly F, Theran L, Tomioka R. The algebraic combinatorial approach for low-rank matrix completion[J]. Journal of Machine Learning Research,2015, 16:1391-1436.

[61] Zeng G, Luo P, Chen E, et al. Convex matrix completion:A trace-ball optimization perspective[C]//SIAM International Conference on Data Mining, 2015:334-342.

[62] Huang S J, Jin R, Zhou Z H. Active learning by querying informative and representative examples[J]. IEEE Transactions on Pattern Analysis and Machine Intel-ligence, 2014 (10):1936-1949.

[63] Settles B. Active learning[J]. Synthesis Lectures on Artificial Intelligence and Machine Learning, 2012, 6(1):1-114.

[64] Bhargava A, Ganti R, Nowak R. Active positive semidefinite matrix completion:Algorithms, theory and applications[C]// International Conference on Artificial Intelligence and Statistics, 2017:1349-1357.

[65] Mavroforakis C, Dóra Erds, Crovella M , et al. Active Positive-Definite Matrix Completion[C]// SIAM International Conference on Data Mining, 2017:264-272.

[66] Ruchansky N, Crovella M, Terzi E. Matrix completion with queries [C]// ACM SIGKDD International Conference on Knowledge Discovery and Data Mining, 2015:1025-1034.

[67] Fu Y, Zhu X, Li B. A survey on instance selection for active learning[J]. Knowledge and Information Systems, 2013, 35(2):249-283.

[68] Wang H, Du L, Zhou P, et al. Convex batch mode active sampling via α-relative pearson divergence[C]//AAAI Conference on Articial Intelligence, 2015:3045-3051.

[69] J. Deng, W. Dong, R. Socher, et al. Imagenet: A large-scale hierarchical image database[C]// IEEE Conference on Computer Vision and Pattern Recognition, 2009: 248-255.

[70] Sene O, Savarese S. Active learning for convolutional neural networks: A core-set approach[J]. 2017, arXiv:1708.00489.

[71] Wang K, Zhang D, Li Y, et al. Cost-efiective active learning for deep image classification[J]. IEEE Transactions on Circuits and Systems for Video Technology, 2017, 27(12):2591-2600.

[72] Gal Y, Ghahramani Z. Bayesian convolutional neural networks with bernoulli approximate variational inference[J]. Computer Science, 2015, CoRR, abs/1506.02158.

[73] Weiss K R, Khoshgoftaar T M, Wang D. A survey of transfer learning. Journal of Big Data, 2016, (3):9.

[74] Duan L, Tsang I W, Xu D. Domain transfer multiple kernel learning[J]. IEEE Transactions on Pattern Analysis and Machine Intelligence, 2012,34(3):465-479.

[75] Pan S J, Tsang I W, Kwok J T, et al. Domain adaptation via transfer component analysis[J]. IEEE Transactions on Neural Networks, 2011, 22(2):199-210.

[76] Ganin Y, Lempitsky V. Unsupervised domain adaptation by backpropagation[C]//International Conference on Machine Learning, 2015: 1180-1189.

[77] Long M, Zhu H, Wang J, et al. Deep transfer learning with joint adaptation networks. In International Conference on Machine Learning, 2017: 2208-2217.

[78] Wang X, Huang T K, Schneider J. Active transfer learning under model shift[C]//International Conference on Machine Learning, 2014: 1305-1313.

[79] Kale D, Liu Y. Accelerating active learning with transfer learning[C]// IEEE 13th International Conference on Data Mining, 2013:1085-1090.

[80] Kale D C, Ghazvininejad M, Ramakrishna A, et al. Hierarchical active transfer learning[C]//The SIAM International Conference on Data Mining, 2015:514-522.

[81] Tseng P. On accelerated proximal gradient methods for convex-concave optimization[D]. University of Washington, Seattle, 2008.

[82] Cai J F , Candès E J, Shen Z. A singular value thresholding algorithm for matrix completion[J]. SIAM Journal on Optimization, 2010, 20(4):1956-1982.

[83] Qian C, Yu Y, Zhou Z H. Subset selection by Pareto optimization[C]// Advances in Neural Information Processing Systems, 2015:1774-1782.

[84] Candès E J, Recht B. Exact matrix completion via convex optimization[J]. Foundations of Computational Mathematics, 2009, 9(6):717.

[85] Xu M, Jin R, Zhou Z. Speed up matrix completion with side information: Application to multi-label learning[C]//the 26th International on Neural Information Processing Systems, 2013:2301-2309.

[86] Huang S J, Xu M, Xie M K, et al. Active feature acquisition with supervised matrix completion[C]//Proceedings of the 24th ACM SIGKDD International Conference on Knowledge Discovery & Data Mining, 2018:1571-1579.

[87] Meka R, Jain P, Dhillon I. Matrix completion from power-law distributed samples[C]//Advances in Neural Information Processing Systems, 2009:1258-1266.

[88] Wen Z, Yin W, Zhang Y. Solving a low-rank factorization model for matrix completion by a nonlinear successive over-relaxation algorithm. Mathematical Programming Computation, 2012,4(4):333-361.

[89] Toh K C, Yun S. An accelerated proximal gradient algorithm for nuclear norm regularized linear least squares problems[J]. Pacific Journal of Optimization, 2010, 6(15): 615-640.

[90] Chakraborty S, Zhou J, Balasubramanian V, et al. Active matrix completion[C]//IEEE International Conference on Data Mining, 2013:81-90.

[91] Moon S, McCarter C, Kuo Y H. Active learning with partially featured data[C]//International Conference on World Wide Web, 2014:1143-1148.

[92] Krizhevsky A, Sutskever I, Hinton G E. Imagenet classification with deep convolutional neural networks [C]//Advances in Neural Information Processing Systems, 2012:1097-1105.

[93] Deng J, Dong W, Socher R, et al. Imagenet: A large-scale hierarchical image database[C]//IEEE Conference on Computer Vision and Pattern Recognition, 2009: 248-255.

[94] Simonyan K, Zisserman A. Very deep convolutional networks for large-scale image recognition [C]// 3rd International Conference on Learning Representations, 2015.

[95] He K, Zhang X, Ren S, et al. Deep residual learning for image recognition[C]// 2016 IEEE Conference on Computer Vision and Pattern Recognition (CVPR), 2016.

[96] Everingham M, Eslami S A, Van Gool L, et al. The pascal visual object classes challenge: A retrospective[J]. International Journal of Computer Vision, 2015, 111(1):98-136.

[97] Quattoni A, Torralba A. Recognizing indoor scenes[C]// IEEE Conference on Computer Vision and Pattern Recognition, 2009:413-420.

[98] Elson J, Douceur J R, Howell J, et al. Asirra: A CAPTCHA that exploits interest-aligned manual image categorization[C]//ACM Conference on Computer and Communications Security, 2007:366-374.

[99] Dalal N, Triggs B. Histograms of oriented gradients for human detection[C]//IEEE Computer Society Conference on Computer Vision and Pattern Recognition, 2005:886-893.

[100] Zhou Z, Shin J Y, Zhang L, et al. Finetuning convolutional neural networks for biomedical image analysis: Actively and incrementally[C]//2017 IEEE Conference on Computer Vision and Pattern Recognition, 2017:4761-4772.

[101] Laurens V D M, Hinton G. Visualizing data using t-SNE[J]. Journal of Machine Learning Research, 2008, 9(2605):2579-2605.

自动深层化知识处理方法与技术

05

在大数据环境下，可用的海量数据以及特定领域的各类数据包含的信息量巨大，也蕴藏着丰富的知识，这为知识的获取与加工处理提供新的机遇。然而，面向大数据的知识处理也面临新的挑战。本章首先介绍单模态和多模态下的知识挖掘，然后介绍基于知识的智能应用。

5.1 多模态下的知识挖掘

数据是人工智能的基础。不同行业领域的数据来源广泛、形式多样，其每一个来源或形式都可以看作是一种模态。单模态和多模态下的知识挖掘让智能体不仅能更加深入地感知、理解真实的数据场景，更能进一步对所感知的知识进行推理，以更好地支撑行业应用。本节将分别介绍单模态下的知识抽取与关联、多模态语义对齐和多模态知识推断、多模态下的知识库表征及应用等方面取得的研究进展。

5.1.1 单模态下的知识抽取与关联

单模态数据由同构、同质、同语义的特征所描述，如由词向量描述的文本数据、由像素描述的图像数据、由 DNA 序列描述的基因数据等。机器学习是数据知识抽取与关联的重要方法。在缺乏标注数据的情况下通常采用无监督学习策略。聚类分析是一种重要的无监督学习技术，旨在获取数据中的分组结构知识。虽然基于数据类型、分布假设、应用场景等已经发展了大量聚类算法，然而当前数据环境的复杂化对采用单一聚类方法获取分组知识带来巨大挑战。为此，研究者提出了聚类集成技术，通过融合多个异质聚类结果从而获得更鲁棒、可靠的分组知识。从样本角度和类簇角度分别提出区别对待样本、区别对待类簇的聚类集成策略。首先介绍样本稳定性评估与区别对待样本的分组知识集成方法，然后介绍类簇稳定性评估与区别对待类簇的分组知识集成方法。

5.1.1.1 样本稳定性度量与区别对待样本的聚类集成

在真实数据中，一个潜在的类簇通常存在类核心和类边缘。图 5.1 展示了两个二维数据的类核心和类边缘。类核心样本归属较明确，多数聚类算法对类核心产生相似的聚类结果；而类边缘样本是一个类簇中归属不明确或者归属度低的样本，不同聚类算法对类边缘样本聚类结果差异性较大。因此，类核心样本和类边缘样本对有效融合分组知识具有不同贡献，应采用针对性策略处理这两类样本。为此，首先提出样本稳定性度量准则区分类核心区域和类边缘区域，然后提出类核心区域分组知识指导类边缘区域分组知识融合的方法。

图 5.1　类核心和类边缘示例

样本稳定性度量一个样本与数据空间中其他样本关系的稳定程度。令 $\Pi = \{\pi^1, \pi^2, \cdots, \pi^l\}$ 表示 l 个聚类结果，$C_i(x)$ 表示样本 x 第 i 个聚类结果中的所属类簇，样本 x_i 和 x_j 的关系由出现在同一类中的概率表示 (也称为共现概率)，计算为

$$p_{ij} = \frac{1}{L} \sum_{l=1}^{L} \Pi\left(C_l(x_i), C_l(x_j)\right), \tag{5.1}$$

式中，

$$\Pi\left(C_l(x_i), C_l(x_j)\right) = \begin{cases} 1, & C_l(x_i) = C_l(x_j), \\ 0, & C_l(x_i) \neq C_l(x_j). \end{cases}$$

将一个样本与其他样本共现概率的平均确定度定义为该样本的稳定性。共现概率的确定度由确定性函数度量。

定义 5.1(确定性函数)　对于常量 $t \in (0, 1)$，变量 $p \in [0, 1]$，函数 f 是一个确定性函数当其满足：

(1) 当 $p < t$ 时，$f'(p) < 0$；当 $p > t$ 时，$f'(p) > 0$；

(2) 当 $p_b < t < p_d$，$\frac{t - p_b}{p_d - t} = \frac{t}{1 - t}$ 时，$f(p_b) = f(p_d)$。

定义 5.2(样本稳定性)　基于确定性函数 f，对于数据集 $X = \{x_1, x_2, \cdots, x_n\}$，样本 x_i 的稳定性为

$$s(x_i) = \frac{1}{n} \sum_{j=1}^{n} f(p_{ij}), \tag{5.2}$$

式中，n 为数据集中样本数；$p_{ij} \in \boldsymbol{P}$，$\boldsymbol{P} = \{p_{ij} | 1 \leqslant i \leqslant n, 1 \leqslant j \leqslant n\}$。

接下来，给出两个具体的稳定性度量函数，分别为基于一次函数的样本稳定性度量和基于二次函数的样本稳定性度量。在定义 5.1 指导下，基于一次函数的确定性函数为

$$
\mathrm{fl}(p_{ij}) = \begin{cases} \left| \dfrac{p_{ij} - t}{t} \right|, & p_{ij} < t, \\ \left| \dfrac{p_{ij} - t}{1 - t} \right|, & p_{ij} \geqslant t. \end{cases} \tag{5.3}
$$

基于式 (5.3)，基于一次函数的样本稳定性度量为

$$
\mathrm{sl}(x_i) = \frac{1}{n} \sum_{j=1}^{n} \mathrm{fl}(p_{ij}). \tag{5.4}
$$

基于二次函数的确定性函数为

$$
\mathrm{fq}(p_{ij}) = \begin{cases} \left(\dfrac{p_{ij} - t}{t} \right)^2, & p_{ij} < t, \\ \left(\dfrac{p_{ij} - t}{1 - t} \right)^2, & p_{ij} \geqslant t. \end{cases} \tag{5.5}
$$

基于式 (5.5)，基于二次函数的样本稳定性度量为

$$
\mathrm{sq}(x_i) = \frac{1}{n} \sum_{j=1}^{n} \mathrm{fq}(p_{ij}). \tag{5.6}
$$

基于一个样本稳定性度量 s 可求得所有样本的稳定性值 $S = \{s_1, s_2, \cdots, s_n\}$。然后借助一个切割阈值 t_s，可将数据集划分为稳定样本集和不稳定样本集，分别对应于类核心区域和类边缘区域。稳定样本集 SS 为

$$
\mathrm{SS} = \{i \mid s_i > t_s, \quad i = 1, 2, \cdots, n\}. \tag{5.7}
$$

不稳定样本集 NS 为

$$
\mathrm{NS} = \{i \mid s_i \leqslant t_s, \quad i = 1, 2, \cdots, n\}. \tag{5.8}
$$

切割阈值 t_s 可由大津法 (Otsu)[1] 基于 S 求得。

类核心区域分组知识指导类边缘区域分组知识融合的方法通过基于样本稳定性的聚类集成算法实现 (CEs^2)。首先区分稳定样本集和不稳定样本集，然后挖掘稳定样本集的团簇结构，最后逐层指导不稳定样本集的划分。其中，每层待处理不稳定样本集通过与稳定样本集的接近度决定，接近度计算为

$$
\mathrm{pr}_x = \max\{\mathrm{sim}(x, c_1), \mathrm{sim}(x, c_2), \cdots, \mathrm{sim}(x, c_{k_{\mathrm{SS}}})\}, \tag{5.9}
$$

式中，k_{SS} 为稳定样本集类簇结构的类个数。

CEs^2 算法的具体流程如算法 5.1 所示。

算法 5.1 基于样本稳定性的聚类集成算法 (CEs^2)

输入： 聚类结果集合 $\Pi = \{\pi^1, \pi^2, \cdots, \pi^l\}$，预期类个数 k

输出： 集成结果 $C = \{c_1, c_2, \cdots, c_k\}$

1: 基于式 (5.1) 得到样本对的共现概率矩阵 $\boldsymbol{P} = \{p_{ij} | 1 \leqslant i \leqslant n, 1 \leqslant j \leqslant n\}$

2: 根据式 (5.4) 或式 (5.6) 计算 n 个样本的稳定性 $S = \{s_1, s_2, \cdots, s_n\}$

3: 根据式 (5.7) 和式 (5.8) 得到稳定样本集 SS 和不稳定样本集 NS

4: 抽取稳定样本集的共现关系矩阵 $\mathbf{CA}_{\text{SS}}$

5: 利用层次聚类得到稳定样本集的类簇结构 $\pi^*_{\text{SS}} \leftarrow$ HC 算法 ($\mathbf{CA}_{\text{SS}}$)

6: **while** $|\text{NS}| \neq 0$ **do**

7:     得到待处理不稳定样本集 $\text{NS}^{>} = \{i : \text{pr}_{x_i} > t_{\text{pr}}, i \in \text{NS}\}$

8:     更新稳定样本集和不稳定样本集：$\text{SS} = \text{SS} \cup \text{NS}^{>}$，$\text{NS} = \text{NS} - \text{NS}^{>}$

9:     划分 $\text{NS}^{>}$ 中样本 $C^*(x_i) = \underset{c_k, 1 \leqslant k \leqslant K_c}{\arg\max} \{\text{sim}(x, c_1), \cdots, \text{sim}(x, c_{k_{SS}})\}$

10: **end while**

11: **if** $k' > k$ **then**

12:     根据层次聚类算法 HC 合并 C_{SS} 中相似类簇直至类个数为 k：$C \leftarrow \text{HC}(C_{\text{SS}}, k)$

13: **else**

14:     $C \leftarrow C_{\text{SS}}$

15: **end if**

为验证样本稳定性度量的合理性，这里借助图像分割场景。具体地，首先基于随机初始轮廓的 C-V 图像分割算法[2] 产生 50 个具有差异性的图像分割结果，然后基于 sl 稳定性和 sq 稳定性，图像中像素点的稳定性取值并划分稳定区域和不稳定区域。对于稳定区域，采用 $k = 2$ 的层次聚类算法集成划分结果。采用灰色图像展示不稳定区域。图 5.2 展示了实验结果。从图 5.2 可以看到，灰色区域主要包括两种情况：一种是频繁变换归属的区域，如图 (1) 中的天空、图 (3) 中的路面、图 (4) 中花瓣；另一种是物体的边缘区域，如图 (2)

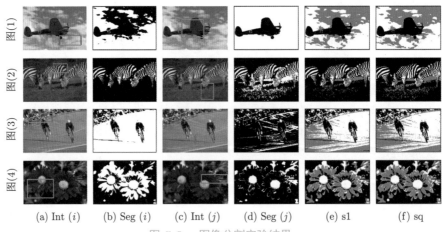

| 图(1) | 图(2) | 图(3) | 图(4) |

(a) Int (i) (b) Seg (i) (c) Int (j) (d) Seg (j) (e) s1   (f) sq

图 5.2 图像分割实验结果

中的斑马。通常，这些区域被认为是图像分割中较难划分区域。以上实验结果直观展示了基于 sl 稳定性和 sq 稳定性可发现图像中的难划分区域，反映了样本稳定性的合理性。

为验证 CEs^2 算法的有效性，使用了 10 个来自 UCI 数据库的数值型基准数据集和 6 个来自 CLUTO 的文本数据集。采用 12 个聚类集成算法作为对比算法，分别为 Voting[3]、WCT、WTQ、CSM[4]、MCLA、CSPA、HGPA[5]、EAC[6]、PTA、PTGP[7]、SCCE[8]、NCUT[9]。对比实验中，基聚类规模 $l = 50$，每个基聚类的类个数 $k = \min\{\sqrt{n}, 50\}$。为消除不同基聚类集对实验结果产生的影响，每组重复比较 50 次，然后展示每个聚类集成算法的平均性能。这里采用标准化互信息 NMI 评价每个聚类集成算法的性能。

给定划分 π^b 和 π^d，NMI 计算为

$$\text{NMI}(\pi^b, \pi^d) = \frac{\sum_{i=1}^{k_b} \sum_{j=1}^{k_d} n_{ij} \log\left(\frac{n n_{ij}}{|c_i^b||c_j^d|}\right)}{\sqrt{\left(\sum_{i=1}^{k_b} |c_i^b| \log\left(\frac{|c_i^b|}{n}\right)\right)\left(\sum_{j=1}^{k_d} |c_j^d| \log\left(\frac{|c_j^d|}{n}\right)\right)}}, \tag{5.10}$$

式中，n_{ij} 是类簇 c_i^b 和 c_j^d 的共同样本数。

实验结果如表 5.1 所示，每个数据的最大指标值用双下划线标识，第二大指标值用下划线标识，最后一行展示每个算法的平均排序。基于式 (5.4) 和式 (5.5)，可设计两个 CEs^2 算法，分别记为 $\text{CEs}^2 - L$ 和 $\text{CEs}^2 - Q$。可以看出，两个 CEs^2 算法在 16 组数据集中的 11 组数据集上取得了比其他算法更高的指标值。在表 5.1 中，$\text{CEs}^2 - L$ 和 $\text{CEs}^2 - Q$ 为排序靠前的两个算法。实验结果显示所提算法的性能有明显提升。

5.1.1.2　类簇质量评估与区别对待类簇的聚类集成

在实际数据聚类任务中，由于数据分布的复杂性以及聚类算法的偏向性，同一聚类算法得到的聚类结果中不同类簇质量普遍存在差异性。图 5.3 展示了层次聚类算法和 k-means 聚类算法在 MNIST 数据子集上的聚类结果。从图 5.3(b) 和图 5.3(c) 可以看到，层次聚类无法对数字 3 和 5 进行有效聚类，k-means 聚类算法无法对数字 1 进行有效聚类，该例子显示了同一聚类结果下不同类簇具有不同质量。因此，在聚类集成中区别对待类簇有望提升集成性能。

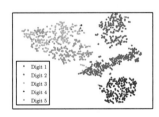 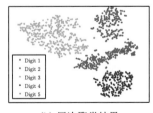 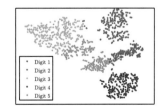

(a) MNIST二维分布　　　　(b) 层次聚类结果　　　　(c) k-means聚类结果

图 5.3　MNIST 数据子集分布和聚类结果

通常，可通过类簇与参照聚类结果的相似度度量类簇质量。代表性指标有 BNMI(binary NMI)[10] 和 APMM (Alizadeh-Parvin-Moshki-Minaei criterion)[11]。

表 5.1 14 个对比算法在 16 组数据集上的 NMI 值

数据集	Voting	WCT	WTQ	CSM	MCLA	CSPA	EAC	HGPA	PTA	PTGP	SCCE	NCUT	$CEs^2 - L$	$CEs^2 - Q$
Breast	0.5401	0.5261	0.5171	0.5201	0.5314	0.4843	0.4611	0.4680	0.4976	0.4860	0.1435	0.3308	0.5528	0.5347
Glass	0.2968	0.3452	0.3027	0.3260	0.3122	0.3209	0.3264	0.3363	0.3412	0.3575	0.0601	0.1571	0.4126	0.4022
Protein Localization	0.4573	0.6670	0.6876	0.7139	0.4675	0.4757	0.3413	0.5115	0.6271	0.7113	0.0251	0.0353	0.7283	0.7214
Ecoli	0.5214	0.5611	0.5580	0.5557	0.5318	0.5128	0.5434	0.5383	0.5817	0.5505	0.0457	0.2213	0.5643	0.5729
LIBRAS Movement	0.5926	0.5786	0.5768	0.5869	0.5916	0.5582	0.6059	0.5782	0.5849	0.5724	0.1366	0.4955	0.6313	0.6208
Knowledge Modeling	0.3789	0.3146	0.3802	0.3328	0.3799	0.3678	0.1403	0.3731	0.2534	0.3808	0.0413	0.3911	0.3755	0.3841
Cardiotocography	0.7824	0.7695	0.8012	0.8048	0.7849	0.7677	0.5752	0.8242	0.9942	0.9336	0.0591	0.9068	1.0000	0.9940
Image Segmentation	0.6597	0.5730	0.6140	0.6073	0.6586	0.6511	0.3693	0.6069	0.6538	0.6382	0.0374	0.6255	0.6553	0.6698
Parkinsons	0.6878	0.6812	0.6812	0.6825	0.6849	0.6621	0.6858	0.5412	0.6905	0.6799	0.0632	0.6754	0.6889	0.6912
Statlog	0.5312	0.5202	0.5599	0.5181	0.5345	0.5407	0.2964	0.2562	0.6039	0.5584	0.0488	0.5328	0.5679	0.5907
tr23	0.2982	0.2898	0.3232	0.3005	0.3022	0.2153	0.2778	0.3222	0.3184	0.3198	0.2965	0.2647	0.3346	0.3366
tr45	0.5452	0.5272	0.5159	0.5352	0.5450	0.4736	0.5373	0.5287	0.5394	0.5314	0.5210	0.4155	0.5546	0.5564
tr41	0.5679	0.5667	0.5792	0.5611	0.5671	0.4611	0.5436	0.6018	0.5802	0.5775	0.5683	0.5020	0.5859	0.5916
tr31	0.4773	0.4355	0.4531	0.4602	0.4756	0.3127	0.4496	0.4980	0.4061	0.4066	0.3940	0.3804	0.4807	0.4815
wap	0.5398	0.5428	0.5823	0.5936	0.5669	0.5892	0.5750	0.5873	0.5846	0.5666	0.5600	0.5577	0.6124	0.6123
re1	0.4900	0.4869	0.4822	0.4843	0.4903	0.4782	0.4658	0.4520	0.4819	0.4799	0.4819	0.4705	0.4889	0.4915
平均排序	7	8.625	7	7.1875	6.5625	10.4375	9.8125	8	5.6875	7	12.4375	10.9375	2.5	1.8125

对于样本全集 U，给定类簇 c 和划分 π，BNMI 定义为

$$\text{BNMI}(c, \pi) = \text{NMI}(\pi_c, \pi_g), \tag{5.11}$$

式中，π_c 和 π_g 分别为基于 c 和 π 在 U 上的二类划分，$\pi_c = \{c, U/c\}, \pi_g = \{c_g, U/c_g\}$；其中

$$c_g = \left\{ x \middle| x \in c_i^\pi, |c_i^\pi \cap c| > \frac{1}{2}|c_i^\pi|, i = 1, \cdots, k_\pi \right\}.$$

对于类簇 c 和划分 π，APMM 定义为

$$\text{APMM}(c, \pi) = \text{NMI}(c, \pi_p) = \frac{-2|c|\log\left(\dfrac{n}{|c|}\right)}{|c|\log\left(\dfrac{|c|}{n}\right) + \sum_{i=1}^{k_p} |c_i^p| \log\left(\dfrac{|c_i^p|}{n}\right)}, \tag{5.12}$$

式中，

$$\pi_p = \{c' | c' = c_i^\pi \cap c, \quad i = 1, \cdots, k_\pi\}.$$

在一些情形下，BNMI 和 APMM 存在各自的缺陷，凝练出两方面缺陷，分别定义为内部一致性失效缺陷和外部一致性失效缺陷。为方便阐明这两方面缺陷，首先给出两个定义。

定义 5.3（对应划分 CP_c^π）　给定类簇 c 和划分 π，对应划分 CP_c^π 为

$$\text{CP}_c^\pi = \{\text{cp}_i^\pi | \text{cp}_i^\pi = c_i^\pi \cap c, c_i^\pi \cap c \neq \varnothing, i = 1, \cdots, k_\pi\},$$

式中，c_i^π 表示 π 中的第 i 个类簇；k_π 为 π 中的类簇个数。

CP_c^π 的样本集和 c 的样本集一致：$\text{SCP}_c^\pi = \text{SC} = \{x | x \in c\}$。

定义 5.4（扩展划分 EP_c^π）　给定类簇 c 和划分 π，扩展划分 EP_c^π 为

$$\text{EP}_c^\pi = \{\text{ep}_i^\pi | \text{ep}_i^\pi = c_i^\pi, c_i^\pi \cap c \neq \varnothing, i = 1, \cdots, k_\pi\}.$$

EP_c^π 的样本集为

$$\text{SEP}_c^\pi = \{x | x \in \text{ep}_i^\pi, \text{ep}_i^\pi \in P_c^\pi, i \in K_c^\pi\}.$$

图 5.4 通过一个简单例子直观展示了对应划分 CP_c^π 和扩展划分 EP_c^π。

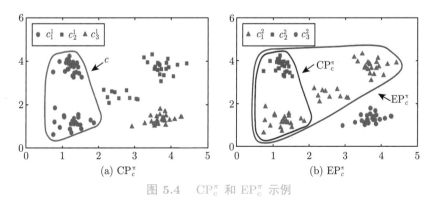

图 5.4　CP_c^π 和 EP_c^π 示例

借助以上概念，内部一致性失效缺陷和外部一致性失效缺陷有如下定义。

定义 5.5(内部一致性失效缺陷) 类簇质量度量指标 sim 是内部一致性失效的,如果对于类簇 c 和划分 $(\pi^b$ 和 $\pi^d)$,当 $\mathrm{CP}_c^b \neq \mathrm{CP}_c^d$,$\mathrm{SEP}_c^b = \mathrm{SEP}_c^d = \mathrm{SC}$ 时,有 $\mathrm{sim}(c, \pi^b) = \mathrm{sim}(c, \pi^d)$。

定义 5.6(外部一致性失效缺陷) 类簇质量度量指标 sim 是外部一致性失效的,如果对于类簇 c 和划分 $(\pi^b$ 和 $\pi^d)$,当 $\mathrm{EP}_c^b \neq \mathrm{EP}_c^d$,$\mathrm{CP}_c^b = \mathrm{CP}_c^d$ 时,有 $\mathrm{sim}(c, \pi^b) = \mathrm{sim}(c, \pi^d)$。

根据 BNMI 和 APMM 计算公式,易知 BNMI 存在内部一致性失效缺陷问题,APMM 存在外部一致性失效缺陷问题。为此,提出一个基于匹配度的类簇质量评价指标 (SME)。

基于匹配度的类簇质量评价准则主要由两部分组成。第一部分度量划分 c 和对应划分 CP_c^{π} 的相似度。当 c 中样本在 CP_c^{π} 中不被打散时,该部分可获得较高的相似度值。因此,c 和 CP_c^{π} 的相似度计算为

$$\mathrm{sim}(c, \mathrm{CP}_c^{\pi}) = \max_{i \in K_c^{\pi}} \frac{|\mathrm{cp}_i|}{|c|}. \tag{5.13}$$

第二部分度量对应划分 CP_c^{π} 和扩展划分 EP_c^{π} 的相似度,该部分计算为

$$\mathrm{sim}(\mathrm{CP}_c^{\pi}, \mathrm{EP}_c^{\pi}) = \sum_{i \in K_c^{\pi}} \frac{|\mathrm{cp}_i|}{|c|} \frac{|\mathrm{cp}_i|}{|\mathrm{ep}_i|}. \tag{5.14}$$

结合式 (5.13) 和式 (5.14),SME 计算为

$$\mathrm{SME}(c, \pi) = \max_{i \in K_c^{\pi}} \frac{|\mathrm{cp}_i|}{|c|} \cdot \sum_{i \in K_c^{\pi}} \frac{|\mathrm{cp}_i|}{|c|} \frac{|\mathrm{cp}_i|}{|\mathrm{ep}_i|}. \tag{5.15}$$

定理 5.1 如果 $\max\limits_{i \in K_c^b} \dfrac{|\mathrm{cp}_i^b|}{|c|} \neq \max\limits_{j \in K_c^d} \dfrac{|\mathrm{cp}_j^d|}{|c|}$,SME 不存在内部一致性失效缺陷问题。

定理 5.2 如果向量

$$\boldsymbol{X}_1 = \left[\frac{|\mathrm{cp}_1^b|}{|c|}, \frac{|\mathrm{cp}_i^b|}{|c|}, \cdots, \frac{|\mathrm{cp}_{k_b}^b|}{|c|} \right], \quad \boldsymbol{X}_2 = \left[\frac{|\mathrm{cp}_1^b|}{|\mathrm{ep}_1^b|}, \frac{|\mathrm{cp}_2^b|}{|\mathrm{ep}_2^b|}, \cdots, \frac{|\mathrm{cp}_{k_b}^b|}{|\mathrm{ep}_{k_b}^b|} \right],$$

$$\boldsymbol{Y}_1 = \left[\frac{|\mathrm{cp}_1^d|}{|c|}, \frac{|\mathrm{cp}_i^d|}{|c|}, \cdots, \frac{|\mathrm{cp}_{k_d}^d|}{|c|} \right], \quad \boldsymbol{Y}_2 = \left[\frac{|\mathrm{cp}_1^d|}{|\mathrm{ep}_1^d|}, \frac{|\mathrm{cp}_2^d|}{|\mathrm{ep}_2^d|}, \cdots, \frac{|\mathrm{cp}_{k_d}^d|}{|\mathrm{ep}_{k_d}^d|} \right]$$

满足 $\boldsymbol{X}_1 \boldsymbol{X}_2^{\mathrm{T}} \neq \boldsymbol{Y}_1 \boldsymbol{Y}_2^{\mathrm{T}}$,SME 不存在外部一致性失效缺陷问题。

为展示 SME 在评价类簇质量上的性能,将 SME、BNMI 和 APMM 分别嵌入聚类集成算法中对类簇加权。一个类簇的权重为该类簇与其他划分的平均相似度。类簇质量评价指标性能通过集成性能来验证。为降低聚类集成算法的影响,这里引入 4 种聚类集成算法,分别为 WCT、WTQ[4]、CSPA[5] 和 EAC[6]。实验所用数据为 17 组 UCI 数据库的数据集和 8 组 CLUTO 文本数据集。其中 UCI 数据集包括 Iris(1)、Wine(2)、Seeds(3)、Glass(4)、Protein Localization Sites(5)、Ecoli(6)、LIBRAS Movement Database(7)、User Knowledge Modeling(8)、Vote(9)、Wisconsin Diagnostic Breast Cancer(10)、Synthetic Control Chart Time Series(11)、Student(12)、Australian Credit Approval(13)、Cardiotocography(14)、Waveform Database Generator(15)、Parkinsons Telemonitoring(16)、Statlog Landsat Satellite(17);CLUTO 文本数据集包括 Tr12(18)、Tr11(19)、Tr45(20)、Tr41(21)、Tr31(22)、Wap(23)、Hitech(24)、Fbis(25)。括号中为表 5.2 中的数据集编号。聚类集产生方法与上节所述一致。

实验结果由表 5.2 所示。在表 5.2 中，下划线标识每组对比实验的最大指标值，黑色圆点表示相应指标值显著性地高于其他方法，最后一行显示相应方法在所有数据上所得指标值最优次数和显著优次数。差异性统计检验采用 90% 置信度的独立学生 t 检验。从表 5.2 可以看出，基于 SME 加权的 4 个聚类集成算法在大部分数据集上取得最优性能，其最优次数和统计最优次数都远远多于基于其他两个指标加权的聚类集成算法。实验结果说明，基于 SME 可取得更加合理的类簇权重，验证了 SME 在评价类簇质量上的有效性。

5.1.2　多模态语义对齐和多模态知识推断

在多模态数据的分析过程中，如何对模态间的关联性做出更加细粒度的语义理解，以及如何在多模态语义理解的基础上推断出新的知识，这两个研究方向显得尤为重要。因此，针对这两个方向，即多模态语义对齐和多模态知识推断，简要地概述其主流思路与典型实现方法，并通过一个实例阐述其应用场景。

5.1.2.1　多模态语义对齐的主流思路

多模态语义对齐旨在发现不同模态信息的语义映射关系。对齐的方法可根据任务类型划分为显式和隐式两类。显式对齐指建模的目标是对齐多模态实例的子成分；而隐式对齐相较于显式对齐，既不依赖于有监督的对齐样本，也不依赖于预定义的度量方法，而是需要在模型训练过程中自发地学习如何建立模态信息间的映射关系，故隐式对齐往往具有更高的泛化性能，在近年来备受关注。

具体来说，显式对齐又可分为无监督和有监督两类，其中动态时间规整就是一种典型的无监督的对齐方法，其应用动态规划的思想，广泛应用于对齐多模态下的时序序列，该方法测量两个来自不同模态的序列之间的相似度，然后通过时间规整找到它们之间的最优匹配，因此要求两个序列之间的时间戳是可比较的，并且它们之间存在一个相似度度量方法，这一相似度度量方法可以是人工预定义的，也可以是由模型学习得到的[12,13]；此外，图模型也可用于无监督的显式对齐，比如使用马尔可夫模型或动态贝叶斯网络在文本和图像、图像和声音之间进行匹配[14,15]。在无监督方法的基础上也产生一些有监督方法，有监督的对齐方法依赖于有标签的多模态实例，它们被用于训练模态间对齐的相似度度量方法[16]。同时，基于深度学习的方法在有监督的显式对齐中日趋重要，卷积神经网络和循环神经网络也被用于匹配视觉对象和文本描述[17,18]。

与显式对齐不同，隐式对齐通常作为一个中间步骤被应用到不同的任务中，如语音识别、机器翻译、视觉问答等。在一些早期方法中隐式对齐依靠图模型来实现[19]，而近年来的隐式对齐通常使用神经网络来进行跨模态的信息映射，其中最常用的方法是注意力机制。注意力机制是一个浅层的神经网络，在深度模型对多模态实例进行的编解码过程中，注意力机制作为一个中间步骤，只负责引导解码器在不同条件下有选择地关注需要映射的子成分，比如聚焦于图像的某一区域、句子中的某个单词等[20,21]。

总体而言，早期的多模态对齐主要依靠基于概率图模型、动态规划等无监督学习方法进行不同模态间的元素匹配。近年来，虽然已陆续有学者进行有监督的对齐方法研究，但现阶段的对齐方法仍然存在以下主要问题，有待进一步研究：

表 5.2　对比加权方法在实验数据上的 NMI 值

数据集编号	WCT			WTQ		
	BNMI	APMM	SME	BNMI	APMM	SME
1	0.7425±0.0382	0.7316±0.0623	0.7419±0.0768	0.7188±0.0469	0.7525±0.0595	0.7524±0.0633
2	0.8060±0.1175	0.8394±0.0768	0.8646±0.0143	0.8390±0.0852	0.8293±0.0834	0.8754±0.0041 ●
3	0.6391±0.0730	0.6234±0.0768	0.6657±0.0776 ●	0.6689±0.0580	0.6566±0.0687	0.6512±0.0650
4	0.3906±0.0296	0.4085±0.0331 ●	0.3936±0.0399	0.3701±0.0183	0.3998±0.0247	0.4050±0.0251
5	0.7304±0.0670	0.6772±0.1203	0.7483±0.0074 ●	0.7091±0.0924	0.6936±0.1073	0.7279±0.0981
6	0.5783±0.0332	0.5835±0.0273	0.6024±0.0446 ●	0.5871±0.0299	0.5844±0.0295	0.6010±0.0512
7	0.5974±0.0284	0.5883±0.0302	0.6043±0.0203	0.5973±0.0214	0.5817±0.0246	0.6064±0.0215 ●
8	0.3626±0.0800	0.3689±0.0687	0.3753±0.0465	0.3556±0.0673	0.3395±0.0680	0.3925±0.0386 ●
9	0.4410±0.0197	0.4399±0.0266	0.4562±0.0150 ●	0.4601±0.0328 ●	0.4350±0.0235	0.4502±0.0239
10	0.6363±0.0207 ●	0.5972±0.0287	0.6225±0.0256	0.6512±0.0224	0.6316±0.0811	0.6533±0.0331
11	0.7750±0.0449	0.7716±0.0327	0.7581±0.0424	0.7867±0.0552	0.7922±0.0522	0.8071±0.0318 ●
12	0.4037±0.1594	0.3692±0.0858	0.4545±0.1741	0.4088±0.1680	0.4262±0.1525	0.4328±0.1041
13	0.2729±0.1528	0.2896±0.1749	0.3408±0.1248 ●	0.2437±0.1932	0.2589±0.1443	0.2543±0.1571
14	0.8437±0.0682	0.8616±0.0437	0.8591±0.0520	0.8272±0.0385	0.8515±0.0363	0.8497±0.0574
15	0.3950±0.0319	0.4084±0.0326	0.4096±0.0508	0.3720±0.0007	0.3755±0.0041	0.3767±0.0133
16	0.6953±0.0056	0.6914±0.0106	0.7062±0.0082 ●	0.6923±0.0073	0.6885±0.0060	0.7094±0.0058 ●
17	0.6953±0.0056	0.6914±0.0106	0.6962±0.0082	0.6923±0.0073 ●	0.6885±0.0060	0.6894±0.0058
18	0.5860±0.0291	0.5886±0.0256	0.5941±0.0177	0.5934±0.0325	0.5641±0.0253	0.6031±0.0198 ●
19	0.6260±0.0212	0.6137±0.0234	0.6271±0.0324	0.6048±0.0259	0.6196±0.0181	0.6388±0.0392 ●
20	0.5254±0.0251	0.5286±0.0186	0.5435±0.0194 ●	0.5021±0.0292	0.4982±0.0347	0.5439±0.0237 ●
21	0.5457±0.0409	0.5532±0.0270	0.5755±0.0240 ●	0.5831±0.0275	0.5747±0.0249	0.5782±0.0338
22	0.3930±0.0354	0.3891±0.0241	0.4226±0.0232 ●	0.4042±0.0327	0.4028±0.0226	0.4104±0.0204
23	0.5827±0.0133	0.5841±0.0144	0.5876±0.0148	0.5708±0.0184	0.5764±0.0201	0.5793±0.0145
24	0.3398±0.0087	0.3406±0.0062	0.3426±0.0095	0.3500±0.0069	0.3494±0.0078	0.3470±0.0085
25	0.5812±0.0089	0.5888±0.0088	0.5857±0.0119	0.5704±0.0128	0.5734±0.0161	0.5773±0.0154
w-sw	3-1	2-1	20-9	5-2	3-0	17-8

数据集编号	CSPA			EAC		
	BNMI	APMM	SME	BNMI	APMM	SME
1	0.6919±0.0783	0.6924±0.1225	0.7348±0.0449 ●	0.7582±0.0112	0.7563±0.0083	0.7670±0.0117 ●
2	0.8286±0.0789	0.7076±0.1292	0.8376±0.0917	0.8446±0.0289	0.8590±0.0217	0.8603±0.0178
3	0.6343±0.0774	0.6202±0.1000	0.6094±0.1015	0.7184±0.0180	0.7140±0.0069	0.7218±0.0173
4	0.3944±0.0181	0.3903±0.0211	0.3823±0.0197	0.3995±0.0023	0.4148±0.0147	0.4140±0.0153
5	0.6363±0.1296	0.6739±0.1115	0.7516±0.0114 ●	0.7463±0.0099	0.7399±0.0223	0.7481±0.0149
6	0.5486±0.0375	0.5566±0.0483	0.5511±0.0428	0.6096±0.0113	0.6089±0.0163	0.6392±0.0247 ●
7	0.5390±0.0310	0.5430±0.0430	0.5819±0.0199 ●	0.6092±0.0078	0.6068±0.0064	0.6111±0.0087
8	0.2733±0.0684	0.2641±0.0444	0.2731±0.0770	0.3449±0.0550	0.3576±0.0597	0.3452±0.0559
9	0.3952±0.0106	0.4192±0.0249 ●	0.4021±0.0192	0.4030±0.0179	0.4061±0.0496	0.4254±0.0487 ●
10	0.4379±0.2004	0.4539±0.1451	0.4455±0.1600	0.5236±0.0769	0.5001±0.0584	0.5325±0.0611
11	0.7725±0.0571	0.7797±0.0488	0.7572±0.0467	0.8091±0.0155 ●	0.7861±0.0048	0.7987±0.0174
12	0.4597±0.2167	0.4429±0.1559	0.4485±0.0726	0.3006±0.0045	0.3501±0.1012	0.3789±0.1196
13	0.1972±0.1301	0.1463±0.1199	0.1832±0.1225	0.3973±0.0400	0.3468±0.0885	0.3787±0.0607
14	0.7731±0.0194	0.7830±0.0699	0.8074±0.0765	0.9392±0.0350	0.9341±0.0290	0.9459±0.0217
15	0.3352±0.0690	0.3283±0.0541	0.3264±0.0707	0.4249±0.0333	0.4092±0.0335	0.4327±0.0282
16	0.6396±0.0188	0.6385±0.0240	0.6480±0.0165 ●	0.7044±0.0032	0.6989±0.0032	0.7133±0.0038 ●
17	0.6396±0.0188	0.6385±0.0240	0.6380±0.0165	0.7044±0.0032	0.6989±0.0032	0.7033±0.0038
18	0.5768±0.0448	0.5673±0.0451	0.6005±0.0125 ●	0.6060±0.0130	0.6030±0.0141	0.6062±0.0129
19	0.6027±0.0221	0.5688±0.0382	0.6044±0.0349	0.6331±0.0169	0.6183±0.0226	0.6342±0.0097
20	0.5101±0.0258	0.5151±0.0323	0.5510±0.0066 ●	0.5622±0.0132	0.5623±0.0076	0.5611±0.0082
21	0.5582±0.0293	0.5260±0.0440	0.5666±0.0167 ●	0.5807±0.0282	0.5507±0.0215	0.5753±0.0254
22	0.4038±0.0206	0.3906±0.0354	0.4074±0.0158 ●	0.4139±0.0099	0.4122±0.0068	0.4137±0.0101
23	0.5486±0.0137	0.5413±0.0207	0.5676±0.0147 ●	0.5909±0.0059 ●	0.5861±0.0050	0.5834±0.0016
24	0.3358±0.0084	0.3344±0.0106	0.3305±0.0063	0.3444±0.0098	0.3432±0.0084	0.3435±0.0058
25	0.5544±0.0226	0.5678±0.0119	0.5704±0.0104	0.5975±0.0069	0.5972±0.0072	0.6069±0.0063 ●
w-sw	8-0	4-1	13-8	7-2	3-0	15-5

(1) 显式地进行对齐信息标注的数据较少，不利于实验分析；

(2) 设计不同模态之间的相似度度量指标较为困难，因而现有的相似性度量方法都较为简单；

(3) 不同模态间子成分的对齐过程往往存在一对多的关系，甚至还可能存在无法匹配的情况；

(4) 受噪声影响较大，尤其是当子成分的匹配错位时，模型性能下降严重。

目前，随着度量学习的发展，直接采用有监督学习方法确定有效的模态间相似度度量已成为可能。在未来的工作中，研究者可以通过设计同时进行度量学习和对齐的方法来提升多模态的联合表征的质量，从而优化诸如多模态知识推断等下游任务。

5.1.2.2　跨模态对齐的实现方法

首先给出跨模态对齐的目标。跨模态对齐任务通常需要在两个模态的信息之间进行语义映射，不失一般性，这两个模态的信息应被编码为其子成分的集合，用 $U = \{u_1, u_2, \cdots, u_n\}$ 和 $V = \{v_1, v_2, \cdots, v_m\}$ 来标识，其中 u_i 和 v_j 分别代表不同模态的子成分信息。值得注意的是，这里的子成分可以是具有层级结构或者相互区分的属性的，例如，文本中的不同词类、短语等；也可以是在类型上无差别的特征，例如，通过网格划分得到的图像的多个局部区域。而跨模态对齐方法在模态信息 U 和 V 之间建立映射的过程本质上就是自发地对跨模态信息的相关性进行学习的过程：

$$A_{ij} = \frac{\text{act}(s(u_i, v_j))}{\sum_{i,j} \text{act}(s(u_i, v_j))}, \tag{5.16}$$

式中，矩阵 $\boldsymbol{A}$ 为模态信息 U 和 V 之间进行映射所得到的相关性矩阵；A_{ij} 则表示子成分 u_i 与 v_j 之间的相关性得分；$s(\cdot)$ 表示相关性映射函数；$\text{act}(\cdot)$ 则是激活函数，如常用的 softmax 函数、sigmoid 函数等。

为了得到式 (5.16) 中的跨模态相关性矩阵 $\boldsymbol{A}$，需要确定的是进行相关性映射函数 $s(\cdot)$。已有的跨模态相关性映射方案主要分为以下两类：非参数化 (non-parametric) 方法和参数化 (parametric) 方法。非参数化 (non-parametric) 的跨模态映射直接基于模态信息 U 和 V 之间的内积进行相关性的度量[22,23]，内积越大，相关程度就越高：

$$s(\boldsymbol{u}_i, \boldsymbol{v}_j) = <\boldsymbol{u}_i, \boldsymbol{v}_j>. \tag{5.17}$$

通过这种方式得到的相关性矩阵 $\boldsymbol{A} \in R^{n \times m}$，不需要引入额外的权重参数，使得模型更加简洁。考虑到不同模态的信息在语义表达上具有很大的差异性，基于特征向量内积的直接对比在表达能力上就稍显弱势，而参数化 (parametric) 的语义映射方法恰好补足了这一点，最常见的做法是引入参数矩阵 $\boldsymbol{W}_p$ 作为一个多模态语义空间的原型 (prototype)[24]，并将跨模态映射函数扩展为如下形式：

$$s(\boldsymbol{u}_i, \boldsymbol{v}_j) = \boldsymbol{u}_i^{\text{T}} \boldsymbol{W}_p \boldsymbol{v}_j. \tag{5.18}$$

现有的工作中所使用到的模态间相关性度量方法主要如上所述，这些方法在设计思路上均较为简单，根据以上设计，在具体的优化方法上则是采用基于负采样的对比学习的思路[25]，形式化的损失函数如下所示：

$$l_{\text{align}} = \sum_{i,j} (\boldsymbol{A}_{ij} \cdot \mid \delta + s(\boldsymbol{u}_i^-, \boldsymbol{v}_j) - s(\boldsymbol{u}_i^+, \boldsymbol{v}_j) \mid_+), \tag{5.19}$$

式中，δ 通常代表软间隔；u_i^+ 和 u_i^- 分别代表正例和由负采样得到的负例。在实际使用中，由于精确标注出局部对齐关系的高质量多模态数据较为稀少，所以现有的工作有时会使用 U 或 V 的全局特征来进行替换。

近年来，跨模态对齐往往不再作为一个独立的任务，而是作为一个中间过程得到实现的，除了上述的图像描述任务外，跨模态映射的实现在很大程度上有助于多模态表征的学习。例如，基于相关性矩阵 $\boldsymbol{A}$ 进行的互注意力 (co-attention) 表征，其又可以分为平行互注意力机制与交替注意力机制，以参数化的跨模态映射方法为例，模态信息 U 和 V 的表征可以通过跨模态相关性矩阵 $\boldsymbol{A}$ 得到更加准确的重构：

$$\begin{aligned} \boldsymbol{V}_{\text{rec}} &= \boldsymbol{W}_v \boldsymbol{V} + (\boldsymbol{W}_p \boldsymbol{U}) \boldsymbol{A}, \\ \boldsymbol{U}_{\text{rec}} &= \boldsymbol{W}_u \boldsymbol{U} + (\boldsymbol{W}_p \boldsymbol{V}) \boldsymbol{A}^{\text{T}}, \end{aligned} \tag{5.20}$$

式中，$\boldsymbol{W}_v$ 和 $\boldsymbol{W}_u$ 分别代表模态信息 U 和 V 各自的权重矩阵。通过这种方式，相关性矩阵 $\boldsymbol{A}$ 就能平行地重构各个模态的特征。除了平行互注意力机制外，交替互注意力机制也得到广泛使用[24]，该机制通过对注意力的交替使用，分三个步骤进行一轮模态信息的重构，其形式化的表达如下：

$$\begin{aligned} U_g &= \text{global}(U), \\ a_{v_j} &= s(U_0, v_j), \quad V_{\text{rec}} = \sum_{j=1}^{m} a_{v_j} v_j, \\ a_{u_i} &= s(V_{\text{rec}}, u_i), \quad u_{i,\text{rec}} = a_{u_i} u_i. \end{aligned} \tag{5.21}$$

交替互注意力机制的重构可以由多轮来完成，在每轮中首先得到模态信息 U 的全局表征 U_g，继而计算模态信息 V 的每个子成分关于 U_g 的相关性得分 a_{v_j}，在此基础上重构特征 V，并以同样的方式反过来重构特征 U，以此不断交互，从而学习到更加准确的多个模态各自的表征。

5.1.2.3　基于多模态融合的知识推断

在对多个模态的信息进行跨模态交互和表征的基础上，一个更加困难且重要的任务是如何利用多源信息进行知识推理。想要更好地通过知识推理从多源信息中产生新的知识，就需要对多模态信息进一步融合与提炼，解决信息间存在的冲突和歧义问题。现有的大多数工作都是基于多模态融合进行直接推断。下面着重介绍该方法的构思与实现。

近年来，多模态融合 (multimodal fusion) 方法被更多用来提炼多模态信息，降低信息中潜在的噪声，增强特征的表达能力，从而发现多源异构数据中潜在的知识。多模态融合的优势在于，对于同一个现象的多模态观察有利于得出更具有鲁棒性的预测结果，以及不同模态间存在的互补信息可以有效克服高噪声问题。多模态融合技术在多模态情感识别、多模态事件检测与医疗图像分析等领域得到广泛应用[26,27]。

具体来讲，多模态融合方法主要可分为两个大类：模型无关方法和基于模型的方法。

1) 模型无关的多模态融合策略

早期的模型无关方法指模态融合的方式，与具体的机器学习方法无关，它根据融合阶段的不同分为早期融合、晚期融合与混合融合三类。早期融合的对象是特征，通常在特征提取之后就进行整合 (通过简单地拼接来实现)，其优点是可以利用每个模态的低等级特征之间的相关性与相互作用；晚期融合是在每个模态的模型都做出决策后，利用一些如取平均、投票或加权求和的融合机制对结果进行组合[28,29]，这种融合方式允许在不同模态上使用不同的模型，可以在模态缺失的情况下做出预测，也可以在没有平行数据的情况下进行训练，因而有较高的灵活性；而混合融合则是指上述两种方式的混合，它组合了早期融合的输出与由单一模态做出的预测，希望能同时利用这两种方法的优势，并在说话人识别和多媒体事件检测等方面得到成功应用[30,31]。模型无关方法的局限性在于，其中所使用的模型常常不是专门为处理多模态数据而设计的，因此在复杂的多模态场景下性能有限，而基于模型的方法则可以弥补这一缺陷。

2) 基于模型的多模态融合策略

基于模型的方法大致可分为多核学习 (multiple kernel learning)、图模型 (graphical models) 和神经网络 (neural networks) 三类。多核学习是支持向量机的延伸，它可以在不同的模态上使用不同的核函数，具有较好的灵活性，因而对于异质的数据具有更好的融合效果。此外，多核学习的损失函数是凸函数，有利于模型的训练，但模型性能受到训练数据的影响较大。多核学习在多模态的情感识别和事件检测等任务上都得到成功应用[32,33]。图模型的优势是能较容易地使用数据的空间和时间结构，这对于多模态的语音识别和情感识别任务来说很重要；同时也允许向模型中引入人类专家的知识，这可以增强模型可解释性。图模型可以分为生成模型和判别模型两类，生成模型对联合概率建模，包括隐马尔可夫模型、动态贝叶斯网络等模型[34,35]；判别模型对条件概率建模，以条件随机场[36]为代表，在图像分割和情感识别等任务中都有应用[37,38]。神经网络也是一种有效的模态融合方法，模型可以从大量的数据中学习如何在网络的隐藏层中融合多模态信息，神经网络相比其他模型具有更复杂的决策边界，因而可以达到更佳的性能，其常被用于融合多模态的时序信息[39,40]，并且在姿势识别、视频描述等领域中广泛应用[41,42]。

值得注意的是，多模态融合操作可以和跨模态语义对齐或者跨模态翻译 (translation) 任务相结合[43,44]，跨模态的交互能够使得每个模态的信息都能在一个联合空间上得到表征，从而有利于进一步特征融合，因此在一些早期工作[45]中跨模态翻译方法也被称为多模态的早期融合 (early fusion)。

现有的基于神经网络的多模态融合策略多数是利用注意力机制实现的，对于模态信息 U 和 V 进行的融合在不借助外源信息的条件下，往往是通过自注意力机制的自相关映射完成的。具体来说，当获得模态信息 U 和 V 在联合特征空间中的联合特征图 $F = \text{Union}(U, V)$ 后，考虑到每个模态及其子成分的重要性各不相同，可以设计一个自注意力机制来筛选有益的特征。下面将简要描述不同场景下的多模态融合的实现方法。

在计算机视觉相关的多模态场景中，联合表征 F 通常以特征图的方式出现，而针对来自多源信息的特征图的融合，可以通过卷积得到自相关图，从而引导特征的融合，例如，使用残差自注意力机制[46]，将联合特征图 F 传入由 1×1 的卷积、批规范化处理 (batch normalization) 和激活层串联的流程中，生成多模态特征图的自相关图 R，用来表示每个模态乃至内部各个子成分的自相关得分。继而，通过联合特征图 F 对 R 的重新加权，就能完成对多个模态特征的过滤和融合：

$$\widetilde{F} = (1 + R) \times F. \tag{5.22}$$

除了残差自注意力机制外，一些通用于视觉特征增强的方法，如隔离–激发 (sequeeze-and-excitation,SE) 模块[47] 等，也常应用于视觉场景下的多模态融合。

在具有时序特性的多模态场景下，针对序列性的多模态信息 U 和 V，现有工作则常常是通过循环神经网络来完成多个模态间自相关性的计算与模态信息的融合，多模态的循环神经网络可以看作是标准循环神经网络的扩展。以 GRU 为例，多模态的 GRU[44] 包含调节信息流的不同门控单元，并在时间步 t 以多模态信息 u_t 和 v_t 作为输入，并跟踪 3 个量，即模态融合表征 h_t、模态各自的表征 h_t^u 和 h_t^v。融合模态表征 h_t 构成历史的多模态输入的联合表征，并根据时间不断更新，从而学习到多模态信息在交互过程中展现出的序列结构信息，并且在每一个时间步 t 的多模态信息输入 u_t 和 v_t 都会根据与历史状态 h_t 的注意力得分进行动态加权，从而达到对多模态数据的降噪。

总的来说，注意力机制可以产生更具有可解释性的知识推断模型。从注意力得分的分布中，也可以进一步考察不同模态在知识推断过程中发挥的作用。除了这种基于多模态融合的直接推断方法外，近年来，随着图卷积网络的兴起，开始出现少数的在多模态场景下利用图嵌入方法进行知识推断的相关工作。例如，文献 [48] 提出了一种基于金字塔图卷积网络 (Pyramid graph convolutional network，PGCN) 的多尺度时空推理 (MSTR) 框架，从视频中挖掘出场景、人和物之间的多模态交互内容，为描述人与人、人与物之间的动作与交互，将人和物的帧内关联与帧间关联构建一种三元图模型，采用金字塔图卷积网络从三元图模型中学习不同时间尺度的动态视觉特征，最后将场景特征与人和物的交互信息进行融合，从而推理出潜在的知识。类似地，研究者们也提出了图推理模型 (graph reasoning model，GRM)[49]，图推理模型根据图像中的人物区域的特征初始化关系节点，继而结合门控图神经网络 (gated graph neural network，GGNN) 来计算节点特征，通过图传播节点消息以充分探索人物与上下文对象的多模态交互，并采用图注意力机制自适应地选择信息量最大的节点，通过测量每个对象节点的重要性来进行知识推断。

5.1.2.4 实例验证

针对多模态场景下的语义对齐与知识推断方法，将其中涉及的跨模态语义对齐与多模态融合策略在现实的任务场景中加以验证。具体来说，提出基于多模态融合的人物社交关系识别方法，即根据视频人物间的多模态交互内容，来识别人物间可能存在的社交关系，从而更好地进行视频理解。

首先，由 $V = \{I_t\}$ 呈现整个视频，其具体表现为具有相关时间戳 t 的视频帧 I_t 的集合。同时，当利用视频中时间同步的文本信息进行多模态联合建模时，有类似于字幕或众包评论的文本信息，以 $D_V = \{d_t\}$ 的形式显示文本的集合。

还有一个人物集合 $C_V = \{c_k\}$，其中 c_k 表示 V 中的一个特定的人物，并且对于每个目标人物对 $< c_i, c_j >$ 从预定义的关系集合 R 中识别出他们之间所具有的一个特殊的关系

r_{ij}。视频 V 和目标人物对 $<c_i, c_j>$ 的社交关系识别问题可以定义如下：

给定包含文本信息 D_V 的视频 V，预定义好的社交关系集合 R，和作为预测目标的人物对 $<c_i, c_j>$，旨在于从集合 R 中预测出他们之间的社交关系 r_{ij}。

针对上述问题，提出了一个包含图 5.5 所示的三个模块的框架，即多模态人物搜索模块、多模态信息嵌入模块和关系分类模块，其功能简述如下：

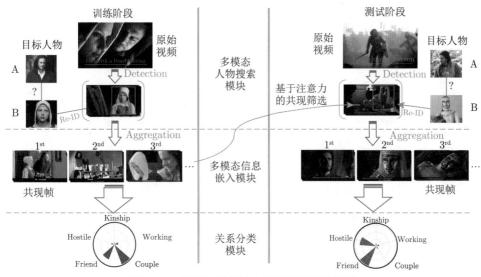

图 5.5　视频人物的社交关系识别的流程图

1) 多模态人物搜索模块

首先，对于一个目标人物对 $<c_i, c_j>$，通过人物搜索 (character search) 模块，利用人物检测和人物重识别 (re-identification) 技术来搜索该目标人物对可能出现的所有视频帧。具体来说，在这一步中，尝试定位每个目标人物的所有可能的出场。首先，采用 Faster R-CNN 检测器[50] 在视频 V 中无差别地定位每个人物，并逐帧产生人物的感兴趣区域 (regions of interest, RoIs)，继而对每个目标人物，标记出它的若干个出场区域，分别形成查询 $q_i = \{RoI\}_i$ 和 q_j，并通过基于查询的人物重识别来定位每个目标人物的出场。值得注意的是，在人物重识别的过程中，既可以采用纯视觉的人物重识别模型，例如，克罗内克积匹配模型[51]，来估计每个感兴趣区域中包含某个目标人物的概率；也可以在纯视觉查询的基础上进行扩展，收集所有视觉查询附近的文本，并在时间窗口 $T_t = [t-m \quad t+n]$ 内构成相应的视频文本查询 D_{t_i}，以形成关于目标人物的多模态查询 $Q_i = <\{RoI\}_i, D_{t_i}>$ 和 Q_j，将传统的人物重识别技术扩展为多模态场景下的人物重识别，根据多模态的人物查询进行人物重识别。

具体来说，构造了一个文本与视觉信息联合建模的人物重识别模型，基于视觉和文本语义线索，以度量学习的方式对人物身份进行识别，如图 5.6 所示。采用多尺度克罗内克积匹配方法 (multi-scale Kronecker product matching method)[51] 作为人物重识别模型的主干，用于提取成对的视觉特征图并进行特征间的相似性度量，多尺度克罗内克积匹配方法采用残差网络生成多尺度的特征图，然后基于克罗内克积匹配特征图对，生成特征差异图并进行相似度的估计。该方法已经在传统的行人重识别任务中取得目前最优的效果。与此同时，文本信息作为对视觉信息的补充和辅助，通过分支网络进行特征的嵌入。

在文本信息的嵌入过程中，首先尝试把每条文本向量化，即对字幕或众包评论进行向量化的表征，以便实施语义嵌入。直观地说，考虑到字幕的强逻辑性和高规范性的表达，选择经典的基于负采样的 Skip-gram 模型对其进行矢量化。然而，由于众包评论远不同于

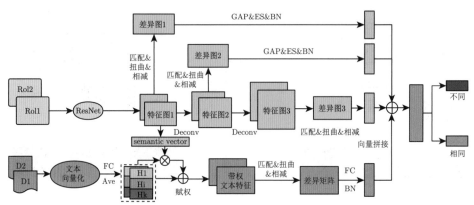

图 5.6　TEFM 模型由两个部分组成：1. 基于克罗内克积匹配模块生成多尺度特征图的主干，2. 进行文本语义嵌入与模态对齐的分支。其中"GAP"表示全局平均池化，"Ave"表示平均运算，"ES"表示元素级别 (element-wise) 的平方预算，"Deconv"表示反卷积。在模型的分支部分，文本矢量化方法包括：(1) 字符级长短期记忆网络 (C-LSTM)，(2) 神经主题模型 (NTM) 和 (3)Skip-gram 模型

一般的字幕文本，这种形式新颖的短文本评论带有很多非正式的表达，甚至是俚语，因此尝试通过以下两种方法对其矢量化：

(1) 字符级长短期记忆网络。考虑到对众包评论文本进行传统意义上的分词可能效果较差，采用字符级的模型来拟合评论中的非正式表达。具体来说，使用一个三层的字符级的长短期记忆网络[52] 来对众包评论文本进行序列建模。

(2) 神经主题模型。尝试从众包评论文本中提取隐藏的主题。这里使用基于变分自编码器[53] 的神经主题模型作为特征提取器，因为其具有将文本映射为后验分布的强大功能。

在文本最初的向量化完成后，它们与视觉信息的相关性仍然是未知的或未被挖掘的。因此，为了增强视觉线索和文本线索之间的关联以达到联合建模的目的，如前所述，提出一种基于注意力机制的非参数跨模态对齐方法。

将时间窗口 T_t 内的所有文本均匀地划分为 k 个切片，然后通过对语义向量取平均值的方法对同一时间切片的文档进行综合，通过全连接层 (fully connected layer) 获得统一的、鲁棒的向量表示，即 $\boldsymbol{H}_i \in R^{1 \times r}$。同时，每个时间切片内的文本向量 $\boldsymbol{H}_i$ 将通过如下的注意力机制度量它与视觉特征的对齐程度，作为文本的相关性得分 α_i：

$$\alpha_i = \frac{\exp(\boldsymbol{H}_i^{\mathrm{T}} \mathbf{Vis})}{\sum_j \exp(\boldsymbol{H}_j^{\mathrm{T}} \mathbf{Vis})}, \tag{5.23}$$

式中，$\mathbf{Vis}$ 表示通过全局池化层和全连接层得到的视觉情境表示向量。具体来说，由于卷积网络在越深的卷积层越能够抽象出具有语义信息的特征，因此，选择顶层特征图映射出

视觉的上下文情境。每个时间切片的文本表征 $\boldsymbol{H}_i$ 将按如下方式对其相关性得分进行加权，通过注意力机制对文本特征进行重构：

$$\widetilde{\boldsymbol{H}}_i = (1 + \alpha_i)\boldsymbol{H}_i. \tag{5.24}$$

借鉴了克罗内克积匹配模块[51] 的方法，基于成对 (pair-wise) 的加权后的文本表征向量 $(\widetilde{\boldsymbol{H}}_x, \widetilde{\boldsymbol{H}}_y)$ 计算出语义特征差异图 Δ_H，如下所示：

$$\Delta_H = \widetilde{\boldsymbol{H}}_x - (\widetilde{\boldsymbol{H}}_x \widetilde{\boldsymbol{H}}_y^{\mathrm{T}})\widetilde{\boldsymbol{H}}_y. \tag{5.25}$$

继而，考虑到使用多源的文本信息，即字幕文本和众包评论，但是它们的特性可能是截然不同的。例如，字幕文本往往从第一人称的角度直接描述人物的状态和行为，并有相对正式的表达方式。相反，众包评论往往是第三人称视角下的主观评论，大量用户会产生非正式的表达甚至是俚语。因此，有必要根据视觉情境，对齐合适的文本信息源，使所选文本信息能够更好地反映人物的身份。

为此，设计了一个根据视觉上下文来度量每个文本源选择机制 (source selection mechanism) 重要性的。具体地说，首先用一张联合特征图 $U_v \in R^{2 \times h \times w \times c}$ 描述由查询–候选图像的顶层特征图拼接而成的视觉情境，h, w, c 分别表示顶层特征图的高度、宽度和通道数。然后，采用一个 2×2 的全局池化层操作，以及一个全连接层学习得到文本源选择向量 $\boldsymbol{S}_2 \in R^2$，计算公式为 $\boldsymbol{S}_2 = \sigma(A_U)$，其中 $\sigma(\cdot)$ 表示元素级别 (element-wise) 的 sigmoid 函数，A_U 表示文本源选择机制的预激活 (pre-activation) 输出。

根据视觉情境得到的文本源选择向量，筛选出更多的优质文本。具体来说，众包评论和字幕文本的语义差异矩阵 $(\Delta_{\boldsymbol{H}1}$ 和 $\Delta_{\boldsymbol{H}2})$ 通过与文本源选择向量 $\boldsymbol{S}_2$ 的张量–矩阵乘法进行重加权，如下所示：

$$(\Delta_{\boldsymbol{H}1}', \Delta_{\boldsymbol{H}2}') = (\Delta_{\boldsymbol{H}1}, \Delta_{\boldsymbol{H}2}) \times \boldsymbol{S}_2. \tag{5.26}$$

最后，将不同来源的语义特征差异图压缩成向量，再将其与人物重识别模型的主干得到的视觉差异向量进行拼接，得到最终的查询–候选区域的差异向量，作为多模态场景下人物身份识别的全部依据。

以上就是基于跨模态对齐的人物重识别框架的主要结构，在人物重识别过程中，只记录识别概率最高的感兴趣区域，如果没有候选检测框，则概率记为零。然后以 $\{< I_t, P_t >\}$ 的形式分别标识出目标人物 c_i 和 c_j 的潜在出场 (包含出场内容 I 和出场概率 P)，其中 I_t 和 P_t 分别表示潜在的目标人物出现帧和在该帧上的人物识别概率。同时，考虑到电影以更复杂的形式呈现关系，例如，通过单方面行动或者第三者来陈述关系，所以不考虑人物是否共现 (co-occur)，而是保留两个目标人物的所有潜在帧，这些潜在帧将被进一步处理并嵌入到下一个模块中。

2) 多模态信息嵌入模块

在多模态信息嵌入 (multimodal information embedding) 模块之前，作为一个预处理步骤，将潜在的视频帧聚合为视频短片段，以构成多模态信息嵌入模型的输入。具体来说，为了获得稳定的片段表征，先通过滑动平均操作对目标人物的出场概率序列进行平滑处理，继而考虑连续的视频片段可以提供比单帧更自然、更稳定的线索，从而有利于社交关系的推理。所以，基于一个全局阈值将这些潜在的视频帧聚合为片段，并进一步删除长度过短或者分割过于冗长的片段，以提升数据的质量。在多模态信息嵌入模块中，对于每一个视频片段，首先将其传入一个多通道的特征提取网络中，分别提取每一模态的特征，然后在一个协同的表征空间中对多通道的特征进行融合操作，并设计一个自注意力机制进一步整合特征，最终得到视频片段的多模态表征。

具体来说，多模态信息嵌入模块分多个步骤来编码并整合多模态信息，首先采用多通道的深度网络从视觉和文本信息中抽取特征。如图 5.7 所示，在一个具有 n 张视频帧的片段中，对于每一帧，裁剪出具有最高的目标人物出现概率的人物区域，利用人物区域之外的图像背景信息，以揭示特定的视频场景。它们都被输入残差网络中[54] 以提取视觉特征。

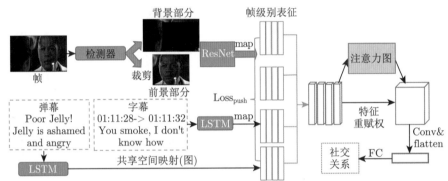

图 5.7　基于文本信息增强的多模态融合模型 (textual-enhanced fusion model, TEFM) 是由一个多通道的特征抽取网络和一个基于自注意力机制的多模态融合操作构成

除了传统的视觉线索之外，进一步利用文本信息，具体来说，根据视频帧的时间戳可以获取相应的文本信息 (包含字幕文本和众包评论)，考虑到语义相关的文本可能存在当前帧的附近，使用一个小的时间窗口来提取这些由字幕文本和众包评论构成的文本信息，它们被输入到两个独立的预训练的长短期记忆网络中以获得文本的表征。值得注意的是，多数传统的方法仅仅采用时间复杂度较高的视觉表征算法，然而，即使是单纯对文本信息的合理利用，也可以在节省时间的同时，获得更好的关系识别性能，间接提示了多模态信息的引入往往是高效解决问题的手段。由于这四个通道的特征是相互独立的，并且到目前为止还没有建立它们之间的关联性，因此，将这些模式在一个协同的特征空间中融合在一起。

首先将包含 4 个通道的多流特征通过全连接层映射到用于多模态融合的共享特征空间 R^d 中，片段级别的特征图通过对单帧特征的拼接，表达为 $f_i \in R^{n \times d}$，其中，$i \in [1,2,3,4]$ 表示每个特征流。考虑到视觉和文本特征在一定程度上是语义对齐的 (字幕文本和众包评论从主观和客观两个层面构成对当前视频帧的描述)，因此，设计了一个协同损失函数，用于拉近视觉和文本特征的距离：

$$L_{\text{coord}} = \max\left(\left\|\sum_{i=1}^{2} f_i - \sum_{i=3}^{4} f_i\right\|^2, m\right). \tag{5.27}$$

现在已经有了视频片段级的联合特征表示，但是并不是所有的视频帧都与关系识别相关，每个模态的相关性也随时间发生变化，因此通过自注意力机制过滤冗余特征并进一步做特征的融合。

对于一个多流特征图 $F \in R^{4 \times n \times d}$，首先，通过一个残差自注意力机制来筛选出有益的特征，然后，将多流特征图 F 通过与自相关图 R 的加权，完成对多个模态特征的过滤和重新整合，最后，融合后的特征图被传入到伴随这批规范化操作的卷积层中，进一步在每个特征流中按照时间平均以获得等长的特征向量，对不同特征流的特征向量进行拼接操作，生成最终的特征表示，即每个人物的出场片段的多模态融合表征。

值得注意的是，为了进一步滤除视频中的噪声和无关信息，采用一个基于注意力得分的全局过滤器。具体来说，在训练过程中，自注意力机制产生的以视频帧为单位的注意力得分，反映了视频帧特征与社交关系的相关性，而这些中间结果也可以用来辅助测试。如图 5.5 所示，结合人物搜索模块，可以更好地检索带有一定社交关系的人物出场，通过以下步骤来处理这个问题：

首先，在训练阶段收集自相关图 R 与其对应的视频帧，并以视频帧作为输入，自相关图 R 作为输出来训练一个支持向量回归 (SVR) 模型，建立视频帧特征到相关性得分的映射函数；然后，将 SVR 模型作为全局过滤器来预测每一帧与社交关系的相关性得分；最后，为了进一步提高关系表达的强度，仅选择具有最高的 20% 的相关性得分的人物出场片段来作为测试阶段的社交关系识别的依据。

3) 关系分类模块

将每一个片段级视频表征送入社交关系识别模块。具体地说，两个全连接 (FC) 层通过一个 softmax 层输出该片段在每类社交关系上的概率分布。所有视频片段的平均结果将作为最终判断，即两个目标人物之间的社交关系的判断，至此，在视频场景下完成了一个基于跨模态对齐与多模态融合的知识推断框架。

在包含 70 部电影的真实数据集上，将该框架和若干种主流的社交关系识别方法进行对比，对比方法包括 Lda [55]+RF, DSC [56], S-DCN [57], MSFM [58], DSM [59], CATF-LSTM [60] 以及提出的多模态信息嵌入模型 TEFM 的若干种变式 (TEFM-V：基于纯视觉信息；TEFM-T：基于纯文本信息；TEFM-F：基于单帧输入；TEFM-CO：基于人物共现进行识别)。实验结果如表 5.3所列，发现 3 个明显特征：

(1) 基于视频片段的算法通常比基于视频帧的算法表现更好。这一现象进一步证实了文献 [61] 和 [62] 的发现：相对于静态图像，视频片段提供了更为自然和准确的信息来生成鲁棒的视频关系表征。

(2) 包含更多直接的语义信息的文本线索比视觉线索更有帮助。因此，文本线索带来的改进更为显著，在 F1 值上的提升超过了 6%。同时，基于纯文本的 TEFM-T 方法比许多其他基线模型有更好的表现。此外，S-DCN 方法中所使用的空间位置线索，对社交关系极性的判断更加有利。

(3) 整个 TEFM 的性能优于任何一种单模态的解决方案，并带来至少 3.0% 的 F1 值的提升，进一步支撑了多模态信息嵌入的动机。

此外，先前的工作主要是利用角色间的共同出现来作为社交关系识别的依据，然而，电影有时会以更复杂的形式呈现关系，例如，通过单方面的行动或旁观者的陈述。因此，为了检验"非共现"片段的助益，将 TEFM 与 TEFM-CO 方法进行比较，后者仅基于人物共现片段进行关系识别。结果表明,五分类任务的 F1 值提高了 1.7%,这也验证了在测试阶段放宽人物共现的约束条件是合理的。

表 5.3　社交关系识别的五分类验证与社交关系极性验证　　　(单位:%)

社交关系识别方法	社交关系五分类			社交关系二分类		
	R	P	F1	R	P	F1
Lda [55]+RF	20.0	25.9	17.3	60.6	56.0	58.1
DSC [56]	18.4	24.0	16.8	64.5	56.4	59.0
S-DCN [57]	18.7	23.0	17.1	66.4	65.6	65.9
MSFM [58]	32.2	30.2	26.4	68.1	72.3	69.5
DSM [59]	31.1	32.7	26.3	67.7	68.7	68.2
CATF-LSTM [60]	29.6	29.1	28.3	64.5	66.4	65.6
TEFM-F	29.0	30.6	24.7	62.4	65.8	64.0
TEFM-T	31.4	30.5	27.8	**75.2**	64.9	67.8
TEFM-V	37.2	27.3	24.7	67.4	63.1	64.5
TEFM-CO	42.2	34.0	30.8	71.2	**74.5**	72.3
TEFM(本书方法)	**47.7**	**35.8**	**32.5**	72.2	74.4	**72.7**

注: R 为召回率;P 为准确率;F1 为两者的融合,为 F1 值。

在验证了整体框架的性能之后,同样也验证了基于跨模态对齐的人物重识别模型的性能。同时,希望通过比较多源文本信息的各种集成方式来验证文本源选择机制的有效性。实验结果总结在表 5.4 中,对比方法包括基于纯文本信息的 LSTM [52]+RF,NTM [53]+RF,Skip-gram [63]+RF 模型,以及基于纯视觉信息的 MLFN [64],Mancs [65],CLSA [66] 模型和基于多模态信息的 DSM [59] 模型,同时也包含本节提出的多模态人物重识别模型的诸多变式 (其中,KPMM+BS−C 表示基于众包评论文本的模型,C_L 和 C_N 分别表示通过 LSTM 或 NTM 编码的文本向量;KPMM+subtitle 表示基于字幕文本的模型;KPMM+SSM 表示结合多源文本的选择机制的模型;相对的,KPMM+SUM 表示只对两个文本源特征进行简单地平均处理)。

表 5.4　多模态人物重识别模型的对比实验　　　(单位:%)

方法	Top-1	Top-5	召回率 R	精度 P	F1 值
LSTM [52]+RF	37.9	74.4	57.6	59.8	58.7
NTM [53]+RF	32.2	67.6	52.4	56.9	54.6
Skip-gram [63]+RF	50.0	82.1	54.9	64.5	59.3
MLFN [64]	87.4	96.8	58.6	58.1	58.4
Mancs [65]	74.9	94.4	45.4	54.4	49.5
CLSA [66] (w/o detector)	87.5	96.6	59.3	61.2	60.2
DSM [59]	**91.3**	98.3	58.7	**75.9**	66.2
KPMM [51]	86.4	99.6	63.5	67.3	65.4
KPMM+BS − C_L	89.2	99.8	69.5	69.2	69.3
KPMM+BS − C_N	89.5	99.5	68.6	70.4	69.5
KPMM+subtitle	87.5	99.7	71.7	68.6	70.1
KPMM+SUM	90.9	99.6	69.5	69.9	69.7
KPMM+SSM	91.0	**99.9**	**72.7**	72.2	**72.4**

结果表明，文本信息确实提高了模型的性能，发现由文本信息带来的进步较为显著，这证实了跨模态对齐带来的增益。甚至一些基于纯文本的方法在效果上也接近于某些表现不好的纯视觉方法，这也进一步证实了多模态信息的助益。此外，KPMM+SSM 不仅在大多数情况下比单一文本源的模型有更好的性能，而且在 F1 值上比 KPMM+SUM 有 2.7% 的提升，这也验证了文本源选择机制的作用。

5.1.3　多模态下的知识库表征及应用

数据是 AI 的基础，不同行业领域的数据来源广泛、形式多样，其每一种来源或形式都可以看作是一种模态，例如，视频、图片、语音以及工业场景下的传感数据、红外、声谱等。多模态数据的语义理解与知识表示不仅能让智能体更加深入地感知、理解真实的数据场景，而且能进一步对所感知的知识进行推理，以更好地支撑行业应用，例如，智能问答、对话系统、人机交互与推荐等。与此同时，知识图谱作为一种知识表示、存储的手段，因其表达能力强、扩展性好，并能够兼顾人类认知与机器自动处理，被认为是解决认知智能长期挑战和深度学习可解释性等困境的一种手段。多模态数据学习与知识图谱的交互作用为人工智能的应用落地和大数据的价值闭环提供了极富想象力的可能性。因此，多模态下的知识库如何高效、合理地对知识进行表征，智能体如何融合应用多模态知识表征是当前多模态知识库领域研究的重点问题。

下面将针对多模态下知识库表征以及应用进行展开论述，简要概述多模态知识表征思想以及典型的算法流程，并通过一个具体的多模态增强的知识库融合应用来进行示例与验证。

5.1.3.1　多模态知识表征

多模态知识在知识表示中起着重要的作用，在多模态知识图谱中，数据的模态由于来源广泛、形式多样，因此多模态知识的学习首先面对的一个问题就是如何建模不同模态数据隐含的知识表征，将结构化数据、图像、视频、语音、文本等中所蕴含的语义知识抽象为计算机可理解、可计算、可表征的实值向量。当多个模态知识共存时，需要同时从多个异质知识源提取被研究对象的语义特征，值得注意的是，多模态的知识表征需要在单模态表征的基础上进一步考虑多模态知识之间的一致性与互补性。将从基于关联知识表征、数值属性知识表征、视觉知识表征以及其他模态知识表征 4 个角度介绍多模态知识库中不同模态知识的表征方法，最后就多模态知识表征的一致性与互补性展开讨论。

首先，给出多模态知识库的基本形式，可以记为 $G = (\hat{E}, R, I, N, X, Y, Z, O)$, where $\hat{E}, R, I, N$，其中 $\hat{E}, R, I, N, O$ 分别表示实体、关系、图像、数值和其他模态数据的集合；X, Y, Z 分别表示关系三元组、实体-图像对和数值三元组。使用多模态知识嵌入，用 $\boldsymbol{E}^{(r)}$, $\boldsymbol{E}^{(i)}$, $\boldsymbol{E}^{(n)}$, $\boldsymbol{E}^{(o)}$ 分别表示用于关系、视觉和数值模态特征下的实体嵌入表征。

1）关联知识表征

关联知识数据来源是知识库中的主要构成数据形式，即关系三元组形式。关系三元组是知识图谱的主要组成部分，对于实体和关系知识的嵌入表示尤为重要，因为嵌入算法的核心就是判断三元组的成立与否。对于关系模态的三元组数据，可以采用知识图谱嵌入表征中的常用算法，例如，TranE[67]，TransR[68]，TransD[69] 等。以知识图谱嵌入表征中具有代表性的工作 TransE 为例。给定关系三元组集合 X 中的一个关系事实 (fact) (h, r, t)，h 和 t 可以在低维连续向量空间中与关系 r 建立关联，在翻译的过程中会不断调整 $(h + r)$ 和 t 之间的距离，使得 $(h + r)$ 的表征当 (h, r, t) 成立时尽可能等于 t 的表征。在多关系数据中，存在某些结构相似性，例如当（"富士山""坐落于""本州"）和（"埃菲尔铁塔""坐落于""巴黎"）存在时，我们可以得到"本州" – "富士山" ≈ "巴黎" – "埃菲尔铁塔"。通过关系"坐落于"，可以从"富士山" + "坐落于" ≈ "本州"得到"埃菲尔铁塔" + "坐落于" ≈ "巴黎"。依据三元关系，设置一个基于 L_2 正则的评分函数用于从学习三元组之间的这种嵌入关系：

$$f_{\text{rel}}(h, r, t) = -\|h + r - t\|_2^2. \tag{5.28}$$

进一步，通过设置负采样策略可以智能化区别学习嵌入关联中的正负样本，由此可以构造如下的损失函数：

$$L_{\text{rel}} = \sum_{\tau^+ \in D^+} \sum_{\tau^- \in D^-} \max(0, \gamma - f_{\text{rel}}(\tau^+) + f_{\text{rel}}(\tau^-)), \tag{5.29}$$

式中，D^+ 和 D^- 分别是正样本集和负样本集；$\gamma > 0$。给定一个正例 $\tau^+ = (h, r, t)$ 以及负例 $\tau^- = (h, r, t')$，模型的目标就是尽可能识别出正负样本差别，使得正样本得分尽可能高于负样本得分。

2）数值属性知识表征

关系结构仅对头部实体和尾部实体之间的翻译关系建模，而数值特征补充了某些实体相关的信息，这些信息不能由知识图谱中的关系事实三元组构成。例如，"富士"的"高度"为 3775.63，由此可以判断这指代的是富士山而不是富士相机。因此，对于数值知识的建模学习对理解知识实体本身也是十分重要的。在数值知识表征中，数值属性三元组表示为 $(e^{(n)}, a, n) \in Z$，其中 a 表示属性键，n 表示数值。属性键和相应的数字值构成描述实体的键值对。值得注意的是，数值属性知识具有连续性和明确的大小关联关系，因此，在数值属性知识表征过程中，需要保留相同属性的数值信息的大小关联和连续特性，因此需要将稀疏的数值数据拟合为简单的参数分布。考虑到径向基函数可以很好地拟合连续数值信息，并能够近似任何非线性函数，较好处理分析数据规律性的问题，并具有良好的泛化能力、收敛速度快等特点。首先采用基于径向基的网络将数值信息转换为高维空间的特征向量，具体过程如下：

$$\phi\left(n_{(e^{(n)}, a_i)}\right) = \exp\left(\frac{-\left(n_{(e^{(n)}, a_i)} - c_i\right)^2}{\sigma_i^2}\right), \tag{5.30}$$

式中，c_i 表示径向核中心；σ_i 表示方差。首先归一化每个属性键的所有对应数值。归一化后，通过监督的方法在径向基神经网络中计算 c_i 和 σ_i。

此外，同时从属性键和相应数值中提取特征，这些特征形成键值对。将属性键的嵌入与从径向基网络层得到的数值向量连接起来，生成一个新的二维矩阵，表示为 $\boldsymbol{M} = \langle \boldsymbol{a}, \phi(n_{(e^{(n)}, a)}) \rangle$；然后，定义得分函数来衡量嵌入的合理性：

$$f_{\text{num}}(e^{(n)}, a, v) = -\left\|e^{(n)} - \tanh(\text{vec}(\text{CNN}(\tanh(\boldsymbol{M})))\boldsymbol{W})\right\|_2^2, \tag{5.31}$$

式中，CNN 表示 l 个卷积层；$\boldsymbol{W}$ 表示全连接层。

将经过卷积层得到的特征图重塑为向量，再将其投影到嵌入空间。损失函数如下：

$$L_{\text{num}} = \sum_{(e^{(n)}, a, n) \in Z} \log\left(1 + \exp\left(-f_{\text{num}}(e^{(n)}, a, v)\right)\right), \tag{5.32}$$

式中，Z 表示数值数据中的一组数值属性三元组。由此，就可以学习基于数值属性知识表征的向量。

3) 视觉知识表征

在某些场景下知识图谱的关系结构信息可能会引起歧义，比如在寻找与"富士"相关联的实体时，将存在"富士山"和"富士相机"两个候选，而视觉特征比关系特征更直观和生动地描绘了实体的外观，并且可以区分"富士山"与"富士相机"，从外观上看一个是山峰，另一个是公司的商标。由此可见，视觉模态数据是多模态知识库的重要组成部分，视觉特征在一定程度上能够辅助算法消除实体关系信息的歧义。

为了进一步获取视觉知识表征，首先需要对视觉图像进行向量化，受益于以卷积神经网络为代表的深度学习技术在计算机视觉任务上取得的优异表现，因此选用 ImageNet 派生的 ILSVRC 2012 数据集上进行预训练的 VGG16 模型，来提取视觉图像的向量特征，具体来说，采用卷积层中过滤器的感受野大小为 3×3，13 个卷积层，以及 3 个全连接层，但是去除最后一个全连接层和 softmax 层，获得了所有实体图像的 4096 维嵌入。由于图像嵌入向量无法直接应用于此场景，因此需要进一步对视觉向量进行知识关联表征，为了与实体嵌入向量建立关联，给定视觉模态数据中的一对 $(e^{(i)}, i) \in Y$，使用以下得分函数来提取视觉特征：

$$f_{\text{vis}}(e^{(i)}, i) = -\left\| e^{(i)} - \tanh(\text{vec}(i)) \right\|_2^2, \tag{5.33}$$

式中，$\text{vec}(\cdot)$ 表示投影；$\tanh(\cdot)$ 是一种激活函数。

基于以上得分函数，最小化以下损失函数以优化视觉知识表示：

$$L_{\text{vis}} = \sum_{(e^{(i)}, i) \in Y} \log\left(1 + \exp\left(-f_{\text{vis}}(e^{(i)}, i)\right)\right). \tag{5.34}$$

4) 其他模态知识表征

除了上述三种常见蕴含知识的数据模态外，在一些真实环境以及特殊场景下还存在一些其他模态的信息，例如，时间序列信息、空间位置信息等。这些信息一方面比较类似于数值属性信息，具有数值 (序列、坐标) 以及对应的属性关联；另一方面由于时空复杂可变性，单一的数值不足以表达全部的序列或位置信息。例如，雷达波信息需要结合时间尺度上的多维数据才能对雷达波的波形、峰度、偏度等重要特征进行表示，进一步为知识表征带来困难。

一种简单的解决方式是：首先针对此类数据进行表征建模，将高维、异构、复杂的模态数据转化为计算机可识别、可计算的表征向量，以时间序列模态知识为例，对序列数值数据采用基于序列编码的方法[70]，将序列信息编码转换为向量特征，再利用基于数值属性知识表征方法获取序列或空间知识表征。值得注意的是，由于已采用序列或者其他信息编码方式，因此无须径向基网络进行高维空间映射。

音频、视频等模态知识的表征也可参照类似的表征方法。首先对内容进行深度表征，然后通过属性知识表征方法映射到不同的属性知识统一空间中，以获取该模态知识的表征向量。

5) 多模态知识表征的一致性和互补性

多模态知识表征过程中，如何保证多个模态获取知识的一致性和互补性是多模态知识表征的一个基本问题，是能够获得更全面的特征，提高模型鲁棒性，保证模型在某些模态缺失时仍能有效工作的重要任务。已有研究者开始基于不同模态的知识共享潜在结构的假设，通过多模态数据间的联系来学习这种潜在共享结构，同时挖掘该结构与监督类别信息间的相互作用[71]。

为了进一步缩小不同模态知识之间的异质性差异，近些年来，基于深度学习的多模态知识表征模型，因其强大的深层次抽象表征能力以及在多个任务上被验证极其强大的语义学习能力逐渐受到广泛关注。根据不同模态知识一致性学习与互补关系挖掘模型的底层结构，当前工作可以大致分为三类：联合表示模型[72,73]、协调表示模型[74-76]和编码器-解码器模型[77-79]。联合表示模型是将单模式表示投影到一个共享语义子空间中，在该子空间中可以融合多模式特征，多模态知识将被提取并融合到共享空间的单个向量中；协调表示模型不同于联合表示模型，通过对分离不同模态模型，建立不同模态之间的相似关系分析，以寻求带有分离却又带有协同约束关系的多模态知识表示；编码器-解码器模型则是通过对源模态知识进行编码，再通过解码器转换到目标模态的知识表征方法，这种方法通过编码器-解码器结构完成两个或多个不同模态知识之间的跨模态知识融合和信息交互过程，通过编解码方式获取具有一致性和互补性的知识表征。

目前，针对多模态知识表征的一致性和互补性问题，仍然还有许多挑战，例如，知识语义冲突、重复以及噪声等问题，在未来的工作中，研究者可以进一步探讨将推理能力集成到多模式表示学习网络中。而推理机制将使得模型具有主动选择知识的能力，并且可以在减轻这些挑战方面发挥重要作用。未来，多模态知识表征学习及其推理机制的紧密结合将使机器具有更加智能的认知能力。

5.1.3.2 基于多模态知识表征的应用

多模态数据中蕴含丰富的知识，基于多模态知识表征不仅仅能够帮助知识库更好地理解真实场景下的知识机理，同时也能够进一步促进知识库系统的构建与应用。例如，知识抽取、融合、验证、迁移、演化以及知识表示学习等。以多模态知识库融合为例，进一步分析多模态知识表征在多知识库融合中的应用。

多模态知识库融合是指对相同领域不同的知识库进行合并、集成的过程。多模态知识库融合任务核心的任务就是实体对齐，从不同的知识库中匹配描述现实世界中同一事物的实体，有利于人们获取更加全面的知识，并且无须从多个知识库中查询同一实体的相关信息。以现实世界中常见的三种知识模态进行讨论，主要是，基于关联知识表征、数值属性知识表征以及视觉知识表征来对不同知识库中的实体进行表征学习，完成多模态增强的知识库融合。具体来说，$G_1 = (\hat{E}_1, R_1, I_1, N_1, X_1, Y_1, Z_1)$ 和 $G_2 = (\hat{E}_2, R_2, I_2, N_2, X_2, Y_2, Z_2)$

是两个不同的多模态知识图谱，$H = \left\{(e_1, e_2)|e_1 \in \hat{E}_1, e_2 \in \hat{E}_2\right\}$ 表示跨知识图谱的对齐实体集。为了更加形象化表示多模态增强的知识库融合任务，给出一个基于多模态增强的知识库融合的一个示例，如图 5.8 所示。从图中可以观察到，增加了诸如富士山风景图像信息以及高度信息后，对于富士山这个实体的语义表征更加有效，同时对于跨知识库知识融合中可能存在的歧义问题得到更好解决。以下将针对此应用为例展开论述。

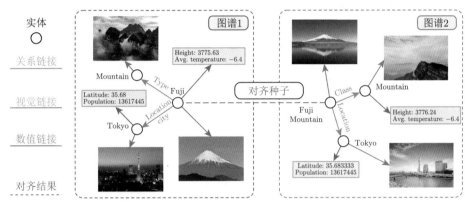

图 5.8　基于多模态增强的知识库融合示例

　　实际上，近些年随着知识图谱嵌入表征技术的发展，多种基于知识图谱嵌入表征的实体对齐方法被国内外学者提出，成为解决实体对齐任务以及知识库融合的主要方法。其中，MTransE 是一种基于翻译的跨语言知识图谱嵌入模型[80]，在单独的嵌入空间中对每种语言的实体和关系进行编码，为每个嵌入向量提供向其他空间中对应语言的过渡，同时保留单语言嵌入的特征。采用轴校准、平移向量和线性变换三种不同的技术表示跨语言转换，使用不同的损失函数得出 MTransE 的 5 个变体。但是这种方法需要大量的种子对齐去计算过渡矩阵，而种子对齐获取的难度较大。IPTransE[81] 和 BootEA[82] 是两种自训练的方法，它们将两个知识图谱嵌入统一的空间中，并反复标记新的对齐实体作为监督。IPTransE[81] 是通过联合知识嵌入进行实体对齐的迭代方法，根据对齐实体的较小种子集，将实体和各个图谱 (KG) 的关系共同编码为统一的低维语义空间，在过程中可以根据实体在此联合语义空间中的语义距离来对齐实体，更具体地说，IPTransE 是通过迭代和参数共享的方法来提高对齐性能的。BootEA[82] 迭代地将可能的实体对齐标记为训练数据，并且采用对齐方法减少迭代过程中的错误累积。KDCoE[83] 迭代地共同训练多语言知识图谱嵌入并将它们与实体描述信息融合实现对齐，该方法是一种半监督学习的方法，旨在进行多语言知识图谱嵌入模型和多语言文字描述嵌入模型的联合训练，在每次协同训练的迭代中都提高性能，并且在零样本实体对齐和跨语言知识图谱补全任务中表现较好。尽管基于嵌入表征的技术对知识图谱中的实体和关系进行编码，并且不需要机器翻译进行跨语言的实体对齐，但是大量的属性特征仍未得到充分利用。JAPE[84] 将两个知识库的结构共同嵌入一个统一的向量空间中，利用知识库中的属性相关性对其进一步优化。AttrE[85] 利用知识图谱中存在的大量属性三元组生成属性的字符嵌入，根据实体的属性计算实体之间的相似度，使用可传递性规则进一步丰富实体的属性数量，增强属性字符嵌入。除此之外，还有一些非嵌入表征的方法应用在实体对齐任务中。通过图卷积网络 (GCN) 进行知识图谱对齐的方法[86] 也在近几年被提出，给定一组预先对齐的实体训练 GCN，将每种语言的实体嵌入统一的向量空间。根据嵌入空间中实体之间的距离找到可以对齐的实体，从实体的结构和属性信息中学习嵌入，然后将结构嵌入和属性嵌入的结果相结合，以获得准确的对齐方式。

在此应用实例中，介绍一种用于多模态知识库的实体对齐模型，即多模态实体对齐 (multi-modal entity alignment，MMEA) 模型，该模型可以在两个不同的多模态知识图谱中自动、准确地对齐实体。如图 5.9 所示，MMEA 模型由两个主要模块组成，即多模态知识嵌入 (multi-modal knowledge embedding, MMKE) 模块和多模态知识融合 (multi-modal knowledge fusion, MMKF) 模块。在多模态知识嵌入模块中，利用本书所介绍的方法分别提取关系、视觉和数值信息以补充实体的有效特征；然后在多模态知识融合模块中，对多模态知识进行融合，以使不同的多模态知识图谱中的对齐实体在统一嵌入空间中的距离最小化，并设计一个交互式训练阶段进行端到端的优化多模态实体对齐模型。

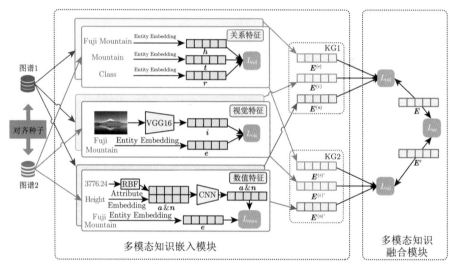

图 5.9　MMEA 模型框架

考虑到知识库融合问题的特殊性，针对不同的知识库需要联合建模，构建统一的知识表征学习过程，通过交换策略对式 (5.29) 中的正例集合进行扩充。交换策略是指如果头实体 h 已被另一个知识图谱中的实体 $\bar{h}$ 对齐，则 $(\bar{h}, r, t)$ 将被扩展到 D^+ 集。对于尾实体 t，通过交换策略同样生成 $(h, r, \bar{t})$ 扩展到 D^+ 中。对关系三元组进行补充有利于在统一的低维连续向量空间中对齐两个不同的知识图谱。D^- 的定义描述如下：

$$D^- = \left\{ (h', r, t) \, | \, h' \in \widehat{E} \wedge h' \neq h \wedge (h, r, t) \in D^+ \wedge (h', r, t) \notin D^+ \right\}$$
$$\cup \left\{ (h, r, t') \, | \, t' \in \widehat{E} \wedge t' \neq t \wedge (h, r, t) \in D^+ \wedge (h, r, t') \notin D^+ \right\}.$$

由此，在知识库融合过程中获取的关联知识表征能够将两个不同知识库统一指代实体的空间距离尽可能地接近，从而在表征空间上完成两个知识库的实体对齐。

进一步，在涉及的数值属性知识表征中，采用同样的交换策略，交换已对齐的实体，因为需要对齐的实体在不同的知识图谱中指代现实世界中相同的对象，并且拥有相同的数值特征。如果存在一个数字三元组 (e, a, n) 且 $(e, \bar{e})$ 出现在种子实体对齐中，则将 $(e, \bar{e})$ 添加

到 Z。

由于在不同的知识图谱中对齐的实体在真实世界中具有相同的含义，因此可以直观地使这些对齐的实体在统一空间中更接近。对齐实体之间的距离计算为 $\|e_1 - e_2\|$，其中 e_1，$e_2 \in \boldsymbol{E}$。考虑到该距离，在统一空间中采用对齐约束方法以最小化映射损失：

$$L_{\text{ac}}(\boldsymbol{E}_1, \boldsymbol{E}_2) = \|\boldsymbol{E}_1 - \boldsymbol{E}_2\|_2^2, \tag{5.35}$$

式中，$\boldsymbol{E}_1$ 和 $\boldsymbol{E}_2$ 表示实体在 $\widehat{E}_1$ 和 $\widehat{E}_2$ 集合中的嵌入，定义如下：

$$\widehat{E}_1 = \left\{ e_1 | e_1 \in \text{KG}_1 \wedge e_1 \in \widehat{E} \wedge (e_1, e_2) \in H \right\}$$

$$\widehat{E}_2 = \left\{ e_2 | e_2 \in \text{KG}_2 \wedge e_2 \in \widehat{E} \wedge (e_1, e_2) \in H \right\}.$$

式中，H 表示跨知识图谱对齐实体的集合。

与此同时，来自不同模态和不同来源的信息能够相互补充，通常多模态特征都是相互关联的，这就相当于给单模式提供了额外的信息，以达到更好的鲁棒性。由于三种模态的特征不能直接提取到一个空间，因此提出了一种多模态知识融合模块，用于集成来自多种模态的知识表示。MMKF 将多模态知识嵌入从各自模态下的空间迁移到统一空间，统一空间学习使多模态特征可以互相受益。它增强了多种模态数据的互补性，从而提高了实体对齐模型的准确性。损失函数的设计如下：

$$L_{\text{csl}}(\boldsymbol{E}, \boldsymbol{E}^{(r)}, \boldsymbol{E}^{(i)}, \boldsymbol{E}^{(n)}) = \alpha_1 \left\| \boldsymbol{E} - \boldsymbol{E}^{(r)} \right\|_2^2 + \alpha_2 \left\| \boldsymbol{E} - \boldsymbol{E}^{(i)} \right\|_2^2 + \alpha_3 \left\| \boldsymbol{E} - \boldsymbol{E}^{(n)} \right\|_2^2, \tag{5.36}$$

式中，$\boldsymbol{E}$ 表示统一空间中的实体嵌入；$\boldsymbol{E}^{(r)}$，$\boldsymbol{E}^{(i)}$ 和 $\boldsymbol{E}^{(n)}$ 分别是关系、视觉和数值知识空间中的实体嵌入；$\alpha_1, \alpha_2, \alpha_3$ 是每种知识模态类型的比例超参数。

为了弥补不同模态知识之间的不平衡性，需要进一步构建交互式训练方法在多模态场景下学习关系、视觉和数值知识的嵌入，并学习统一空间中的实体嵌入。用 L_2 归一化约束所有的实体嵌入，规范化所有的实体嵌入向量。通过 VGG16 训练得到 4096 维所有实体的图像嵌入。在每一步中，通过 L_{csl}，L_{ac} 损失函数依次更新模型参数。

为了进一步展示多模态知识库表征方法的有效性和实用性，在 3 个真实场景通用域知识库上分别构建了 2 个数据集 FB15K-DB15K 和 FB15K-YAGO15K，以验证多模态表征方法的优越性，数据集具体统计如表 5.5 所示。为了方便展示，设立了 7 个对比方法，分别是：TransE[67]、MTransE[80]、IPTransE[81]、SEA[87]、GCN[86]、IMUSE[88]、PoE[89]。其中，TransE、MTransE、IPTransE 以及 SEA 均只考虑了关联知识表征，GCN 和 IMUSE 综合考虑关联知识表征和数值属性知识表征，仅有 MMEA 方法和 PoE[89] 综合考虑 3 种不同模态知识的融合表征。

表 5.5 多模态数据集统计信息

数据集	实体	关系	属性	三元组	数值属性	图像	链接
FB15K	14951	1345	116	592213	29395	13444	—
DB15K	12842	279	225	89197	48080	12837	12846
YAGO15K	15404	32	7	122886	23532	11194	11199

实验结果如表 5.6 所示，可以看到在 20% 训练数据下，MMEA 方法获得最优的实体对齐效果，相比较于其他方法提升明显，进一步说明了多模态知识表征的重要性。

表 5.6　20% 训练样本下的多模态实体对齐实验结果

方法		FB15K-DB15K					FB15K-YAGO15K				
		Hits-1	Hits-5	Hits-10	MR	MRR	Hits-1	Hits-5	Hits-10	MR	MRR
R.	MTransE	0.359	1.414	2.492	1239.465	0.0136	0.308	0.988	1.783	1183.251	0.011
	IPTransE	3.985	11.226	17.277	387.512	0.0863	3.079	9.505	14.443	522.235	0.07
	TransE	7.813	17.95	24.012	442.466	0.134	6.362	15.11	20.254	522.545	0.112
	PoE-l	7.9	-	20.3	-	0.122	6.4	-	16.9	-	0.101
	SEA	16.974	33.464	42.512	191.903	0.255	14.084	28.694	37.147	207.236	0.218
R. + N.	GCN	4.311	10.956	15.548	810.648	0.0818	2.27	7.209	10.736	1109.845	0.053
	IMUSE	17.602	34.677	43.523	182.843	0.264	8.094	19.241	25.654	397.571	0.142
R. + N. + V.	PoE	12.0	—	25.6	—	0.167	10.9	—	24.1	—	0.154
	MMEA	**26.482**	**45.133**	**54.107**	**124.807**	**0.357**	**23.391**	**39.764**	**47.999**	**147.441**	**0.317**

注: R.: 关联知识表征, N.: 数值属性知识表征, V.: 视觉知识表征

5.1.4　小结

面对不同领域中来源广泛、形式多样的多模态数据, 有效的语义理解与知识表示方法不仅能让智能体更加深入地感知和理解真实的数据场景, 更能进一步对所感知的知识进行推理和系统性关联, 以更好地支撑诸多的下游应用。为了达到这一目的, 首先介绍如何通过多模态语义对齐方法得到更准确的多模态信息表征, 然后, 在表征的基础上介绍如何从现有的多模态信息中推断出新的知识, 最后, 探讨如何在多模态场景下推动知识库的表征, 从而使得多源异构的数据, 以及不同的多模态知识库能够进行融合以获得更强的表达能力与扩展性。

从多模态场景下的知识对齐与推断, 再到多模态知识库的表征与融合, 无疑是多模态领域乃至知识图谱领域的一个很有潜力和价值的未来研究方向。虽说如此, 这一方向目前仍面临着巨大的挑战。

首先, 在多模态语义对齐任务中, 现有的方法往往是在每个模态的信息都较为规整、模态间的关联在较为显著的基础上实施的。但在不远的将来, 语义对齐技术势必要扩展到噪声数据中去, 并能够成为模态内部信息降噪的一种手段。此外, 现有的语义对齐方法往往是针对单个实体内部信息的对齐, 而未能扩展到实体间的交互内容中, 未能利用实体所交织而成的知识库系统或者图谱进行更加具有鲁棒性的语义对齐和降噪。因此, 从某种意义上讲, 多模态语义对齐推动了知识库表征的构建, 同时知识库的完善也可以反过来指导更加精确的语义对齐, 关键是如何将这两者有机地结合起来。

其次, 现有的知识推断方法不能够很好地扩展到多模态的场景中, 以至于如何同时处理多模态的实体信息与多模态的交互内容, 甚至在模态信息缺失或者信息对齐程度很低的情况下进行跨模态的知识补全与推断, 无疑是具有挑战性的任务。此外, 目前对知识补全与推断的实时性研究较少, 这导致在一些事件敏感的领域 (如金融、航空航天) 应用时, 往往会遇到不可用的问题。因此, 基于用户的实时反馈对知识库进行实时的动态更新补全具有十分重要的应用价值。相较于传统的知识补全与推断技术, 实时动态的知识与推断需要引入更多、更复杂、更动态的反馈信息, 在数据的处理、存储、构建方面更加困难, 这使得基于实时反馈的知识推断具有挑战性。

最后, 在多模态场景下的知识库表征任务上, 现有的多数工作仍旧依赖于一般的诸如Trans 系列的图嵌入方法, 而未能真正地利用多模态信息的交互特性。换而言之, 如何在

现有的知识库表征技术的基础上融入更多的多模态学习方法，获得更加全面的特征，提高模型鲁棒性，尤其是保证模型在某些模态信息缺失或者模态信息高噪声的条件下仍能有效地工作，也是未来的重要研究方向。

总的来说，目前在知识库和知识图谱构建领域与多模态学习领域已涌现出非常多的优秀工作，也为这两者的贯通打下一定的基础。但是如何将这两方面的技术有机地融合起来，并通过彼此的融合来克服一些单方面的困难点，最终得到一个聚集多模态信息的、能够体现真实数据场景的知识库系统，这值得我们不懈地探索。

5.2　基于知识的智能应用

知识图谱 (knowledge graph) 最早是由谷歌公司提出，被认为是语义网 (semantic web) 的一种具体实现。当前，知识图谱与大数据、深度学习已成为推动人工智能和万维网发展的核心驱动力，在语义搜索、智能问答等领域展现出极大的潜力。下面介绍知识图谱上的实体关联搜索、知识库复杂问题理解等方面取得的研究进展。

5.2.1　知识图谱上的实体关联搜索

知识图谱采用图结构描述实体及其之间的相互关系，例如，图 5.10 呈现知识图谱的一个示例，该知识图谱描述学术领域的人 (Person)、论文 (Paper)、会议 (Meeting) 等多种类型实体之间的作者 (isAuthorOf)、收录 (appearsIn)、参加 (attended) 等多种关系。知识图谱不仅以边的形式描述实体之间的直接关系，也以路径、子图等形式描述实体之间的间接关系。例如，Bob 和 Chris 两人之间存在多条路径，通过 CIKM、EYRE 等会议将他们关联起来；更一般地，Alice、Bob 和 Chris 三人之间被一些连通子图关联起来。

严格而言，给定知识图谱 $G = \langle V, E \rangle$，其中 V 和 E 分别为顶点 (实体) 和边 (关系) 的集合，对于用户输入的查询实体集合 $Q \subseteq V$，一条"实体关联" $X = \langle V_X, E_X \rangle$ 是 G 的一个子图，即 $V_X \subseteq V$，$E_X \subseteq E$，并满足下列条件：

(1) X 包含 Q 中的所有查询实体，即 $Q \subseteq V_X$；

(2) X 是连通的；

(3) X 具有极小性，即 X 的任意真子图都不能同时满足上述两个条件。

例如，对于图 5.10 所示知识图谱以及一组给定的查询实体 $Q = \{\text{Alice, Bob, Chris}\}$，图 5.11 呈现了三条实体关联。显然地，这三个连通子图都包含 Q 中的所有查询实体，并且都满足极小性。事实上，极小性要求 X 具有树结构，并且叶子顶点必然是查询实体。

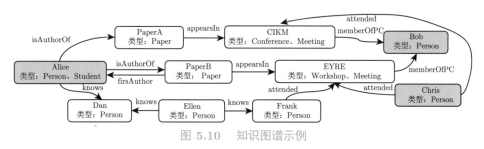

图 5.10　知识图谱示例

实体关联可以直观呈现查询实体之间的直接或间接关系，这为"实体关联搜索"任务的完成提供便利。实体关联搜索在生物信息、国防安全等领域具有广泛的应用场景，例如，搜索潜在恐怖分子之间的隐含关联。在知识图谱出现之前，计算机只能从文本中自动挖掘一些简单的直接关系；有了知识图谱之后，自动发现复杂的间接关系成为可能。

具体而言，基于知识图谱的实体关联搜索任务是指对于给定的知识图谱和查询实体，搜索返回一条或多条高质量的实体关联。实体关联搜索系统的一种典型实现包括 3 个步骤：

步骤 1. 实体关联搜索，在知识图谱中搜索出全部的实体关联。

步骤 2. 搜索结果排序，对搜索结果排序并呈现排序靠前的结果。

步骤 3. 搜索结果分组，对搜索结果分组并支持结果的分组过滤。

其中，前两个步骤也有可能融合为一个步骤，即直接搜索返回排序靠前的结果。5.2.1.1 节将介绍一种高效的实体关联搜索算法；为了避免搜索结果为空的情况，5.2.1.2 节将介绍实体关联搜索中的查询松弛方法；5.2.1.3 节将介绍实体关联的若干种排序方法；最后，5.2.1.4 节将介绍一种实体关联聚类分组方法。

5.2.1.1 实体关联搜索的高效算法

对于给定的知识图谱 G 和查询实体 Q，搜索全部实体关联的基本算法如下：

步骤 1. 对于 $Q = \{q_1, \cdots, q_g\}$ 中的每个查询实体 q_i，枚举以 q_i 为起点的所有路径，构成路径集合 P_i；

步骤 2. 对于 $P_1 \times \cdots \times P_g$ 中的每种路径组合 $\langle p_1, \cdots, p_g \rangle$，如果这 g 条路径的终点相同，则拼接为一个连通子图 X，如果 X 满足极小性，则 X 是一条实体关联；

步骤 3. 返回上述步骤找到所有实体关联。

例如，图 5.11 所示第一条实体关联可以由以下 3 条路径拼接而成，它们各自以一个查询实体作为起点，并且具有相同的终点：

Alice $\xrightarrow{\text{isAuthorOf}}$ PaperA $\xrightarrow{\text{appearsIn}}$ CIKM ;

Bob $\xleftarrow{\text{memberOfPC}}$ CIKM ;

Chris $\xrightarrow{\text{attended}}$ CIKM .

上述基本算法存在两方面局限：其一，由于路径的数量是指数级，算法在大规模知识图谱上的运行速度可以预见，将非常缓慢；其二，算法返回的搜索结果有可能包含重复，即找到的多条实体关联可能是图同构的。以下对基本算法做出改进[90]，以克服这两方面局限。

1) 优化搜索性能

考虑到图结构较大的实体关联所表示的间接关系较为松散，实际意义比较小，因此，可以对实体关联的图结构做出限制，同时优化搜索性能。具体而言，为了保持查询实体在实体关联中的紧密性，对允许的实体关联内顶点 (即实体) 之间的距离设置上限约束 D，即限制实体关联 X 的直径 $\text{diam}(X) \leqslant D$。

引入直径约束之后，实体关联搜索算法的搜索空间可以从三个方面做出裁剪。

(1) 在枚举路径时，搜索深度限制为不超过 $\lceil \frac{D}{2} \rceil$，即只需要枚举长度不超过 $\lceil \frac{D}{2} \rceil$ 的所有路径即可。可以证明：对于直径不超过 D 的实体关联 X，由于 X 具有树结构，由图论可知 X 的半径不超过 $\lceil \frac{D}{2} \rceil$，即 X 中存在中心点 v，到 X 中所有顶点 (包括所有查询实体) 的距离不超过 $\lceil \frac{D}{2} \rceil$，因此，$X$ 中每个查询实体与 v 之间的唯一路径形成的路径组合必然出现在优化后的算法中，从而确保 X 出现在返回结果中。

例如，当 $D = 3$ 时，仅枚举长度不超过 2 的所有路径，图 5.11 所示第一条实体关联仍然可以由上述例子所示 3 条路径拼接而成，它们的长度均不超过 2。

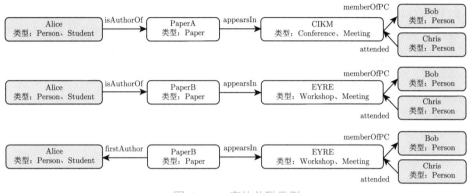

图 5.11 　实体关联示例

(2) 一些被枚举出的路径，在形成路径组合时可以不考虑。具体而言，对于以查询实体 q_i 为起点的路径 p，如果 p 的终点 v 与其他任意一个查询实体 q_j 的距离大于 $\lceil \frac{D}{2} \rceil$，则路径 p 可以不考虑。这是因为在搜索深度被限制为不超过 $\lceil \frac{D}{2} \rceil$ 之后，不可能枚举出一条以 q_j 为起点、v 为终点、长度大于 $\lceil \frac{D}{2} \rceil$ 的路径与 p 拼接。

继续上述例子，图 5.10 中的路径 Alice $\xrightarrow{\text{knows}}$ Dan 在路径组合时可以不考虑，因为路径终点 Dan 与另一个查询实体 Chris 的距离为 4，大于 $\lceil \frac{D}{2} \rceil = 2$。

(3) 枚举路径的过程在有些情况下可以提前中止，从而减少被枚举出的路径数量，减少路径组合的数量。具体而言，对于以查询实体 q_i 为起点的路径 p，在从 p 的终点 v 延伸出更长路径时，如果 p 的长度与 v 到其他任意一个查询实体 q_j 的距离之和大于 D，则可不作延伸。可以证明[90]：这种剪枝不会遗漏实体关联，这里不再赘述。

继续上述例子，对于路径 Alice $\xrightarrow{\text{knows}}$ Dan，在终点 Dan 可以不作进一步延伸，因为路径长度 1 与路径终点 Dan 到另一个查询实体 Chris 的距离 4 之和为 5，则大于 $D = 3$。

需要指出的是，后两种剪枝优化利用距离，在算法运行过程中为了判断剪枝条件是否成立，可能需要大量的距离计算。一方面，如果采用朴素的最短路算法计算距离，则付出的时间代价可能超过剪枝节省出的时间；另一方面，如果直接缓存顶点两两距离，空间代价是平方级，对于大规模知识图谱未必可行。因此，需要寻求时间与空间的平衡，采用距离先知 (distance oracle)，这是一种距离索引技术，在实际中，以接近线性的空间代价，实现接近常数时间的距离计算。距离先知有多种实现方式，如中心标号索引 (hub labeling) 等[91]，具体不再展开论述。

2) 识别重复结果

搜索算法有可能重复找到相同的实体关联，使搜索结果包含冗余内容。例如，图 5.11

所示第一条实体关联也可由以下 3 条路径拼接而成:

Alice $\xrightarrow{\text{isAuthorOf}}$ PaperA ;

Bob $\xleftarrow{\text{memberOfPC}}$ CIKM $\xleftarrow{\text{appearsIn}}$ PaperA ;

Chris $\xrightarrow{\text{attended}}$ CIKM $\xleftarrow{\text{appearsIn}}$ PaperA .

实体关联是一个图, 具有树结构, 顶点和边都带有标签。识别重复实体关联的本质是图同构的判别。树同构的判别相对容易, 可以为每条拼接而成的实体关联生成一个标准编码, 使得两个实体关联的标准编码相同当且仅当它们是同构的, 便可基于标准编码识别重复结果。

具体而言, 有根树 X(不妨令查询实体 q_1 为根) 的标准编码记作 $\text{code}(X)$, 递归定义如下:

如果 X 只包含唯一顶点 v, 则

$$\text{code}(X) = v \ \$. \tag{5.37}$$

式中, $\$$ 是一个特殊标记符。

如果 X 包含两个或两个以上顶点, 设树根为 v, 与子顶点 $v_1, \cdots, v_d$ 分别通过标签为 $r_1, \cdots, r_d$ 的边相连, 并且满足预定义的某种全序关系 $v_1 \preceq \cdots \preceq v_d$, 则

$$\text{code}(X) = v \to r_1 \ \text{code}(T_1) \cdots \to r_d \ \text{code}(T_d) \ \$. \tag{5.38}$$

式中, $T_i(1 \leqslant i \leqslant d)$ 表示 X 中以 v_i 为根的子树; r_i 之前的箭头 $\to$ 表示标签为 r_i 的边是从 v 指向 v_i 的, 如果是从 v_i 指向 v 的则用箭头 $\leftarrow$ 表示。

邻点全序关系 $\preceq$ 可以简单根据邻点的字母序确定。显然地, 这种定义依赖于知识图谱中的非查询实体。事实上, 这里也可以采用一种新的全序定义方式, 脱离对非查询实体的依赖, 从而具有更广泛的适用范围。具体而言, 定义仅依赖于查询实体: $v_i \preceq v_j$ 当且仅当 T_i 中字母序最小的查询实体小于 T_j 中字母序最小的查询实体。该定义符合全序的要求, 因为 T_i 和 T_j 必各自包含查询实体 (即叶子顶点), 且包含的查询实体不同。

例如, 图 5.11 所示 3 条实体关联的标准编码分别为

Alice $\to$ isAuthorOf PaperA $\to$ appearsIn CIKM $\to$ memberOfPC Bob $\$$ $\leftarrow$ attended Chris $\$$ $\$$ $\$$ $\$$.

Alice $\to$ isAuthorOf PaperB $\to$ appearsIn EYRE $\to$ memberOfPC Bob $\$$ $\leftarrow$ attended Chris $\$$ $\$$ $\$$ $\$$.

Alice $\leftarrow$ firstAuthor PaperB $\to$ appearsIn EYRE $\to$ memberOfPC Bob $\$$ $\leftarrow$ attended Chris $\$$ $\$$ $\$$ $\$$.

实体关联 X 生成标准编码, 只需要对 X 做一次深度优先搜索即可。因此, 识别并消除重复结果并不会增加实体关联搜索的时间复杂度。

3) 实验结果

为了验证算法的性能, 将实现的算法运行于 Intel 公司的 Xeon E7-4820 型 CPU。在多个包含数百万顶点的知识图谱上的实验表明: 当 $D = 4$ 时, 对于 2~6 个随机查询实体, 在 DBpedia 上的平均搜索时间低于 100ms, 在 LinkedMDB、KEGG 和 AMiner 上的平均

搜索时间低于 10ms。然而，如果将相关性较弱的随机查询实体替换为相关性较强的仿真查询实体 (例如，谷歌搜索推荐的相关实体)，搜索性能明显下降，在 DBpedia 上的搜索时间可能超过 10s，在 LinkedMDB 上的搜索时间可能超过 1s。这是因为对于相关性较强的查询实体，在知识图谱中的路径较多，能够拼接出的实体关联数量较大，剪枝优化的效果不明显，并且拼接的用时较长，有待进一步优化。

5.2.1.2 实体关联搜索的查询松弛

实体关联搜索有可能返回空结果，例如，查询实体在知识图谱中不连通，或者查询实体之间的距离超过直径约束。空结果对用户不够友好，可以通过对查询进行松弛，返回具有一定替代性的实体关联，即能够连通部分查询实体的关联。例如，对于图 5.10 所示知识图谱，给定直径约束 $D = 2$ 以及查询实体 $Q = \{\text{Alice}, \text{Bob}, \text{Chris}\}$，由于 Alice 和 Bob、Alice 和 Chris 在知识图谱中的距离都为 3，超过了直径约束，因此查询结果为空。通过查询松弛，从查询实体中去除 Alice，可以找到两条连通 Bob 和 Chris 的实体关联，如图 5.12 所示。返回这些实体关联，尽管不能完全匹配用户的查询需求，但在用户体验上要优于返回空结果。

图 5.12 查询松弛之后的实体关联示例

具体而言，实体关联搜索中的查询松弛问题，可以定义为：从查询实体 Q 中删除最少数量的实体，使得剩余查询实体之间存在满足直径约束的实体关联。结果不为空的查询称为成功查询，否则称为失败查询。松弛得到的成功查询称为 Q 的最大成功子查询，记作 $Q_{\max}$。在介绍查询松弛算法之前，先定义证书的概念[92]。

1) 证书

查询 Q 成功的充要条件是知识图谱中存在顶点 c 满足如下条件：

(1) Q 中每个查询实体到 c 的距离不超过 $\lceil \frac{D}{2} \rceil$；

(2) 如果直径约束 D 为奇数，且 Q 中存在查询实体到 c 的距离为 $\lceil \frac{D}{2} \rceil$(称作临界查询实体)，则 c 存在邻点 c'，它到所有临界查询实体的距离均为 $\lceil \frac{D}{2} \rceil - 1$。

满足上述条件的实体顶点 c，或者实体顶点对 $\langle c, c' \rangle$，称作成功查询 Q 的证书。一条成功查询的证书未必唯一。

例如，对于图 5.10 所示知识图谱，给定查询实体 $Q = \{\text{Alice}, \text{Bob}, \text{Chris}\}$ 以及直径约束 $D = 3$，实体顶点对 $\langle \text{PaperA}, \text{CIKM} \rangle$ 是这条成功查询的一个证书 (实体关联如图 5.11 所示)，因为 PaperA 到 Alice、Bob 和 Chris 的距离都不超过 2，满足条件 (1)；PaperA 到 Bob 和 Chris 的距离恰等于 2，即 Bob 和 Chris 是临界查询实体，而 PaperA 的邻点 CIKM 到 Bob 和 Chris 的距离恰等于 1，满足条件 (2)。当 D 为奇数时，c' 的存在是必

要的, 否则, 例如考虑增加一个查询实体 Dan, 查询 {Alice, Bob, Chris, Dan} 显然是失败的, 尽管 PaperA 到这 4 个查询实体的距离都不超过 2。引入 c' 之后, 实际上要求所有临界查询实体到 c 的最短路包含一条公共边, 从而确保临界查询实体之间的距离不会达到 $2\lceil\frac{D}{2}\rceil = D+1$, 而是 $2(\lceil\frac{D}{2}\rceil - 1) = D - 1$, 从而满足直径约束。

2) 查询松弛算法

基于证书的概念, 可以设计以下查询松弛算法[92]:

步骤 1. 在知识图谱 G 中穷举所有与任一查询实体距离不超过 $\lceil\frac{D}{2}\rceil$ 的实体顶点;

步骤 2. 对于穷举的每个顶点 c, 找出以 c 为证书的最大成功子查询;

步骤 3. 从所有找到成功子查询中选择最大的一条返回。

其中, 步骤 2 可以如下实现:

(1) 距离 c 不超过 $\lceil\frac{D}{2}\rceil$ 的所有查询实体构成 Q_1;

(2) 如果 D 为偶数, 直接返回 $Q_{\max} = Q_1$;

(3) 否则, 距离 c 恰为 $\lceil\frac{D}{2}\rceil$ 的所有查询实体构成 Q_2, 遍历 c 的每个邻点, 找到最优邻点 c', 使 Q_2 中距离 c' 恰为 $\lceil\frac{D}{2}\rceil - 1$ 的查询实体数量最多, 这些查询实体记作 Q_3;

(4) 返回 $Q_{\max} = (Q_1 \setminus Q_2) \cup Q_3$。

上述查询松弛算法显然可以找到最优解, 但步骤 1 的穷举较为低效, 事实上可以通过最佳优先搜索的方式提高效率。具体而言, 从每个查询实体 q 开启一个独立的搜索过程, 所有这些搜索共享一个优先队列 PQ 用于维护搜索前线, 优先队列中的元素是元组 $\langle c, q, pr \rangle$, 表示在以查询实体 q 为起点的搜索中, 搜索实体顶点 c 的优先级为 pr。最佳优先搜索的每一轮总是选取优先队列的队首元组, 如果其优先级不超过当前最优解包含的查询实体数, 则算法提前终止; 否则, 检查元组中实体顶点 c 是否能够作为一个更大成功子查询的证书。如此迭代, 最坏情况下, 与上述查询松弛算法的搜索空间相同。然而, 通过恰当定义优先级, 算法在实际中可以很快提前终止。

在以查询实体 q 为起点的搜索中, 搜索实体顶点 c 的优先级 pr 被定义为成功子查询包含的查询实体数得上界, 这些子查询以 c 或其在该搜索中的后继顶点作为证书。具体而言, 如果 c 到 q 的距离与 c 到其他某一查询实体的距离之和不超过 D, 则该查询实体有可能被包含在最大成功子查询中。这里, 距离 (dist) 的计算可以采用中心标号索引 (hub labeling) 等[91]。例如, 对于直径约束 $D = 3$ 以及查询实体 $Q = \{\text{Alice}, \text{Bob}, \text{Chris}\}$, 从 Alice 出发的搜索, Alice 自身的优先级为 3, 因为

$$\text{dist}(\text{Alice}, \text{Alice}) + \text{dist}(\text{Alice}, \text{Alice}) = 0,$$
$$\text{dist}(\text{Alice}, \text{Alice}) + \text{dist}(\text{Alice}, \text{Bob}) = 3,$$
$$\text{dist}(\text{Alice}, \text{Alice}) + \text{dist}(\text{Alice}, \text{Chris}) = 3.$$

然而, 当搜索到 Dan 时, 其优先级仅为 1, 因此, 这个搜索分支在最佳优先搜索的过程中极有可能被剪枝, 从而提高算法效率。

以下通过一个较完整的例子来展现算法的执行过程。给定图 5.10 所示知识图谱 G 和查询实体 $Q = \{\text{Alice}, \text{Bob}, \text{Chris}\}$, 对于直径约束 $D = 2$, 最佳优先搜索算法首先将以下

元组加入优先队列：

$$t_1 = \langle \text{Alice, Alice, } 1 \rangle,$$
$$t_2 = \langle \text{Bob, Bob, } 2 \rangle,$$
$$t_3 = \langle \text{Chris, Chris, } 2 \rangle.$$

其中，t_2(或 t_3) 的优先级最高，从优先队列取出，发现 Bob 不能作为任何包含两个或以上查询实体的成功子查询的证书。接下来访问 Bob 的邻居，将以下元组加入优先队列：

$$t_4 = \langle \text{EYRE, Bob, } 2 \rangle,$$
$$t_5 = \langle \text{CIKM, Bob, } 2 \rangle.$$

此时，t_4(或 t_3、t_5) 的优先级最高，从优先队列取出，发现 EYRE 可以作为成功子查询 $Q_{\max} = \{\text{Bob, Chris}\}$ 的证书。此时已达最大搜索深度，不再访问 EYRE 的邻居，而优先队列中队首元组的优先级为 2，未超过当前的 $|Q_{\max}|$，算法提前终止并返回最大成功子查询 $\{\text{Bob, Chris}\}$。

此外，加入一些启发式可以进一步优化实际性能。当两个元组的优先级相同时，可以采用以下两种启发式打破均势：

(1) 度数小的实体顶点优先，这有助于减小扩展邻点的代价。

(2) 距离可能的证书更近的实体顶点优先，这有助于更早找到最优解。

具体实现方式这里不再展开介绍。

3) 实验结果

为了验证算法的性能，将实现的算法运行于 Intel 公司的 Xeon E7-4820 型 CPU。在多个包含数百万顶点的知识图谱上的实验表明：当直径约束在 3~6，查询实体数在 2~6，在 DBpedia 和 LinkedMDB 上，最佳优先搜索算法在绝大部分情况下可以在 1s 内执行完一条查询，极个别情况需要 2s，体现出较好的实用性能。相比于基本的查询松弛算法，最佳优先搜索的性能大约提高了一个数量级。两种启发式带来 17%~31% 的性能提升。

5.2.1.3　实体关联搜索的结果排序

当知识图谱的规模较大时，可能搜索到的实体关联的数量较多，难以全部呈现在搜索结果中。常见的处理方法是对搜索结果进行排序，返回最重要的前 k 条实体关联。实体关联具有图结构，并带有语义标签，不同的实体关联排序方法通过不同的方式对这些信息加以利用[93]。

1) 规模

实体关联以图的形式描述查询实体之间的直接或间接关系。图的规模越大，包含的信息越冗杂，查询实体之间的关系越弱。因此，度量实体关联 X 重要性的一种方法是依据 X 的规模。例如，X 的直径表示 X 内查询实体之间距离的最大值，可以用直径来度量规模：

$$规模(X) = \text{diam}(X). \tag{5.39}$$

除了直径以外，也可以通过顶点数、边数等来度量规模。使用直径的优势在于它是路径长度的一种推广，用来刻画查询实体之间关系的强弱较为自然。

2) 频率

对于实体关联 X 的边集 E_X，其中每条边 $e \in E_X$ 都带有语义标签 $l(e)$，表示一种二元关系。X 的重要性与这些二元关系的类型有关。特别地，这些语义标签在知识图谱中的出现频率与 X 的重要性密切相关。对于有向边 e，令 $\text{tail}(e)$ 和 $\text{head}(e)$ 分别表示 e 的起点和终点，计算 $l(e)$ 的出向 (相对) 频率和入向 (相对) 频率如下：

$$
\begin{aligned}
\text{出向频率}(e) &= \frac{|\{e' \in E : \text{tail}(e') = \text{tail}(e) \text{ and } l(e') = l(e)\}|}{|\{e' \in E : \text{tail}(e') = \text{tail}(e)\}|}, \\
\text{入向频率}(e) &= \frac{|\{e' \in E : \text{head}(e') = \text{head}(e) \text{ and } l(e') = l(e)\}|}{|\{e' \in E : \text{head}(e') = \text{head}(e)\}|}.
\end{aligned}
\tag{5.40}
$$

出向 (入向) 频率表示与 e 具有相同起点 (终点) 的边中，与 e 具有相同语义标签的边所占的比例。在此基础上，将 X 的频率定义为 X 包含的所有边的出向频率和入向频率的均值：

$$
\text{频率}(X) = \frac{1}{|E_X|} \sum_{e \in E_X} \frac{\text{出向频率}(e) + \text{入向频率}(e)}{2}.
\tag{5.41}
$$

3) 中心度

对于实体关联 X 的顶点集 V_X，每个顶点 $v \in V_X$ 在知识图谱中的重要性不同，有些位于较中心的重要位置，有些位于较偏远的次要位置。例如，用 v 在知识图谱中的度数来刻画其中心性，顶点度数是该顶点在知识图谱中关联边的数量。在此基础上，将 X 的中心度定义为 X 包含的所有非查询实体的平均度数：

$$
\text{中心度}(X) = \frac{1}{|V_X \setminus Q|} \sum_{v \in (V_X \setminus Q)} |\{e \in E : \text{tail}(e) = v \text{ or } \text{head}(e) = v\}|.
\tag{5.42}
$$

除了度数以外，也可以通过 PageRank 等来度量中心度。使用度数的优势在于其计算简单，并且与 PageRank 等其他度量指标呈现一定的正相关性。

4) 信息量

对于实体关联 X 的边集 E_X，其中每条边 $e \in E_X$ 带有的语义标签 $l(e)$ 可能具有不同的信息量。根据信息论，常见的关系类型每次出现所携带的信息较少；罕见的关系类型每次出现所携带的信息较多。采用自信息作为度量指标，边 e 的信息量是其关系类型 $l(e)$ 在知识图谱中出现概率的负对数，归一化之后的关系自信息计算公式如下：

$$
\text{关系自信息}(e) = \frac{-\log \frac{|\{e' \in E : l(e') = l(e)\}|}{|E|}}{-\log \frac{1}{|E|}}.
\tag{5.43}
$$

在此基础上，将 X 的关系信息量定义为 X 包含的所有边的关系自信息的均值：

$$
\text{关系信息量}(X) = \frac{1}{|E_X|} \sum_{e \in E_X} \text{关系自信息}(e).
\tag{5.44}
$$

类似地，对于实体关联 X 的顶点集 V_X，其中每个实体顶点 $v \in V_X$ 的类型标签可能具有不同的信息量。常见的实体类型，其每次出现所携带的信息较少；罕见的实体类型，其每次出现所携带的信息较多。仍然采用自信息作为度量指标，对于实体 v 及其类型标签集 $T(v)$，每个类型标签 $c \in T(v)$ 的信息量是其在知识图谱中出现概率的负对数，取所有类型标签中信息量的最大值，归一化之后的 v 的实体自信息计算公式如下：

$$实体自信息(v) = \frac{\max_{c \in T(v)} - \log \frac{|\{v' \in V : c \in T(v')\}|}{|V|}}{-\log \frac{1}{|V|}}. \tag{5.45}$$

在此基础上，将 X 的实体信息量定义为 X 包含的所有非查询实体的平均自信息：

$$实体信息量(X) = \frac{1}{|V_X \setminus Q|} \sum_{v \in (V_X \setminus Q)} 实体自信息(v). \tag{5.46}$$

5) 具体度

对于实体关联 X 的顶点集 V_X，每个实体顶点 $v \in V_X$ 的类型标签在本体定义的类型层次结构中可能位于不同的深度，位置较深的类型的含义更加具体。事实上，这是信息量的另一种度量方式。令层次结构的最大深度为 H，对于实体 v 及其类型标签集 $T(v)$，每个类型标签 $c \in T(v)$ 在层次结构中的深度用 H 归一化，取所有类型标签中深度的最大值作为 v 的深度：

$$深度(v) = \max_{c \in T(v)} \frac{\mathrm{depth}(c)}{H}. \tag{5.47}$$

在此基础上，将 X 的具体度定义为 X 包含的所有非查询实体的平均深度：

$$具体度(X) = \frac{1}{|V_X \setminus Q|} \sum_{v \in (V_X \setminus Q)} 深度(v). \tag{5.48}$$

6) 同/异质性

对于实体关联 X 的边集 E_X，其中不同边 $e_i, e_j \in E_X$ 带有的关系类型标签 $l(e_i), l(e_j)$ 可能不同，呈现关系的异质性，这种异质性刻画了实体关联的多样化程度。将 X 的关系异质性定义为 E_X 中不同关系类型的比例：

$$关系异质性(X) = \frac{|\{l(e) : e \in E_X\}|}{|E_X|}. \tag{5.49}$$

类似地，对于 X 的顶点集 V_X，其中不同顶点 $v_i, v_j \in V_X$ 带有的类型标签集 $T(v_i)$, $T(v_j)$ 可能相同或者相似，呈现实体的同质性，这种同质性刻画了实体关联的内聚程度。将 X 的实体同质性定义为 V_X 中两两实体之间的平均相似性，其中实体相似性采用其类型标签集的 Jaccard 集合相似度：

$$实体同质性(X) = \frac{1}{\binom{|V_X|}{2}} \sum_{v_i, v_j \in V_X} \frac{|T(v_i) \cap T(v_j)|}{|T(v_i) \cup T(v_j)|}. \tag{5.50}$$

7) 实验结果

为了验证上述排序方法的有效性，邀请 30 位人类专家对 DBpedia 上的 1200 对实体关联进行质量比较，t 检验结果表明 ($p < 0.05$)：参与者显著偏好于规模小、实体同质性高的实体关联；对于关系异质性的偏好，参与者之间具有分歧，但参与者的个人偏好是显著的；对于其他排序方法，未观察到任何显著偏好，这些方法的有效性有待进一步研究。

5.2.1.4 实体关联搜索的结果聚类

对于搜索到的大量实体关联,除了常规的排序并返回前 k 条结果以外,另一种处理方式是对搜索结果进行聚类分组,用户通过选取分组可以实现对搜索结果的快速过滤,分组本身也提供了对搜索结果的一种宏观概览。

1) 实体关联模式

对于实体关联的聚类分组,可以根据其本体模式,称作实体关联模式[90]。具体而言,将实体关联 X 中的每个非查询实体替换为它的一个类型标签,构成 X 的一个实体关联模式。由于实体的类型标签未必唯一,X 的实体关联模式也未必唯一。例如,对于图 5.11 所示第一条实体关联,由于实体 CIKM 具有两个类型标签 Conference 和 Meeting,因此该实体关联具有两种模式,如图 5.13 所示。其中,第一条实体关联模式同时也是图 5.11 所示第二条实体关联所具有的模式。

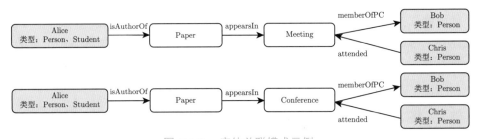

图 5.13　实体关联模式示例

将具有共同实体关联模式的实体关联放在同一分组中,这种聚类分组方法的优势在于分组的含义是明确的——符合特定模式的所有实体关联,因此,有助于用户浏览和过滤搜索结果。

2) 频繁实体关联模式挖掘

重要的实体关联分组对应于频繁的实体关联模式。挖掘频繁实体关联模式的一种基本方法如下:

(1) 对于搜索结果中的每条实体关联 X,枚举 X 具有的所有模式;

(2) 对于枚举的每种实体关联模式 P,生成标准编码 $\mathrm{code}(P)$;

(3) 由于实体关联模式与其标准编码一一对应,标准编码在上述过程中出现频率即对应实体关联模式在搜索结果中出现频率,据此可以识别频繁实体关联模式。

上述基本方法在性能上存在优化空间。事实上,可以对搜索到的所有实体关联进行预划分,如果能够保证不在同一划分中的实体关联不可能具有相同的模式,便可以直接忽略规模低于频率阈值的划分。这里,预划分可以利用图的结构信息,将实体关联中的所有非查询实体替换为统一的符号,再生成标准编码。由于在生成标准编码的过程中,邻点的全序关系仅与查询实体有关,因此,这种做法保证了不在同一划分中的实体关联不可能具有相同的模式,因为它们的图结构不同。

3) 实验结果

为了验证方法的性能,将实现的方法运行于 Intel 公司的 Xeon E7-4820 型 CPU。在多个包含数百万顶点的知识图谱上的实验表明:当频率阈值设为 10 或 100 次时,预划分可以将

DBpedia 和 LinkedMDB 上实体关联搜索结果的频繁模式挖掘时间降低 39%～85%，体现了预划分的有效性。

5.2.2　知识库复杂问题理解

5.2.2.1　知识库复杂问题理解框架

知识库问答系统[94,95] 的快速发展使用户能够通过自然语言问句从知识库中获取信息。面向知识库的问句理解是这些问答系统中最关键的步骤，其目标是将自然语言问句转换为可以在知识库上执行的结构化查询，例如，SPARQL 查询。图 5.14展示了知识库复杂问题理解的框架，包括两个主要部分：

1) 面向知识库的词汇表示

主要目标是将自然语言问句中的词汇表示为知识库上与之对应的语义单元，通常被拆分为实体链接、关系映射、类型识别、时间表达式识别等任务。实体链接、类型识别、关系映射分别将问句中的专有名词、表达类型含义的名词、关系短语表示为知识库上的实体、类型和属性 (或属性链)，目前已经得到广泛研究。大多数现有工作[96,97] 都是先采用基于神经网络的模型从问句中识别出这些词汇的边界，再使用基于相似度检索的方式或基于预先收集的别名词典[98] 搜索实体/类型/关系候选，最后利用上下文信息进行消歧。时间表达式识别任务在自然语言处理领域已经得到充分研究，例如，自动归纳出模式并用于匹配的PTime[99]、基于组合范畴文法的 UWTime[100] 等等。

2) 结构化查询生成

将面向知识库的词汇表示组织成可在知识库上运行的结构化查询，现有工作主要包括基于模板的方法和基于语义解析的方法。基于模板的方法[101-103] 通常是将输入问句匹配到一个已有问句模板，再将问句中的实体、关系填入与该问句模板对应的带槽 SPARQL 模板生成查询。这类方法通常受限于模板的覆盖面和模板匹配的精度。一些研究者探索提高模

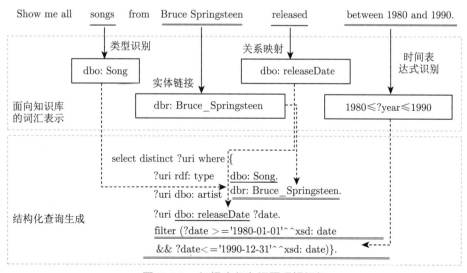

图 5.14　知识库复杂问题理解框架

板覆盖面的方法, 例如, 文献 [104] 从问答对中自动抽取问句依存关系及其对应的带槽查询图; 文献 [105] 将问句分解并匹配到多个三元组级别的模板。基于语义解析的方法[106-108] 通常通过分阶段查询生成的方式[109] 产生大量候选查询, 并通过编码–比较 (encode-compare) 网络计算输入问句与候选查询之间的语义相似度, 从而对候选查询进行排序。

5.2.2.2 面向知识库的形容词表示

1) 研究背景

面向知识库的问答系统[94,95] 在问句理解过程中通常会将专有名词、关系短语转换为知识库上的实体和属性, 以便生成结构化查询。然而目前几乎没有研究工作关注问句中形容词的理解问题, 即如何将形容词转换为目标知识库含义相同的结构化表示。表 5.7 展示了带有形容词的自然语言问句及其在 DBpedia 上的 SPARQL 查询。从表中可以看出, 面向知识库的形容词表示主要有以下两个难点:

(1) 字面差异大。形容词和它对应的 SPARQL 表示之间的字面差异可能很大。使用基于字面相似度搜索的方式 (通常用于实体链接) 无法找到 "alive" 对应的表示, 因为 "alive" 和 "death date" 的相似性并不显著;

(2) 搜索空间大。即便只考虑三元组模式这一种表示形式, 形容词表示问题的搜索空间包含知识库的全部事实。考虑到部分形容词需要以否定形式或其他形式表示, 实际搜索空间会再大数倍。

表 5.7   面向知识库表示问句中的形容词的样例

自然语言问句	Show me all <u>Chinese</u> artists who are <u>alive</u>?
面向 DBpedia 的 SPARQL 查询	select distinct ?x where
	{ ?x *rdf:type dbo:Artist* .
	?x *dbo:nationality dbr:China* .
	filter not exists { ?x *dbo:deathDate* ?y } }

2) 问题陈述

本工作的主要目标是将形容词表示为知识库对应的 SPARQL 模式。相关文献 [110] 显示, 当同一个形容词修饰不同类型的名词时, 它的含义会发生改变。例如, "Chinese artists" 表示国籍是中国的艺术家, 而 "Chinese cities" 表示位于中国的城市。因此, 将形容词修饰的名词所属的类型作为输入的一部分。此外, 由于知识表示的多样性, 一个形容词可能存在多个合适的表示。例如: ?x *dbo:nationality dbr:China* 和 ?x *dbp:nationality* "Chinese" 都是 "Chinese artists" 的合理表示。本工作旨在为输入形容词找到所有合适的 SPARQL 表示。综上, 给出形容词表示问题的定义如下:

定义 5.7(形容词表示问题)   给定一个形容词 *adj* 和知识库上的类型 C(对应 *adj* 修饰的名词所属的类别), 形容词表示问题的目标是将 (adj, C) 映射到特定的 SPARQL 模式, 包括三元组模式和 filter 条件。最终生成的 SPARQL 模式需要能够准确反映给定形容词 *adj* 在类型 C 上的含义。

3) Adj2ER 形容词表示方法

介绍一种基于统计的形容词表示方法, 名为 Adj2ER[111]。图 5.15 展示了 Adj2ER 生成形容词对应表示的框架, 包括收集相关实体、生成候选表示、过滤候选表示 3 个步骤。

步骤 1. 收集相关实体。 Adj2ER 收集两个实体集合 E^+ 和 E^-，分别表示符合给定形容词描述的实体和符合给定形容词的反义词描述的实体。对于类型 C 的每一个实体 e_i，Adj2ER 检索其对应的维基百科摘要。若摘要中包含给定形容词，则 e_i 很可能是符合形容词描述的实体。为提高精度，人工定义了一些额外的约束条件。例如，若形容词出现的句子中包含否定词，或以 e_i 以外的实体开头，Adj2ER 将忽略这个句子。考虑到部分形容词很少直接出现在实体的摘要信息中，Adj2ER 使用词典 WordNet[112] 和 PPDB[113] 搜索给定形容词的同义词作为替代。实体集 E^- 的构建方法与 E^+ 相似，不同之处是需要将给定形容词替换为 WordNet 中该形容词的反义词。同时，考虑到部分形容词不存在反义词 (例如 "Chinese")，Adj2ER 随机抽取具有类型 C 且不在 E^+ 中的实体构成 E^-。最终，Adj2ER 使用一个随机采样过程使 E^+ 和 E^- 包含相同数量的实体。

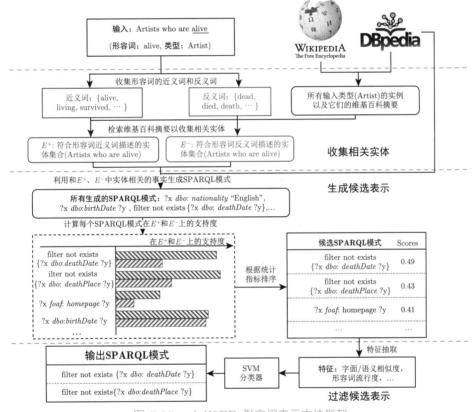

图 5.15　Adj2ER 形容词表示方法框架

步骤 2. 生成候选表示。 Adj2ER 首先利用 E^+ 和 E^- 中实体相关的事实生成大量 SPARQL 模式。对于和 E^+ 中实体 e_i 相关的每一条事实 $\langle e_i, p_j, o_k \rangle$ 都可能蕴含形容词的修饰含义。Adj2ER 利用该事实生成两个 SPARQL 模式：?x p_j ?y 和 ?x p_j o_k。对于和 E^- 中实体 e_i 相关的每一条事实 $\langle e_i, p_j, o_k \rangle$ 都可能蕴含形容词反义词的修饰含义。Adj2ER 利用该事实生成两个 SPARQL 模式：filter not exists {?x p_j ?y} 和 filter not exists {?x p_j o_k}。

在生成上述 SPARQL 模式之后，Adj2ER 基于一些统计指标对它们进行排序。定义 SPARQL 模式 S_i 在实体集 E 上的支持度为：

$$\text{Sup}(S_i, E) = \frac{|E \cap \text{Query}(S_i)|}{|E|}, \tag{5.51}$$

式中，$\text{Query}(S_i)$ 为 S_i 的查询结果。考虑到合适的 SPARQL 模式 S_i 应该被 E^+ 中大多数实体支持，且尽可能少地被 E^- 中的实体支持。上述评价方法和信息检索领域的准确度指标类似，可以通过如下公式量化：

$$\text{Acc}(S_i, E^+, E^-) = \frac{\text{Sup}(S_i, E^+) + (1 - \text{Sup}(S_i, E^-))}{2}. \tag{5.52}$$

另一方面，对于 E^+ 和 E^- 中的任意实体 e_i，若 $e_i \in \text{Query}(S_i)$，那么 $e_i \in E^+$ 的概率应该较高。上述评价方法和信息检索领域的精度指标类似，可以通过如下公式量化：

$$\text{Prec}(S_i, E^+, E^-) = \frac{\text{Sup}(S_i, E^+)}{\text{Sup}(S_i, E^+) + \text{Sup}(S_i, E^-)}. \tag{5.53}$$

Adj2ER 使用上述两个指标的综合得分对所有产生的 SPARQL 模式进行排序，计算方法如下：

$$\text{Score}(S_i, E^+, E^-) = \text{Acc}(S_i, E^+, E^-) \times \text{Prec}(S_i, E^+, E^-). \tag{5.54}$$

最终，Adj2ER 将前 k 个 Score 最高的 SPARQL 模式作为输入形容词的候选表示。

步骤 3. 过滤候选表示。 前两个步骤仅考虑了知识库上事实、属性的分布特征，忽略了形容词和 SPARQL 模式中词汇的字面含义。在该步骤中，Adj2ER 为每个候选表示抽取如表 5.8 所示的 4 类特征，并采用线性内核 SVM 分类器对候选表示进行过滤。过滤后剩余的 SPARQL 模式即为 Adj2ER 的最终输出。

表 5.8 过滤不可分级形容词候选 SPARQL 模式 S_i 时抽取的特征

特征类别	序号	特征描述
统计值	1, 2	S_i 在 E^+ 和 E^- 上的支持度，通过式 (5.51) 计算
	3	S_i 在 E^+ 和 E^- 上的准确度，通过式 (5.52) 计算
	4	S_i 在 E^+ 和 E^- 上的精度，通过式 (5.53) 计算
	5	S_i 在 E^+ 和 E^- 上的综合得分，通过式 (5.54) 计算
形容词 流行度	6	给定形容词在类型 C 上的流行度
	7	给定形容词的反义词在类型 C 上的流行度 (若无反义词则该值为 0)
相似度	8	给定形容词和 S_i 中词汇的最大字面相似度，通过编辑距离计算
	9	给定形容词和 S_i 中词汇的最大语义相似度，通过词向量的余弦相似度计算
表示形式	10	0/1 特征：S_i 是否为否定形式 (filter not exists)
	11	0/1 特征：S_i 表示存在/不存在特定属性 (0) 还是特定事实 (1)
	12	0/1 特征：S_i 是否使用 *rdf:type* 作为属性

4) 实验验证

将 Adj2ER 方法和多种对比方法在 2 个数据集上进行比较。分别使用 QALD[114] 和 Yahoo! Answers 问句集中带有形容词的问句人工构造 QALDadj65 测评集和 YAadj396 数据集，并面向 DBpedia 知识库进行实验。实验结果 (表 5.9) 表明，Adj2ER 可以为大多数形容词生成高质量的映射，显著优于其他对比方法。此外，将 Adj2ER 集成到现有问答系统 gAnswer[94] 和 WDAqua[95] 中，并在包含形容词的问句上进行问答实验。如表 5.10 所示，现有问答系统在集成 Adj2ER 后得到大幅提升。

表 5.9　形容词表示的实验结果

方法	QALDadj65 测评集			YAadj396 数据集			时间
	精度 P	召回率 R	F1 值	精度 P	召回率 R	F1 值	
Linking-based	31.90%	43.88%	32.66%	40.40%	34.18%	33.49%	**2.53s**
Network-based	40.26%	43.92%	36.48%	40.50%	40.54%	37.27%	89.15s
Adj2ER-w/o filtering	52.30%	36.89%	38.36%	39.98%	39.73%	36.54%	7.12s
Adj2ER-full	**71.30%**	**58.44%**	**59.65%**	**56.79%**	**46.29%**	**47.97%**	8.41s

表 5.10　现有问答系统集成 Adj2ER 前后问答结果对比

系统	QALD 形容词问句集			Yahoo! Answers 形容词问句集			整体结果
	精度 P	召回率 R	F1 值	精度 P	召回率 R	F1 值	F1 值
gAnswer	30.49%	55.30%	29.75%	16.56%	36.26%	13.97%	23.18%
gAnswer + Adj2ER	**44.03%**	**62.25%**	**43.02%**	37.32%	**56.59%**	38.59%	**41.18%**
WDAqua	21.10%	26.64%	17.79%	23.53%	28.10%	22.04%	19.56%
WDAqua + Adj2ER	33.28%	43.86%	32.05%	**42.70%**	44.88%	**40.99%**	35.77%

5.2.2.3　复杂问题的结构化查询生成

1) 研究背景

结构化查询生成是知识库问答系统中的重要环节。在已经识别链接问句中的实体和关系的前提下,结构化查询生成的目标是生成能够准确表达问句含义的结构化查询。以图 5.16 为例,结构化查询生成方法包括但不限于以下能力:

(1) 正确识别并表示问句中的各种约束,例如,"the same ... as" 应表示为图 5.16 中间虚线框内的复杂结构;

(2) 正确识别并表示问句中的聚合操作,例如,"how many" 应表示 COUNT 操作;

(3) 将上述内容组织成一个拥有正确结构的查询。

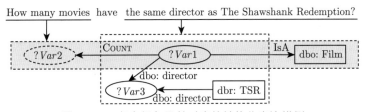

图 5.16　复杂问句及其对应的结构化查询样例

考虑到自然语言问句的多样性和结构化查询的复杂性,现有研究方法[104,106,108] 通常会遇到模板覆盖率不足、缺乏训练数据的问题。同时,现有方法无法生成训练数据集上未出现过的查询结构。通过观察数据,我们发现,虽然许多问句目标查询的整体结构在训练集上很少出现,但这些查询通常包含若干在训练集上频繁出现的查询子结构,每个查询子结构表达了问句中某一部分的含义。基于上述观察,提出了一种名为 SubQG 的结构化查询生成方法。

2) 预备知识

首先给出结构化查询、查询结构和查询子结构的定义。

(1) **结构化查询** (简称**查询**) 指可以在知识库上执行的自然语言问句的结构化表示, 如 SPARQL 查询。将查询定义为有向标记图 (directed labeled graph)$\mathcal{Q} = (\mathcal{V}, \mathcal{T})$, 其中 $\mathcal{V}$ 表示顶点的集合, $\mathcal{T}$ 表示带标记的边的集合。顶点包括变量以及知识库中的实体和类型, 边的标记可以为内置属性或自定义属性。这里, 内置属性包括 COUNT、AVG、MAX、MIN、MAXATN、MINATN 和 ISA (RDF:TYPE), 自定义属性是指给定知识库上使用的其他属性。将查询 $\mathcal{Q}$ 中所有边的标记的集合记为 $\mathcal{L}_e(\mathcal{Q})$。

(2) **查询结构**是所有结构等价的查询构成的集合。设 $\mathcal{Q}_a = (\mathcal{V}_a, \mathcal{T}_a)$、$\mathcal{Q}_b = (\mathcal{V}_b, \mathcal{T}_b)$ 为两个查询, $\mathcal{Q}_a$ 与 $\mathcal{Q}_b$ 结构等价 (记为 $\mathcal{Q}_a \cong \mathcal{Q}_b$) 当且仅当存在双射 $f: \mathcal{V}_a \to \mathcal{V}_b, g: \mathcal{L}_e(\mathcal{Q}_a) \to \mathcal{L}_e(\mathcal{Q}_b)$, 满足下列三个条件: ① $\forall v \in \mathcal{V}_a$, v 是变量, 当且仅当 $f(v)$ 也是变量; ② $\forall r \in \mathcal{L}_e(\mathcal{Q}_a)$, r 是自定义属性, 当且仅当 $g(r)$ 也是自定义属性。若 r 是内置属性, 则 $g(r) = r$; ③ $\forall v \forall r \forall v' \langle v, r, v' \rangle \in \mathcal{T}_a$, 当且仅当 $\langle f(v), g(r), f(v') \rangle \in \mathcal{T}_b$。将查询 $\mathcal{Q}_a$ 的查询结构记为 $\mathcal{S}_a = [\mathcal{Q}_a]$, 即一个包含所有与 $\mathcal{Q}_a$ 结构等价的查询的集合。为方便展示, 任取该集合中的一个查询, 将其中的实体、类型、自定义属性改写成不同的占位符, 来表示查询结构。图 5.17 (a) 和 (b) 展示了一个查询及其对应的查询结构。

(3) **查询子结构**是一种查询结构之间的关系。设 $\mathcal{S}_a = [\mathcal{Q}_a]$、$\mathcal{S}_b = [\mathcal{Q}_b]$ 为两个查询, 若 $\mathcal{Q}_b$ 包含一个子图 $\mathcal{Q}_c$, 满足 $\mathcal{Q}_a \cong \mathcal{Q}_c$, 则称 $\mathcal{S}_a$ 为 $\mathcal{S}_b$ 的查询子结构, 记为 $\mathcal{S}_a \preceq \mathcal{S}_b$。若 $\mathcal{S}_a = [\mathcal{Q}_a] \preceq \mathcal{S}_b = [\mathcal{Q}_b]$, 称 $\mathcal{Q}_b$ 包含子结构 $\mathcal{S}_a$。图 5.17(c) 展示了样例查询中包含的查询子结构。虽然该问句和图 5.16 中的问句不同, 但包含相同的查询子结构 ($\{?Var1, ?Var2, Class1\}, \{\langle ?Var1, \text{COUNT}, ?Var2 \rangle, \langle ?Var1, \text{ISA}, Class1 \rangle\}$), 与问句中的表述 "how many movies" 对应。

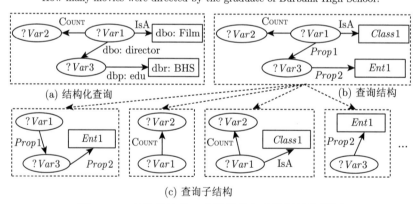

How many movies were directed by the graduate of Burbank High School?

(a) 结构化查询 (b) 查询结构

(c) 查询子结构

图 5.17　结构化查询、查询结构和查询子结构样例

3) SubQG 方法框架

SubQG[115] 的主要思想是, 首先预测问句中包含的查询子结构, 再利用子结构信息产生查询结构。如图 5.18 所示, SubQG 方法框架分为离线训练和在线结构化查询生成两个过程。

(1) 离线训练过程主要分为三个步骤：

步骤 1. 收集查询结构。SubQG 收集训练集上出现过的互不等价的查询结构，记为 TS。

步骤 2. 收集频繁查询子结构。SubQG 将查询结构分解为查询子结构，并使用子图同构算法计算每个查询子结构在训练集上出现的频次。出现频次多于阈值 γ 的查询子结构称为频繁查询子结构，记为 FS*。

步骤 3. 训练查询子结构预测器。对于每一个查询子结构，SubQG 收集训练集上所有包含/不包含这一查询子结构的自然语言问句，训练一个基于双向长短期记忆网络的分类器，来预测输入问句的对应查询中包含这一子结构的概率。

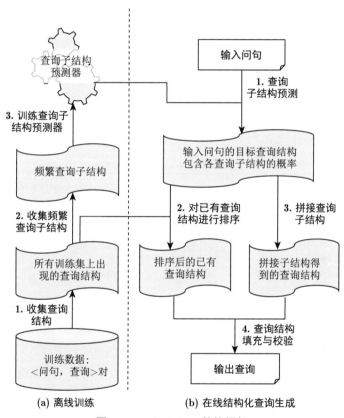

图 5.18 SubQG 整体框架

(2) 在线结构化查询生成过程主要分为 4 个步骤：

步骤 1. 查询子结构预测。给定输入问句 y，对于 FS* 中的每一个频繁查询子结构 $\mathcal{S}_i^*$，SubQG 首先利用预训练的分类器预测 $\mathcal{S}_i^* \preceq [\mathcal{Q}^y]$ 的概率，其中 $\mathcal{Q}^y$ 表示要生成的目标查询。图 5.19 的顶部展示了 4 个预测概率较高的 (即最可能被包含在目标查询中的) 查询子结构。

步骤 2. 对已有查询结构进行排序。SubQG 使用基于子结构信息的综合打分函数来对训练集上所有的查询结构排序。

步骤 3. 拼接查询子结构。考虑到输入问句的查询结构可能在训练集上从未出现，SubQG

采用拼接问句中包含的子结构的方式构造一些新的查询结构,作为已有查询结构的补充。拼接出的查询结构和已有查询结构采用相同的打分函数进行排序。图 5.19 的中间部分展示了样例问句排序靠前的查询结构 (包括已有查询结构和拼接结果)。

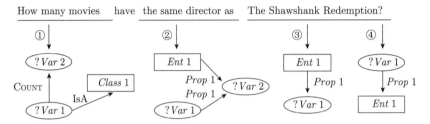

1. 预测问句的目标查询中可能包含的查询子结构

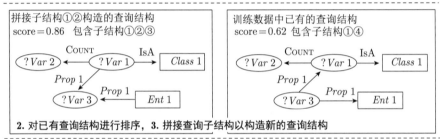

2. 对已有查询结构进行排序,3. 拼接查询子结构以构造新的查询结构

实体/关系链接: "movies" = dbo: Film; "director" = dbo: director; "The Shawshank Redemption" = dbr: TSR

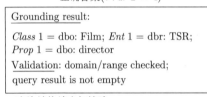

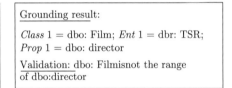

4. 查询结构填充与校验

图 5.19　　SubQG 在线查询生成过程样例

步骤 4. 查询结构填充与校验。SubQG 将问句的实体链接、关系映射结果填充到查询结构中,进行定义域/值域校验,并将第一个非空查询作为 SubQG 的输出。

4) SubQG 实现细节

本节详细描述查询子结构预测、查询结构排序、查询子结构拼接步骤的实现细节。

(1) 查询子结构预测。使用图 5.20 中所示的带自注意力机制的双向长短期记忆 (Bi-LSTM)[116] 网络预测输入问句 y 的目标查询结构 $\mathcal{Q}^y$ 包含频繁查询子结构 $\mathcal{S}_i^*$ 的概率,记为 $\Pr[\mathcal{S}_i^* \,|\, y]$。在问句输入到网络之前,首先用实体链接工具识别问句中的实体并替换为 $\langle Entity \rangle$ 标记,以增强预测器的泛化能力。训练该网络时使用二元交叉熵作为损失函数,即

$$\mathrm{Loss}(\mathcal{S}_i^*) = -\sum_{\substack{(y,\mathcal{Q}^y)\in\mathbf{Train}\\ \text{s.t. } S_i^* \preceq [\mathcal{Q}^y]}} \log(\Pr[\mathcal{S}_i^*\,|\,y]) - \sum_{\substack{(y,\mathcal{Q}^y)\in\mathbf{Train}\\ \text{s.t. } \mathcal{S}_i^* \npreceq [\mathcal{Q}^y]}} \log(1-\Pr[\mathcal{S}_i^*\,|\,y]) \qquad (5.55)$$

式中,Train 表示训练集上的 (问句,查询) 对的集合。

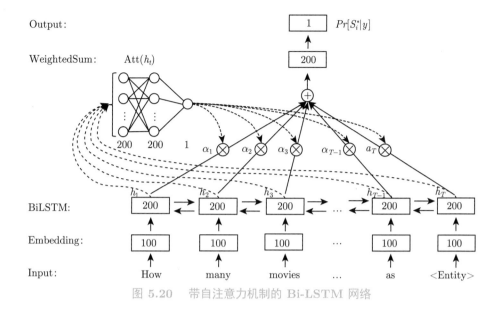

图 5.20　带自注意力机制的 Bi-LSTM 网络

(2) 查询结构排序。SubQG 使用如下综合打分函数对查询结构进行排序：

$$\text{Score}(\mathcal{S}_i \,|\, y) = \prod_{\substack{\mathcal{S}_j^* \in \text{FS}^* \\ \text{s.t.}\ \mathcal{S}_j^* \preceq \mathcal{S}_i}} \Pr[\mathcal{S}_j^* \,|\, y] \times \prod_{\substack{\mathcal{S}_j^* \in \text{FS}^* \\ \text{s.t.}\ \mathcal{S}_j^* \npreceq \mathcal{S}_i}} (1 - \Pr[\mathcal{S}_j^* \,|\, y]) \tag{5.56}$$

对上式的一个直观解释是，对于查询结构 $\mathcal{S}_i$，若它包含尽可能多的预测值较大的查询子结构 (即应当被目标查询结构包含的子结构)，且尽可能不包含预测值较小的查询子结构 (即不应当被目标查询结构包含的子结构)，则得分较高。若 $\mathcal{S}_i$ 包含预测值较小的子结构，或未能包含预测值较大的子结构，则得分较低。在理想情况下，正确的查询结构得分接近 1，其他所有查询结构得分接近 0。

(3) 查询子结构拼接。SubQG 拼接查询子结构产生新的查询结构的流程如算法 5.2 所示。在初始化步骤中，该算法选择一些综合得分 $\text{Score}(\mathcal{S}_i^* \,|\, y)$ 较大的子结构作为候选查询结构。在之后的每一轮迭代中，该算法拼接预测值 $\Pr[\mathcal{S}_i^* \,|\, y]$ 较大的子结构和现有候选查询结构，保留综合得分较大的拼接结果作为候选。在拼接子结构和候选查询时，允许这两部分共享部分变量或实体，如图 5.21 所示。最终，该算法合并前 K 轮产生的候选查询结构作为输出。

5) 实验验证

在实验部分，使用 LC-QuAD[117] 和 QALD-5[118] 问句集作为测评集，面向 DBpedia 知识库进行实验。对比方法包括传统基于规则和模板的方法 Sina[101] 和 NLIWOD，以及基于语义解析和神经网络的方法 SQG[106] 和 CompQA[108]。所有方法均使用正确的实体链接、关系映射结果作为输入。实验结果如表 5.11 所示。SubQG 在两个数据集上 F1 值分别达到 0.846 和 0.624，显著超过对比方法。此外，在使用较少训练数据、使用具有噪声的实体/关系链接结果的实验中，SubQG 均取得稳定的表现。

算法 5.2　查询子结构拼接

Input: 问句 y, 频繁查询子结构 FS^*

1　$\mathrm{FS}^+ := \{\mathcal{S}_i^* \in \mathrm{FS}^* \mid \mathrm{Pr}[\mathcal{S}_i^* \mid y] > 0.5\}$;

2　$\mathrm{M}^{(0)} := \{\mathcal{S}_i^* \in \mathrm{FS}^* \mid \mathrm{Score}[\mathcal{S}_i^* \mid y] > \theta\}$;

3　**for** $i = 1\,\mathrm{to}\,K$ **do**　　　　　　　　　　　// K 代表最大迭代轮数

4　　$\mathrm{M}^{(i)} := \varnothing$;

5　**forall** the **do**

6　　$\mathcal{S}_i^* \in \mathrm{FS}^+, \mathcal{S}_j \in \mathrm{M}^{(i-1)}$

7　$\mathrm{M}^{(i)} := \mathrm{M}^{(i)} \cup \mathrm{Merge}(\mathcal{S}_i^*, \mathcal{S}_j)$;

8　$\mathrm{M}^{(i)} := \{\mathcal{S}_l \in \mathrm{M}^{(i)} \mid \mathrm{Score}[\mathcal{S}_l \mid y] > \theta\}$;

9　**return** $\bigcup_{i=0}^{K} \mathrm{M}^{(i)}$;

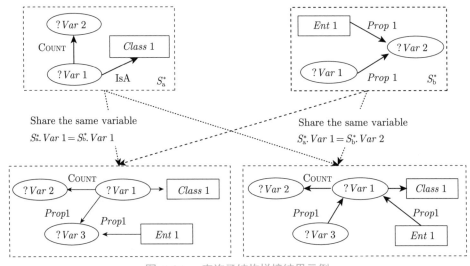

图 5.21　查询子结构拼接结果示例

表 5.11　结构化查询生成任务上的性能对比 (平均 F1 值)

方法	LC-QuAD	QALD-5
Sina [101]	0.24	0.39
NLIWOD	0.48	0.49
SQG [106]	0.75	-
CompQA [108]	0.772±0.014	0.511±0.043
SubQG	**0.846**±0.016	**0.624**±0.030

5.2.3　小结

实体关联搜索是知识图谱的一种具有代表性的计算任务，然而从实际应用的角度考虑，该任务与终端用户的需求还存在一定距离，主要因为很难要求用户准确输入查询实体集合。事实上，用户更习惯的搜索方式是提交关键词查询，但关键词具有歧义性，一个关键词可

能映射到知识图谱中多个实体,直接沿用本章给出的搜索算法,效率可能不高。因此,未来需要对搜索和查询松弛等算法进行扩展,以支持关键词搜索等更一般的应用场景。

本章给出的实体关联搜索系统的典型实现中搜索与排序是相分离的两个步骤。事实上,这里存在性能优化的空间:可以将搜索与排序融合到一个过程中,直接搜索返回排序靠前的实体关联。具体的融合方式与排序方法有关。例如,频率、中心度、信息量、具体度等方法可以归纳为向知识图谱中的顶点或边赋权,搜索最大或最小权实体关联问题与图论中经典的斯坦纳树问题密切相关。然而,同/异质性等方法较为复杂,其与搜索算法的融合方式有待进一步探索。

知识库问答系统的目标是帮助用户从知识库中获取想要的信息,其关键步骤是问题理解,即如何将用户的自然语言问句转换为知识库可执行的结构化查询。本章首先介绍知识库复杂问题理解的框架,包括面向知识库的词汇表示和结构化查询生成两个部分;然后,重点介绍了一种基于统计的面向知识库的形容词表示方法和一种基于查询子结构的结构化查询生成方法。

考虑到人类问句的复杂性和多样性,知识库复杂问题理解仍有较大的提升需求。首先,在面向知识库的词汇表示任务中,如何进行同名实体、关系的消歧,如何识别比较、排序等特殊操作,以及一些其他子任务仍有较大的提升空间。其次,在面向知识库的结构化查询生成任务上,如何在训练数据不足的情况下保证神经网络方法的准确度,如何提高基于模板的方法覆盖面,如何处理需要推理的问题等仍有待进一步研究。再次,如何有效集成上述子步骤的最新成果,形成准确高效的知识库问答系统也有待进一步探索。最后,面向多源异构知识进行问句理解、交互式对话式知识库问答系统中的问句理解也将带来新的挑战。

参 考 文 献

[1] Otsu N. A threshold selection method from gray-level histogram[J]. Automatica, 1975, 11(23):285-296.

[2] Chan T F, Vesc L A. Active Contours without Edges[J]. IEEE Transactions on Image Processing, 2001, 10(2):266-277.

[3] Zhou Z H, Tang W. Clusterer ensemble[J]. Knowledge-Based Systems, 2006, 19(1):77-83.

[4] Iamon N, Boongoen T, Garrett S, et al. A Link-Based Approach to the Cluster Ensemble Problem[J]. IEEE Transactions on Pattern Analysis & Machine Intelligence, 2011, 33(12):2396-2409.

[5] Strehl A, Ghosh J. Cluster Ensembles—A Knowledge Reuse Framework for Combining Multiple Partitions[J]. Journal of Machine Learning Research, 2003,3(3):583-617.

[6] Fred A, Jain A K. Combining multiple clusterings using evidence accumulation[J]. IEEE Transactions on Pattern Analysis and Machine Intelligence, 2005, 27(6):835-850.

[7] Huang D, Lai J H, Wang C D. Robust ensemble clustering using probability trajectories[J]. IEEE Transactions on Knowledge and Data Engineering, 2016, 28(5):1312-1326.

[8] Huang S D, Wang H J, Li D C, et al. Spectral co-clustering ensemble[J]. Knowledge-Based Systems, 2015, 84:46-55.

[9] Shi J B, Malik J. Normalized cuts and image segmentation[J]. IEEE Transactions on Pattern Analysis and Machine Intelligence, 2000, 22(8):888-905.

[10] Law M, Topchy A P, Jain A K. Multiobjective data clustering[C]// IEEE Computer Society Conference on Computer Vision & Pattern Recognition. IEEE, 2004.

[11] Alizadeh H, Minaei-Bidgoli B, Parvin H. Cluster ensemble selection based on a new cluster stability measure[J]. Intelligent Data Analysis, 2014, 18(3):389-408.

[12] Tapaswi M, Bäuml M, Stiefelhagen R. Aligning plot synopses to videos for story-based retrieval[J]. International Journal of Multimedia Information Retrieval, 2015, 4(1):3-16.

[13] Zhou F, Fernando De la Torre. Generalized time warping for multimodal alignment of human motion[J]. IEEE Transactions on Pattern Analysis and Machine Intelligence,2016, 38(2):279-294.

[14] Yu C, Ballard D H. On the Integration of Grounding Language and Learning Objects[C]// Proc. of 19th National Conference on Artificial Intelligence (AAAI), 2004:488-493.

[15] Cour T, Jordan C, Miltsakaki E, et al. Movie/Script: Alignment and Parsing of Video and Text Transcription[M]. Berlin: Springer, 2008 , 5305:158-171.

[16] Bojanowski P, Lajugie R, Bach F, et al. Weakly supervised action labeling in videos under ordering constraints[J]. Lecture Notes in Computer Science, 2014, 8693(6):628-643.

[17] Zhu Y K, Kiros R, Zemel R, et al. Aligning books and movies: towards story-like visual explanations by watching movies and reading books[C]//IEEE International Conference on Computer Vision (ICCV), 2015.

[18] Mao J H, Huang J, Toshev A, et al. Generation and comprehension of unambiguous object descriptions[C]// IEEE Conference on Computer Vision and Pattern Recognition (CVPR), 2016:11-20.

[19] Vogel S, Ney H, Tillmann C. HMM-based word alignment in statistical machine translation[C]//Computational Linguistics, 1996:836-841.

[20] Xu K, Ba J, Kiros R, et al. Show, Attend and tell: neural image caption generation with visual attention[J]. Computer Science, 2015,37:2048-2057.

[21] Bahdanau D, Cho K, Bengio Y. Neural machine translation by jointly learning to align and translate[C]// ICLR, 2015.

[22] Karpathy A, Li F F. Deep visual-semantic alignments for generating image descriptions[C]// Computer Vision & Pattern Recognition. IEEE, 2015:3128-3137.

[23] Karpathy A, Joulin A, Li F F. Deep fragment embeddings for bidirectional image sentence mapping[J]. Advances in Neural Information Processing Systems, 2014, 3:1889-1897.

[24] Lu J, Yang J, Batra D, et al. Hierarchical question-image co-attention for visual question answering[C]// Advances in Neural Information Pro cessing Systems 29: Annual Conference on Neural Information Processing Systems 2016:289-297.

[25] Wu H, Mao J, Zhang Y, et al. Unified visual-semantic embeddings: bridging vision and language with structured meaning representations[C]// IEEE/CVF Conference on Computer Vision and Pattern Recognition (CVPR). IEEE, 2019:6609-6618.

[26] 闫静杰, 郑文明, 辛明海, 等. 表情和姿态的双模态情感识别 [J]. 中国图象图形学报, 2013, 18(9):1101-1106.

[27] 张玉珍, 丁思捷, 王建宇, 等. 基于 HMM 的融合多模态的事件检测 [J]. 系统仿真学报, 2012, 24(8): 1638-1642.

[28]　Shutova E, D Kiela, Maillard J. Black holes and white rabbits: metaphor identification with visual features[C]// Conference of the North American Chapter of the Association for Computational Linguistics: Human Language Technologies, 2016:160-170.

[29]　Morvant E, Habrard A, Ayache Stéphane. Majority vote of diverse classifiers for late fusion[J]. Computer Science, 2014, 8621:153-162.

[30]　Wu Z, Cai L, Meng H. Multi-level fusion of audio and visual features for speaker identification[J]. Lecture Notes in Computer Science, 2006, 3832:493-499.

[31]　Lan Z Z, Bao L, Yu S I, et al. Multimedia classification and event detection using double fusion[J]. Multimedia Tools and Applications, 2014, 71(1):333-347.

[32]　Chen J K, Chen Z, Chi Z, et al. Emotion recognition in the wild with feature fusion and multiple kernel learning[C]// The 16th International Conference. ACM, 2014:508-513.

[33]　Yeh Y R. A Novel Multiple Kernel learning framework for heterogeneous feature fusion and variable selection[J]. IEEE Transactions on Multimedia, 2012, 14(3):563-574.

[34]　Nefian A V, Liang L H, Pi X B, et al. A coupled HMM for audio-visual speech recognition[C]// 2002 IEEE International Conference on Acoustics, Speech, and Signal Processing. IEEE, 2011:2013-2016.

[35]　Garg A, Pavlovic V, Rehg J M. Boosted learning in dynamic Bayesian networks for multimodal speaker detection[J]. Proceedings of the IEEE, 2003, 91(9):1355-1369.

[36]　Lafferty J, Mccallum A, Pereira F C N. Conditional Random Fields: Probabilistic Models for Segmenting and Labeling Sequence Data[C]//The Eighteenth International Conference on Machine Learning, 2001:282-289.

[37]　Fidler S, Sharma A, Urtasun R. A sentence is worth a thousand pixels[C]// Computer Vision & Pattern Recognition. IEEE, 2013:1995-2002.

[38]　Baltrusaitis T, Banda N, Robinson P. Dimensional affect recognition using Continuous Conditional Random Fields[C]// 2013 10th IEEE International Conference and Workshops on Automatic Face and Gesture Recognition (FG), 2013:1-8.

[39]　Woellmer M , Kaiser M, Eyben F, et al. LSTM-Modeling of Continuous Emotions in an Audio-visual Affect Recognition Framework[J]. Image & Vision Computing, 2013, 31(2):153-163.

[40]　Wöllmer M, Metallinou A, Florian Eyben F, et al. Context-sensitive multimodal emotion recognition from speech and facial expression using bidirectional LSTM modeling[C]// Interspeech, 2010:2362-2365.

[41]　Neverova N, Wolf C, Taylor G W, et al. ModDrop: adaptive multi-modal gesture recognition[J]. IEEE Tpami, 2016, 38(8):1692-1706.

[42]　Jin Q, Liang J W. Video description generation using audio and visual cues[C]//ICMR, 2016:239-242.

[43]　Kiela D, Clark S. Multi-and cross-modal semantics beyond vision:Grounding in auditory perception[C]//EMNLP, 2015:2461-2470.

[44]　Yang X T, Ramesh P, Chitta R, et al. Deep Multimodal Representation Learning from Temporal Data[C]// IEEE Conference on Computer Vision and Pattern Recognition (CVPR), 2017.

[45]　Shutova E, Kiela D, Maillard J. Black Holes and White Rabbits: Metaphor identification with visual features[C]// Conference of the North American Chapter of the Association for Computational Linguistics: Human Language Technologies, 2016.

[46]　Wang F, Jiang M Q, Chen Q, et al. Residual attention network for image classification[C]// IEEE Conference on Computer Vision and Pattern Recognition (CVPR), 2017: 6450-6458.

[47] Hu J, Shen L, Albanie S, et al. Squeeze-and-excitation networks[J]. IEEE Transactions on Pattern Analysis and Machine Intelligence, 2020,42(8):2011-2023.

[48] Liu X C, Liu W, Zhang M, et al. Social relation recognition from videos via multi-scale spatial-temporal reasoning[C]// IEEE/CVF Conference on Computer Vision and Pattern Recognition, 2019.

[49] Wang Z X, Chen T S, Ren J, et al. Deep reasoning with knowledge graph for social relationship understanding[C]// The 27th International Joint Conference on Artificial Intelligence. 2018:1021-1028.

[50] Ren S Q, He K M, Girshick R, et al. Faster R-CNN: towards real-time object detection with region proposal networks[J]. IEEE Transactions on Pattern Analysis & Machine Intelligence, 2017, 39(6):1137-1149.

[51] Shen Y T, Xiao T, Li H S, et al. End-to-End deep Kronecker-product matching for person re-identification[C]// IEEE/CVF Conference on Computer Vision and Pattern Recognition, 2018.

[52] Sak H, Senior A, Beaufays F. Long short-term memory recurrent neural network architectures for large scale acoustic modeling[J]. Computer Science, 2014:338-342.

[53] Kingma D P, Welling M. Auto-encoding variational bayes[C]// The 2nd International Conference on Learning Representations (ICLR), 2014.

[54] He K M, Zhang X Y, Ren S Q, et al. Deep residual learning for image recognition[C]// IEEE Conference on Computer Vision and Pattern Recognition, 2016:770-778.

[55] Blei D M, Ng A Y, Jordan M I. Latent Dirichlet Allocation[J]. The Annals of Applied Statistics, 2001, 1(1):17-35.

[56] Sun Q R, Schiele B, Fritz M. A domain based approach to social relation recognition[C]// IEEE Conference on Computer Vision and Pattern Recognition, 2017:435-444.

[57] Zhang Z P, Luo P, Loy C C, et al. Learning social relation traits from face images[C]// IEEE International Conference on Computer Vision, 2015:3631-3639.

[58] LV J N, Liu W, Zhou L L, et al. Multi-stream fusion model for social relation recognition from videos[C]// MultiMedia Modeling, 24th International Conference, MMM 2018, 2018:355-368.

[59] Hu A, Flaxman S R. Multimodal sentiment analysis to explore the structure of emotions[C]// The 24th ACM SIGKDD International Conference on Knowledge Discovery & Data Mining, 2018:350-358.

[60] Poria S, Cambria C, Hazarika D, et al. Multi-level multiple attentions for contextual multimodal sentiment analysis[C]//IEEE International Conference on Data Mining, 2017:1033-1038.

[61] Shang X D, Ren T W, Guo J F, et al. Video visual relation detection[C]//2017 ACM on Multimedia Conference, 2017:1300-1308.

[62] Shang X D, Di D L, Xiao J B, et al. Annotating objects and relations in user-generated videos[C]//The 2019 International Conference on Multimedia Retrieval, 2019:279-287.

[63] Li S, Zhao Z, Hu R F, et al. Analogical reasoning on chinese morphological and semantic relations[C]//The 56th Annual Meeting of the Association for Computational Linguistics, 2018:138-143.

[64] Chang X B, Hospedales T M, Xiang T. Multi-level factorization net for person re-identifiation[C]//IEEE Conference on Computer Vision and Pattern Recognition, 2018:2109-2118.

[65] Wang C, Zhang Q, Huang C, et al. Mancs: A multi-task attentional network with curriculum sampling for person re-identification[C]//Computer Vision - ECCV 2018, 15th European Conference, 2018:384-400.

[66] Chen D, Zhang S S, Ouyang W L, et al. Person search via a mask-guided two-stream CNN model[C]//Computer Vision-ECCV 2018, 15th European Conference, 2018:764-781.

[67] Bordes A, Usunier N, Garcia-Duran A, et al. Translating embeddings for modeling multi-relational data[C]// Advances in Neural Information Processing Systems, 2013:2787-2795.

[68] Lin Y K, Liu Z Y, Sun M S, et al. Learning entity and relation embeddings for knowledge graph completion[C] // Twenty-Ninth AAAI Conference on Artificial Intelligence, 2015.

[69] Ji G L , He S Z , Xu L H , et al. Knowledge graph embedding via dynamic mapping matrix[C]// The 53rd Annual Meeting of the Association for Computational Linguistics & the International Joint Conference on Natural Language Processing. 2015:687-696.

[70] García-Durán A, Dumani S, Niepert M. Learning sequence encoders for temporal knowledge graph completion[C]// The Conference on Empirical Methods in Natural Language Processing, 2018:4816-4821.

[71] Jiang X Y, Wu F, Zhang Y, et al. The classification of multi-modal data with hidden conditional random field[J]. Pattern Recognition Letters, 2015, 51(1):63-69.

[72] Pang L, Ngo C W. Mutlimodal learning with deep boltzmann machine for emotion prediction in user generated videos[C]// The 5th ACM on International Conference on Multimedia Retrieval, 2015:619-622.

[73] Huang J, Kingsbury B. Audio-visual deep learning for noise robust speech recognition[C]// IEEE International Conference on Acoustics, Speech and Signal Processing, 2013:7596-7599.

[74] Socher R, Karpathy A, Le Q V, et al. Grounded compositional semantics for finding and describing images with sentences[J].Transactions of the Association for Computational Linguistics, 2014, 2:207-218.

[75] Wang B K, Yang Y, Xu X, et al. Adversarial cross-modal retrieval[C]//The 25th ACM International Conference on Multimedia, 2017:154-162.

[76] Peng Y X, Qi J W, Yuan Y X. Modality-specific cross-modal similarity measurement with recurrent attention network[J]. IEEE Transactions on Image Processing, 2018,27(11):5585-5599.

[77] Venugopalan S , Xu H , Donahue J , et al. Translating videos to natural language using deep recurrent neural networks[J]. Computer Science, 2014, arXiv:1412.4729.

[78] Vinyals O, Toshev A, Bengio S, et al. Show and tell: A neural image caption generator[C]// 2015 IEEE Conference on Computer Vision and Pattern Recognition (CVPR), 2015:3156-3164.

[79] Liang X D, Hu Z T, Zhang H, et al. Recurrent topic-transition GAN for visual paragraph generation[C]// IEEE International Conference on Computer Vision, 2017:3362-3371.

[80] Chen M H, Tian Y T, Yang M H, et al. Multilingual knowledge graph embeddings for cross-lingual knowledge alignment[J]. Computer Science, 2016, arXiv:1611.03954.

[81] Zhu H, Xie R B, Liu Z Y, et al. Iterative entity alignment via joint knowledge embeddings[C]// Twenty-Sixth International Joint Conference on Artificial Intelligence, 2017:4258-4264.

[82] Sun Z Q, Hu W, Zhang Q H, et al. Bootstrapping entity alignment with knowledge graph embedding[C]// Twenty-Seventh International Joint Conference on Artificial Intelligence, 2018:4396-4402.

[83] Chen M H, Tian Y T, Chang K W, et al. Co-training embeddings of knowledge graphs and entity descriptions for cross-lingual entity alignment[J]. 2018, arXiv:1806.06478.

[84] Sun Z Q, Hu W, Li C K. Cross-lingual entity alignment via joint attribute-preserving embedding[C]// International Semantic Web Conference , 2017:628-644.

[85] Trsedya B D, Qi J Z, Rui Z. Entity alignment between knowledge graphs using attribute embeddings[C]// The AAAI Conference on Artificial Intelligence, 2019, 33:297-304.

[86] Wang Z C, LV Q S, Lan X L, et al. Cross-lingual knowledge graph alignment via graph convolutional networks[C]// Conference on Empirical Methods in Natural Language Processing. 2018:349-357.

[87] Pei S C, Yu L, Hoehndorf R, et al. Semi-supervised entity alignment via knowledge graph embedding with awareness of degree difference[C]// The World Wide Web Conference. 2019:3130-3136.

[88] He F Z, Li Z X, Qiang Y, et al. Unsupervised entity alignment using attribute triples and relation triples[C]// International Conference on Database Systems for Advanced Applications, 2019:367-382.

[89] Liu Y, Li H, Garcia-Duran A, et al. MMKG: Multi-modal knowledge graphs[C]// European Semantic Web Conference, 2019:459-474.

[90] Cheng G, Liu D X, Qu Y Z. Fast Algorithms for semantic association search and pattern mining[J]. IEEE Transactions on Knowledge and Data Engineering, 2021, 33(4):1490-1502.

[91] Shi Y X, Cheng G, Kharlamov E. Keyword search over knowledge graphs via static and dynamic hub labelings[C]// The Web Conference 2020, 2020:235-245.

[92] Li S X, Cheng G, Li C K. Relaxing relationship queries on graph data[J]. J. Web Semant., 2020, 61-62:10055.

[93] Cheng G, Shao F, Qu Y Z. An empirical evaluation of techniques for ranking semantic associations[J]. IEEE Trans. Knowl. Data Eng. ,2017, 29(11):2388-2401.

[94] Zou L, Huang R Z, Wang H X, et al. Natural language question answering over RDF：A graph data driven approach[C]// The 2014 ACM SIGMOD International Conference on Management of Data, 2014:313-324.

[95] Diefenbach D, Singh K D, Maret P. WDAqua-core0: A Question Answering Component for the Research Community[C]// Semantic Web Evaluation Challenge, 2017:84-89.

[96] Dubey M, Banerjee D, Chaudhuri D, et al. EARL: Joint entity and relation linking for question answering over knowledge graphs[C]//International Semantic Web Conference 2018, 2018:108-126.

[97] Yang Y, Chang M W. S-MART: Novel tree-based structured learning algorithms applied to tweet entity linking[C]// The 53rd Annual Meeting of the Association for Computational Linguistics and the 7th International Joint Conference on Natural Language Processing of the Asian Federation of Natural Language Processing, 2015:1504-1513.

[98] Nakashole N, Weikum G, Suchanek F M. PATTY: A taxonomy of relational patterns with semantic types[C]//The 2012 Joint Conference on Empirical Methods in Natural Language Processing and Computational Natural Language Learning, 2021:1135-1145.

[99] Ding W T, Gao G J, Shi L F, et al. A pattern-based approach to recognizing time expressions[C]// The AAAI Conference on Artificial Intelligence, 2019, 33:6335-6342.

[100] Lee K, Artzi Y, Dodge J, et al. Context-dependent semantic parsing for time expressions[C]// Meeting of the Association for Computational Linguistics, 2014: 1437-1447.

[101] Shekarpour S, Marx E, Ngomo A, et al. SINA: Semantic interpretation of user queries for question answering on interlinked data[J]. Journal of Web Semantics, 2015,30:39-51.

[102] Abujabal A, Roy R S, Yahya M, et al. QUINT: Interpretable question answering over knowledge bases[C]// Conference on Empirical Methods in Natural Language Processing: System Demonstrations, 2017:61-66.

[103] Cui W Y, Xiao Y H, Wang H X , et al. KBQA: Learning question answering over QA corpora and knowledge bases[J]. Proceedings of the VLDB Endowment, 2017, 10(5):565-576.

[104] Abujabal A, Yahya M, Riedewald M, et al. Automated Template Generation for Question Answering over Knowledge Graphs[C]// The 26th International Conference, 2017:1191-1200.

[105] Zheng W G, Yu J X, Zou L, et al. Question answering over knowledge graphs: question understanding via template decomposition[J]. Proceedings of the VLDB Endowment, 2018, 11(11):1373-1386.

[106] Zafar H, Napolitano G, Lehmann J. Formal query generation for question answering over knowledge bases[C]// European Semantic Web Conference, 2018:714-728.

[107] Bao J W, Nan D, Yan Z, et al. Constraint-based question answering with knowledge graph[C]//COLING 2016, The 26th International Conference on Computational Linguistics: Technical Papers, 2016:2503-2514.

[108] Luo K Q, Lin F L, Luo X S, et al. Knowledge base question answering via encoding of complex query graphs[C]// The 2018 Conference on Empirical Methods in Natural Language Processing, 2018:2185-2194.

[109] Yih W T, Chang M W, He X D, et al. Semantic parsing via staged query graph generation: question answering with knowledge base[C]// The 53rd Annual Meeting of the Association for Computational Linguistics and the 7th International Joint Conference on Natural Language Processing (Volume 1: Long Papers), 2015:1321-1331.

[110] Hartung M, Frank A. Exploring supervised LDA models for assigning attributes to adjective-noun phrases[C]// Conference on Empirical Methods in Natural Language Processing. DBLP, 2011:540-551.

[111] Ding J W, Hu W, Xu Q X, et al. Mapping factoid adjective constraints to existential restrictions over knowledge bases[C]// International Semantic Web Conference, 2019:164-181.

[112] Miller G A. WordNet: a lexical database for English[J]. Communications of the Acm, 1995, 38(11):39-41.

[113] Pavlick E, Rastogi P, Ganitkevitch J, et al. PPDB 2.0: Better paraphrase ranking, fine-grained entailment relations, word embeddings, and style classification[C]// The 53rd Annual Meeting of the Association for Computational Linguistics and the 7th International Joint Conference on Natural Language Processing, 2015:425-530.

[114] Usbeck R, Gusmita R H, Saleem M, et al. 9th challenge on question answering over linked data (QALD-9)[C]// ISWC Workshop on SemDeep-4/NLIWOD-4,2018:58-64.

[115] Ding J W, Hu W, Xu Q X, et al. Leveraging Frequent Query Substructures to Generate Formal Queries for Complex Question Answering[C]// 2019 Conference on Empirical Methods in Natural Language Processing (EMNLP 2019), 2019:2614-2622.

[116] Raffiel C, Ellis D P. Feed-forward networks with attention can solve some long-term memory problems[C]// ICLR 2016, arXiv: 1512. 08756.

[117] Trivedi P, Maheshwari G, Dubey M, et al. LC-QuAD: A corpus for complex question answering over knowledge graphs[C]// International Semantic Web Conference, 2017:210-218.

[118] Unger C, Forascu C, Lopez V, et al. Question answering over linked data (QALD-5)[C]// CLEF, 2015.

06

本章首先介绍基于创新的大数据分析理论、方法与技术，助力科学技术研究的开源系统与工具，面向求解实际问题的标准化大数据分析平台以及相关的基准测试；再介绍相关的研究成果，针对特定行业与社会治理，构建效力社会经济发展的应用示范系统。具体而言，包含了两项应用示范：智慧法院深度知识挖掘及精准分案；面向公共安全的视频目标关联与态势感知。

6.1　大数据分析平台与基准测试

目前在对大数据加工处理及分析应用的过程中，普遍存在技术门槛高、多种工具接口复杂且集成困难等问题，极大地增加开发应用系统的难度。因此，我们的研究成果整合大数据机器学习、多源不确定数据挖掘、大数据可视分析、结构化知识处理等多个分析工具，搭建旨在为大数据分析应用提供统一、高效、便捷的大数据共享平台，降低大数据处理技术的门槛，支撑大数据应用的敏捷开发。此外，如何对各类大数据分析算法和系统进行科学测试是相关理论、方法与技术研究的重要保障，当前亟须构造一个能够对各类大数据分析算法的性能指标进行定量和可对比测试分析的大数据基准测试系统。本书构建了一个涵盖日常生活中大部分语义概念的视频基准测试集，充分考虑了实际应用中数据的多样性与典型性，为大数据分析算法的性能评价提供基准。

6.1.1　大数据分析平台

6.1.1.1　整体架构

大数据分析平台旨在为大数据分析应用提供统一、高效、便捷的大数据开放共享平台，自上而下解决面向用户的人机交互问题、面向应用的算子差异性问题、面向运行的编程环境差异性问题和面向资源的优化调度问题。研究重点包括：交互式可视化引擎、异构算子统一编程模型、统一算子执行引擎平台、基于微服务的运行时调度。目前，大数据分析平台主要在数据资源、计算层和硬件层开展一系列工作，初步完成了包括统一算子执行引擎平台、基于微服务的运行时调度等在内的平台构建工作。

结合不同模型算法的数据资源存储、分析的需求，初步搭建了服务各个应用的实验平台。在硬件层面，为同时满足大数据的存储需求和计算需求，搭建了基于微服务的分布式集群，其中包括用于存储数据的存储节点、用于计算的 CPU 节点和 GPU 节点，并采用高速网络保障集群内的高效通信。在资源调度方面，采用基于微服务的调度机制、采用 Docker 等容器环境，向用户提供虚拟化的操作系统层，大数据平台用户可以打包大数据应用以及依赖包到任意的可移植容器中，快速发布到其他节点。在应用层面，采用了开源平台用于分布式深度学习。

大数据分析平台的整体架构如图 6.1 所示，大数据分析平台按照逻辑分层依次划分为：平台层、功能层、接口层和服务层。

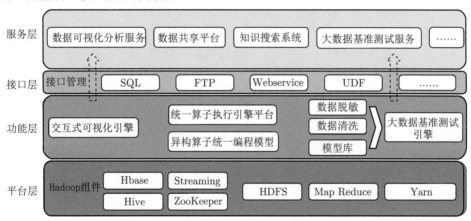

图 6.1　大数据分析平台整体架构

平台层是以 Hadoop 集群作为核心，主要组件包括数据仓库工具 Hive、分布式数据集 Hbase、分布式协调工具 ZooKeeper、编程工具 Streaming、分布式文件系统 HDFS、分布式计算引擎 Map Reduce 和通用资源管理系统 Yarn，为大数据存储和挖掘提供存储和计算平台，为多区域智能中心的分析架构提供多数据中心调度引擎。

功能层主要包含交互式可视化引擎、异构算子统一编程模型、统一算子执行引擎平台和大数据基准测试引擎，其中大数据基准测试引擎提供数据脱敏、数据清洗和模型库等功能。功能层通过接口层提供的标准接口与服务层通信，供服务层的所有应用使用。

服务层为海量数据分析业务提供数据可视化分析服务、数据共享平台、知识搜索系统和大数据基准测试服务等。为了适应大数据分析中各类深度学习模型的部署，在应用层面采用 Nauta 开源平台，用于训练分布式深度学习模型，在 Nauta 开源平台上可使用 MXNet、TensorFlow 和 PyTorch 等目前流行的机器学习框架，采用与 Intel 公司的 Xeon CPU 集群协同工作的处理系统——商用级堆栈处理系统。Nauta 开源平台提供了多用户的分布式计算环境，用于深度学习模型训练实验，使用命令行界面、Web UI 以及 TensorBoard 查看和监控实验结果。为了创建、运行单节点和多节点深度学习训练实验更简单，Nauta 开源平台兼容各种深度学习框架和工具的模板包，并且根据实际情况进行自定义，而无需标准容器环境所需的所有系统开销和脚本。在模型测试中，Nauta 开源平台还支持批量和流式推理，所有工作在一个平台上完成。Nauta 开源平台使用 Kubernetes 和 Docker 平台运行，以实现可扩展性和易管理性，可以在单个或多个工作节点上使用 Kubernetes 定义并进行容器化的深度学习实验，检查这些实验的状态和结果，进一步调整和运行其他实验，或准备训练模型进行部署。

6.1.1.2 交互式、可视化、无编程人机交互引擎

大数据处理是一个包括数据获取、数据存储、数据挖掘和可视化呈现的全流程分析过程，同时大数据处理存在不确定性。传统大数据设计工具存在诸多不足，因此用户需要一体化、强交互、可视化、无编程的敏捷开发环境。

为解决面向用户的人机交互问题，设计了交互式、可视化、无编程人机交互引擎。采用自下向上的交互式图可视化方法，根据用户在图谱局部的焦点，展示用户在此焦点上的知识以及用户感兴趣的知识关联，并按照用户的需求拓展知识图谱，在用户拓展图谱时，通过点击感兴趣的节点进一步拓展子图，并采用可视化对用户感兴趣的拓展方向进行指示。

可视化算法主要分为三部分：①基于焦点的兴趣度计算；②生成兴趣子图；③拓展子图。在基于焦点的兴趣度计算中，算法综合考虑了节点的图谱结构信息、焦点与节点的距离信息，以及用户对图谱拓展的个性化兴趣需求，以线性方法结合以上三类信息，以计算搜索焦点下其他节点的兴趣度。在生成兴趣子图环节，算法提取焦点的高兴趣度周边上下文，考虑到数据规模和实时交互需求，算法采用贪心算法计算局部最优，定义最大兴趣邻居节点的兴趣度作为节点的高兴趣度拓展方向。在拓展子图环节中，算法可根据用户点击感兴趣的节点实现图谱的进一步拓展，将节点的最大兴趣邻居节点加入兴趣子图，并更新潜在兴趣子图的节点列表。

6.1.1.3 异构算子统一编程模型

大数据处理、分析及挖掘较为复杂，应用开发难度大，不同应用领域、不同分析阶段有不同的数据处理需求。面向不同应用领域，有些要对文本数据进行情感与语义分析，有些要对图像、视频进行模式匹配，有些要对语音数据进行异常特征提取。面向不同数据分析阶段，需要进行数据源获取、数据归一化处理、数据挖掘以及数据可视化处理。为屏蔽不同算子之间的差异性，需要构建异构算子多层抽象和实例化描述模型，研制支持不同语言、不同编程模型的各种算子，并设计典型算子覆盖从数据采集和数据处理到数据挖掘和数据可视化的数据分析全生命周期。

异构算子编程模型应具备以下能力：定义算子描述模型，通过算子实现对异构大数据的表示及其处理、分析的一致化抽象；建立基于算子的多级实例化和多层复合模型，实现面向业务的迭代式开发、知识共享及协同；基于算子部署与执行一体化模型，支撑探索式开发，为目标平台提供模型及实现支撑。"算子"是交互式、无编程、可视化大数据敏捷开发的基本单元，实现对数据以及数据处理的封装。"异构"包含三层含义：第一层，针对不同应用和行业需求，需要各种不同功能的算子，如图像处理算子、文本处理算子、语音识别算子；第二层，针对分析的不同阶段，需要不同类型的算子，如数据源算子、数据处理算子、数据挖掘算子、可视化算子；第三层，算子能够支持不同的编程语言、不同的计算模型等。

6.1.1.4　统一算子执行引擎平台

为屏蔽各种计算模型、数据模型和可视化模型实现细节，研究了支撑各类算子的统一协同运行环境，实现多域容器共享与跨域数据共享，为上层算子提供运行服务。

基于异构算子统一编程模型开发的各种算子可能运行在不同的并行计算环境中，采用不同的编程语言实现。传统数据分析软件与各类编程语言、编程模型紧密耦合，无法在统一的平台下屏蔽支持各类编程语言、计算模型的异构性，也无法对新的计算模型提供无缝支持。为此研究了统一算子执行引擎框架，对分布并行计算模型及其实现进行统一封装，构建统一算子执行引擎的框架模型、引擎与服务多对多调度机制、引擎管理机制和引擎容器统一封装机制，实现各类引擎的封装及多种语言的支持。统一算子执行引擎框架在逻辑上分为两大部分：一是引擎层；二是分布式引擎服务层。两者通过基于 Thrift 的分布式引擎总线连接。

Thrift 主要用于各个服务之间的远程过程调用通信，支持跨语言的方法调用。Thrift 是典型的 CS 结构，客户端和服务端可以使用不同的语言开发，通过接口描述语言来关联客户端和服务端。远程过程调用 (remote procedure call, RPC) 对远程计算机程序的服务请求，跨越了传输层和应用层，因此在包括分布式、多程序在内的应用程序可以更加容易实现，比起 HTTP 协议要更胜一筹，特别是在大数据平台中，Thrift 的应用非常广泛。

6.1.1.5　基于微服务的运行时调度

为提升 CPU、内存和 I/O 等异构硬件资源的利用率，建立微服务三维扩展模型，实现基于业务感知和资源自适应的资源调度优化。

不同计算模型的容器、不同功能实现的容器，在不同 CPU 计算资源、存储资源和 I/O 资源上，不同节点数量和规模的环境下运行，需要有资源协同调度与优化机制。传统的分布式集群调度机制以任务或进程为分配对象，任务执行粒度大，是与上下文环境紧密耦合的调度，资源分配不能达到最优化。

在服务调度方面，使用服务网格作为服务间通信的基础设施层，负责不同服务之间的网络调度、熔断、限流和监控。服务网格对应用程序透明，所有应用程序间的流量都会通过服务网络，所以对应用程序流量的控制都可以在服务网格中实现。采用 Linkerd 作为异构微服务架构，Linkerd 的工作流程如下：

(1) Linkerd 首先将服务请求路由到目的地址，根据请求参数判断所属的环境 (生产环境、测试环境、演示环境等)，决定路由到本地环境还是公有云环境。这些路由信息可以动态配置、全局配置，也可以为某个服务单独配置；

(2) 确认目的地址后，Linkerd 将服务请求发送到相应服务端点，然后服务器会将服务请求转发给后端的实例；

(3) Linkerd 根据最近请求的延迟时间，选择所有实例中响应最快的实例，将请求发送给该实例，同时记录响应类型和延迟数据；

(4) Linkerd 根据实例的状态 (如果该实例挂机、不响应或进程不工作)，将请求发送到其他实例重试，如果该实例持续返回错误，Linkerd 将该实例从负载均衡池中移除，稍后再周期性重试；如果请求的截止时间已过，Linkerd 主动失败该请求，不会再次尝试添加负载。采用 Kubernetes 作为容器管理平台，对多个容器实现了统一的调度进行编排，将容器作为微服务的最小工作单元，发挥微服务架构的优势。

6.1.2　视频基准测试集

6.1.2.1　当前视频数据集存在的问题

随着网络视频数据的快速增长，视频数据的价值也逐渐受到人们的广泛关注，例如监控视频的价值体现在与生活密切相关的智能城市安防以及智能交通，视频数据的分辨率和传输带宽的提升给行人重识别和自动驾驶技术带来生机。另外，随着 Web 数据的增长，由数据驱动的视频识别技术已渗入人们生活的方方面面，这项技术被广泛应用于视频网站的推荐系统、视频数据库管理、视频拷贝检测和敏感内容监管等场景。

随着深度学习技术的不断发展，深度网络模型已经能够在包括视频动作识别、视频场景理解等多个相关任务上实现不错的性能，为了客观地评估模型性能，研究人员构建了相关的标准视频数据集并用来测试模型。然而，现有的视频数据集存在两个问题亟待解决：

(1) 视频数据标注不完全。目前大多数的主流模型与方法都在很大程度上依赖于视频数据的标注信息。例如，用于视频识别的监督学习方法往往是将视频数据的标签进行编码作为真值，模型根据真值与预测值更新参数。由于海量的视频数据标注需要耗费大量的人力和时间，一些数据集完全由机器标注，还有一些数据集采用半人工的方式标注，即首先用机器粗略给视频打上标签，然后人工抽样审查。这样的标注方式虽然高效省时，但标注容易出现疏漏和错误，模型的性能比较差。

(2) 视频规模小、标签类型单一。随着研究的深入，在以 UCF101 为例的小规模视频数据集上，由于标签类型单一和类别数量少，现有方法可以达到 98% 的识别精度，因此在一定程度上现有数据集已经不足以用于评价深度模型的性能好坏。

基于以上两个问题，首先着手构建一个视频基准测试集，该数据集涵盖了日常生活中的大部分语义概念。除了考虑视频的整体语义类别信息外，还充分考虑了视频中细粒度复杂信息，具体而言，提出的数据集还对视频中的物体信息、场景信息都进行相应的数据标注。此外，除了设计科学的数据采集和标注方案，还构建了一套从底层简单人体动作到高层复杂事件之间的语义层次化组织，并对类别间的关联关系做出明确定义。构建的数据集共包含 256218 个视频，涵盖 1004 个类别，其中视频都是从互联网采集而来，且经过用户敏感信息的处理与人工标签生成。基准测试数据集充分考虑实际应用中数据的多样性与典型性，为大数据分析算法的性能评价提供基准。

6.1.2.2　相关视频数据集对比

为了体现所构建的数据集的规模，与多个公开的视频分类数据集进行比较，具体如表 6.1 所示。随着发布时间的递进，各个数据集包含的动作类别数目与视频个数大致遵循上升的趋势，这是由于目前主流的深度模型方法需要依赖于大量人工标注的数据进行模型参数的学习，丰富的标记种类和更多标记数目给模型学习带来明显的增益效果。而数据集所包含的视频类别越丰富，视频数量越多则意味着能够给模型带来更多的信息量，从而训练出一个识别性能优异、提取的视频特征表示更强的网络模型。

表 6.1　现有公开视频数据集

数据集	发布年份	类别数量	视频数量	标签类型
Hollywood2 [3]	2009	12	3669	动作
HMDB51 [4]	2011	51	6766	动作
UCF101 [5]	2012	101	13320	动作
Sports-1M [6]	2014	487	1133158	体育运动
ActivityNet [7]	2015	203	27901	活动
YouTube-8M [8]	2016	4800	8264650	互联网标签
HACS [9]	2017	200	520000	动作
Moments in Time [10]	2017	339	1000000	动作
Something-Something [11]	2017	174	108000	动作
Jester [12]	2017	27	148000	手势
Kinetics-600 [13]	2018	600	495547	动作
本书构建的数据集	未发布	1004	256218	动作、场景、物体

根据标签类型可以将公开视频数据集大致分为以下三类：

1) 主含动作的视频数据集

HMDB51 与 UCF101 是典型的以人体常见动作为主的视频数据集，由于数据集规模较小，广泛用于初步验证模型性能。而 Sports-1M 数据集则包含了各种体育运动视频，因为该数据集包含的视频数量非常多，且发布时间较早，Sports-1M 通常被作为预训练视频分类网络的数据集，如经典的 C3D[1] 模型等。由于 Sports-1M 的视频类别主要是体育运动，属于特定领域的视频数据集，对于其他非体育运动类型的视频的语义覆盖较差。随后发布的语义覆盖更加广泛的 Kinetics-400[2] 数据集以及在其基础上扩充后的 Kinetics-600 数据集，也经常用作模型的预训练。2017 年提出的 Something-Something 数据集虽然在类别数量与视频数上不占优势，但是其数据集视频主要关注的是动作细节，不局限于人的整体动作。人与其他物体的交互行为的差别对方法的时序建模能力提出更高的要求。Moments in Time 是一个具有挑战性的数据集，主要难点在于数据类内差异极大，现有的视频分类模型在该数据集上都未能取得很好的效果。

2) 主含活动的视频数据集

不同于视频中的动作识别，视频中的活动识别特点在于视频中包含更多动作、更复杂的场景和频繁切换的镜头。ActivityNet1.3 版本包含 20000 个 YouTube 视频，共计约 700h，平均每个视频具有 1.5 个动作标注，除了有分类的标注外，还包括对视频内容的描述语句标注和起止时间的标注，用于活动识别、时序动作检测和视频字幕生成的研究。

3) 标注场景、物体的视频数据集

这类数据集不仅含有动作或活动标签，还具有更细粒度的场景和物体标签，当前典型的此类数据集是 YouTube-8M。YouTube-8M 数据来源于 YouTube 网站上采集的 Web 数据，是目前视频分类数据集中最大的一个，包含有 4800 个类别以及超过 800 万个视频，平均每个视频有 1.8 个标签，有 60%~80% 的视频标签数量在 2~3 个。本书构建的视频数据集也进行场景和物体的标注，与现有视频数据集对比，本书构建的数据集的类别数量排在谷歌在 2016 年发布的 YouTube-8M 数据集之后；在视频数量方面，本书构建的数据集的视频总量和近几年发布的其他大型视频分类数据集处于同一个量级。本书构建的数据集与其他的视频分类数据集在视频类型上最大的不同是，其他的数据集主要关注的视频类型是人的动作分类，而本书构建的数据集除了包含人的动作，还包含场景和物体的标签。

6.1.2.3　视频基准测试集构建

1) 视频语义类别定义及标签体系

在视频语义类别的定义方面，首先定义了 13 个大的视频类别。根据这些定义好的类别，由于采集的是互联网上用户生成的视频，这些视频通常带有可以概括视频主要内容的标签，因此通过统计学习方法分析视频中带有的大量标签信息，从而找到候选语义类别；对于缺乏标签的特定种类的视频，例如监控视频，则通过需求调研来定义候选类别。

在得到候选类别之后，在类别的定义与选择上非常谨慎。具体来说，首先进行用户调查，并使用 YouTube 和 Vimeo 的组织结构作为参考，浏览大量视频，以确定最终的类别满足以下 3 个标准：

(1) 有效性，视频类别与实际应用需求高度相关；

(2) 覆盖度，视频类别能够较好地覆盖人们日常拍摄视频记录的内容；

(3) 可行性，视频类别应能训练识别算法，在未来几年内达到自动识别。

通过对语义的有效性、覆盖度、可行性、语义之间的冗余度等方面进一步分析评估，针对性地进行类别的删减、补充及调整。在定义好语义类别后，基于麻省理工学院提出的 ConceptNet [14] 进行类别间的关联关系的定义。ConceptNet 中定义了很多的概念关系 (如"踢"通常与"足球"相关)，因此首先通过评估视频语义类别与 ConceptNet 的类别间的相似程度，自动发现候选类别之间的关联关系，然后进行人工过滤，得到精确的结果，最后再针对每个类别，收集视频数据并进行人工标注。

最终构建的视频数据集共包含 13 个大类，分别是"动物""艺术""美妆穿搭""做菜""手工""教育科技""日常生活""家务活动""休闲娱乐""音乐""自然场景""体育运动"以及"旅行外出"。每一个大类又分成多个小类，每个小类包含具体的标签类别。具体的小类标签体系如图 6.2 所示。

数据集语义标签囊括了大多数的日常生活场景，且各个子类之间遵循有效性、覆盖度、可行性三大标准，能较好地满足作为标准测试集的要求，且具备实际的使用价值。

2) 视频数据采集与标注

视频数据采集过程参考了现有视频数据集的操作方式，对于每个类别，除了使用已经定义好的标签外，还定义了另一个同语义的词组，使用定义好的标签词组和同语义词组作为搜索字词从 YouTube 搜索并爬取视频，使用同语义词组的目的是扩展候选视频集，以此获得更多样的视频集合。为了保证视频数据集质量，对于每个类别，通过数据清洗删除重复的视频和一些非常长的视频，并保证所有的类别数量均不会低于 80 个。

构建的视频基准测试集总共包含 256218 个网络视频，涵盖 1004 个语义类别。如图 6.3 所示，该数据集囊括了实际应用中的大部分物体信息与场景信息，其中包括活动 (如"婚照拍摄")，动作 (如"制作炸鸡")，物体 (如"水母")，场景 (如"湖") 等等，且所有视频最终均经过人工标注和人工核查。

图 6.2　数据集标注的大类及其包含的子类

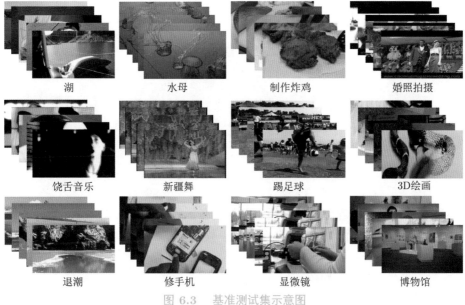

图 6.3　基准测试集示意图

为了保证数据集的标注质量，采用人工标注的方式，共召集 35 名标注人员，进行为期 2 个月的标注。首先利用追踪算法锁定每个视频中的主体，提取出关键帧图片，再将抽取的 978000 张图片发送到标注平台分配给标注人员。标注人员根据图片内容选择物体或场景标签，若不存在物体和场景则无需标注。图 6.4 为标注界面。

图 6.4　标注界面

3) 视频数据集统计特性

图 6.5 为各个类别视频数量分布的饼状统计图。其中，同一类的视频数量在 100 个以下的类别约占 15%，视频数量在 100~200 个之间的类别占总类别数量的 33%，视频数量在 200~300 个之间的类别占总类别数量的 18.4%，视频数量在 300~400 个之间的类别占总类别数量的 13%，剩余的视频数量在 400 个以上的类别占总类别数量的 20.6%。每个类的视频数量的平均值是 280，中位数是 208。

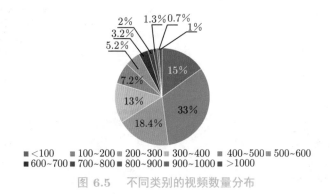

图 6.5　不同类别的视频数量分布

图 6.6 为数据集中的部分类别视频的数量分布，最多的一个类"河流"有 2698 个视频，最少的类比如"吹口哨"，只有 80 个视频。数量较多的视频类别有"包装礼物""弹贝斯""粉丝见面"等事件，数量适中的视频类别有"泡茶""清扫地毯""偷窃"等事件，"做篱笆""磁悬浮列车"等类别的数量最少。在构建的数据集中，标签数量最多的前三个类别分别是"河流""沙漠""海滩"，均是场景类型的标签，而标签数量最少的类别有"拐拐走路""展示帽子""吹口哨"等，均是动作类型的标签。由此可见，在互联网视频中，人的动作类型是多种多样的，同时分布上也是较稀疏的。在深度学习的大背景下，对于一些类别存在的样本数量不足的问题，如何对该类别的数据进行学习，是本书的研究内容。

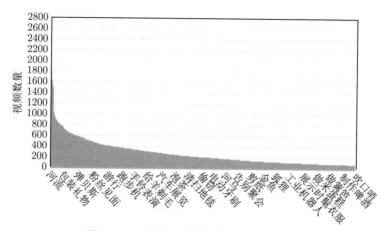

图 6.6　属于每一个类别的视频数量分布

图 6.7 为数据集视频时长分布图。视频数据集的平均时长为 192s，最大的视频长度不超过 12min，大约一半的视频的时长在 200s 以下。

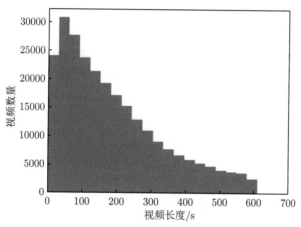

图 6.7　视频时长分布图

6.1.2.4　视频数据集基准指标定义与测试

在大数据分析领域，基准测试为大数据分析算法和系统的性能评测提供公认的比较方法与指标。由于大数据分析相关技术发展迅速，如何对各类大数据分析算法和系统进行科学测试与评估是相关理论、方法与技术研究的重要保障。为此，本节研究并给定了实施大数据基准测试方法与系统。

1) Average hit @ 1(Avg hit @ 1)

$$\text{Avg hit @ 1} = \frac{1}{N}\sum_{i=1}^{N}\mathrm{d}(\boldsymbol{y}_i, \max(\hat{\boldsymbol{y}}_i)), \tag{6.1}$$

式中，N 为测试集视频总数；$\boldsymbol{y}_i$ 为第 i 个测试视频的真实标签；$\max(\hat{\boldsymbol{y}}_i)$ 为第 i 个测试视频的 top1 预测结果；$\mathrm{d}(\boldsymbol{y}_i, \max(\hat{\boldsymbol{y}}_i))$ 判别第 i 个视频的 top1 预测结果 $\max(\hat{\boldsymbol{y}}_i)$ 是否属于真实标签 $\boldsymbol{y}_i$ 中，如属于则取 1，否则取 0。

2) Global Average Precision @ 5 (GAP @ 5)

取每个样本的 top5 预测结果, 计算所有预测结果的 AP。若总共 N 个预测分数, 则 GAP 计算方式为

$$\text{GAP} = \sum_{i=1}^{N} \boldsymbol{p}(i) \triangle \boldsymbol{r}(i), \tag{6.2}$$

式中, N 是 top5 的预测结果的个数 (如果每个视频有 5 个预测结果, 则 $N = 5\times$ 视频总数); $\boldsymbol{p}(i)$ 是精确率; $\boldsymbol{r}(i)$ 是召回率。

3) 平均精度均值 (mean average precision, MAP)

$$\text{MAP} = \frac{1}{C} \sum_{c=1}^{c} \frac{\sum_{k=1}^{n} P(k) \times \text{rel}(k)}{N_c}, \tag{6.3}$$

式中, C 是类别数 (本数据集为 1004); $P(k)$ 是每个类别 top$k$ 的预测准确率; n 是每个类别的预测结果数; $\text{rel}(k)$ 是判别第 k 个预测结果是否为正样本的指示函数, 如果是正样本, 则为 1, 否则为 0; N_c 是每个类别的正样本总数。

在现有的视频分类算法上进行以下基准测试。首先对 256218 个视频进行解码, 以 1fps 从每个视频提取一定数量的帧, 然后根据所有视频的平均时长取 180 帧进行特征提取。对比模型包括:

(1) Resnet101 v2 + GRU, 模型首先用在 ImageNet 预训练后的 Resnet101 v2 模型, 对每个视频帧提取一个 2048 维的特征向量, 然后采用双层 GRU 模型进行帧级特征聚合得到时空融合特征, 最后经过全连接层和 softmax 层得到最终的预测结果。

(2) Resnet101 v2 + NetVLAD, 模型首先用在 ImageNet 预训练后的 Resnet101 v2 模型, 对每个视频帧提取一个 2048 维的特征向量, 然后采用 NetVLAD 帧级特征聚合方法得到编码后的特征, 最后经过全连接层和 softmax 层得到最终的预测结果。

(3) Inception v3 + GRU, 模型首先用在 ImageNet 预训练后的 Inception v3 模型, 对每个视频帧提取一个 2048 维的特征向量, 然后采用双层 GRU 模型进行帧级特征聚合得到一个时空融合特征, 最后经过全连接层和 softmax 层得到最终的预测结果。

(4) Inception v3 + NetVLAD, 模型首先用在 ImageNet 预训练后的 Inception v3 模型, 对每个视频帧提取一个 2048 维的特征向量, 然后采用 NetVLAD 帧级特征聚合方法得到编码后的特征, 最后经过全连接层和 softmax 层得到最终的预测结果。

表 6.2 是在当前流行的视频分类算法上进行的基准测试结果, 其中帧级特征提取方法 Inception v3 + GRU 取得最高的 Avg hit at 1 值, Inception v3 + NetVLAD 在 GAP at 5 和 MAP 两项指标上取得最佳结果。值得一提的是, NetVLAD 是一个非常强的基线算法, 在 2017 年和 2018 年的 GoogleAI YouTube-8M 视频理解竞赛中都是冠军方案, 也是 2017 年 ACMM LSVC 竞赛冠军阿里巴巴 iDST 采用的方案。希望通过构建此数据集, 让学术界和工业界的算法研究者设计出新的算法, 充分挖掘视频中包含的语义信息。与现有的视频数据集不同的是, 此数据集包含物体、场景、动作和活动等丰富内容, 更加贴近工业界用户生产的数据特点, 给挖掘特征之间和模态之间的关联提出新的挑战。

表 6.2　视频分类基准测试结果

帧特征提取方法	帧特征融合方法	Avg hit at 1	GAP at 5	MAP
Resnet101 v2 [15]	NetVLAD [16]	67.7	70.7	66.0
	GRU [17]	63.4	65.1	61.3
Inception v3 [18]	NetVLAD	68.3	**71.6**	**66.7**
	GRU	**71.4**	61.5	57.8

6.1.3　小结

本节介绍了大数据分析平台与视频基准测试集，构建的大数据分析平台自上而下包括 4 个层面：交互式可视化引擎、异构算子统一编程模型、统一算子执行引擎平台和基于微服务的运行时调度。为大数据分析应用提供了统一、高效、便捷的大数据开放共享平台，从而降低大数据处理技术的门槛，支撑大数据应用的敏捷开发。为了给各类大数据分析算法的性能指标提供定量和可对比测试分析服务，构建了一项视频基准测试集，共包含 256218 个视频和 1004 个类别，充分考虑了实际应用中数据的多样性与典型性，为大数据分析算法的性能评价提供了基准。针对现有数据集存在的视频数据标注不完全、视频规模小和标签类型单一等问题，该测试集在构建过程中进行人工标注，保证标注质量，并通过有效的数据采集和标签体系构造手段，在视频数量、标签类别数量和标签类型方面优于现有数据集性质。基准测试为大数据分析算法和系统的性能评测提供了公认的比较方法与指标，研究并给定大数据基准测试方法与系统，采用当前热门的视频识别算法在视频基准测试集上进行三项指标的检测。

6.2　大数据标准制定

大数据分析理论、方法和技术应用于互联网、金融、公共事业管理等领域，数据与分析工具的开放共享可以充分激发数据活力，为开创新应用、催生新业态、打造新模式提供新动力。然而，我国在相关方面尚缺乏标准化的指导方案，亟须从顶层规范开放共享的模式和要求。本书调研了国内外标准化现状，通过研制大数据系统标准和开放共享相关标准，统一业界对大数据系统的理解和认识，规范大数据系统研发。

6.2.1　国内外标准化现状

6.2.1.1　国外现状

国际标准化组织/国际电工委员会的第一联合技术委员会 (ISO/IEC JTC1) 于 2013 年 11 月成立负责大数据国际标准化的大数据研究组 (ISO/IEC JTC1/SG2，以下简称 SG2)，其工作重点包括：调研国际标准化组织 (ISO)、国际电工委员会 (IEC)、第一联合技术委员会 (ISO/IEC JTC1) 等在大数据领域的关键技术、参考模型以及用例等标准基础；确定大数据领域应用需要的术语与定义；评估分析当前大数据标准的具体需求，提出 ISO/IEC JTC1 大数据标准优先顺序；向 2014 年 ISO/IEC JTC1 提交大数据建议的技术报告和其他研究成果。

2014 年 11 月，SG2 向 ISO/IEC JTC1 提交研究报告，其中包括建议成立独立的 ISO/IEC JTC1 大数据工作组，需要标准化的大数据技术点。ISO/IEC JTC1 成立 ISO/IEC

JTC1/WG2 大数据工作组 (以下简称 WG2)。WG2 工作重点为: 开发大数据基础性标准, 包括参考架构和术语; 识别大数据标准化需求; 同大数据相关的 JTC1 其他工作组保持联络关系; 同 JTC1 之外的其他大数据相关标准组织保持联络关系。2017 年 10 月, 在 ISO/IEC JTC1 第 32 届全会上批准成立了 JTC1/SC42 人工智能分技术委员会 (以下简称 SC42), 同时将 WG2 工作纳入 SC42 管理。

目前, ISO/IEC JTC1/SC42 WG2(大数据标准工作组) 主要开展大数据领域通用性标准研制, 正在研制及发布的标准有: ISO/IEC 20546《信息技术大数据 概述与术语》、ISO/IEC 20547-3《信息技术 大数据 参考架构 第 1 部分: 框架与应用》、ISO/IEC 20547-3《信息技术 大数据 参考架构 第 2 部分: 用例和需求》、ISO/IEC 20547-3《信息技术 大数据 参考架构 第 3 部分: 参考架构》、ISO/IEC 20547-4《信息技术 大数据 参考架构 第 4 部分: 安全与隐私》、ISO/IEC 20547-5《信息技术 大数据 参考架构 第 5 部分: 标准路线图》。

6.2.1.2 国内现状

大数据领域的标准化工作是支撑大数据产业发展和应用的重要基础, 为了推动和规范我国大数据产业快速发展, 建立大数据产业链, 与国际标准接轨, 在工业和信息化部、国家标准化管理委员会的领导下, 社会各界朋友关心支持下, 2014 年 12 月 2 日全国信息技术标准化技术委员会大数据标准工作组 (以下简称 "工作组") 正式成立。2016 年 4 月, 全国信息技术标准化技术委员会大数据安全标准特别工作组正式成立。全国信息技术标准化技术委员会大数据标准工作组主要负责制定和完善我国大数据领域标准体系, 组织开展大数据相关技术和标准的研究, 申报国家、行业标准, 承担国家、行业标准制修订计划任务, 宣传、推广标准实施, 组织推动国际标准化活动。对口 ISO/IEC JTC1/SC42 WG9 大数据工作组。根据需求和实际情况, 以及更好地开展相关标准化工作, 2017 年 7 月工作组正式成立第二届专题组: 总体专题组、国际专题组、技术专题组、产品和平台专题组、工业大数据专题组、政务大数据专题组、服务大数据专题组, 负责大数据领域不同方向的标准化工作。目前, 工作组已发布 24 项标准, 16 项标准在研, 20 项重点标准正推进立项阶段。

全国信息安全标准化技术委员会大数据安全标准特别工作组正在研制的国家标准有 13 项, 其中 2016 年在研标准《大数据服务安全能力要求》和《个人信息安全规范》进入报批稿阶段, 《大数据安全管理指南》进入送审稿阶段; 2017 年在研标准《数据安全能力成熟度模型》《数据交易服务安全要求》和《个人信息去标识化指南》进入送审稿阶段, 《数据出境安全评估指南》处于征求意见稿阶段, 《个人信息安全影响评估指南》处于草案阶段; 2017 年启动了《大数据基础软件安全技术要求》《数据安全分类分级实施指南》《大数据业务安全风险控制实施指南》《区块链安全技术标准研究》等标准研究项目。

6.2.2 开放共享标准研究

6.2.2.1 标准编制背景

2012 年, 奥巴马签署发布了《美国信息共享和保护战略》, 明确将信息资源作为国家资产, 并对联邦层面的信息共享, 联邦与州、地方的信息共享等都提出要求, 制定了共享信息的机制、标准和制度。欧盟委员会也修订了相关规章的细则，使各国更容易在时间期限内完成任务，为提供和共享数据界定指导原则。

2015 年 9 月，国务院印发《促进大数据发展行动纲要》，提出要推动各部门、各地区、各行业、各领域的数据共享开放。政府数据的共享开放是为了充分激发数据活力，为开创新应用、催生新业态、打造新模式提供新动力。当前，我国政务系统建设中条块分割的现状仍未得到有效解决，政务数据共享"纵强横弱"的局面未有根本改善，系统间互联互通阻碍重重，跨部门数据共享和业务协同推进迟缓。因此，亟须从顶层规范政府数据开放共享模式和要求，以推进政府数据开放共享工作。

由于相关标准的缺失，影响了政务服务数据的复用性和互融互通性，已经不能适应政务信息系统整合工作快速推进、"互联网 + 政务服务体系"全面推广的工作需要。在此背景下，按照党的十九大提出的"构建人民满意的服务型政府"的总体要求，聚焦数据共享开放的技术难点、堵点问题，加快政务数据共享开放标准体系建设，具有十分重要和迫切的意义。

6.2.2.2　标准编制原则

该系列标准依托国家数据共享交换平台、国家数据开放平台和地方平台建设情况，针对数据开放共享的总体框架、开放共享原则、技术要求以及开放程度评价提出规范。针对以上内容制定相应的开放共享衡量标准和评价方法，形成一套完整的可评估的开放共享标准。

依托标准研制，开发形成适用于动态监测的各级政府部门数据开放共享的评价系统，建立维护动态可调整的开放共享评价指标体系，支撑开放共享评价，形成反馈机制，提升标准推广的集群效应，形成一体化的开放共享网络，促进开放共享工作深入开展。

(1) 全面性。从开放数据的目标和意义出发，综合考虑开放数据利益相关者的需求和行为，全面评价大数据开放必须具备的基本要求和提升开放水平的软硬件要素。

(2) 系统性。围绕数据核心，分析各要素之间的关系，综合考虑各要素作用于数据开放所产生的系统效应，整体评价数据开放程度，保证评价结果科学有效。

(3) 针对性。综合考虑数据应用场景，从数据、公共、开放三个维度分析评价对象的特点，根据应用场景和对象特点，科学选取内容和指标，进行有针对性的评价，保证评价结果符合实际。

(4) 可操作性。评价内容和指标选取应尽可能具体细化并且符合评价对象的运行实际，评价方法要求尽可能适用定量评价法，采用定性评价的指标应进行赋值量化，评价过程可记录，以保证评价过程可操作、可计算，评价结果可追溯。

6.2.2.3　标准编制范围

开放共享系列标准为政府数据开放共享的范围、类型以及开放共享的程序和使用方式提出规范。规定了大数据开放共享的数据开放程度评价原则，适用于对大数据开放程度进行评价。本系列标准主要用于政府数据的开放共享，为政府部门实施政府数据资源共享开放工程提供支持，促进社会事业数据融合和资源整合，提升政府整体数据分析能力，实现政府治理能力现代化。

6.2.2.4 标准主要内容

《信息技术 大数据 政务数据开放共享 第 1 部分：总则》(GB/T 38864.1—2020) 主要给出政务数据开放共享系统架构、总体要求和系列标准各部分间关系。《信息技术 大数据 政务数据开放共享 第 3 部分：开放程度评价》(GB/T 38864.3—2020) 给出政务数据开放程度评价准则、评价指标体系和评价方法。

1) 政务数据开放共享系统参考架构

政务数据开放共享系统参考架构由网络设施、数据资源、平台设施、安全保障和管理评价 5 个部分组成，图 6.8 描述的政务数据开放共享系统参考架构适用于国家、省、市各级数据共享交换系统的建设，同时满足各级系统逐级对接要求。

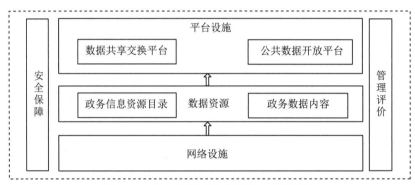

图 6.8 政务数据开放共享系统参考架构

(1) 网络设施，为政务数据开放共享提供统一、通达的网络基础设施支撑。

(2) 数据资源，为政务数据开放共享提供数据资源，包括政务信息资源目录和政务数据内容。

(3) 平台设施，基于政务数据的开放目录和共享目录提供开放、共享服务的平台设施，支撑政务数据用户通过平台从政务数据提供者获取数据。

(4) 安全保障，提供政务数据采集、传输、处理、存储、使用等环节的安全保护。

(5) 管理评价，提供整个开放共享的服务流程管理和考核评价。

2) 政务数据开放程度评价指标体系

政务数据开放程度评价指标体系包括网络设施、数据资源、平台设施、安全保障、管理评价和应用成效 6 个一级指标，以及在一级指标的基础上，根据评价原则确定的二级指标。评价指标体系见图 6.9。

(1) 网络设施，主要对数据开放的网站的访问和交互进行评价。

(2) 数据资源，主要对开放数据集涉及的领域覆盖率、数据质量以及开放数据目录等进行评价。

(3) 平台设施，主要对公共数据开放平台的运行和服务进行评价。

(4) 安全保障，主要对相关政策法规的完备程度、具体管理实施细则的便捷性和可操作、数据开放安全可控的相关安全防护和数据管控体系的有效性等进行评价。

(5) 管理评价，主要对开放服务需求和开放工作评价机制进行评价。

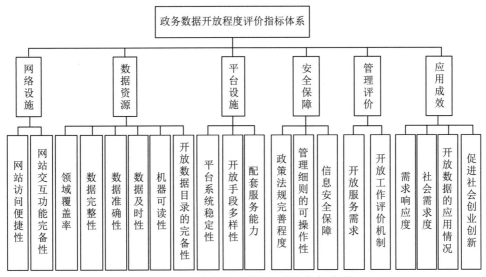

图 6.9　政务数据开放程度评价指标体系

(6) 应用成效，主要从数据用户的角度对数据开放工作进行评价。

3) 政务数据开放程度评价方法

为保证评价结论的科学性、客观性和全面性，可采用多种评价方法，包括定性评估、定量评估、实地调查、平台监测、社会参与、问卷调查、第三方评价和企业访谈等。依据指标权重表 (表 6.3) 中的指标说明、指标权重，对评价对象进行逐项打分，分别按照不同评价项目进行分值计算，最后汇总计算评价总分，总分 100 分。

6.2.3　大数据系统标准研究

6.2.3.1　标准编制背景

随着信息技术的不断发展，数据生成总量呈现爆炸式的增长，大数据技术在互联网、金融、交通、旅游、医疗、公共事业管理等领域逐步得到广泛应用，相应的大数据系统产品也纷纷涌现。由于业务应用场景差别巨大，当前领域内的大数据系统产品多种多样，产品功能差异较大，质量参差不齐，亟须制定大数据系统相关的标准，规范大数据系统的定义、边界及通用技术要求，统一业界对大数据系统的理解和认识，为大数据系统的设计、选型、验收、检测提供依据，确保业内整体大数据系统质量水平提升。

6.2.3.2　标准编制原则

本标准以全国信息技术标准化技术委员会大数据标准工作组的研究成果为基础，以目前业界主要大数据企业的主流大数据系统产品为依据进行研制。参考《信息技术 大数据 技术参考架构》(GB/T 35589—2017) 等国家标准，研究制定相应的基本功能要求，保证大数据系统的应用能力。

为使标准能够适应我国的实际需求，对我国大数据系统的研制和适用具有指导性和适用性，在标准制定过程中，主要遵循如下几个原则：

表 6.3 指标权重表

序号	一级指标 名称	权重	二级指标 名称	权重	指标说明
1	网络设施	11	网站访问便捷性	7	数据开放的网站是否具有良好的可操作性、界面风格是否具有良好的用户感受、访问操作是否具有响应、适量的网站弹窗、贴心的导航设计、敏捷的网站响应
			网站交互功能完备性	4	数据开放的网站是否具有明显的按钮设计、增加最新通知的功能和自主服务功能；是否具有聊天功能、留言功能
2	数据资源	29	领域覆盖率	5	数据开放的数据集是否涉及相关政策法规要求的领域
			数据完整性	5	数据描述字段是否完整；数据格式是否完整、数据资源本身是否完整
			数据准确性	5	开放的数据内容是否真实准确、无误导、准确反映数据所属政府部门的意图和信息内容
			数据及时性	5	根据数据开放时间要求，对可开放数据集的更新管理的及时性进行评价
			机器可读性	5	根据数据开放可读要求，对数据集中开放的数据可读、对数据集是否能被机器应可进行评价
			开放数据目录的完备性	4	是否建有开放数据目录和目录清单
3	平台设施	19	平台系统稳定性	5	数据开放的系统应保证业务访问连续稳定，数据开放接口执行有效，且避免未知错误导致的访问中断，数据读取中断等错误
			开放手段多样性	7	向公共数据开放使用提供可靠、持续性的服务
			配套服务能力	7	提供对应的数据服务包含文件、数据库、API 接口、消息队列 4 种服务的数量；是否提供数据精选、处理、挖掘分析和可视化等应用
4	安全保障	16	政策法规完善程度	5	是否有数据开放等相关的法律法规及政策
			管理细则的可操作性	5	管理细则、数据开放管理、数据开放定价、开放主体资格认证及准入等具体管理制度及实施细则
			信息安全保障	6	对数据安全风险的预测能力和防范能力，是否有足够的安全防护措施保障信息安全
5	管理评价	12	开放服务需求	6	是否根据数据需要提出开放服务需求
			开放工作评价机制	6	是否建立开放工作评价的管理机制，并开展相应的管理评价工作
6	应用成效	13	需求应应	3	社会公众参与数据开放的管理机制和渠道建立情况以及对社会开放需求的响应情况
			社会需求度	2	社会公众对开放平台的访问情况及开放数据的下载情况
			开放数据的应用情况	4	公众基于开放平台对数据进行开发应用的情况
			促进社会创新	4	根据实际应用案例和场景，开放数据对促进社会创新创业方面是否发挥作用

注：表中的一级指标和二级指标的权重值可结合实际情况进行调整。

(1) 要符合国家的有关政策法规要求；

(2) 要与已颁布实施的相关标准相协调；

(3) 要结合产业对实际应用需求；

(4) 要充分考虑我国大数据系统的实际技术水平和发展应用，满足应用的基本要求，并对先进技术保持兼容性。

6.2.3.3　标准编制范围

大数据系统标准主要对大数据系统的功能和通用要求进行规范，主要针对目前国内大数据市场中大数据系统功能边界不统一、质量参差不齐，造成政府监管困难、用户难以选型等问题。标准项目的实施可实现产业内的统一探讨，形成产业共认、合理合法的标准规范，对大数据产业发展具有不可取代的支撑作用。

大数据系统标准规定了大数据系统的功能和非功能要求。

大数据系统标准适用于各类大数据系统，作为大数据系统设计、选型、验收、检测的依据。

6.2.3.4　标准主要内容

大数据系统标准主要对大数据系统包含的模块进行规定，包括数据收集、数据预处理、数据存储、数据处理、数据分析、数据访问、数据可视化、资源管理、系统管理 9 个模块，其框架如图 6.10 所示。

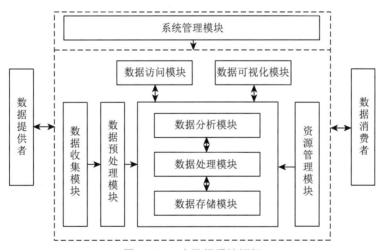

图 6.10　大数据系统框架

在标准研制过程中，《信息技术 大数据 系统通用规范》的试验验证与标准编写是同步进行的。依据《信息技术 大数据 系统通用规范》标准草案，面向华为、阿里云、百分点、杭州海康威视、新华三、中兴通讯、青岛大快、柏睿数据等企业的大数据产品开展试验验证，验证产品包括以 Hadoop/Spark 为基础的系统、由 Hadoop/Spark 和 MPP 组成的系统，以及通过封装底层接口提供的自研平台，基本覆盖了目前市场上的主要产品类型。通过试验验证，帮助企业发现了自身产品的不足，同时对于标准中所规定的功能及通用要求

(包括可靠性、兼容性、安全性、可扩展性、维护性、易用性等) 指标进行验证，并给出完善的依据。

6.2.4 小结

本节介绍了大数据国内外标准化现状，对开放共享标准和大数据系统标准的标准编制背景、编制原则、标准编制范围及重要内容进行研究，重点介绍了政务数据开放共享系统参考架构、政务数据开放程度评价指标体系、政务数据开放程度评价方法和大数据系统框架。在大数据标准制定方面拥有多项研究成果，包括《信息技术 大数据 政务数据开放共享 第 1 部分：总则》(GB/T 38664.1—2020)、《信息技术 大数据 政务数据开放共享 第 2 部分：基本要求》(GB/T 38664.2—2020)、《信息技术 大数据 政务数据开放共享 第 3 部分：开放程度评价》(GB/T 38664.3—2020) 和《信息技术 大数据 大数据系统基本要求》(GB/T 36673—2020) 等 4 项国家标准。

6.3 大数据分析应用示范

结合相关的研究成果，构建了两项应用示范：(1) 面向公共安全的视频目标关联与态势感知。该项应用示范重点解决多路视频之间存在跨时域、空域现象所导致的监控领域关键技术难题，为基于大规模监控视频的预警防范、治安防控、反恐维稳、案件侦查等业务应用提供技术支撑；(2) 智慧法院深度知识挖掘及精准分案，该应用示范在法院多源异构数据基础上，构建智慧法院知识图谱，支撑法院知识查询，并面向法院智能化管理业务的需求研究深层知识的探索式可视化展示技术，进而实现面向人案关联的多目标精准分案技术和工具。

6.3.1 大数据分析技术在智慧法院的应用示范

6.3.1.1 "智慧法院"的数据特点

随着信息技术的深入发展，信息科技对各行各业的发展起到巨大的推动作用。2016 年 7 月底，中共中央办公厅、国务院办公厅印发《国家信息化发展战略纲要》，将建设"智慧法院"列入国家信息化发展战略，"提高案件受理、审判、执行、监督等各环节信息化水平，推动执法司法信息公开，促进司法公平正义"。自党的十八大以来，各级人民法院积极贯彻落实最高人民法院推进"智慧法院"的决策部署，推进人民法院的信息化建设。2017 年，全国"智慧法院"建设取得了显著成果，2020 年 6 月，中国社会科学院法学研究所、社会科学文献出版社联合发布《法治蓝皮书：中国法院信息化发展报告 (2020)》(以下简称《法院信息化蓝皮书》)。《法院信息化蓝皮书》指出，智慧法院体系基本建成，中国法院信息化建设朝着标准化、系统化、精准化、智能化方向大踏步前进。

在"智慧法院"的前期建设阶段，全国各级人民法院建设了大量信息化系统，为"智慧法院"的智能化发展提供了数据储备。区别于其他领域数据，"智慧法院"数据具有杂乱化、非结构化和领域化三大特点，为"智慧法院"数据的有效应用带来困难。首先，"智慧法院"的数据产生于法院的信息化建设中，具有杂乱化的特点。法院的信息化建设主要以法院业务的规范化和自动化为目标，对原有法院人工作业的工作方式进行重组，提高法院业务工作和沟通的效率。在此过程中，数据作为信息化建设的产物被沉淀和积累，其设计只考虑了单一的信息化系统的应用需求，缺乏系统间的数据总体设计，使得数据之间缺乏联系和标准，存在大量的重复建设、关键数据缺失、数据形式不一等问题。其次，"智慧法院"数据以非结构化数据为主，如法院的裁判文书数据为文本数据，而卷宗数据多为扫描的 PDF 图片数据。法院数据中的重要知识被隐藏在这些非结构数据中，如案件中涉及的证据、关键审判要素、涉案人员的背景等。在"智慧法院"的智能化建设中，需要利用语义分析、实体识别、目标检测、手写体识别等技术手段从非结构化文本中把这些有价值的知识提炼出来。针对这些知识的识别和提取，虽然我们对其中一部分已有比较好的解决方法，如涉案人员的身份证号码识别、车牌识别等，但还存在大量"智慧法院"知识缺乏有效的识别手段，无法从非结构化数据中提炼出来，如手写借条的内容识别问题、案情描述中关于复杂要素的识别问题等。因此，"智慧法院"数据的非结构化特点增加了"智慧法院"数据的理解和使用难度。最后，"智慧法院"数据呈现领域化，其中知识的提炼需要司法行业的知识背景。如在盗窃案件中，"携带凶器"是一个重要的审判要素，如何判断案情中描述的作案工具是否为"凶器"，依据司法行业的专业知识，需要深厚的行业背景才能准确有效地识别。"智慧法院"数据的有效应用不仅仅需要数据领域的专业人员，更需要司法领域人员的协助，进一步增加了"智慧法院"数据的分析难度。针对以上问题，迫切需要在深入了解法院业务需求的基础上，面向"智慧法院"数据的杂乱化、非结构化和领域化特点，开展"智慧法院"的数据化建设。

6.3.1.2 "智慧法院"数据中台建设

由于法院数据分散在各法院信息化建设系统中，在进行数据驱动的法院智慧应用建设中，需要先面向应用需求对法院数据进行融合，打破数据分散和在数据设计阶段形成的数据壁垒。针对以上需求，一个普遍的做法是建设"智慧法院"数据中台，实现多源法院数据的融合和整理，并以此支撑法院数据的运用，支持其他数据驱动的智慧法院应用的快速扩展。

1) 法院数据情况

法院数据数量庞大，数据类型多样，除大量的非结构化数据以外，还包含大量的结构化和半结构化数据。其中，结构化数据主要来自于各信息化系统；半结构化数据来源于法院信息化系统中产生的报表数据，该部分数据主要表达为 XML 的形式。在法院所有的数据中，案件的裁判文书自 2014 年开始在互联网全面公开，可在中国裁判文书网上获取，受到众多研究机构和企业的广泛关注，成为"智慧法院"研究的重要载体。

判决书是指法院根据判决写成的文书，包括民事判决文书、刑事判决文书、行政判决文书和刑事附带民事判决文书。判决书整体结构如图 6.11 所示。文书中包含法院名称、文书类型名称、判决文书的案号、公诉机关、案件原告、案件被告、委托律师等自然人信息、案情介绍、证据说明、事实认定、判决情况、案件审判员、时间、书记员等相关信息。

2) "智慧法院"数据中台架构

"智慧法院"数据中台旨在为"智慧法院"的前台应用和后台数据之间建立统一的数据

体系，为"智慧法院"应用提供统一的数据处理口径。"智慧法院"数据中台对多源数据汇聚、清洗和加工后，面向数据应用的需求，通过数据分析进一步挖掘数据内有价值的信息，形成"智慧法院"数据资产。

贵州省毕节市七星关区人民法院

刑 事 判 决 书

(2017) 黔***刑初*号

公诉机关毕节市七星关区人民检察院。

被告人***，男，1969 年*月*日出生，汉族。小学文化，农民，住赫章县。因本案于 2016 年 9 月 15 日被刑事拘留，同年 9 月 29 日被逮捕，现押于毕节市七星关区看守所。

辩护人**，赫章县法律援助中心律师。

毕节市七星关区人民检察院以七星检公诉刑诉（2016）***号起诉书，指控被告人***犯窃盗罪，于 2016 年 12 月 26 日向本院提起公诉。本院立案后，依法组成合议庭，公开开庭审理了本案。毕节市七星关区人民检察院指派检察员***出庭支持公诉，被告人***及其辩护人到庭参加诉讼，现已审理终结。

毕节市七星关区人民检察院指控：2010 年 4 月 14 日，被告人***同甘某（已判刑）、***（已判刑）、徐某（另案处理）经共谋后，从原毕节市（现毕节市七星关区，下同）城区双井寺乘车到阿市乡街上伺机盗窃。……经原毕节市价格认证中心评估，该 30 余部手机及一台笔记本电脑共计价值人民币 25,224.00 元。

公诉机关并向本院提供了：1、被告人***的供述；2、同伙甘某、***的供述；3、……。以此指控被告人***的行为，已触犯《中华人民共和国刑法》第二百六十四条之规定，构成盗窃罪，故提请本院对被告人***定罪科刑。

被告人***对起诉书指控的事实及罪名无异议。

被告人***的辩护人辩称：被告人系从犯、初犯，认罪态度较好，盗窃数额属较大，且在押后身体患有疾病，建议对其从轻判处并适用缓刑。

经审理查明：2010 年 4 月 14 日，被告人***同甘某（已判刑）、***（已判刑）、徐某（另案处理）经共谋后，从原毕节市（现毕节市七星关区，下同）城区双井寺乘车到阿市乡街上伺机盗窃。次日凌晨，甘某、***、徐某、***到阿市乡街上被害人申某家手机店门口，由陇忠成、徐某、盛绪杰放哨，甘某用起子刁开申某家手机店门锁链条进入店内盗走 30 余部手机及一台笔记本电脑，案发后，手机及电脑已返还给申某。经原毕节市价格认证中心评估，该 30 余部手机及一台笔记本电脑共计价值人民币 25,224.00 元。

上述事实，被告人***在开庭审理过程中亦无异议，且有……等相关书证证实，足以认定。

本院认为：公诉机关指控被告人***犯罪事实清楚，证据确实充分，其罪名成立。被告人***伙同他人以非法占有为目的，采用秘密窃取的手段，盗窃公民的合法财产，数额较大，其行为已触犯刑律，构成了盗窃罪，依法应予惩罚。对于辩护人提出被告人系从犯、初犯，认罪态度较好，盗窃数额属较大的辩护意见，有事实依据及法律依据，本院予以采纳。本案中，罪犯甘某在实施盗窃行为时起主要作用，被告人***起辅助作用，系从犯，依法应从轻处罚，被告人***在开庭审理过程中认罪态度较好，可酌情对其从轻处罚。据此，根据被告人***的犯罪事实、情节，依照《中华人民共和国刑法》第二百六十四条、第二十五条、第二十六条、第二十七条、第六十七条第三款、第七十二条之规定，判决如下：

被告人***犯盗窃罪，判处有期徒刑二年，缓刑三年，并处罚金人民币三千元。

（缓刑考验期自判决确定之日起计算，罚金自本判决生效之日起十日内缴纳。）

如不服本判决，可在接到判决书的第二日起十日内，通过本院或者直接向贵州省毕节市中级人民法院提出上诉。书面上诉的，应当提交上诉状正本一份，副本二份。

审 判 长　　***
人民陪审员　　***
人民陪审员　　***
二〇一七年元月十一日
书 记 员　　***

图 6.11　判决文书样例

一个可行的"智慧法院"数据中台架构如图 6.12 所示，包含"数据汇聚""数据处理""领域数据分析"和"基础支撑库"等多个组成部分。其中，"数据汇聚"和"数据处理"在大部分领域数据中台的建设中较为常见。"数据汇聚"主要完成多源法院数据的抽取、汇聚和存储，该部分与法院的内部、外部数据以及领域数据对接。在"数据汇聚"的基础上，"数据处理"部分主要完成数据的整理工作，依据数据标准实现数据的统一，解决数据缺失、错误和相同数据在不同数据源的定义差异等问题，实现数据的质量提升。"领域数据分析"解决法院场景下的领域数据分析问题，挖掘数据中的知识及知识的关联，实现"智慧法院"从信息化到数据化的转换，为上层的"智慧法院"应用提供智能化组建。

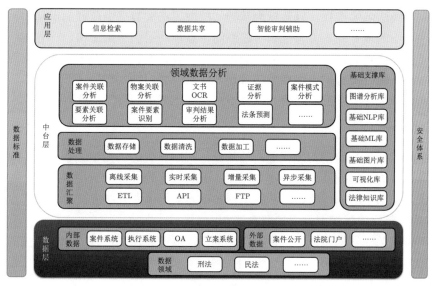

图 6.12　"智慧法院"数据中台架构

3) 常见的"智慧法院"数据中台支撑应用

(1) 信息检索

信息检索是数据中台的一个常见应用,即在数据融合的基础上,面向融合后数据中蕴含的信息进行快速查询。面向"智慧法院"数据的非结构化特点,"智慧法院"的检索需要实现非结构化数据的检索。针对这一需求,比较常用的方法是,首先提取非结构化数据的关键特征,如文本中的关键词、图像和视频的标签等,再利用检索技术对这些关键特征进行检索。目前全文检索技术有 Lucene、Solr、ElasticSearch 等。除了传统的信息检索方法,基于知识图谱的信息检索由于其能进一步挖掘数据中知识的关联关系,有效支撑自动问答、知识推理等应用,得到学术界广泛关注。

"智慧法院"的信息检索建设需要首先梳理法院应用场景中的常见检索知识点,如案件、法官、涉案人员、关键财产等,再利用自然语言理解、图像分析等技术手段进行检索知识点的分析和提取,建立知识点的画像,并进行知识关联,如案案关联、人案关联、案物关联等,最终实现司法知识的快速触达。面向"智慧法院"的领域化特点,这些检索目标的提取需要司法领域专家和数据领域专家的协作。

(2) 数据共享

"智慧法院"数据中台的建设促进法院的多源数据形成数据资产,如何有效地利用这些数据资产,支撑数据驱动的"智慧法院"应用,是"智慧法院"建设的一个重要需求。数据共享针对以上需求开展工作,以数据在共享过程中的可扩展性、通用性、灵活性和安全性为目标,建立数据共享的规则和安全机制,实现"智慧法院"数据的对内和对外共享。在此过程中,可利用元数据技术,实现"智慧法院"数据的定义和标准化,提升数据的质量,便于数据的定位,减少数据的重复,提升数据的使用效果。

(3) 智能审判辅助

"智慧法院"数据中台的建设为"智慧法院"的智能化建设带来契机。智能审判辅助开始逐步受到各级法院的重视，以数据为基础，挖掘司法大数据中蕴藏的审判知识，充分利用人工智能方法的可复制、可验证和可追溯的特点辅助司法审判工作。一方面，智能审判辅助有助于提高法官的办案速度，解决公检法案件多、人员少、办案工作量大的问题；另一方面，智能辅助办案有助于保证司法公正，促进同案同判，提高司法公信力。常见的智能审判辅助应用包含类案推荐、审判结果预测、法条推荐、案件质量审查等。

6.3.1.3 法院知识元素识别

法院的知识元素抽取是智能化应用的基础，把案件表达为知识元素，从不同的知识角度理解案件，可为类案推荐、案件类型预测、繁简分流等智能应用提供支撑。基于法院知识元素在法院文书中的描述特点，法院主题知识元素的识别方法可被划分为 3 个层级：

1) 浅层规范化法院知识元素抽取方法

相对于传统的非结构化数据，法院文书的书写规范，用词严谨。部分法院的知识在法院文书中的描述具有较强的规律性。例如，判决文书的开始部分，首先描述原告与被告的相关信息，如果是人类型的原被告，则会存在描述该原告的姓名、性别、身份证等信息，可以通过"原告""被告"称谓词进行原被告的知识抽取；在法院判决文书末尾会描述审判相关人员信息，例如，"审判长""书记员"等关键称谓词，用这些关键的称谓词同样可以对审判人员信息进行抽取。表 6.4 总结了部分浅层规范化知识，此类知识可通过基于正则表达的方法实现抽取，抽取速度快，不需要训练数据，但需注意正则表达方法要覆盖法院文书中的所有出现的书写规律。对于新增的案件文书，可能会出现部分文书因书写不符合正则表达方法而无法正确抽取的现象，需要及时修正正则表达方法。

表 6.4 部分浅层规范化知识

关键词	知识	举例
原告	原告姓名	原告××，女，1972 年 12 月 18 日出生
被告	被告姓名	被告××，男
审判长	审判长名称	审判员 ××
书记员	书记员名称	书记员 ××
出生	原告/被告出生日期	原告××，女，1972 年 12 月 18 日出生
身份证号	原告/被告身份证号	身份证号 ××××××××××××××
户籍地	原告/被告户籍	户籍×× 省×× 县
住址	原告/被告住址	住×× 省×× 县
法院	法院名称	×××× 法院

2) 深层语义化法院知识元素抽取方法

另一类法院知识元素，在法院文书中没有明确的规则性，在文书中以具体的实体形式进行描述，可在文书中明确判断其出现的前后边界，如涉案房产、涉案关键证据、涉案地点等。此类关键词可采用实体抽取的方法，用序列化标注模型进行抽取。常见的用于命名实体抽取的序列化标注模型包括 CNN-BiLSTM-CRF[19] 和 BiLSTM-CRF[20] 等，近年来，Devlin 等[21] 提出的 BERT，是采用表义能力更强的双向 Transformer 网络结构训练语言模型，同样可以达到不同语境下的同一词汇拥有不同的表示方法，因此有较强的语义表达能力，已被验证在实体识别领域中有较好的作用。此类方法无须维护正则规则，对知识元素前后的书写具有更强的灵活性。但是此类方法需要人工标注训练集，针对利用 BERT 方法，此类方法计算消耗较其他深度序列化标注方法多，需要占用 GPU 计算资源。

3) 深层语义化法院知识元素识别方法

除了以上两种法院知识元素，另一种知识元素的描述方式更为隐蔽，在法院文书中仅可以通过句子的语义进行判断，无法明确判断其出现的前后边界。同一个知识要素在具体的法院文书书写中，因案情的实际情况，采用的描述表达方式不同。例如，在盗窃案件中，知识要素"入户"是案情情节的一个重要因素，在案件中"入户"可被描述为"张三见李四家门开着，就偷偷走了进去，偷走 ……"，也可被描述为"张三偷偷潜入李四家中，偷走 ……"。无法使用传统的命名实体识别方法对其进行简单抽取，针对此类法院知识元素，需利用深层语义分类方法，识别法院文书中包含此知识元素的句子，判断该知识元素的语义是否在该句中出现。由于此类型的法院知识元素较前两种更难识别，识别效果差，因此采用反绎学习方法，引入法院审判的知识规则，提升深层语义化的法院知识元素的识别效果。

6.3.1.4　基于反绎学习的刑期预测方法

刑期预测[22] 是"智慧法院"中的一个重要应用，是基于现有案情描述，利用人工智能方法，自动给出案件的量刑处罚，如处罚金额和判刑期限。刑期预测一般给出的是量刑建议，由于采用的是人工智能方法，它的量刑更为客观，可以避免人的主观判断，做到同案同判。刑期预测可以为法院 (如律师和法官) 提供自我监督，同时提高他们的工作效率。刑期预测支持智能法院建设，为不熟悉法律术语和复杂程序的普通民众提供法律咨询，也可以为量刑质量研究和促进公正司法提供帮助。

刑期预测的可用数据集不多，特别是中文数据集更少，CAIL2018[23] 是中国第一个用于判断预测的大型法律数据集。早期的刑期预测被看作多分类任务，以案情描述作为输入，审判刑期分类作为输出，预测结果通常是一个区间段而非具体值。基于深度学习在自然语言处理中的成功应用，现在的刑期预测也开始广泛应用深度神经网络模型。Sulea 等[24] 探讨了文本分类方法司法领域的应用，并在案件分类、案件裁决等方面做了应用；Ye 等[25] 从刑事案件的事实描述入手，提出序列到序列的注意力模型来研究法院观点的生成问题；Luo 等[26] 提出了一种基于注意力的神经网络方法来做刑期预测；Yang 等[27] 提出一种多视角双反馈网络的法律预测方法；Zhong 等[28] 提出了一种拓扑多任务学习框架 TOP-JUDGE，将多个子任务和有向无环图依赖关系结合到法律预测中。但是，当前的相关方法只考虑了浅层文本特征，而忽略裁判文书中的重要案件要素，缺乏标记数据，没有考虑到法官的审判逻辑，预测准确度并不高。这里以盗窃案件为例，讨论刑期预测方法。

1) 盗窃案件的刑期预测分析

在阅读相关盗窃案的审判规定中发现，一个普通案件一般包含下面三个主要部分：①盗窃总金额；②影响审判的其他要素；③最终刑期。法院量刑首先会根据案件相关、法律法规和盗窃总金额给出一个基本刑期，然后在基本刑期的基础上根据案件要素进行相应的调整。例如，若被告人是未成年，惩罚将减少 10%~40%；若被告人是惯犯，惩罚将增加 20%；若被告人积极赔偿被害人并取得被害人原谅，可以减轻 40% 以下的惩罚。这样的审判机制为刑期预测提供逻辑方向。

在判决文书中，一般盗窃总金额都是明确写出的，很容易得到。但是影响案件审判的案件要素的描述方式却是多种多样，没有固定的方式，所以需要一定的机器学习模型来从文本提取。然而，案件要素的标签很难获得，案件要素的描述不明确，大部分案情要素的描述方式属于"深层语义化法院知识元素"，相同的案情知识元素的描述方式不固定，需要机器学习模型对齐来进行识别。传统的机器学习方法在识别任务中依赖大批量的训练数据，然而，案情行为要素的识别是一个全新的学习问题，缺乏有效的大规模训练，而对此任务人工标注需要极强的业务背景，标注成本高，难以达到有效训练的规模。

在刑期预测中，尽管训练数据有限，但在法律领域中可以利用大量的领域知识。例如，从刑法中可知，"犯罪分子主动自首可能减轻处罚"和"盗窃相对大量的公共或私人财产，有多次盗窃，入户盗窃或扒窃的处有期徒刑 3 年以上"。这些领域知识可以写为规则，构成知识库，应用于刑期预测。

总之，面向盗窃案件的刑期预测模型具有两个特点：①审判要素描述方式不固定，且缺乏大批量的训练；②盗窃案件的审判规则明确，可找到大量的法律规范进行支撑。以下将探讨如何针对以上盗窃案件的两个特点，合理预测盗窃案件的刑期，利用规范的知识库弥补训练数据不足的问题。

2) 基于反绎学习的盗窃案件刑期预测

反绎学习[29-31]结合了机器学习和逻辑推理，使得机器学习模型从数据中学习原始逻辑事实，逻辑推理可以根据背景知识纠正机器学习的错误，从而改进机器学习模型。基于反绎学习的特性，将反绎学习应用于刑期预测。以盗窃案的刑期预测为例，利用反绎学习模拟法官的审判过程和逻辑，首先根据案件涉及的盗窃金额和相关法律法规，计算基本刑期，再根据案件要素调整基本刑期，最后形成最终的判决刑罚。该问题的难点在于标记数据有限甚至不准确，而且缺少规则参数。更重要的是，用于审判盗窃案件的法律法规复杂。因此，使用半监督的反绎学习做刑期预测，这样可以利用领域知识和未标记数据，使得预测结果更准确。

对于每个案例，首先，根据涉及总金额计算基本刑期，并识别案件要素，然后根据相关的量刑规则和案件要素识别的结果，对基本刑期进行调整，形成最终的预测刑期。整个刑期预测模型由三部分组成，即要素识别、刑期计算和逻辑反绎。如图 6.13 所示，刑期预测模型包含以下步骤：

步骤 1. 将判决文书反馈给要素识别模型，识别案件的关键元素；

步骤 2. 根据涉及盗窃总额来计算基本刑期，根据案件要素对基本刑期进行调整，得到预测刑期；

步骤 3. 由于手动标记数据困难和法律领域数据量较小，导致只能使用有标记数据的有监督预测结果不够准确。增加未标记数据，比较模型预测刑期和实际刑期，若发现两者不一致或相差较大，说明案件要素标签可能出错。

使用法律规定的外部知识，根据反绎学习方法，反绎和推理要素识别模型中可能出错的要素，并纠正它们的标签。将修正后的数据返回到模型中进行再训练，提高要素识别的准确性，从而提高刑期预测的准确性。具体的模型框架如图 6.13 所示。

(1) 要素识别模型

根据《中华人民共和国刑法》及《最高人民法院、最高人民检察院关于办理盗窃刑事

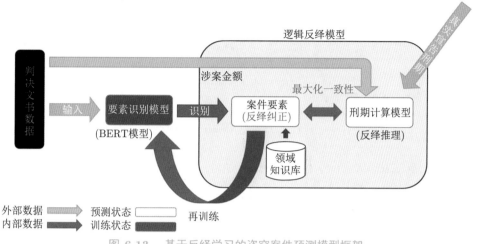

图 6.13　基于反绎学习的盗窃案件预测模型框架

案件适用法律若干问题的解释》，考虑盗窃案件的 8 个比较典型的知识要素：赃物已追回发还、认错态度好、自首、累犯、未成年、取得被害人谅解、入户盗窃、扒窃 (在实际的盗窃案件审判工作中，影响盗窃案件的刑期裁判的知识要素要远远多于本书讨论的范畴)。其中，"未成年"属于浅层规范化法院知识要素，其他的知识要素均为深层语义化的法院知识元素，缺乏有效地训练。针对"未成年"知识要素，可采用正则方法识别被告人的身份证出生年月日，再根据案发时间计算其实际年龄是否小于 18 岁。其他知识要素需要利用多标签分类的方法对其描述的语句进行知识要素的语义判断。在反绎学习框架中，需要训练一个初始的要素识别器，标注了 784 篇裁判文书并训练一个基于 BERT 的多标签分类器，实现多个审判要素的识别。这里由于训练数据的缺乏，识别的审判要素中存在较多错误。

(2) 审判知识库

审判知识库中包含一系列基于案件要素和盗窃总金额做刑期预测的法律规则。知识库由法律规则、匹配规则和常识组成。法律规则由法律法规和其他相关文件中提炼；匹配规则是指案件要素与文本中出现的单词之间的关系，如案情描述中出现"自首"，表明自首标签为真；常识包括不同要素的关系，如入室盗窃和扒手不可能同时为真。利用匹配规则和常识来减小反绎时搜索空间的大小。在知识库中总共有 10 个可学习的参数，其中，2 个参数表明盗窃金额如何影响基本刑期，8 个参数对应 8 个量刑较重或较轻的比例。这些参数是通过对盗窃金额、实际刑期、案情要素标签进行简单线性模型学习。

图 6.14 给出一个知识库的实例。图中给出 4 条法律规则，显示了盗窃金额和案件要素如何影响最终刑期。第一个公式表明，首先计算基本刑期，然后根据犯罪分子的权重给出较轻或较重的刑罚。在公式中，$\mathrm{penalty}(X,Y)$ 指文档 X 对应的刑期 Y，基准刑期 $\mathrm{base\_penalty}(X,Z_1)$ 和刑罚权重 $\mathrm{weight}(X,Z_2)$ 类似。$Y = Z_1(1 + Z_2)$ 定义了如何计算最终刑期。图底部的 4 个规则是指不同案件要素的刑罚权重。知识库的参数包含在规则中，如 0.7、6、29%、−11%、13%、3%。

计算刑期的领域知识规则：

$penalty\,(X,\,Y)\leftarrow base\_penalty\,(X,\,Z_1)\land weight\,(X,\,Z_2)\land Y=Z_1(1+Z_2).$

$base\_penalty\,(X,\,Y)\leftarrow money\,(X,\,m)\land Y=0.7*m+6.$

$weight\,([],\,0)\leftarrow$

$weight\,([X|X_s],\,Y)\leftarrow element\_weight\,(X,\,Z_1)\land weight\,(Xs,\,Z_2)\land Y=Z_1+Z_2$

不同知识要素的刑罚权重：

element_weight(惯犯, 29%).   element_weight (坦白, −11%).

element_weight(扒窃, 13%).   element_weight(入室盗窃, 3%).

……   ……

其中, penalty$(X,\,Y)$ 表示对于文档 X 对应的刑期为 Y 个月;

　　base_penalty$(X,\,Y)$ 表示对于文档 X 的基本刑期为 Y 个月;

　　money$(X,\,m)$ 表示对于文档 X 的盗窃金额为 m 元;

　　element_weight$(X,\,Z_1)$ 表示对于案情要素 X 其增/减刑对比为 Z_1。

图 6.14　　实例：知识库中的刑罚规则

假设从判决文书中得知，盗窃金额为 1000 元，案情要素是被告人是惯犯、进行扒窃、被告人如实承认自己的罪行。这些标签有可能来自真实的标签，也有可能是机器学习模型产生。根据盗窃总金额可得到基本刑期是 6.7 个月，接下来就需要判断是减刑还是增加刑期。根据刑罚规则，刑期的调整比例为 31%。最后，根据第一个公式计算最终刑期为 $6.7\times(1+31\%)=8.8$ 个月。当然，这只是一个简单的例子，在现实应用中，知识库包含大量关于案件要素的规则，所以，知识库中的规则是很复杂的。知识库有两个重要作用：提供预测依据和反绎推理案件要素标签，它不仅可以根据案件要素预测刑期，还可以根据预测出的刑期反绎案件要素标签。

(3) 反绎推理

反绎推理试图使用未标记数据和领域知识，也即是说，反绎推理用盗窃金额、实际刑期、来源于知识库的法律领域规则推理出可能正确的案情要素标签。在刑期预测模型中，反绎推理主要是解决法律预测中标记数据少，且可能存在错误标签的情况。数据集中增加大量未标记数据，会产生大量的伪标签，可以通过不断地反绎推理逐步修正数据集的伪标签，从而提升刑期预测的准确性。

反绎推理分为伪标签预测和反绎修正两个阶段：

在伪标签预测阶段，模型会用机器学习的分类方法产生伪标签，然后根据案件的伪标签和案件总金额，用知识库推理公式 $Y=Z_1(1+Z_2)$ 预测刑期，然后再比较预测的刑期和真实刑期，若存在较大差异就进入反绎修正阶段。例如，用伪标签计算的刑期为 8.5 个月，而案件真实刑期为 6 个月，说明预测结果与真实结果不一致，很有可能是分类器产生的标签不正确，需要重新修正伪标签。

反绎修正阶段，需要基于知识库进行反绎推理去修正伪标签，涉及 3 个步骤：

步骤 1. 产生关于伪标签的所有可能的假设，这些假设中不符合知识库规则的将被丢弃;

步骤 2. 利用知识库对所有有效假设的刑期进行推理预测，然后将这些预测刑期与真实刑期比较，选择最接近真实刑期的一个假设，意味着这个假设的标签是最准确的标签;

步骤 3. 使用步骤 2 中选择的标签返回分类器进行再训练。通过反绎修正阶段，可以对要素标签进行修正，再将修正的标签返回到分类器再训练，从而提高整个模型的预测准确性。

通过实验发现，采用反绎学习可以大幅度提升盗窃案件刑期预测的准确性。通过加入未标记数据并引入知识库的反绎学习方法，使得刑期预测更准确。BERT 分类器通过对伪标签的反绎推理，使用更高质量的数据进行训练，从而使标签的预测更准确，进一步帮助知识库学习更精准的参数。使用未标记的数据确实提高了 BERT 模型的性能。当利用额外的法律领域知识时，其结果比单纯使用伪标签要准确得多。

6.3.2　视频目标关联与快速检索应用示范

6.3.2.1　基于背景分割的跨时空车辆再识别

随着城市化的发展，城市人口和居民汽车拥有量均快速上升，为了提高城市安全系数，各地政府大量部署监控摄像机，高密度的城市监控设备和复杂的监控系统为监控内容分析带来巨大的挑战。车辆监控是视频监控的核心之一，是实现智慧交通和智能安防的基础，单纯依靠人力识别跨摄像头下的车辆已不能够满足城市交通管理和视频监控安防的需求，且会消耗大量的人力和财力。因此，基于计算机视觉技术的车辆再识别方法应运而生，车辆再识别技术成为一个热点问题，吸引了计算机视觉和人工智能领域的广泛关注。

当前车辆再识别领域采取的主要方法为利用深度神经网络，选取特定的损失函数，学习车辆的外观特征向量，然后计算图片特征向量之间的距离，有监督的训练分类器模型。车辆再识别技术近几年虽然取得较大进步，但精度仍无法达到令人满意的程度，特别是跨时空场景下，车辆图片中有大量不相关的背景信息，如斑马线、建筑物等，且不同摄像头下车辆背景存在较大差异，这些信息严重干扰了特征向量提取，影响识别精度。针对此问题，有鉴于此，提出了一种基于背景分割的车辆再识别方法。首先利用目标检测技术，对高清图片进行目标车辆检测，生成所需车辆背景分割数据集；然后利用所生成的数据集，通过金字塔场景解析网络，训练特有的车辆语义分割模型；同时，利用分割后期处理和随机选择模块，实现车辆背景的精确分割；最后，利用深度残差网络结合三元组损失函数，构建车辆再识别模型，通过模型实现不同设备采集的车辆图片的精准再识别。采用目标检测算法构造数据集。使用具有密集输出的卷积神经网络 (CNN) 进行语义像素标注。空洞卷积神经网络和金字塔场景解析网络在语义分割领域取得了巨大进步，相比于其他 CNN 方法，此方法适用性更高，性能稳定。使用三元组丢失的变体来执行端到端深度学习，大大优于已有方法。

本算法对车辆数据集中的图片进行处理，将图片中斑马线、行人、植物等与车辆无关的信息去除，然后进行车辆再识别。如图 6.15 所示，第一行车辆图片展示相同 ID 的车在不同摄像头下有不同的背景，第二行车辆图片展示不同 ID 的车在相同的摄像头下有相同的背景，这严重影响车辆再识别的性能。通过利用背景分割技术，可以使深度神经网络提取特征只关注车辆本身，消除跨摄像头下的车辆图片存在的背景干扰问题。基于背景分割的车辆再识别方法主要研究 4 个问题：背景分割数据集生成、车辆背景去除方法、随机选择去背景和损失函数，通过研究这 4 个问题，构造一个基于背景分割的车辆再识别模型，通过去除车辆数据集背景干扰信息，提升车辆再识别性能。

首先，利用 YOLOv3 目标检测工具，在 Cityscape 数据集上进行车辆检测，根据检测过

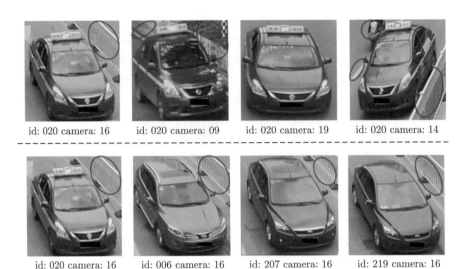

id: 020 camera: 16   id: 020 camera: 09   id: 020 camera: 19   id: 020 camera: 14

id: 020 camera: 16   id: 006 camera: 16   id: 207 camera: 16   id: 219 camera: 16

图 6.15   车辆背景中的干扰信息

程中 YOLOv3 的边界框重叠情况，选取被 YOLOv3 完整框出的目标车辆图片，忽略生成的分辨率小于设定的分辨率最小值的车辆图片，并记录车辆图片坐标；找到 Cityscape 数据集中对应的标注图片并按照上述车辆坐标进行裁剪，将裁剪后的标注图片和车辆图片放在一起构成小规模车辆语义分割图片集；然后将小规模车辆语义分割图片集，融合 ADE20K 数据集和所述 Cityscapes 数据集，构造大规模精准的车辆语义分割数据集。如图 6.16 所示，图 6.16(a) 是 Cityscapes 数据集，图 6.16(b) 是 YOLOv3 目标检测结果，图 6.16(c) 是生成的车辆语义分割数据集。

然后，利用生成的车辆语义分割数据集，使用深度神经网络生成特征向量，选用空洞卷积神经网络作为编码器，金字塔场景解析网络作为解码器，训练特有的车辆语义分割模型，然后将车辆再识别数据集中的图片进行初步背景分割，最后进行边缘检测、孔洞填充、连通域检测和像素面积比对，完善车辆背景分割效果，获得车辆分割最终结果。由于背景分割效果不完美，且有些背景有利于车辆再识别，因此使用随机选择模块，按照不同比例随机选择车辆分割最终结果，探索车辆背景对再识别的影响。

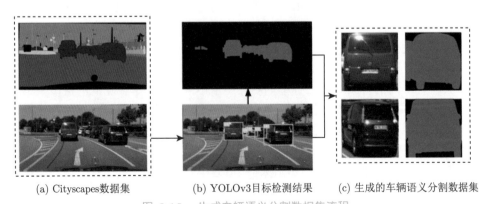

(a) Cityscapes数据集   (b) YOLOv3目标检测结果   (c) 生成的车辆语义分割数据集

图 6.16   生成车辆语义分割数据集流程

最后，将随机选择后的图片以三元组方式输入预训练的深度残差神经网络中，选择基于识别乱入 (batch hard) 的三元组损失函数，学习提取图像特征的方法，生成图片特征向量，不断调整深度残差神经网络中节点的权重，不断拉近所述目标识别图片与正样本图片之间的距离，拉远所述目标识别图片与负样本图片之间的距离，训练车辆再识别模型，综合评估不同情况下测试精度，调整训练参数，多次训练和测试，选取最优模型。图 6.17 为基于背景分割的车辆再识别算法流程图。

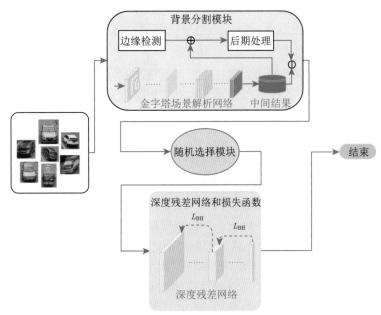

图 6.17　基于背景分割的车辆再识别算法流程

所提出的算法在 Veri-776 和 vehicleID 两个通用车辆再识别数据集上的结果以及与相关算法的性能比较，如表 6.5 所列。可以看出，即使与考虑了车辆视角、局部视觉显著特征，以及时空特征的算法相比，提出的算法在仅考虑全局背景干扰的情况下，就能获得最佳的性能。如果进一步考虑车辆视角、局部视觉显著特征和时空特征等，预期可以进一步提升车辆再识别性能。

6.3.2.2　多层次特征的关联关系挖掘

当前，描述目标的特征主要以像素点为基本单元所提取的低层特征和以像素块为基本单元所提取的中层特征为主。虽然，随着中低层特征类型和维数的不断提高，为描述目标提供更加丰富、细致的信息，但是对中低层特征进行处理，易受场景噪声、场景变化、目标类型多样和目标状态多变的影响，存在准确性低、适应性差等问题。另一方面，高层特征能够较好地描述对象的物理特性与状态，对外界因素干扰以及目标自身的变化如姿态改变具有较好的鲁棒性。由于存在"语义鸿沟"，如何实现中低层特征到高层特征的层次性抽象是一个具有挑战性的问题，对于媒体内容的理解具有重要的意义。

在建立的图像内容层次化表示中，将目前图像内容的 3 层表示 (低层特征、中层特征和高层特征) 拓展为 5 层表示 (低层特征、中层特征、扑拓结构特征、属性特征和概念特

表 6.5　不同算法在 Veri-776 和 vehicleID 数据集上的结果

算法	所有车辆		小型车辆		中型车辆		大型车辆	
	mAP	Top1	mAP	Top1	mAP	Top1	mAP	Top1
MOV1+BH [32]	65.10	87.30	83.34	77.90	78.72	72.14	75.02	67.56
RAM [33]	61.50	88.60	—	75.20	—	72.30	—	67.70
FDA-Net [34]	55.49	84.27	—	—	65.33	59.84	61.84	55.53
Siamese-CNN+path-LSTM [35]	58.27	83.94	—	—	—	—	—	—
AFL+CNN [36]	53.35	82.06	—	—	—	—	—	—
VAMI [37]	61.32	85.92	—	63.12	—	52.87	—	47.34
本书方法	70.74	90.46	85.46	77.17	84.41	75.81	74.13	63.71

征),旨在利用拓扑结构和属性特征,建立中低层特征与高层概念特征之间的层次性抽象与整体性调控关系。因此,通过提取颜色特征的空间相对分布信息,提出了一种颜色拓扑结构特征,并基于颜色拓扑结构特征,实现了对运动目标状态属性的感知,进而实现了中低层特征到高层特征的层次性抽象。

1) 基于中低层特征的颜色拓扑结构抽取

在实际应用中,光照、视角和姿态等变化,以及遮挡等问题,都会导致相同目标之间局部特征存在较大的差异,而全局特征 (例如,行人的拓扑结构) 具有较好的鲁棒性,能够在目标变化较大时实现对目标的准确描述。颜色特征是最常用的中低层特征之一,但它对光照变化较为敏感。虽然,传统的颜色直方图能够描述像素点在颜色空间 (HSV、RGB 或灰度直方图) 上的分布,但没有描述颜色在物理空间上的分布特性。而颜色在空间上的分布能够有效地帮助计算机识别目标,增强对目标的理解。以实际应用中的目标搜索为例 (图 6.18),图中颜色在物理空间上的分布截然不同,但在颜色空间上的分布却大致相同,而基于全局的颜色直方图或者局部纹理特征都将错误地匹配。

因此,本书提出了一种颜色拓扑结构特征,在提取目标局部特征的基础上,通过提取颜色的空间分布信息来作为全局特征,以补充对目标的描述。颜色拓扑结构是一种高层信息,这种拓扑关系通过相邻颜色块之间的相对位置关系及它们的差异来表现。借鉴方向梯度直方图 (histogram of oriented gradient, HOG) 特征的提取思路,采用相邻颜色块之间的梯度来描述这种位置对应关系。在光照变化过程中颜色块之间的变化值保持相对稳定,因此,利用梯度和颜色差值来描述颜色拓扑结构特征,如图 6.19 所示。具体而言,首先,采用均值漂移方法,根据颜色进行聚类,将图片划分成多个子块 (patch),生成反映空间结构的显著颜色提取新算子。其次,对每个子块寻找距离最近的子块,将颜色差值作为描述水平和垂直方向上颜色的变化信息。最后,计算颜色变化的梯度值,并用直方图统计作为描述图像的颜色拓扑结构信息。

基于提出的颜色拓扑结构特征,将其应用于行人比对搜索中,实现了一种全局与局部相结合的行人比对搜索算法。该算法通过不同区域特征有效性分析和显著颜色特征提取,同时结合典型的多特征融合思路,在 Ethz 数据库进行实验验证所提方法的有效性。Ethz 数据库包含 3 个图像序列,行人图像尺度比较大,大部分图像清晰度较高,但光照变化、遮挡以及姿态变化较为明显。实验结果如图 6.20 所示,红色曲线 (包括虚线和实线) 是本书提出的算法。其中红色虚线仅采用基于区域特性的局部特征提取与描述算子,该算法相对于当前算法能获得更高的识别准确率，平均识别率 87% 左右，比当前算法提高了 7% 左右。红色实线是结合所提出的全局与局部特征描述算法得到的实验结果，相对于红色虚线而言 (仅采用局部特征描述)，通过加入基于颜色拓扑结构的全局特征，可以再次提升搜索识别的准确率，整体提升了 3% 左右。

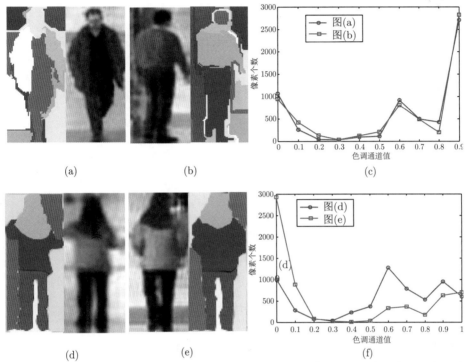

图 6.18　具有相同颜色分布的目标 (图 (a) 和 (b) 是两个不同的行人，他们拥有相似的颜色统计直方图 (图 (c))，但是拥有不同的颜色拓扑结构; 图 (d) 和 (e) 是相同的行人，他们拥有不同的颜色统计直方图 (图 (f))，但是拥有相似的颜色拓扑结构

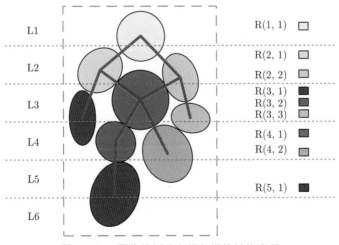

图 6.19　图像块划分和颜色拓扑结构表示

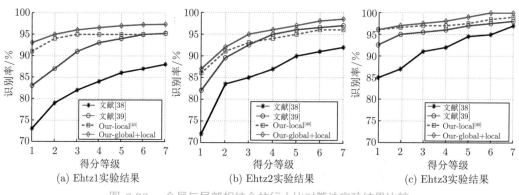

图 6.20　全局与局部相结合的行人比对算法实验结果比较

2) 基于颜色拓扑结构的目标状态感知

提取的典型特征及其变化往往属于低层知识，要利用低层的典型特征分析出目标状态这一高层知识，需要结合状态的物理含义及特点，分析不同状态下特征的反映，包括典型特征描述在时域上的变化趋势、典型特征之间变化的关联关系。

以基于颜色拓扑结构特征为例，研究了目标各部分拓扑特征与目标状态特征之间的关联关系。如图 6.21 所示，行人目标在正常状态下按照和背景的显著性被分割为 4 个显著颜色区域。当发生部分遮挡、相似颜色干扰和尺度变化时，各基于颜色拓扑结构特征中显著颜色区域的尺度发生变化，可根据变化比例区分是否发生遮挡、相似物干扰或尺度变化等状态。

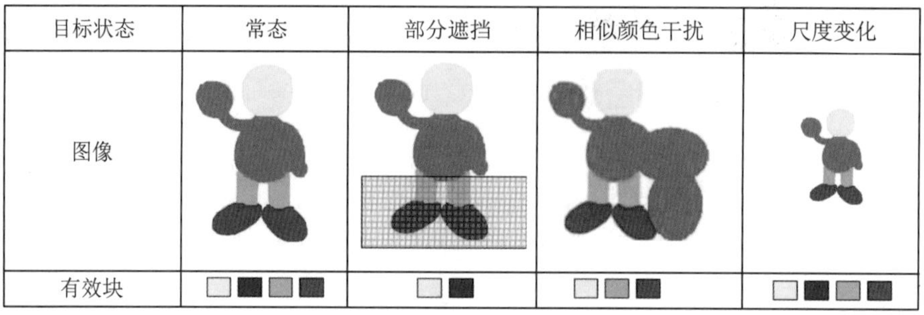

目标状态	常态	部分遮挡	相似颜色干扰	尺度变化
图像				
有效块				

图 6.21　不同状态下目标显著颜色特征子区域的变化反映目标状态

进一步，可根据各显著颜色区域的连接关系，确定目标各部分的拓扑图 $G = (V, E, \theta)$，如图 6.22 所示。其中，V 表示各显著颜色子区域的中心点 (称为节点)，E 表示各节点的

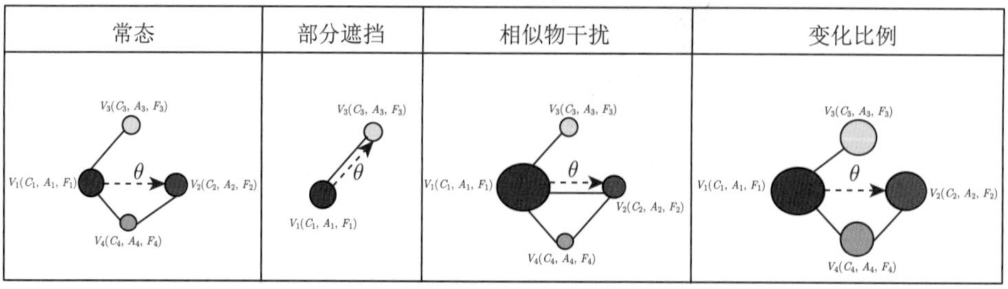

常态	部分遮挡	相似物干扰	变化比例

图 6.22　利用显著颜色特征关联目标拓扑特征

连通关系, θ 表示面积最大、次大显著颜色子区域中心点连线的斜率。在目标分类识别等后续处理中, 可根据拓扑图的变化确定目标状态的变化。

因此, 基于颜色拓扑结构特征, 利用颜色拓扑结构的变化 (颜色拓扑结构中同一 Patch 时域上面积的变化、不同 Patch 面积的变化比例, 不同 Patch 连通关系的变化), 实现目标状态的感知。进而实现中低层特征到高层特征的层次性抽象。

6.3.2.3 高维异构特征的高效索引

基于内容的图像检索以特征来描述图像, 通过对特征的检索实现基于内容的图像检索。而如何针对高维异构特征建立高效索引, 是提高检索效率的关键。然而, 大规模数据集下的图像检索常伴随着数据的动态更新, 从而给高维异构特征索引带来挑战。主要体现在以下两方面: 一方面, 动态地更新数据集可能导致数据集的分布特性发生变化, 数据集分布的趋向性与密度的改变将导致检索的精确度、速度下降; 另一方面, 由于图像数据本身存在多样性, 当新的图像类型被引入数据集时, 可能需要新的特征来描述。

因此, 针对高维异构特征的高效索引技术展开研究。针对大规模图像数据集, 因数据量动态变化带来的分布特性改变, 提出了一种可扩展的局部敏感哈希索引, 以支持动态变化数据集中的检索。针对图像多样性所带来的图像类型复杂化问题, 提出了一种基于多特征分解的索引模型, 以支持图像类型变化数据集中的检索。

1) 可扩展的局部敏感哈希索引

为了突破因 "维数灾难" 造成的算法时间复杂度瓶颈, 近似最近邻算法受到越来越多的关注, 并被广泛应用于相似性检索中。其中, 由 Indyk 等人最先提出局部敏感哈希 (locality sensitive Hashing, LSH) 方法, 其基本思想是通过一组来自同一个哈希簇的哈希函数对目标进行映射, 使得相似目标比不相似目标有更大概率发生冲突, 从而被映射到同一个哈希桶中。在此基础上, 提出了欧氏空间的局部敏感哈希 (E2LSH)。E2LSH 的哈希函数是对特征空间进行投影, 其中单个哈希函数对原始空间的分割是均匀的。另外, E2LSH 通过级联多个哈希函数以细化对原始空间的划分, 由于其参数是固定的, 在数据量动态变化导致分布特性改变时, 无法随之调整, 从而导致检索性能的下降。

针对上述问题, 提出了一种面向高维动态数据的可扩展局部敏感哈希 (scalable locality sensitive Hashing, SLSH) 索引。SLSH 扩展了欧氏空间上的局部敏感哈希簇, 保留了原始哈希簇能够直接对欧氏空间进行分割的特点, 并且能够给出自适应数据密度的哈希分割 (图 6.23)。可扩展的局部敏感哈希索引应用哈希桶容量约束实现哈希函数级联的动态扩展, 并利用分层的树形结构管理多级哈希, 实现了能够随着数据分布动态改变的特征空间划分, 平衡了检索的准确率与检索的速度。

实验结果表明 (图 6.24), SLSH 不仅继承了 E2LSH 方法, 能够快速索引高维数据的优点, 而且能够适应数据数量、数据分布动态变化的高维数据, 进而提升在动态变化的数据集上的索引性能。

2) 基于多特征分解的索引模型

由于多特征检索中不同特征存在不同的显著性, 因此不同特征对检索的有效性与可靠程度不同, 导致多特征检索中不显著特征的存在可能影响最终的检索结果的准确性, 如图 6.25 所示, CEDD 相较于 LBP 更加适用于当前数据集。然而, 当两者进行简单结合的时候，检索效果却如仅有 LBP 一般，CEDD 几乎被忽视。

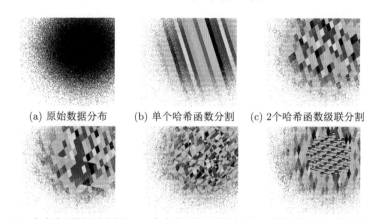

(a) 原始数据分布　(b) 单个哈希函数分割　(c) 2个哈希函数级联分割

(d) 3个哈希函数级联分割 (e) 10个哈希函数级联分割 (f) 可扩展的哈希函数分割

图 6.23　多个哈希函数的对二元高斯分布数据集的分割效果 (不同颜色代表不同哈希桶)

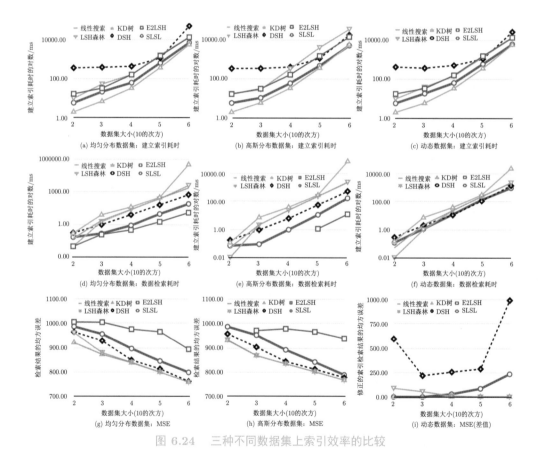

图 6.24　三种不同数据集上索引效率的比较

　　另一方面，由于特征的组织形式差异较大，简单融合多种特征可能导致特征的显著性被埋没。如图 6.26 所示，LBP 与 PHOG 特征在数据形式上存在较大差异，LBP 与 PHOG 在数据维数、稀疏程度以及特征值取值范围上均有不同。最终的检索结果表明，LBP 特征的有效性被埋没，最终的检索结果几乎和 PHOG 一致。

因此，为了避免多特征索引中特征间的相互干扰，提出了一种基于多特征分解的索引模型。通过独立建立单个特征的索引，并在特征索引层上建立一个决策层，从而有效利用多特征信息达到提高检索准确率的目的。所提出的基于多特征分解的索引算法如图 6.27 所示。在此基础上，通过统计学习量化特征显著程度，利用基于最小二乘的检索聚合实现候选图像的决策级融合，从而实现多特征的图像检索。

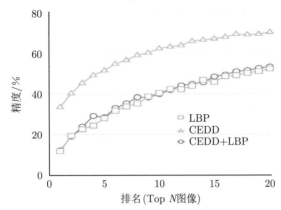

图 6.25　显著特征与不显著特征融合造成的检索准确率下降 (CAVIAR4REID 数据集)

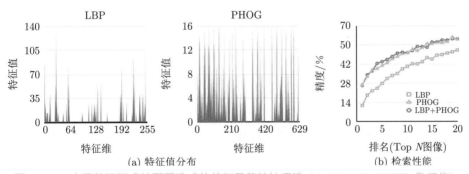

(a) 特征值分布　　　　　　　　　　　　　(b) 检索性能

图 6.26　由于数据形式的不同造成的特征显著性被埋没 (CAVIAR4REID 数据集)

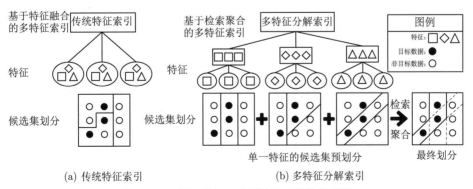

(a) 传统特征索引　　　　　　　　(b) 多特征分解索引

图 6.27　基于多特征分解的索引结构示意图

在 CAVIAR4REID 数据集上，引入不同数量的特征的情况下，将所提出的多特征分解索引与基于 Borda 方法 (Borda)、基于 PCA 的方法 (PCA)、基于统计排序的中位数方法 (MidRank) 以及基于单词共生的词频方法 (TF-IDF) 进行比较，并以所用特征中检索效果最佳的单一特征 (best single feature) 作为参考线。实验结果如图 6.28 所示，结果表明，提出的多特征分解索引具有较高的检索准确率。

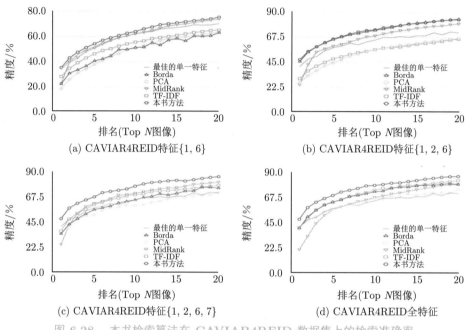

图 6.28　本书检索算法在 CAVIAR4REID 数据集上的检索准确率

6.3.3　小结

介绍了两项大数据分析技术的应用成果：大数据分析技术在智慧法院的应用和视频目标关联与快速检索应用示范。其中 6.3.1 节讨论了大数据分析技术在智慧法院领域的应用方法，首先指出智慧法院建设中存在的数据问题；接下来讨论法院大数据的融合方法，并深入讲述了法院知识要素的识别方法；最后以盗窃案件为例，论述基于反绎学习的刑期预测方法。大数据分析技术在智慧法院领域尚处于起步阶段，如何将智慧法院的建设从信息化提升为数据化仍有很多待解决的问题，等待我们去持续探索。6.3.2 节介绍的视频目标关联与快速检索应用示范，针对目前海量、异源视频数据分析方法存在目标关联层次低、事件串并能力弱的挑战问题，研究了跨时空目标和事件关联挖掘和跨时空目标再辨识技术，分析了跨时空目标轨迹挖掘，构建融合时空拓扑结构和警务知识的相关性模型，实现了跨时空事件的线索关联挖掘与整体态势感知，为基于大规模监控视频的预警防范、治安防控、反恐维稳、案件侦查等业务应用提供技术支撑。主要解决的关键技术问题包括：①针对实际应用中场景的多样性，构建自适应的跨时空目标关联和轨迹挖掘模型；②针对大范围视频中相关目标和事件的稀疏性，构建融合时空拓扑结构和警务知识的相关性挖掘模型；③针对大规模视频目标实时检索困难，构建高效索引模型。

这两项应用示范分别从智慧法院和智能安防的实际场景出发构建了有效的系统，以供从事大数据分析的业内人士参考。

参 考 文 献

[1] Tran D, Bourdev L, Fergus R, et al. Learning spatiotemporal features with 3d convolutional networks[C]//Proceedings of the IEEE International Conference on Computer Vision. 2015: 4489-4497.

[2] Carreira J, Zisserman A. Quo vadis, action recognition? a new model and the kinetics dataset[C]//proceedings of the IEEE Conference on Computer Vision and Pattern Recognition. 2017: 6299-6308.

[3] Marszalek M, Laptev I, Schmid C. Actions in context[C]//2009 IEEE Conference on Computer Vision and Pattern Recognition. IEEE, 2009: 2929-2936.

[4] Jhuang H, Garrote H, Poggio E, et al. A large video database for human motion recognition[J] IEEE International Conference on Computer Vision, 2011, 4(5): 6.

[5] Soomro K, Zamir A R, Shah M. UCF101: A dataset of 101 human actions classes from videos in the wild[Z]. arXiv preprint arXiv:1212.0402, 2012.

[6] Karpathy A, Toderici G, Shetty S, et al. Large-scale video classification with convolutional neural networks[C]//Proceedings of the IEEE Conference on Computer Vision and Pattern Recognition. 2014:1725-1732.

[7] Caba Heilbron F, Escorcia V, Ghanem B, et al. ActivityNet: A large-scale video benchmark for human activity understanding[C]//Proceedings of the IEEE Conference on Computer Vision and Pattern Recognition. 2015: 961-970.

[8] Abu-El-Haija S, Kothari N, Lee J, et al. YouTube-8M: A large-scale video classification bench-mark[Z]. arXiv preprint arXiv:1609.08675, 2016.

[9] Zhao H, Torralba A, Torresani L, et al. HACS: Human action clips and segments dataset for recognition and temporal localization[C]//Proceedings of the IEEE International Conference on Computer Vision. 2019: 8668-8678.

[10] Monfort M, Andonian A, Zhou B, et al. Moments in time dataset: one million videos for event understanding[J]. IEEE Transactions on Pattern Analysis and Machine Intelligence, 2019, 42(2):502-508.

[11] Goyal R, Kahou S E, Michalski V, et al. The"Something Something" Video Database for Learn-ing and Evaluating Visual Common Sense[C]//ICCV. 2017.

[12] Materzynska J, Berger G, Bax I, et al. The jester dataset: A large-scale video dataset of human gestures[C]//Proceedings of the IEEE International Conference on Computer Vision Workshops. 2019.

[13] Kay W, Carreira J, Simonyan K, et al. The kinetics human action video dataset[J]. Computer vision and Pattern Recognition, arXiv preprint arXiv:1705.06950, 2017.

[14] Liu H, Singh P. ConceptNet:a practical commonsense reasoning tool-kit[J]. BT Technology Journal, 2004, 22(4): 211-226.

[15] He K, Zhang X, Ren S, et al. Deep residual learning for image recognition[C]//Proceedings of the IEEE Conference on Computer Vision and Pattern Recognition, 2016:770-778.

[16] Arandjelovic R, Gronat P, Torii A, et al. NetVLAD: CNN architecture for weakly supervised place recognition[C]//Proceedings of the IEEE Conference on Computer Vision and Pattern Recognition, 2016: 5297-5307.

[17] Chung J, Gulcehre C, Cho K H, et al. Empirical evaluation of gated recurrent neural networks on sequence modeling[Z]. arXiv preprint arXiv:1412.3555, 2014.

[18] Szegedy C, Vanhoucke V, Ioffe S, et al. Rethinking the inception architecture for computer vision[C]//Proceedings of the IEEE Conference on Computer Vision and Pattern Recognition, 2016: 2818-2826.

[19] Ma X, Hovy E. End-to-end sequence labeling via bi-directional lstm-cnns-crf[Z]. arXiv preprint arXiv:1603.01354, 2016.

[20] Lample G, Ballesteros M, Subramanian S, et al. Neural architectures for named entity recognition[Z]. arXiv preprint arXiv:1603.01360, 2016.

[21] Devlin J, Chang M W, Lee K, et al. BERT: Pre-training of Deep Bidirectional Transformers for Language Understanding[C]//Proceedings of the Conference of the North American Chapter of the Association for Computational Linguistics: Human Language Technologies, NAACL-HLT. 2019: 4171-4186.

[22] Lin W C, Kuo T T, Chang T J, et al. Exploiting machine learning models for chinese legal documents labeling, case classification, and sentencing prediction[C]// Processdings of ROCLING, 2012: 140.

[23] Xiao C, Zhong H, Guo Z, et al. CAIL2018: A large-scale legal dataset for judgment prediction[Z]. arXiv preprint arXiv:1807.02478, 2018.

[24] Sulea O M, Zampieri M, Malmasi S, et al. Exploring the use of text classification in the legal domain[Z]. arXiv preprint arXiv:1710.09306, 2017.

[25] Ye H, Jiang X, Luo Z, et al. Interpretable charge predictions for criminal cases: Learning to generate court views from fact descriptions[Z]. arXiv preprint arXiv:1802.08504, 2018.

[26] Luo B, Feng Y, Xu J, et al. Learning to predict charges for criminal cases with legal basis[Z]. arXiv preprint arXiv:1707.09168, 2017.

[27] Yang W, Jia W, Zhou X I, et al. Legal judgment prediction via multi-perspective bi-feedback network[Z]. arXiv preprint arXiv:1905.03969, 2019.

[28] Zhong H, Guo Z, Tu C, et al. Legal judgment prediction via topological learning[C]//Proceedings of the 2018 Conference on Empirical Methods in Natural Language Processing, 2018: 3540-3549.

[29] Zhou Z H. Abductive learning:Towards bridging machine learning and logical reasoning[J]. Science China Information Sciences, 2019, 62(7): 76101.

[30] Dai W Z, Xu Q L, Yu Y, et al. Tunneling neural perception and logic reasoning through abductive learning[Z]. arXiv preprint arXiv:1802.01173, 2018.

[31] Crowder J A, Carbone J, Friess S. Abductive artificial intelligence learning models[M]. New York: Springer, 2020:51-63.

[32] Kuma R, Weill E, Aghdasi F, et al. Vehicle re-identification: an efficient baseline using triplet embedding[C]//2019 International Joint Conference on Neural Networks (IJCNN). IEEE, 2019: 1-9.

[33] Liu X, Zhang S, Huang Q, et al. Ram: a region-aware deep model for vehicle re-identification[C]//2018 IEEE International Conference on Multimedia and Expo (ICME). IEEE, 2018: 1-6.

[34] Lou Y, Bai Y, Liu J, et al. Veri-wild: A large dataset and a new method for vehicle re-identification in the wild[C]//Proceedings of the IEEE Conference on Computer Vision and Pattern Recognition. 2019: 3235-3243.

[35] Shen L, Lin Z, Huang Q. Relay backpropagation for effective learning of deep convolutional neural networks[C]//European Conference on Computer Vision, Springer, Cham, 2016: 467-482.

[36] Wu C W, Liu C T, Chiang C E, et al. Vehicle re-identification with the space-time prior[C]//Proceedings of the IEEE Conference on Computer Vision and Pattern Recognition Workshops, 2018: 121-128.

[37] Zhou Y, Shao L. Aware attentive multi-view inference for vehicle reidentification[C]//Proceedings of the IEEE Conference on Computer Vision and Pattern Recognition, 2018: 6489-6498.

[38] Oreifej O, Mehran R, Shah M. Human identity recognition in aerial images[C]//IEEE Conference on Computer Vision and Pattern Recognition,2010:709-716.

[39] Ma L,Yang X, Xu Y ,et al.Human identification using body prior and generalized EMD[C]// IEEE International Conference on Image Processing, 2011:1441-1444.

[40] Geng Y, Hu H M, Jin Z, et al.A Person Re-identification Algorithm by Using Region-based Feature Selection and Feature Fusion[C]// IEEE International Conference on Image Processing,2013.

索　引